U0498480

职业教育教学用书

Cinema 4D基础与实战教程

黄世芝　包之明　刘智妮◎主　编
黄家常　周丽晶　苏心慧◎副主编
孙雨慧　梁文章◎参　编
张建德　陈贺璋◎主　审

電子工業出版社
Publishing House of Electronics Industry
北京 · BEIJING

内 容 简 介

本书基于 Cinema 4D R26 编写，根据三维动画设计与制作的全流程进行课程设计，共包含 7 个模块。本书从三维行业需求和实战应用出发，全面系统地讲解了 Cinema 4D 的基本操作与核心功能，包括参数体建模、生成器建模、变形器建模、材质、场景布光和动画应用，最后通过 3 个综合实战任务来巩固知识。全书以“知识技能+任务”的形式串联知识点，任务由易到难，通过实战任务，使读者领会设计意图，增强实战能力。

本书可作为各类院校数字媒体艺术、数字媒体技术与应用、动漫与游戏制作、计算机应用等专业的教材，也可作为培训教材和三维动画设计与制作爱好者的参考书。

未经许可，不得以任何方式复制或抄袭本书之部分或全部内容。
版权所有，侵权必究。

图书在版编目（CIP）数据

Cinema 4D 基础与实战教程 / 黄世芝，包之明，刘智妮主编. -- 北京 : 电子工业出版社，2025. 2. -- ISBN 978-7-121-49772-8

Ⅰ. TP391.414

中国国家版本馆 CIP 数据核字第 20256AK621 号

责任编辑：郑小燕
印　　刷：北京缤索印刷有限公司
装　　订：北京缤索印刷有限公司
出版发行：电子工业出版社
　　　　　北京市海淀区万寿路 173 信箱　　　　邮编：100036
开　　本：880×1230　　1/16　　印张：15.5　　字数：337.3 千字
版　　次：2025 年 2 月第 1 版
印　　次：2025 年 2 月第 1 次印刷
定　　价：56.00 元

凡所购买电子工业出版社图书有缺损问题，请向购买书店调换。若书店售缺，请与本社发行部联系，联系及邮购电话：（010）88254888，88258888。

质量投诉请发邮件至 zlts@phei.com.cn，盗版侵权举报请发邮件至 dbqq@phei.com.cn。

本书咨询联系方式：（010）88254550，zhengxy@phei.com.cn。

前言

Cinema 4D（简称 C4D）是由 Maxon Computer 推出的完整的三维创作平台，是领先的三维建模和动画设计软件，具有直观的用户界面，强大的功能和良好的软件兼容性。三维动画以独特的魅力和强大的表现力，已经成为三维设计领域不可或缺的一部分。它不仅为数字展厅带来了前所未有的生动和真实的视觉效果，而且在传统的静态展示方式中表现得无可比拟。精美的画面、逼真的场景和动态的表现形式，能够让观众更深入地了解产品特点和品牌文化。这种全新的展示方式无疑给人们带来了极大的视觉冲击和感官享受。

本书贯彻党的教育方针，落实立德树人根本任务，以培养技术技能型人才为目的，注重将系统知识与实战任务相结合，重点关注学生技术技能水平的提升。本书采用模块化结构，共包含 7 个模块 23 个具有代表性的实战任务。

本书特点

1. 注重职业素养与技术技能的培养，突出职业教育的特色。

2. 以工作过程为导向，将知识与技能融入每个模块，同时考虑企业工作需求，侧重培养学生的核心技术和解决问题的能力，实现工作岗位情境与学习内容的融合。

3. 任务由易到难，将理论与实践相结合，实现“做中学”，能够帮助初学者快速入门，并提升他们的知识与技能水平。

4. 配有丰富的数字资源和线上教学平台，易于学生自主学习，同时支持移动学习和“三教”改革。

本书由黄世芝（南宁市第六职业技术学校）负责组织、策划、统筹，由黄世芝和包之明（广西机电职业技术学院）负责统稿，由广西机电职业技术学院的陈贺璋、张建德担任主审。模块 1 由包之明和黄世芝负责编写，模块 2 和模块 3 由刘智妮（贵港市职业教育中心）、黄家常（贵港市职业教育中心）、周丽晶（南宁市第六职业技术学校）和孙雨慧（南宁市第六职业技术学校）负责编写，模块 4 和模块 5 由黄世芝负责编写，模块 6 由苏心慧（南宁市第六职业技术学校）负责编写，模块 7 由黄世芝、黄家常和包之明负责编写。梁文章（广西卡斯特动漫有限公司董事长）参与编写案例编写工作。

感谢广西卡斯特动漫有限公司的设计师为本书的编写提供的宝贵意见，感谢所有参与编写的个人、团队或机构以及选择本书的读者。

由于本书是基于 Cinema 4D R26 编写的，因此在学习时请确保使用正确的软件版本，以获得最佳的学习体验。

编　者

目录

模块 1　参数体建模

模块导读

在三维设计领域，建模是构建虚拟世界的基础。Cinema 4D 作为一款流行的三维建模和动画软件，提供了多种建模技术。其中，参数体建模尤为突出，因为它具有易用性和强大的调整能力。参数体建模的核心在于使用预定义的几何形状，并通过修改其数值参数来实现精确的造型控制。这种方法不仅直观易懂，而且非常灵活，使设计师可以快速构建和迭代模型设计。

在本模块中，我们将通过 3 个具体任务来深入探讨 Cinema 4D 参数体对象的创建和参数调节技巧。学生将了解 Cinema 4D 中各种基础几何形体的生成方法，包括立方体、球体、圆柱等，并掌握如何从零开始搭建一个模型；学习如何通过修改属性，如尺寸、细分级别、形状变形等，精细调控模型的形态，以达到预期的视觉效果。

模块目标

知识目标

能够简述 Cinema 4D 的应用领域及其工作流程。

能够简述 Cinema 4D 界面及主要组成部分。

能够分析参数体对象的基础操作方法。

技能目标

能够制作小雪人。

能够制作卡通小汽车。

能够制作甜美心情——甜甜圈。

素质目标

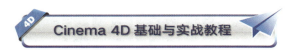

培养学生对 Cinema 4D 的学习兴趣。
培养学生对传统文化的传承与创新意识。

1.1 初识 Cinema 4D

1.1.1 Cinema 4D 概述

Cinema 4D 是一款可以进行建模、动画制作、模拟及渲染的三维动画制作软件，具有专业、易用和强大的特点，适用于多个领域，包括电商广告设计、建筑设计、工业产品设计、栏目包装、影视动画、游戏和插画等。Cinema 4D 如图 1-1 所示。

图 1-1 Cinema 4D

1.1.2 Cinema 4D 工作流程

Cinema 4D 的工作流程包括建立模型、设置摄像机、设置灯光、赋予材质、制作动画和渲染输出六大步骤。

1. 建立模型

在运用 Cinema 4D 制作模块时，需要先建立模型。在 Cinema 4D 中，可以通过参数体对象、造型工具及变形器进行基础建模。此外，还可以通过多边形建模、体积建模及雕刻建模建立复杂模型。

2. 设置摄像机

在 Cinema 4D 中建立模型后，需要设置摄像机，并固定好模型的角度与位置，以便渲染出合适的效果。此外，Cinema 4D 中的摄像机也可以用于制作一些基础动画。

3. 设置灯光

Cinema 4D 拥有强大的照明系统，内置丰富的灯光和阴影效果。调整 Cinema 4D 中灯光和阴影的属性，能够为模型添加真实的照明效果，满足各种复杂场景的渲染需求。

4. 赋予材质

在设置灯光后，需要为模型赋予材质。在 Cinema 4D 的“材质管理器”窗口中创建材质球后，在“材质编辑器”窗口中选择相关通道（如颜色、漫射、发光、透明和反射等），即可对材质球进行调节，为模型赋予不同的材质。

5. 制作动画

对于不需要加入动画的模型，可以直接渲染输出。对于需要加入动画且自己设置好材质的模型，可以运用 Cinema 4D 为其制作动画。在 Cinema 4D 中，既可以制作基础动画，也可以制作高级的角色动画。

6. 渲染输出

在 Cinema 4D 中，可以对制作好的模型进行渲染输出，以查看最终效果。在进行渲染输出前，可以根据渲染需要添加地板、天空等场景。

1.1.3　Cinema 4D 界面

Cinema 4D 的默认界面由标题栏、文档布局与标签页、菜单栏、工具栏、视图窗口、材质管理器窗口、对象窗口、属性面板和动画窗口等部分组成，如图 1-2 所示。

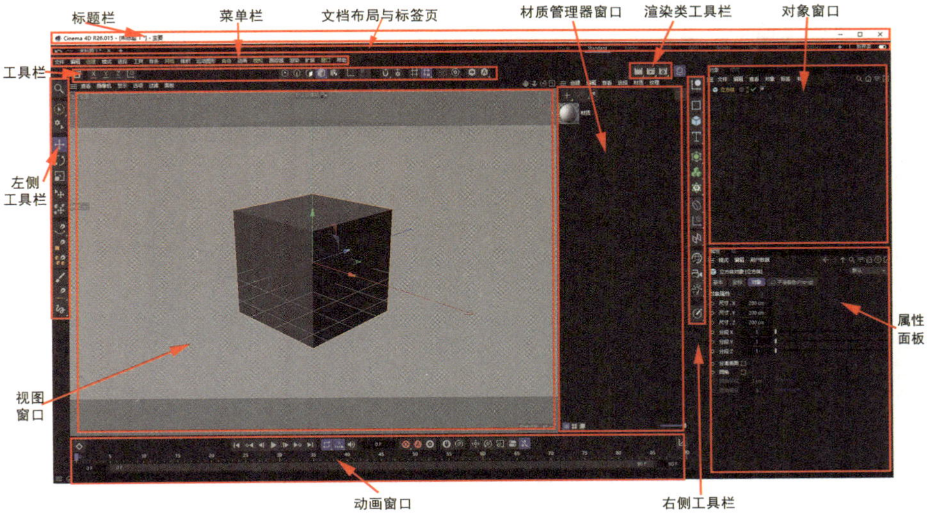

图 1-2　Cinema 4D 界面

标题栏：位于 Cinema 4D 界面的顶端，用于显示软件版本信息及当前工程项目名称。

文档布局与标签页 ：位于标题栏的下方，其中窗口栏包含“撤销”和“重做”按钮，标签页用于选择或关闭文档。在文档布局与标签页的右侧，可以选择不同的布局，并且可以自定义布局。

菜单栏：包括“文件”、“编辑”、“创建”、“模式”、“选择”、“工具”、“样条”、“网格”、“体积”、“运动图形”、“角色”、“动画”、“模拟”、“跟踪器”、“渲染”、“扩展”、“窗口”和“帮助”18 个选项卡。

工具栏：包括很多用于执行常见任务的工具和对话框，位于菜单栏的下方，如图 1-3 所示。除此之外，工具栏中还包含渲染类工具栏、左侧工具栏和右侧工具栏。

渲染类工具栏：Cinema 4D 中用于渲染的工具包括渲染活动视图、渲染到图像查看器和编辑渲染设置，如图 1-4 所示。

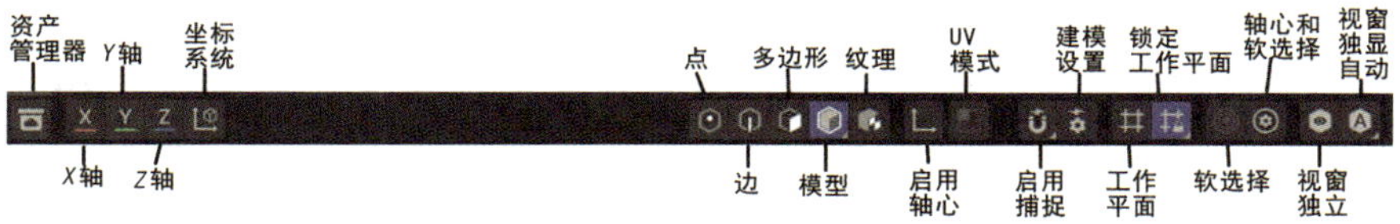

图 1-3 工具栏

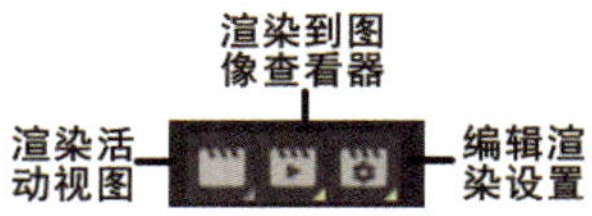

图 1-4 渲染类工具栏

左侧工具栏：包括移动、旋转和缩放等工具。这些工具是对模型进行编辑时最常用的工具。左侧工具栏如图 1-5 所示。

右侧工具栏：包括很多工具，具体如图 1-6 所示。

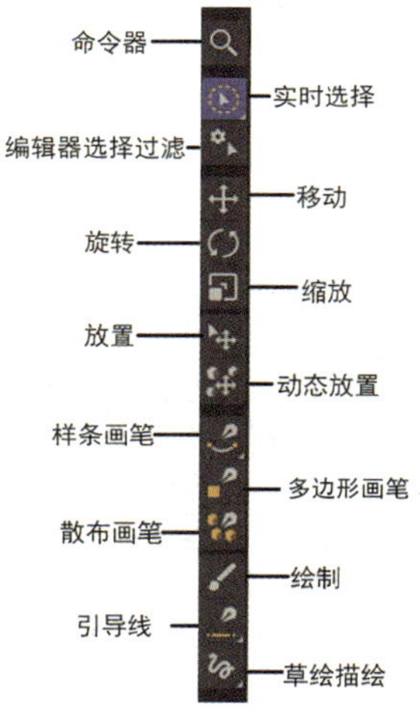

图 1-5 左侧工具栏

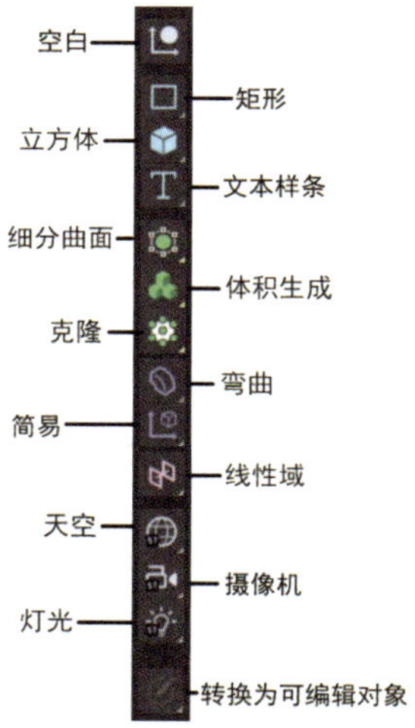

图 1-6 右侧工具栏

视图窗口：在 Cinema 4D 的视图界面中，默认包含 4 个窗口，分别是透视图、顶视图、右视图、正视图，如图 1-7 所示。按鼠标中键或单击每个视图窗口中的“切换活动视图”按钮，可以将该视图窗口最大化。

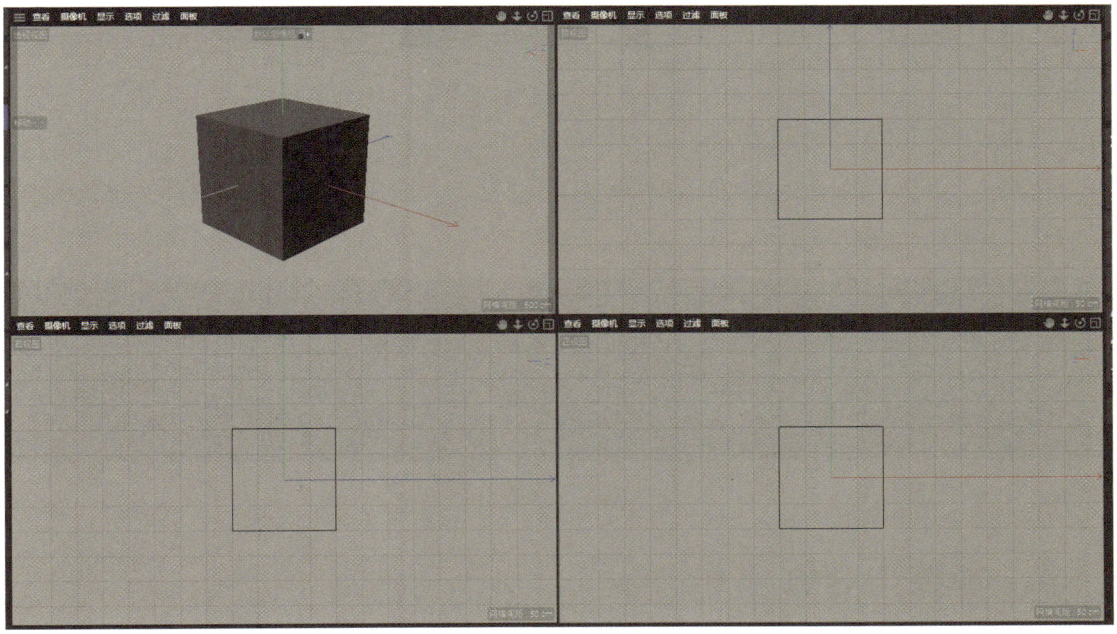

图 1-7　视图窗口

材质管理器窗口：主要用于设置材质和贴图，位于右侧工具栏的左侧。单击“材质管理器”按钮，可以打开“材质管理器”窗口；双击“材质管理器”窗口空白处，即可新建材质球（见图 1-8），双击该材质球，即可打开“材质编辑器”窗口（见图 1-9）；在该对话框中可以设置材质属性。

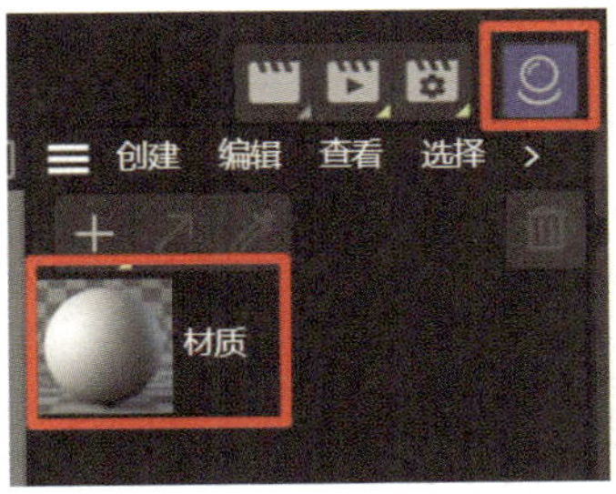

图 1-8　新建材质球

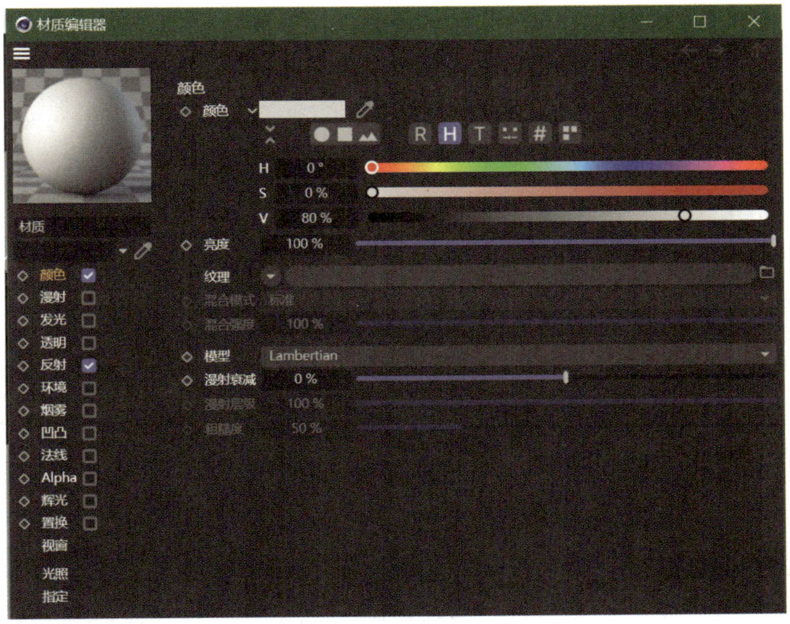

图 1-9　“材质编辑器”窗口

对象窗口：主要用于显示视图中对象的名称和标签等，以及设置对象与对象之间的层级关系。每个对象右边有两个点，双击上方的点，可将其变为红色，表示在视图中隐

藏该对象，可渲染该对象；单击右侧的，可将其变为，表示在视图中隐藏该对象，不可渲染该对象。

属性面板：用于修改对象的属性。

动画窗口：位于 Cinema 4D 界面的下方，包括自动关键帧、记录活动对象、时间轴和播放等工具，如图 1-10 所示。

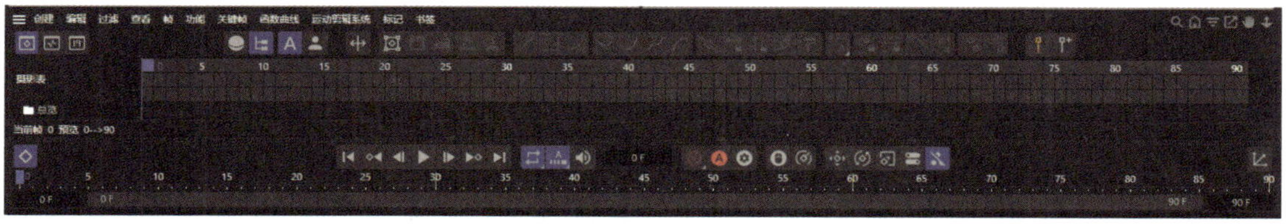

图 1-10　动画窗口

1.1.4　参数体对象

Cinema 4D 参数体建模是指在 Cinema 4D 中使用参数化方法来创建和编辑三维模型的过程。参数体建模的优势在于可以快速创建复杂的设计，提高建模效率，并且可以进行精确的分析。在 Cinema 4D 中，这种建模方法适用于创建地形、非线性建筑、雕塑等复杂形状的模型。

参数体建模通常涉及以下几个步骤。

（1）选择基本对象：Cinema 4D 提供了一系列基本对象，如胶囊、圆盘、球体等，作为建模的起点。

（2）调整参数：通过修改对象的参数（如大小、分段数等）来调整对象的形状和细节。

（3）转换为可编辑对象：在调整了对象的参数后，通常需要将其转换为可编辑对象，以便进行更复杂的编辑和定制。

参数体对象包括样条参数对象和网格参数对象，如图 1-11 所示。

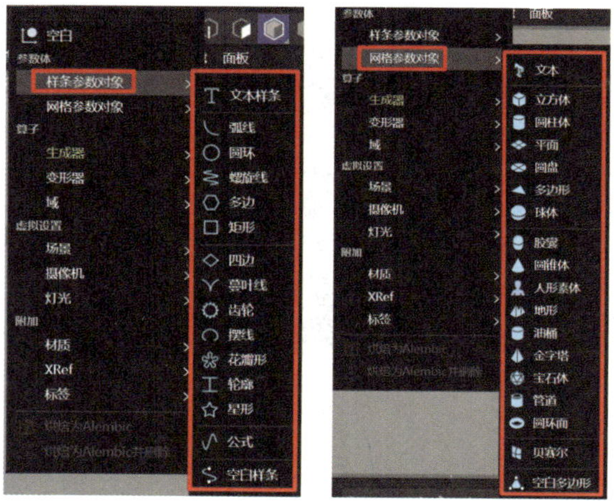

图 1-11　样条参数对象和网格参数对象

1.2　任务 1：小雪人

任务情境

《春雪》

【唐】韩愈

新年都未有芳华，
二月初惊见草芽。
白雪却嫌春色晚，
故穿庭树作飞花。

《春雪》是唐代诗人韩愈创作的一首七言绝句。此诗在平凡的场景中焕发新意，独具风采。本任务是为春雪图添加可爱的小雪人，使其更加丰富和生动，从而展现出优秀的艺术效果，小雪人效果如图 1-12 所示。

图 1-12　小雪人效果

小雪人

知识目标

能够简述添加对象的方法。

能够灵活运用透视图、顶视图、右视图、正视图调整对象的位置及大小。

技能目标

能够通过坐标标签调整对象的位置，从而搭建模型。

能够运用球体工具制作小雪人。

素质目标

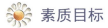

培养学生良好的操作习惯：规范、细心。

培养学生对古诗词的学习兴趣。

任务分析

运用“球体”对象制作小雪人的身体、头部、眼睛、嘴巴和纽扣；运用“圆锥体”对象制作帽子；运用“圆柱体”对象制作小雪人的小手；在“透视视图”窗口中拖动对象的控制点，或者在对象的属性面板中调整对象的大小、旋转角度和位置；通过切换四视图，更加准确、快速地调整对象的位置。

任务实施

01 制作身体及头部

打开 Cinema 4D，长按“立方体”按钮，在弹出的列表中单击“球体”按钮，新建“球体”对象，并将其命名为“身体”，在“身体”对象的属性面板（见图 1-13）中，设置“半径”为 50cm，“分段”为 50；按住 Ctrl 键，同时按住鼠标左键并沿着 *Y* 轴拖动鼠标，复制“身体”对象，以生成“身体 1”对象，并将其命名为“头部”；在“头部”对象的属性面板中，设置“半径”为 25cm，“分段”为 50；在“透视视图”窗口中，调整“头部”对象的位置，完成小雪人身体及头部的制作，效果如图 1-14 所示。

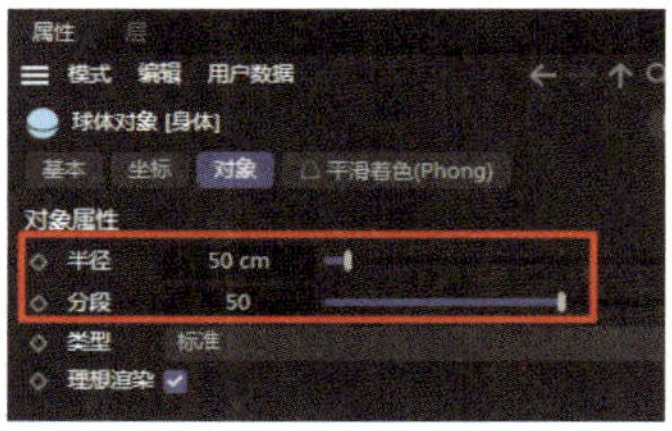

图 1-13　“身体”对象属性面板

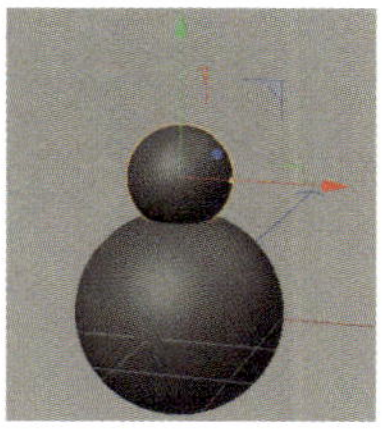

图 1-14　小雪人身体及头部效果

02 制作眼睛及嘴巴

在“对象”窗口中，选择“头部”对象，按住 Ctrl 键，同时按住鼠标左键并拖动鼠标，复制“头部”对象，以生成“头部 1”对象，并将其命名为“眼睛”，如图 1-15 所示；在“眼睛”对象的属性面板中，设置“半径”为 3cm，“分段”为 50，如图 1-16 所示；单击鼠标滚轮，分别切换到“正视图”、“顶视图”和“透视视图”窗口，拖动 *X*、*Y* 和 *Z* 轴，以调整

“眼睛”对象的位置，正视图效果如图 1-17 和顶视图效果如图 1-18 所示。

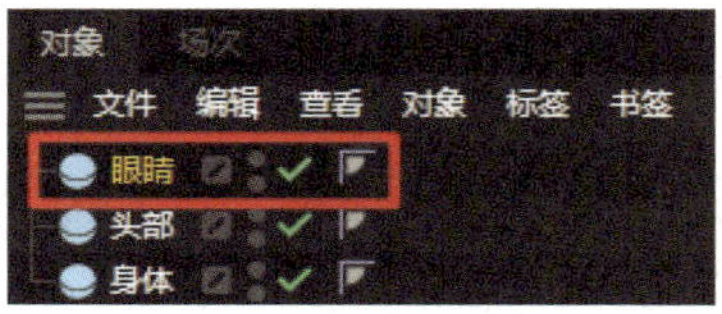

图 1-15　对象命名

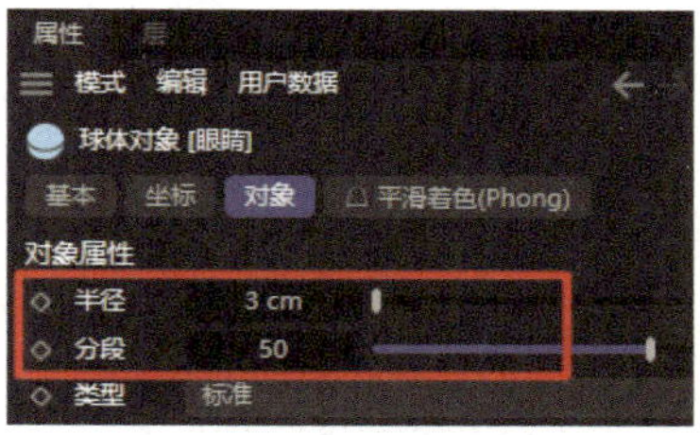

图 1-16　设置“眼睛”对象的属性参数

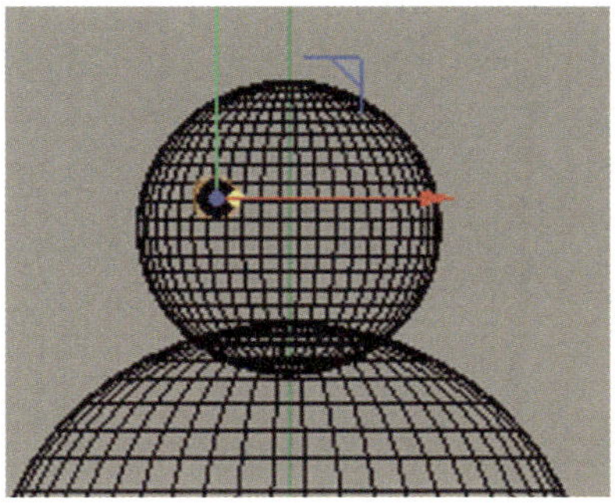

图 1-17　正视图效果 1

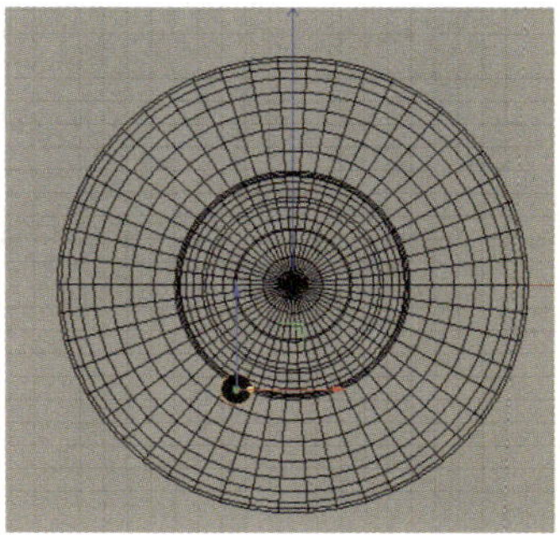

图 1-18　顶视图效果

在“正视图”窗口中，选择“眼睛”对象，按住 Ctrl 键，同时滑动鼠标滚轮，放大视图；按住 Ctrl 键，同时按住鼠标左键并沿着 *X* 轴拖动鼠标，复制“眼睛”对象，以生成“眼睛 1”对象；根据网格，将“眼睛 1”对象调整到合适的位置，如图 1-19 所示。参照相同的方法，完成嘴巴的制作。眼睛和嘴巴的效果如图 1-20 所示。

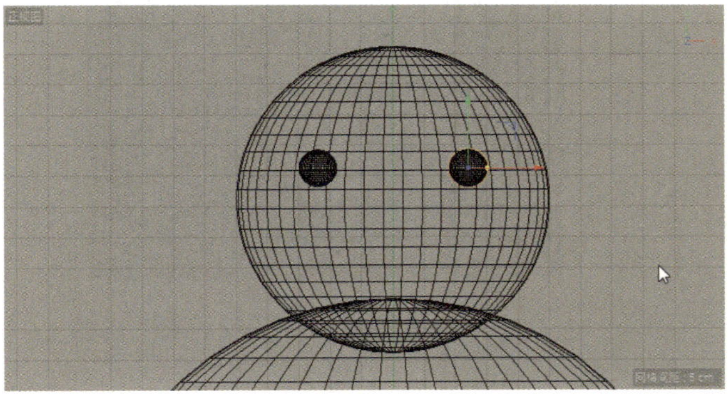

图 1-19　调整“眼睛 1”对象的位置

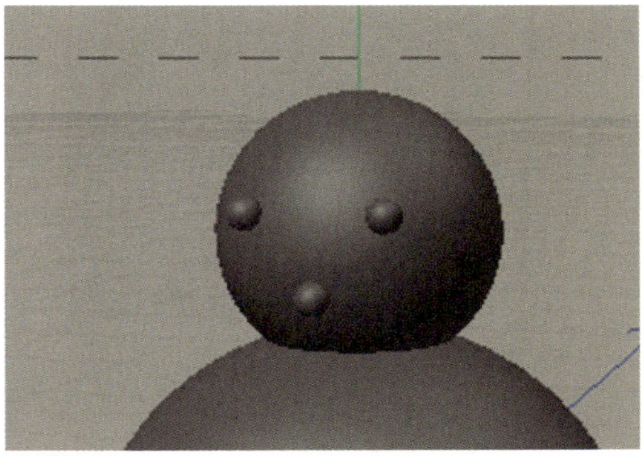

图 1-20　眼睛和嘴巴的效果

03 制作纽扣

在“对象”窗口中，选择“嘴巴”对象，在正视图中，按住 Ctrl 键，同时按住鼠标左键并沿着 *Y* 轴拖动鼠标，复制“嘴巴”对象，以生成“嘴巴 1”对象，并将其命名为“纽扣 1”。参照相同的方法，通过复制生成“纽扣 2”、“纽扣 3”和“纽扣 4”对象；通过“右视图”和“正视图”窗口调整纽扣的位置，右视图效果如图 1-21 和正视图效果如图 1-22

所示。

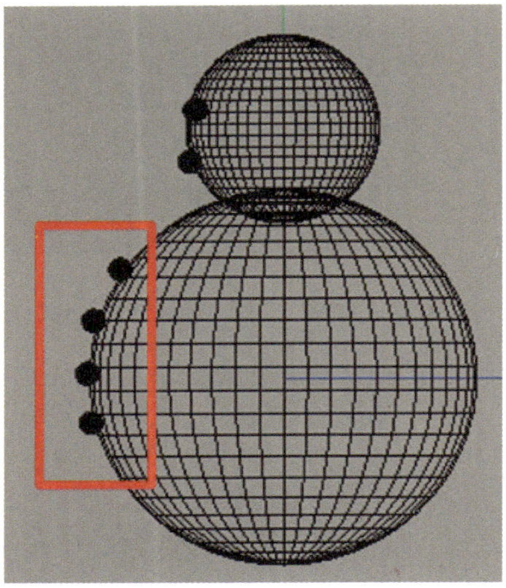

图 1-21　右视图效果

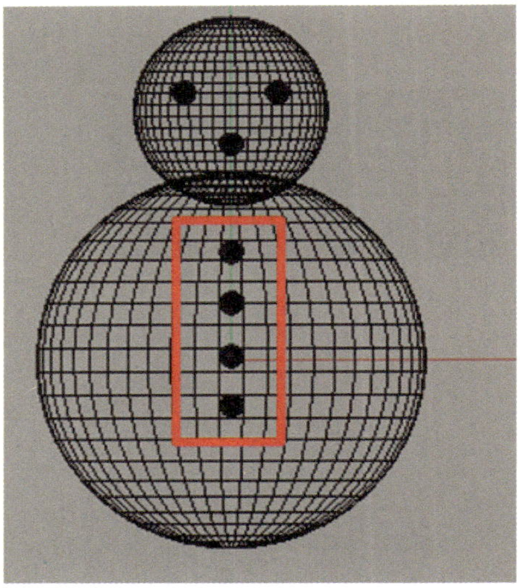

图 1-22　正视图效果 2

04 制作帽子

切换到“透视视图”窗口，长按“立方体”按钮，在弹出的列表中单击“圆锥体”按钮，新建“圆锥体”对象，并将其命名为“帽子”；选择“帽子”对象中黄色的点（圆锥体控制点，如图 1-23 所示），灵活调整其大小；在“帽子”对象的属性面板中，设置“底部半径”为 15cm，“高度”为 45cm，“高度分段”为 10，“旋转分段”为 50，如图 1-24 所示。

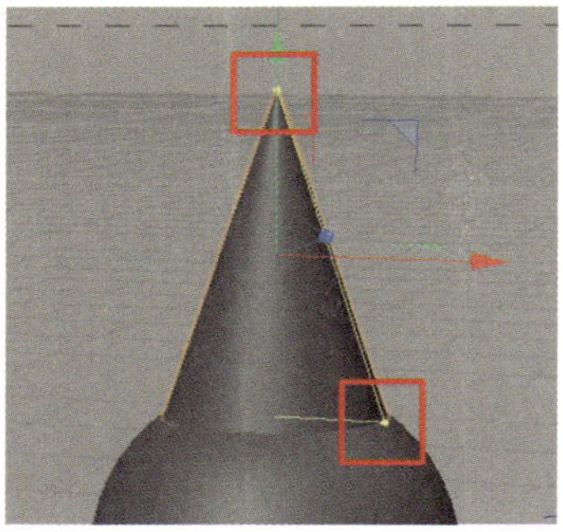

图 1-23　圆锥体控制点

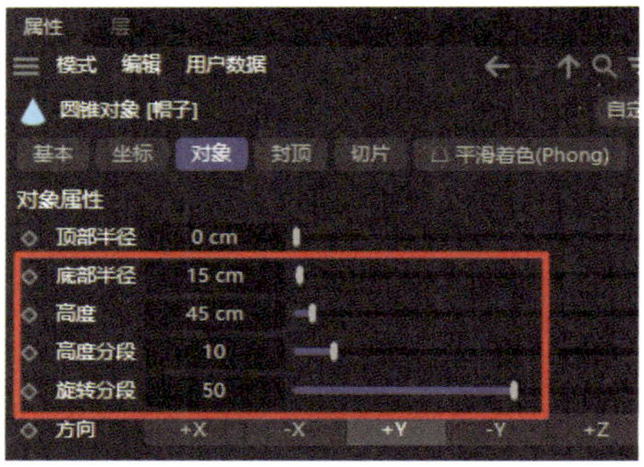

图 1-24　设置“帽子”对象的属性参数

05 制作小手

长按“立方体”按钮，在弹出的列表中单击“圆柱体”按钮，新建“圆柱体”对象，并将其命名为“右手”；选择“右手”对象的控制点，灵活调整其大小，如图 1-25 所示。

单击“旋转”按钮（快捷键为 R），长按工具栏中的“启用捕捉”按钮，在弹出的列表中单击“启用量化”按钮，如图 1-26 所示；选择 *Y* 轴方向的线圈，按住鼠标左键并拖动鼠标，使“右手”对象旋转 30°，如图 1-27 所示。

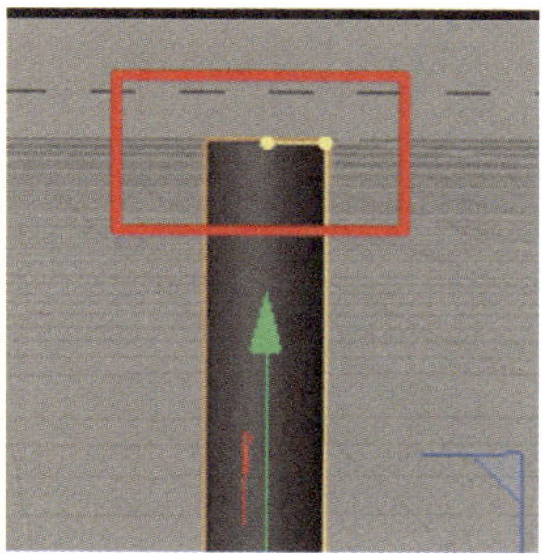

图 1-25　调整“右手”对象的大小

图 1-26　单击“启用量化”按钮

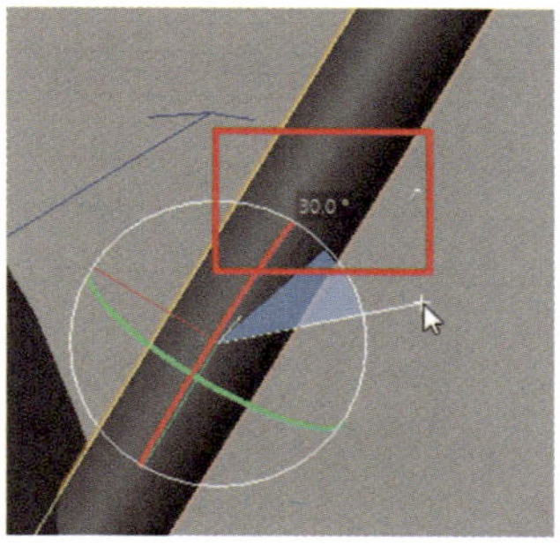

图 1-27　调整“右手”对象的角度

按 E 键，选择移动工具，将“右手”对象调整到“身体”对象的右边；按住 Ctrl 键，同时按住鼠标左键并沿着 *X* 轴拖动鼠标，复制“右手”对象，以生成“右手 1”对象，并将其命名“左手”，如图 1-28 所示；单击“旋转”按钮（快捷键为 R），选择 *Y* 轴方向的线圈，按住鼠标左键并拖动鼠标，使“左手”对象旋转-60°，如图 1-29 所示。在完成旋转后，禁用“启用量化”按钮。

提示：启用“启用量化”按钮，可以准确控制每次旋转增加 5° 的角度。当完成旋转后，应禁用“启动量化”按钮。

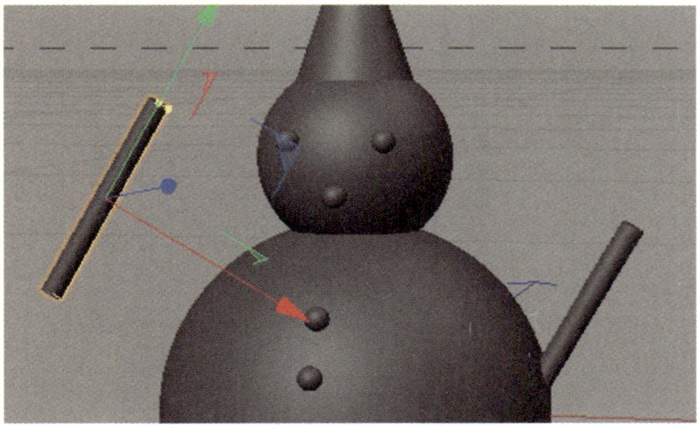

图 1-28　“左手”对象

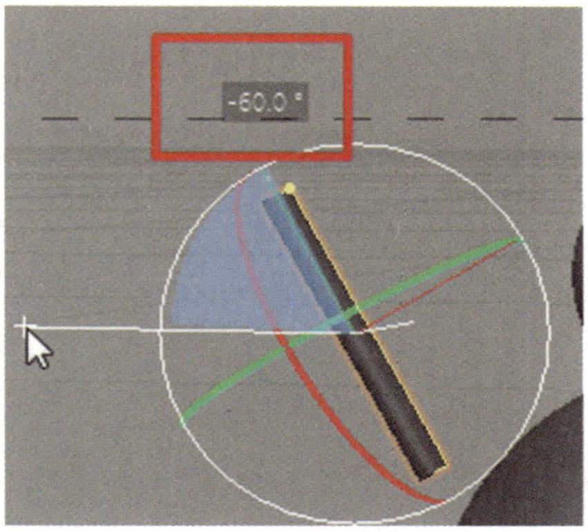

图 1-29　调整“左手”对象的角度

切换到“正视图”窗口，单击“移动”按钮，按住鼠标左键并分别沿着 *X* 轴和 *Y* 轴拖动鼠标，以调整“左手”对象的位置，如图 1-30 所示。最终完成小手的制作。

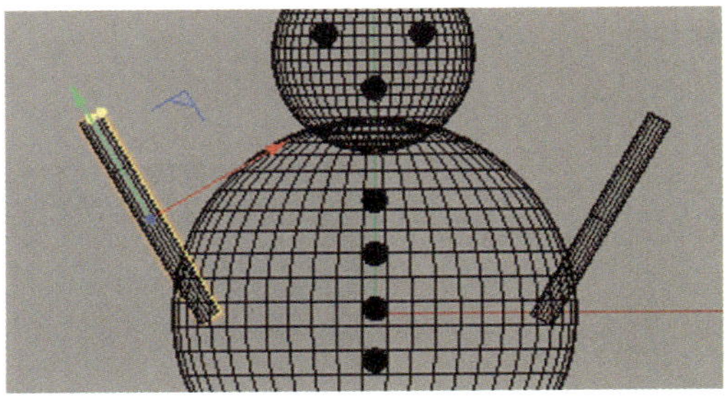

图 1-30　调整“左手”对象的位置

06 赋予材质

切换到“透视视图”窗口，单击“材质管理器”按钮，打开“材质管理器”窗口；双击“材质管理器”窗口空白处，新建材质球“材质 1”；在“材质 1”材质球的属性面板中，设置“颜色”为白色，如图 1-31 所示；将“材质 1”材质球添加到“身体”和“头部”对象中，如图 1-32 所示。参照相同的方法，新建材质球“材质 2”、“材质 3”和“材质 4”，并修改颜色，将材质球添加到相应的对象中，如图 1-33 所示。

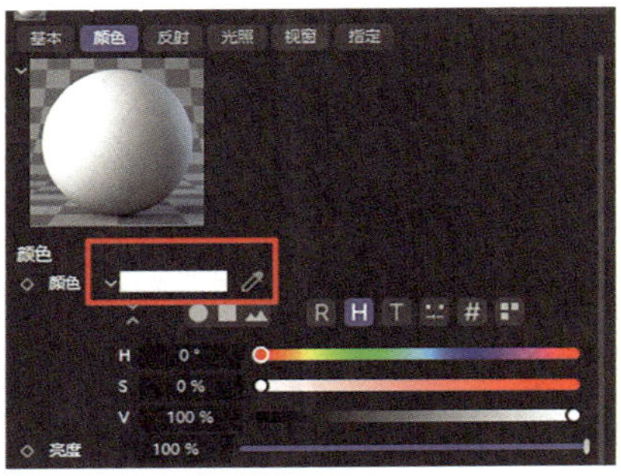

图 1-31　“材质 1”材质球的颜色

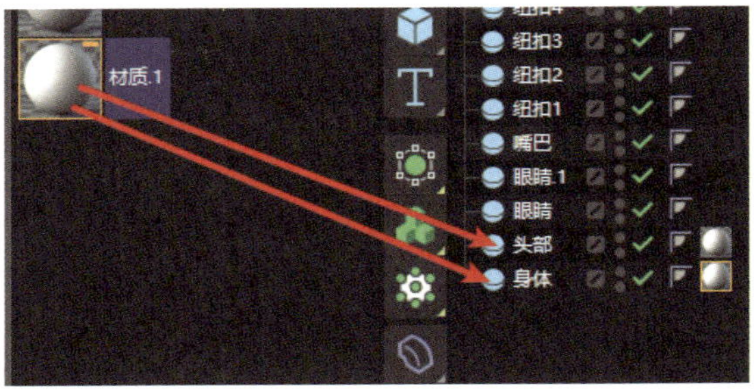

图 1-32　添加材质球

单击“渲染到图像查看器”按钮，在弹出的“图像查看器”对话框中，选择“文件”→“将图像另存为”命令，如图 1-34 所示；在弹出的“保存”对话框中，设置“格式”为 JPG（见图 1-35），单击“确定”按钮。小雪人最终效果如图 1-36 所示。

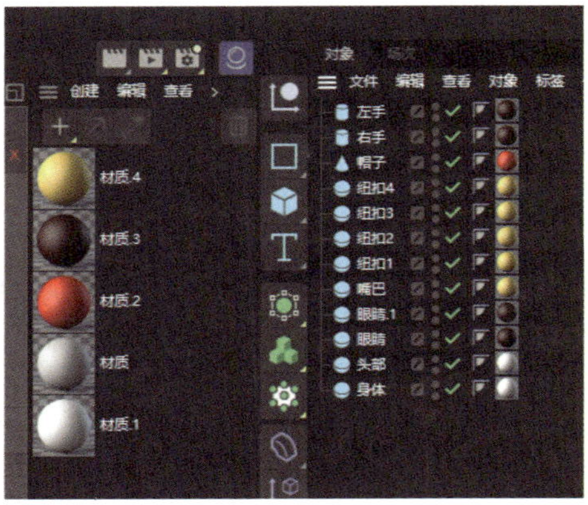

图 1-33　将材质球添加到相应的对象中

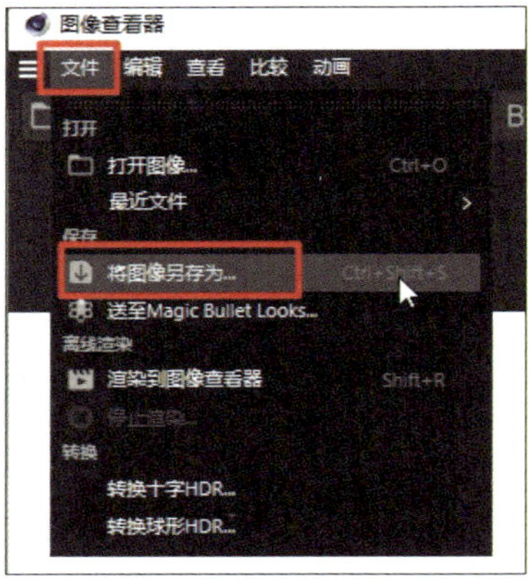

图 1-34　选择“将图像另存为”命令

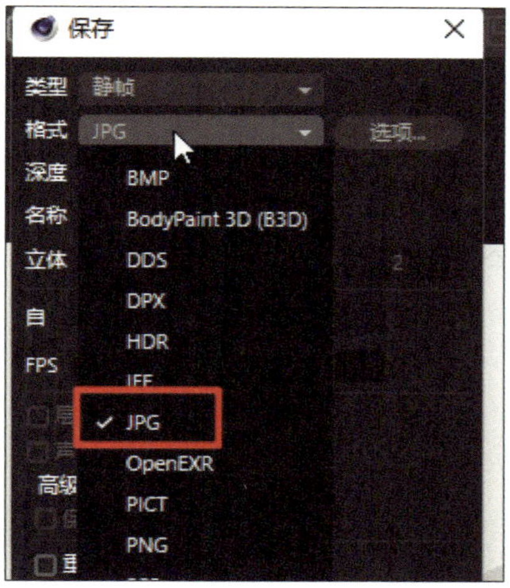

图 1-35　修改保存格式

图 1-36　小雪人最终效果

任务小结

运用“球体”对象制作小雪人的身体、头部、眼睛、嘴巴和纽扣。

运用“圆锥体”对象制作帽子，运用“圆柱体”对象制作小雪人的小手。

能够灵活切换视图，调整对象的位置，提高操作效率。

1.3　任务 2：卡通小汽车

任务情境

随着城市化进程的加快，车辆的数量迅速增加，道路运输日益繁忙。这种密集的交通流量带来了诸多挑战，包括交通拥堵、事故频发及由不文明行车行为造成的安全隐患。社会各界对交通安全的关注持续增加，呼吁采取措施提高人们的交通安全意识和文明出行习惯。文明交通、安全出行，需要我们严格遵守交通规则。本任务为在交通海报中添加小汽车三维模型，效果如图 1-37 所示。

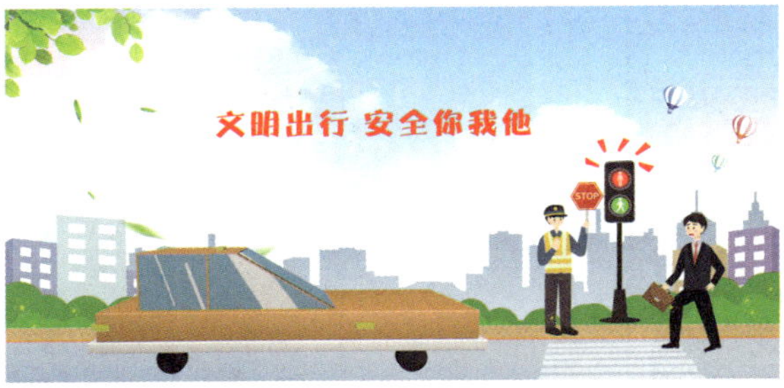

图 1-37 卡通小汽车效果

卡通小汽车

知识目标

能够简述创建和编辑对象的方法。
能够简述渲染基础参数的作用。

技能目标

能够制作简单的汽车模型。

素质目标

培养学生良好的操作习惯。
培养学生文明交通和安全出行的好习惯。

任务分析

本任务主要运用“立方体”对象制作车身，将“立方体”对象转换成可编辑对象，通过调整该对象的点、线、面实现不规则的车窗效果；运用“圆柱体”对象制作车轮；最后添加简单的材质球，并进行渲染输出。

任务实施

01 制作车身及底盘

打开 Cinema 4D，单击“立方体”按钮，新建“立方体”对象，并将其命名为“车身”；在“车身”对象的属性面板中，设置“尺寸.X”为 500cm，“尺寸.Y”为 40cm，“尺寸.Z”为 240cm，如图 1-38 所示；按住 Ctrl 键，同时按住鼠标左键并沿着 *Y* 轴拖动鼠标，复制“车身”对象，以生成“车身 1”对象，并将其命名为“底盘”；在“底盘”对象的属性面板中，设置“尺寸.X”为 520cm，“尺寸.Y”为 15cm，“尺寸.Z”为 250cm，如图 1-39

所示。车身和底盘效果如图 1-40 所示。

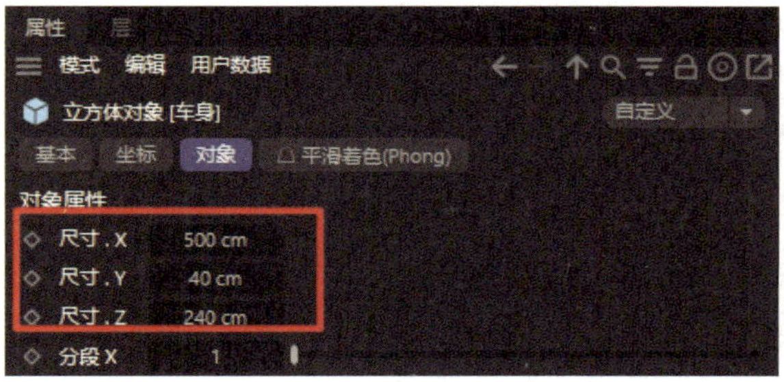

图 1-38　设置“车身”对象的属性参数

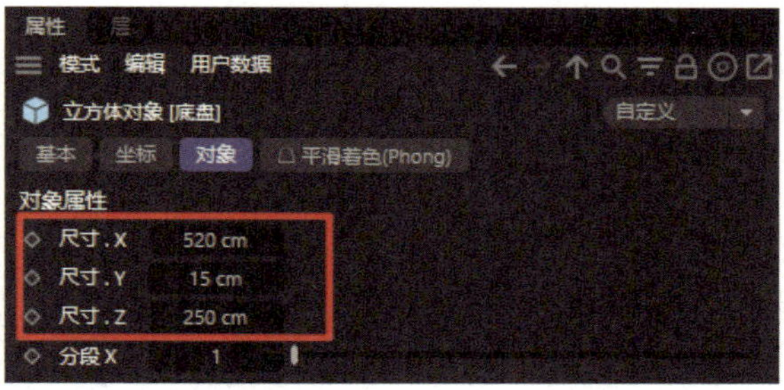

图 1-39　设置“底盘”对象的属性参数

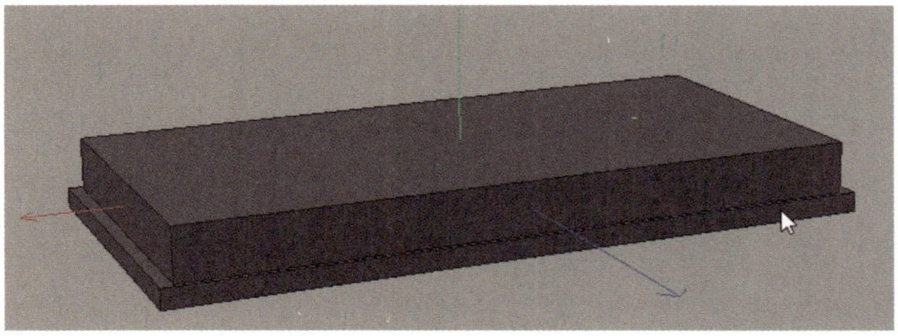

图 1-40　车身和底盘效果

02 制作车窗

单击“立方体”按钮，新建“立方体”对象，并将其命名为“车窗”；在“车窗”对象的属性面板中，设置“尺寸.X”为 240cm，“尺寸.Y”为 80cm，“尺寸.Z”为 200cm，如图 1-41 所示；通过拖动 *X* 轴、*Y* 轴和 *Z* 轴，调整“车窗”对象的位置，如图 1-42 所示。

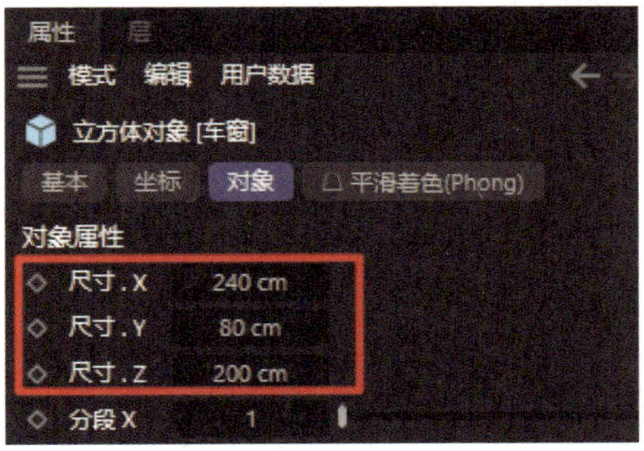

图 1-41　设置“车窗”对象的属性参数

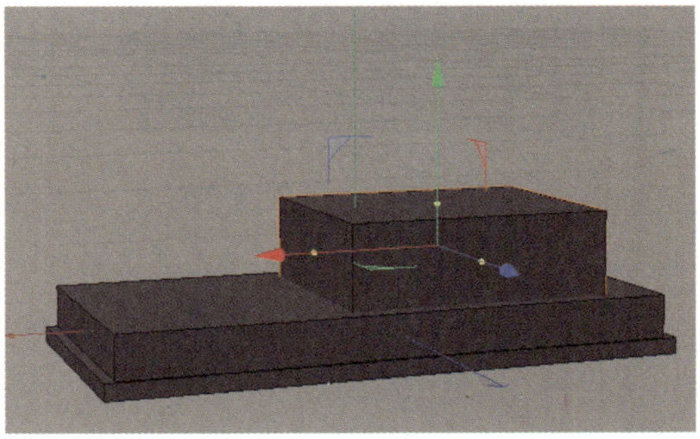

图 1-42　调整“车窗”对象的位置 1

在“透视视图”窗口中，选择“车窗”对象，单击右侧工具栏中的“转为可编辑对象”按钮，将其转换成可编辑对象（快捷键为 C）；单击工具栏中的“坐标系统”按钮，单击“边”按钮，切换到“边”模式，选择“车窗”对象左上方的边，按住鼠标左键并沿着 *X* 轴向反方向（坐标箭头的反方向）拖动鼠标，将“车窗”对象调整至合适的位置，如图 1-43 所示。

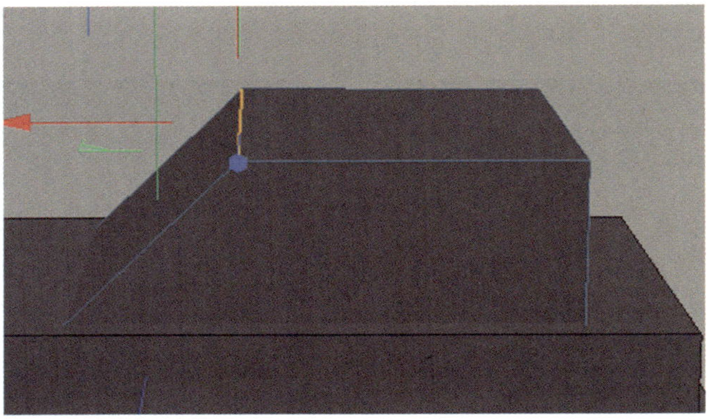

图 1-43　调整“车窗”对象的位置 2

单击工具栏中的“模型”按钮，在“透视视图”窗口中，按住 Ctrl 键，同时按住鼠标左键并沿着 *X* 轴拖动“车窗”对象，复制“车窗”对象，以生成“车窗 1”对象，并将其命名为“前车窗”；单击“缩放”按钮（快捷键为 T），拖动“前车窗”对象，以修改其大小，单击“移动”按钮，调整“前车窗”对象的位置，如图 1-44 所示。参照相同的方法制作侧前窗，效果如图 1-45 所示。单击工具栏中的“多边形”按钮，切换到“面”模式，选择“侧前窗”对象后面的面，拖动 *X* 轴，使该面往前移动，如图 1-46 所示。新建“立方体”对象，将其命名为“侧后窗”，并修改其大小及位置，效果如图 1-47 所示。

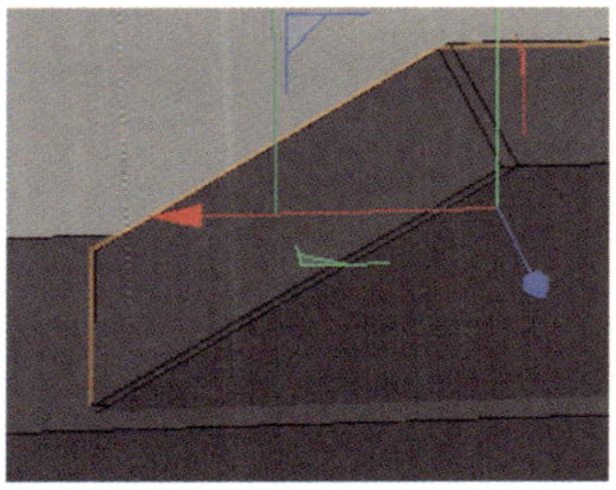

图 1-44　调整“前车窗”对象的大小及位置

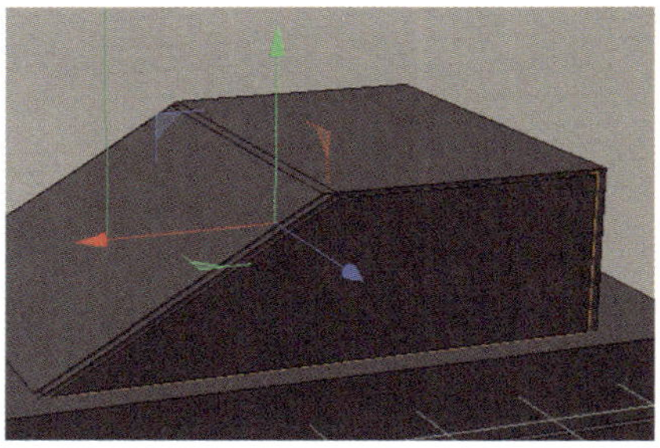

图 1-45　侧前窗效果

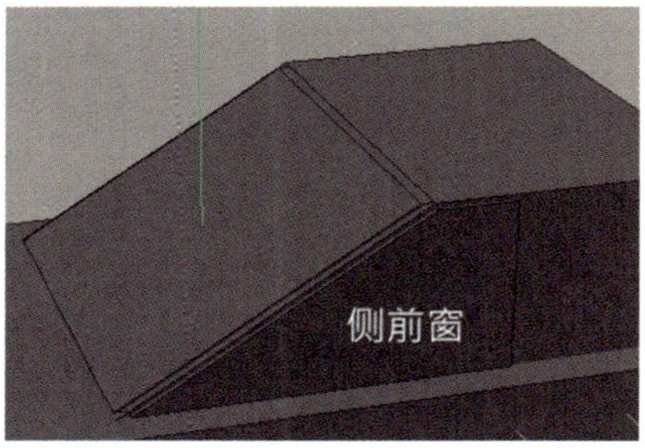

图 1-46　调整“侧前窗”对象

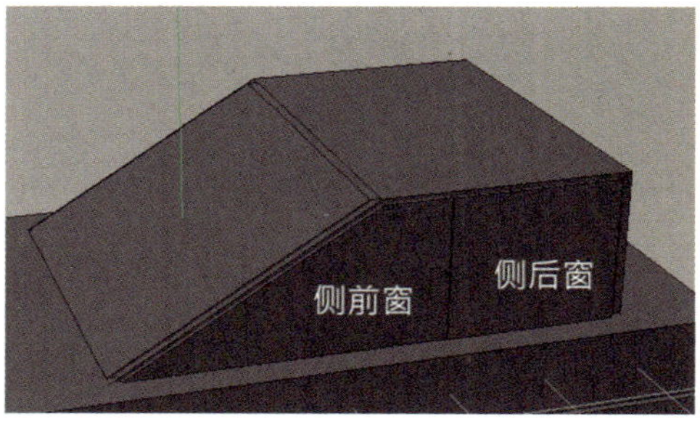

图 1-47　侧后窗效果

03 制作车轮

长按“立方体”按钮，在弹出的列表中单击“圆柱体”按钮，新建“圆柱体”

对象，并将其命名为“车轮”；在“车轮”对象的属性面板中，设置“旋转分段”为 50；单击“旋转”按钮（快捷键为 R），长按工具栏中“启用捕捉”按钮，在弹出的列表中单击“启用量化”按钮；选择 *X* 轴方向的线圈，通过拖动将其旋转 90°，以调整“车轮”对象的角度，如图 1-48 所示；单击“移动”按钮，选择“车轮”对象上的控制点，将其调整到合适的大小，并移动到底盘的下方，如图 1-49 所示；按住 Ctrl 键，同时按住鼠标左键并拖动鼠标，复制“车轮”对象，以生成“车轮 1”对象。参照相同的方法，生成“车轮 2”和“车轮 3”对象；通过“顶视图”窗口调整 4 个车轮的位置，如图 1-50 所示。“对象”窗口图层分布如图 1-51 所示。

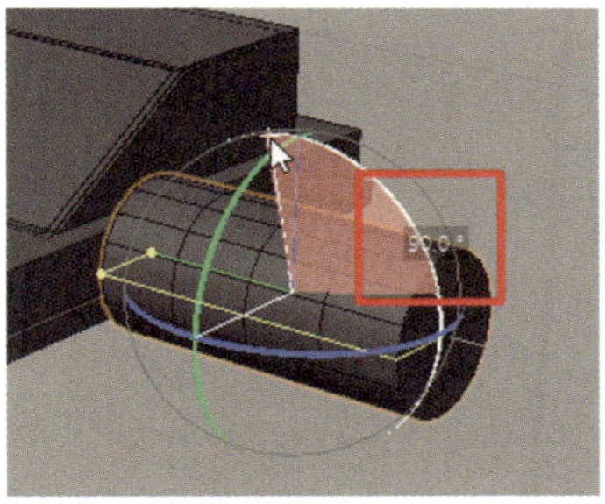

图 1-48　调整“车轮”对象的角度

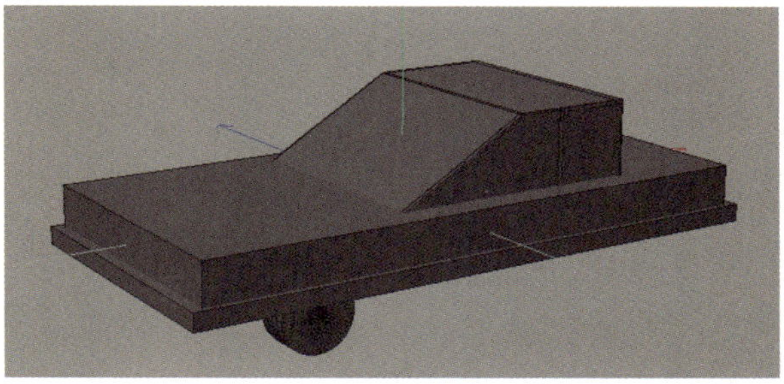

图 1-49　调整“车轮”对象的大小及位置

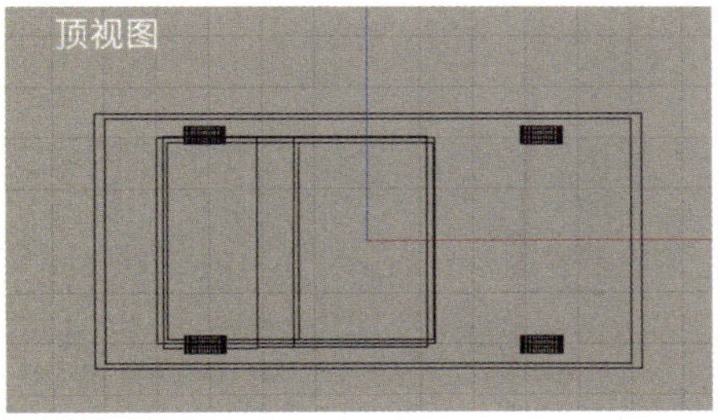

图 1-50　顶视图车轮的位置

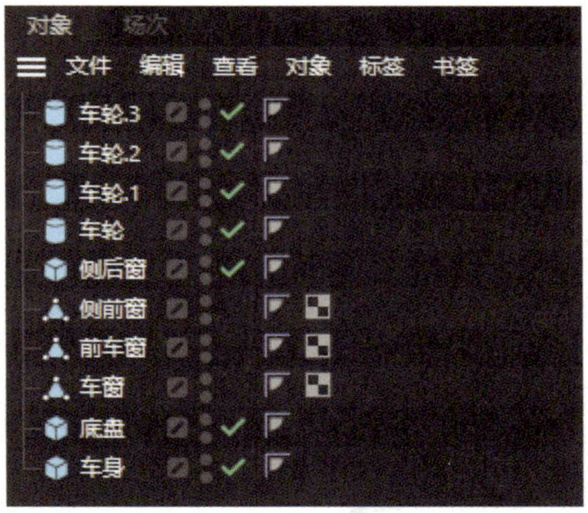

图 1-51　“对象”窗口图层分布

04 制作车灯及车牌

长按“立方体”按钮，在弹出的列表中单击“圆柱体”按钮，新建“圆柱体”对象，并将其命名为“车灯”；参照制作车轮的方法，调整“车灯”对象的旋转角度、半径、高度、旋转分段及位置；切换到“顶视图”窗口，复制出一个“车灯”对象，并将其调整到合适的位置，完成车灯的制作。

单击“立方体”按钮，新建“立方体”对象，并将其命名为“车牌”；调整“车牌”对象的大小及位置，完成车牌的制作。参照相同的方法，制作其余车灯和车牌，效果如图 1-52 所示。

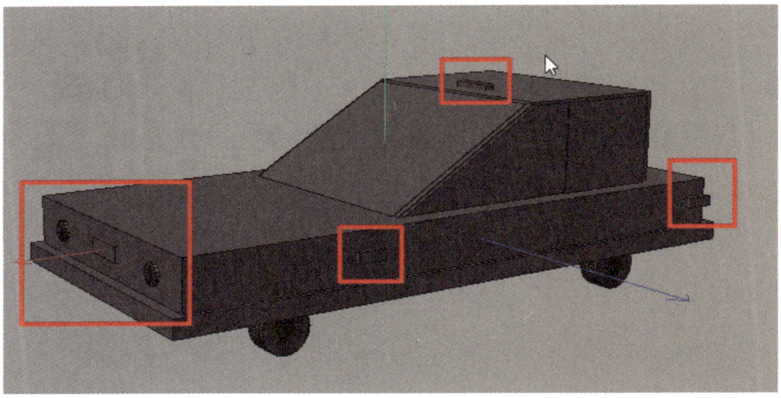

图 1-52　车灯和车牌效果

05 赋予材质

单击“材质管理器”按钮，打开“材质管理器”窗口；双击“材质管理器”窗口空白处，新建 6 个材质球，分别将其命名为“黑色”、“灰色”、“白色”、“蓝色”、“黄色”和“前车窗”，如图 1-53 所示。为前车窗、侧前窗和侧后窗添加纹理，双击“前车窗”材质球，打开“材质编辑器”窗口，勾选“颜色”复选框，在“颜色”通道属性面板中，单击“纹理”属性中的“工程”按钮，弹出“加载文件”对话框，添加“车窗纹理.png”图片，参数如图 1-54 所示。

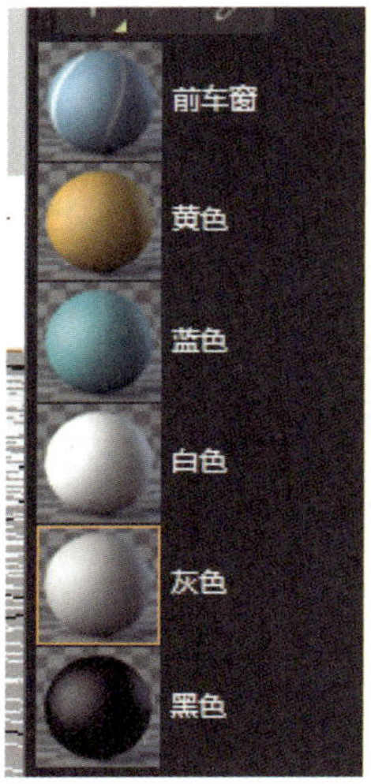

图 1-53　6 个材质球

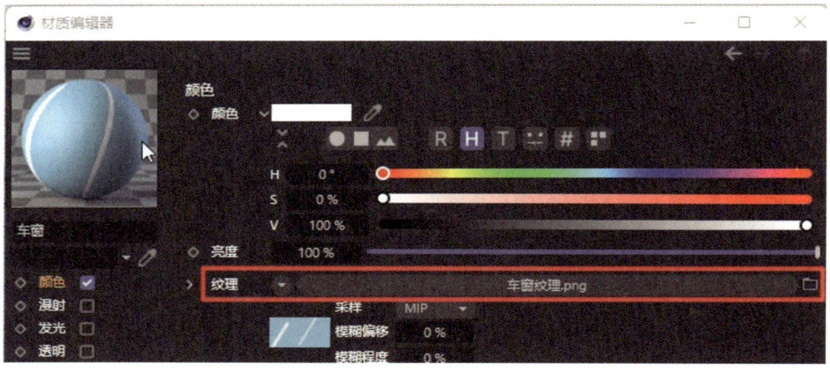

图 1-54　“前车窗”材质球的属性参数

06 渲染输出

单击“天空”按钮，新建“天空”对象，长按“天空”按钮，在弹出的列表中单击“地板”按钮，新建“地板”对象，拖动 Y 轴，使其移动到车轮的下方，如图 1-55 所示；分别将“白色”和“灰色”材质球添加到“天空”及“地板”对象中，“前车窗”、“黄色”、“蓝色”和“黑色”材质球添加到相应的对象中，如图 1-56 所示。

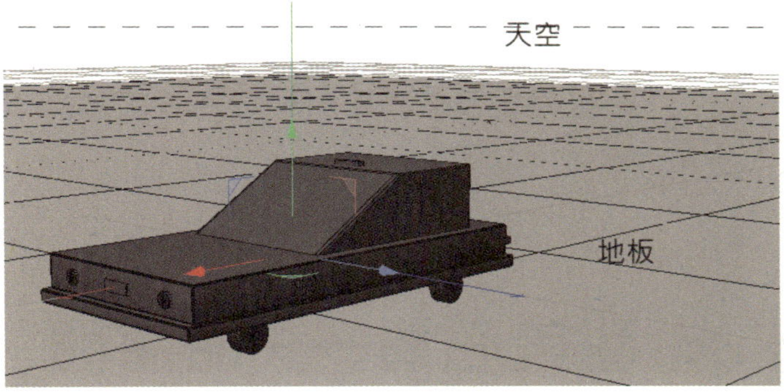

图 1-55　添加“天空”和“地板”对象

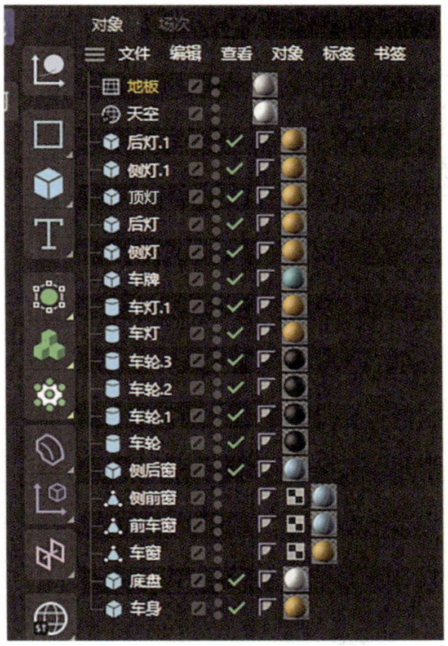

图 1-56　添加材质球

单击“编辑渲染设置”按钮，在弹出的“渲染设置”对话框中单击“效果”按钮 效果... ，在弹出的列表中选择“全局光照”命令，再次单击“效果”按钮，在弹出的列表中选择“环境吸收”命令，如图 1-57 所示；单击“渲染到图像查看器”按钮，在弹出的“图像查看器”对话框中，选择“文件”→“将图像另存为”命令，在弹出的“保存”对话框中，设置“格式”为 JPG，单击“确定”按钮。卡通小汽车最终效果如图 1-58 所示。

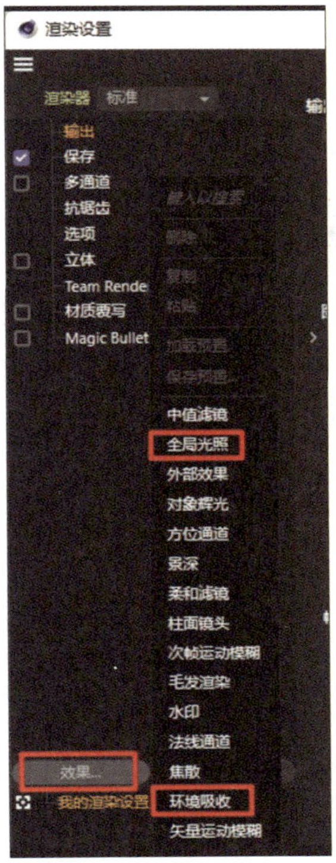

图 1-57　添加“全局光照”和“环境吸收”效果

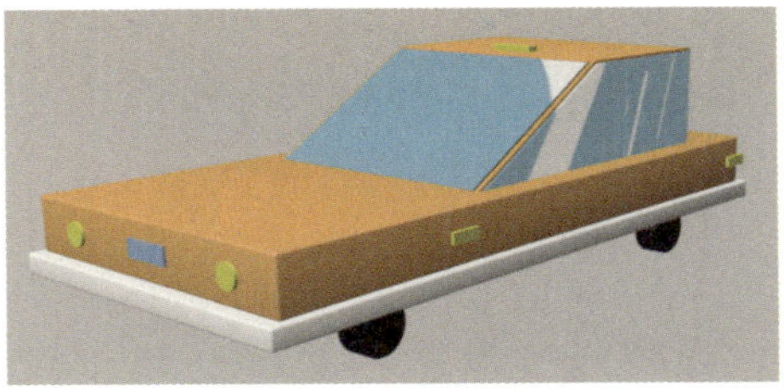

图 1-58　卡通小汽车最终效果

任务小结

使用“立方体”对象制作车身。

将“立方体”对象转换成可编辑对象，调整边的位置，制作车窗。

使用纹理图片进行贴图。

添加“全局光照”和“环境吸收”效果，改变场景环境。

1.4 任务3：甜美心情——甜甜圈

任务情境

甜品通常是情绪的加油站，细腻地治愈着内心，是广告的常用素材之一。不同口味的甜甜圈有着不同的风味，从香甜可口的基础款到创意无限的特色款，总有一款能触动你的味蕾。本任务为完成甜甜圈的制作，效果如图1-59所示。

图1-59　甜甜圈效果

甜美心情——甜甜圈

学习目标

能够简述参数体建模的方法和技巧。

能够简述克隆工具的作用。

技能目标

能够通过参数体建模制作甜甜圈上的奶油。

能够通过克隆工具制作甜甜圈上的糖豆。

素质目标

培养学生耐心和细心的职业习惯。

任务分析

运用“圆环面”对象制作甜甜圈的主体部分；删除“圆环面”对象中的面，制作奶油；运用运动图形中的克隆工具，制作甜甜圈上的糖豆。

任务实施

01 制作甜甜圈上的奶油

打开 Cinema 4D，长按“立方体”按钮，在弹出的列表中单击“圆环面”按钮，新建“圆环面”对象，如图 1-60 所示。在“对象”窗口中，按住 Ctrl 键，同时按住鼠标左键并拖动“圆环面”对象，复制“圆环面”对象，以生成“圆环面 1”对象，并将其命名为“奶油”，将“圆环面”对象隐藏，如图 1-61 所示。

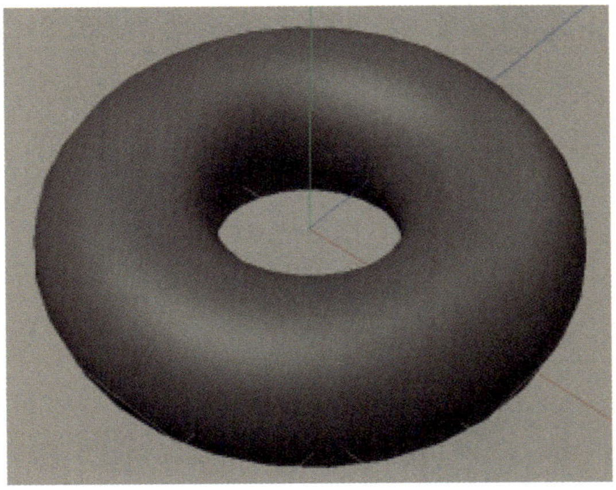

图 1-60　新建“圆环面”对象

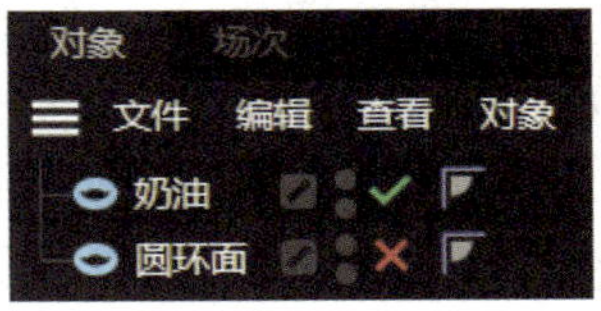

图 1-61　隐藏“圆环面”对象

按快捷键 N+B，切换到“光影着色（线条）”模式，在“透视视图”窗口中，选择“奶油”对象并右击，在弹出的快捷菜单中选择“转为可编辑对象”命令；在工具栏中，单击“多边形”按钮，切换到“面”模式；按 0 键，切换到框选工具；按 F4 键，切换到“正视图”窗口，框选底部的 3 层面（见图 1-62），按 Delete 键，将选择的面删除；按 F1 键，切换到“透视视图”窗口，单击“实时选择”按钮，分别选择“奶油”对象中需要删除的面，并按 Delete 键进行删除，如图 1-63 所示。

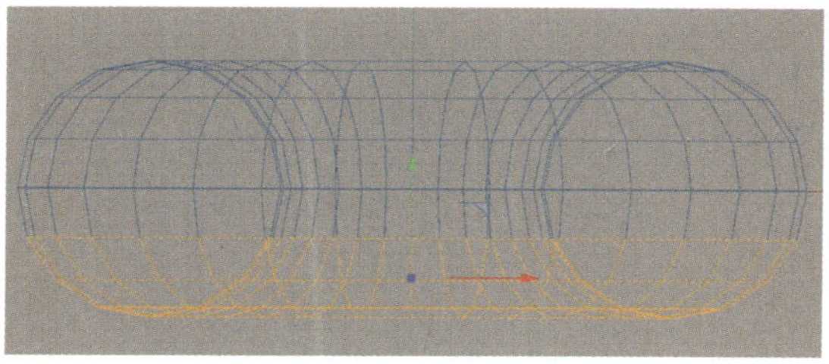

图 1-62　框选底部的 3 层面

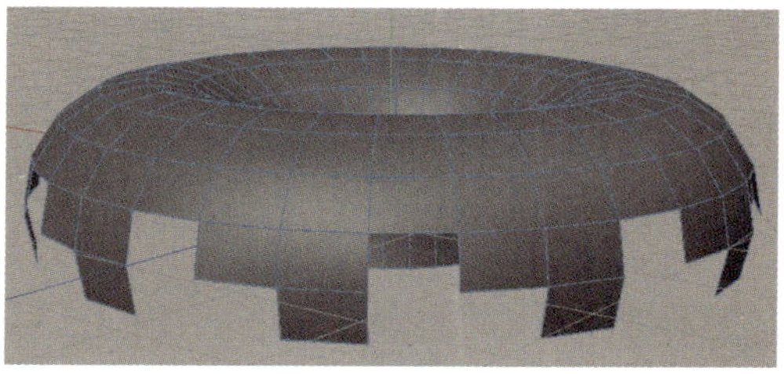

图 1-63　删除部分面

单击“框选”按钮，框选“奶油”对象的所有面，右击“透视视图”窗口空白处，在弹出的快捷菜单中选择“挤压”命令，按住鼠标左键并向右拖动鼠标，挤压出合适的厚度，如图 1-64 所示；按住 Alt 键，同时单击“细分曲面”按钮，新建“细分曲面”对象，将“挤压”对象作为“细分曲面”对象的子级。添加细分曲面效果如图 1-65 所示。

在“对象”窗口中，选择“细分曲面”对象并右击，在弹出的快捷菜单中选择“连接对象+删除”命令；按快捷键 N+A，切换到“光影着色”模式，如图 1-66 所示；在“对象”窗口中，将“圆环面”对象设置为可见。奶油甜甜圈效果如图 1-67 所示。

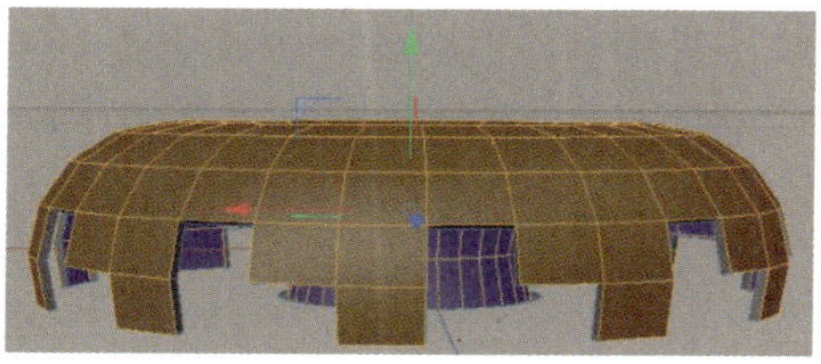

图 1-64　挤压出合适的厚度

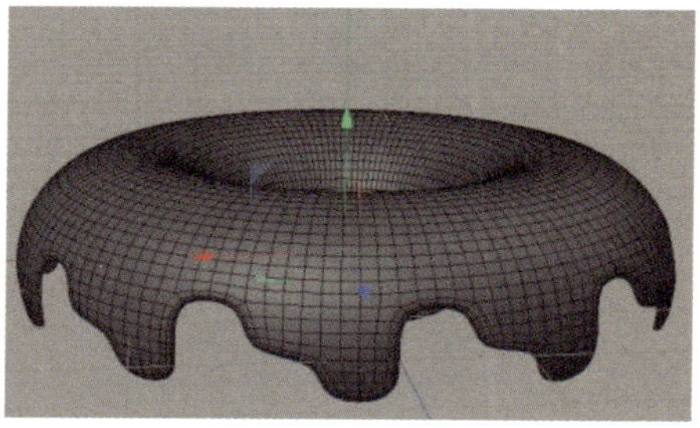

图 1-65　添加细分曲面效果

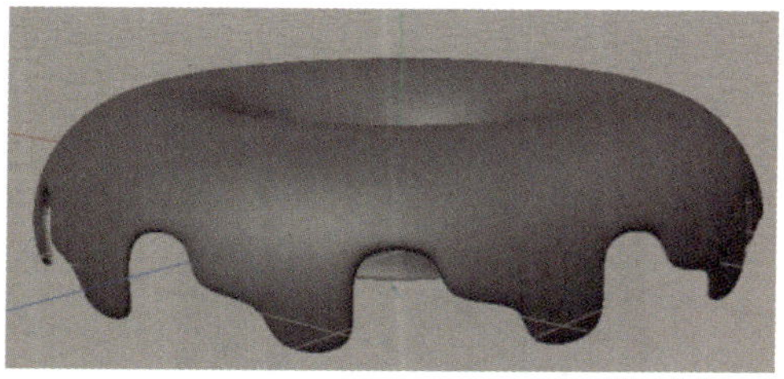

图 1-66　“光影着色”模式

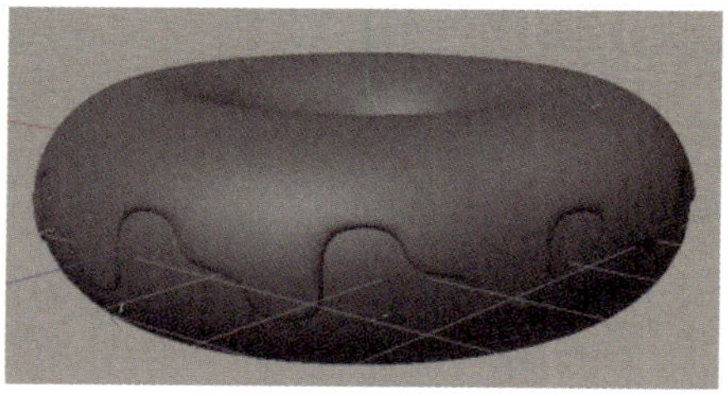

图 1-67　奶油甜甜圈效果

02 制作甜甜圈上的糖豆

长按“立方体”按钮，在弹出的列表中单击“胶囊”按钮，新建“胶囊”对象；长按“立方体”按钮，在弹出的列表中单击“球体”按钮，新建“球体”对象；在“对象”窗口中，选择“胶囊”对象，在其属性面板中设置“半径”为 1cm，“高度”为 15cm，如图 1-68 所示；选择“球体”对象，在其属性面板中设置“半径”为 2cm，如图 1-69 所示；选择“球体”对象，按住 Alt 键，同时单击“克隆”按钮，新建“克隆”对象，将“球体”

对象作为“克隆”对象的子级；拖动“胶囊”对象，将“胶囊”对象作为“克隆”对象的子级，如图 1-70 所示，效果如图 1-71 所示。

在“对象”窗口中，选择“克隆”对象，在其属性面板中设置“模式”为对象，“种子”为 1234558，“数量”为 100；在“对象”窗口中，选择“细分曲面”对象，将其拖动到“对象”选项卡的“对象”属性中，如图 1-72 所示。糖豆效果如图 1-73 所示。

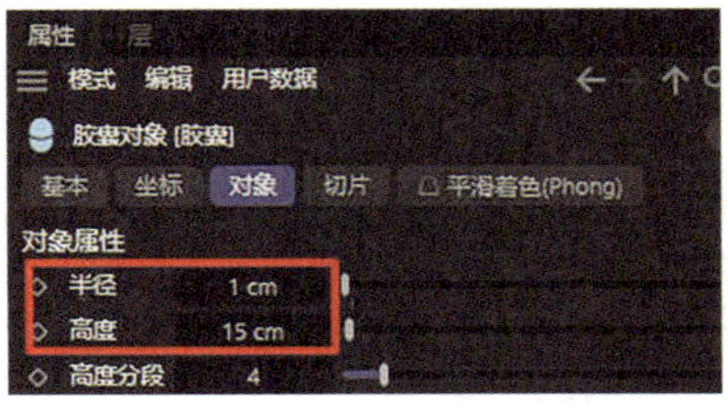

图 1-68　设置“胶囊”对象的属性参数

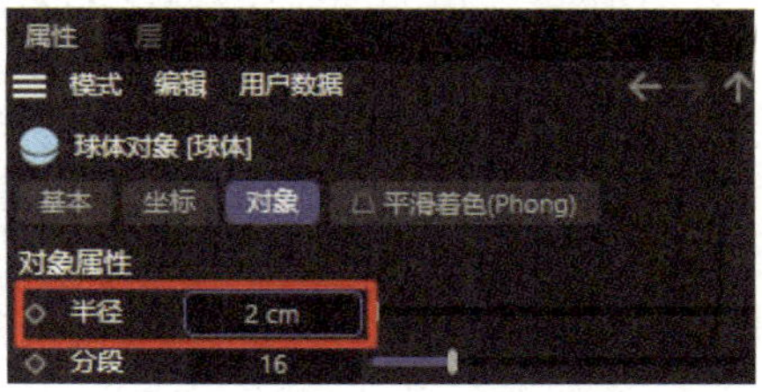

图 1-69　设置“球体”对象的属性参数

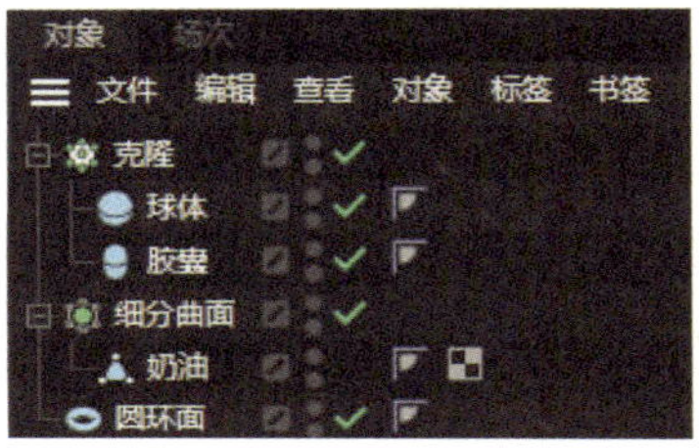

图 1-70　添加子级

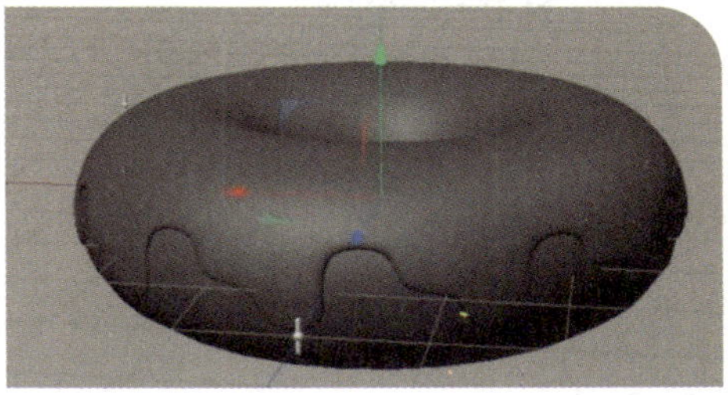

图 1-71　克隆效果

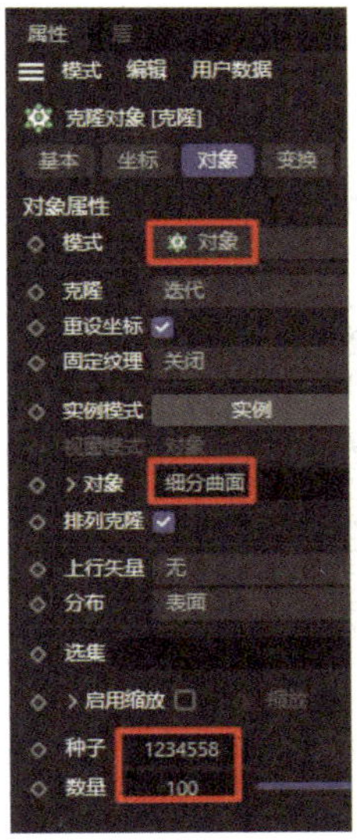

图 1-72　“克隆”对象属性

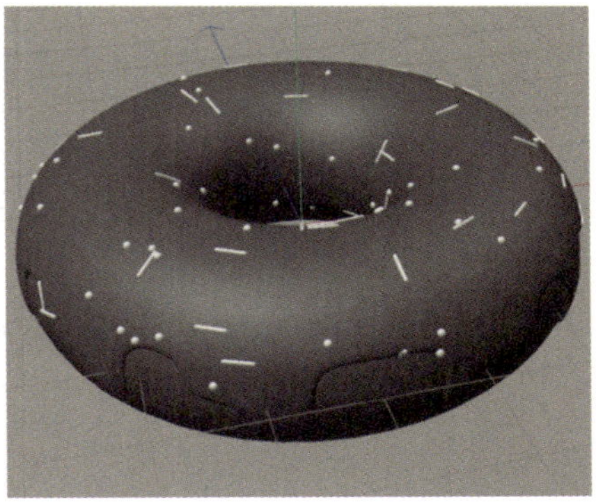

图 1-73　糖豆效果

03 赋予材质

单击“材质管理器”按钮，打开“材质管理器”窗口，双击“材质管理器”窗口空白处，新建材质球“材质”，在“材质”材质球的“颜色”通道属性面板中，设置“颜色”

为粉色；将“材质”材质球添加到“对象”窗口中的“细分曲面”对象中。参照相同的方法新建材质球“材质 1”“材质 2”、“材质 3”、“材质 4”和“材质 6”，先修改它们的颜色，再将其添加到相应的对象中，如图 1-74 所示，效果如图 1-75 所示。

图 1-74　赋予材质

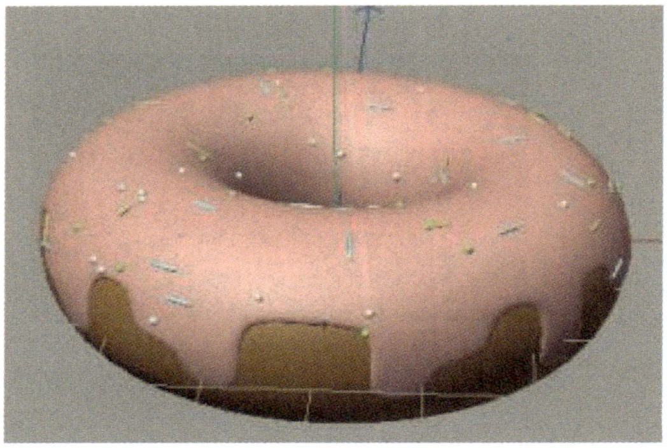

图 1-75　添加材质后的效果

04 渲染输出

在“对象”窗口中，选择所有对象，按快捷键 Alt+G，新建“空白”对象，按住 Ctrl 键，同时按住鼠标左键并拖动鼠标，复制“空白”对象，以生成“空白 1”对象；为“空白 1”对象中的子级添加新的材质球；在“透视视图”窗口中，调整“空白 1”对象的大小、位置和方向。

单击“天空”按钮，添加“天空”对象，将“材质 4”材质球添加到“对象”窗口中的“天空”对象中；单击“渲染到图像查看器”按钮，在弹出的“图像查看器”对话框中，将文件另存为 JPG 格式。甜甜圈最终效果如图 1-76 所示。

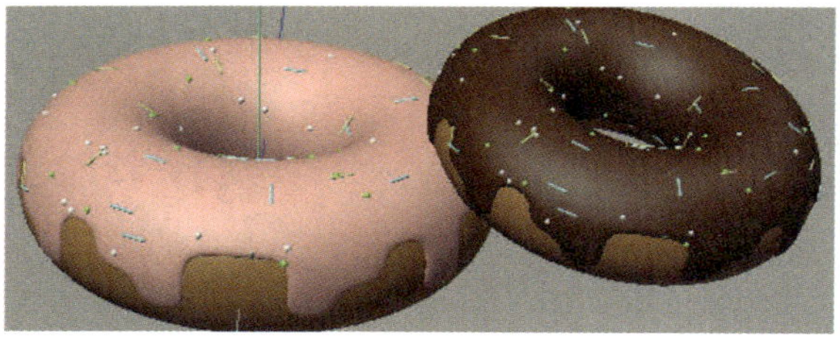

图 1-76　甜甜圈最终效果

任务小结

运用参数体建模完成甜甜圈上奶油的制作。

运用克隆工具完成甜甜圈上糖豆的制作。

模块拓展

一、理论题

1. 将对象转换成可编辑对象的快捷键是（　　）。

A. C　　B. Shift+C　　C. Ctrl+C　　D. Alt+C

2. 旋转视图的快捷键是（　　）。

A. Ctrl+鼠标左键　　B. Ctrl+鼠标滚轮

C. Alt+鼠标左键　　D. Alt+鼠标滚轮

3. 旋转的快捷键是（　　）。

A. W　　B. E　　C. T　　D. R

4. 编组的快捷键是（　　）。

A. Alt+A　　B. Alt+G　　C. Shift+G　　D. Shift+C

5. 快速设置背景图像的快捷键是（　　）。

A. Shift+W　　B. Shift+G　　C. Shift+C　　D. Shift+V

二、实践创新

完成显示器建模，效果如图 1-77 所示。

图 1-77　显示器效果

模块 2　生成器建模

模块导读

生成器建模结合了艺术与数学的原理，通过样条到网格建模和造型工具建模为三维设计师提供一个强大且灵活的平台，从而使其能够创造出各种各样的三维对象。掌握这些技能，将极大地提升我们的建模能力和创造力。

样条到网格建模：主要依赖样条几何学，通过定义曲线（样条）并对其进行操作（如扫描、挤压或放样）来生成三维网格。这种方法适用于创建复杂曲面和有机形状。

造型工具建模：这类工具允许用户直接操作模型的顶点、边和面，通过推拉、雕刻、平滑等操作来塑造和编辑模型的形状。这种方法适用于精细的手工雕刻和局部形状调整。

模块目标

知识目标

能够简述生成器建模包括哪些模块。

能够简述常用造型工具的类型及作用。

技能目标

能够根据需求选择建模方法。

能够完成盖碗茶杯、艺术花瓶和国货品牌宣传标题的制作。

能够使用造型工具完成简易计算器、手持小风扇和“正青春”场景的制作。

素质目标

培养学生中华优秀传统文化的数字创新能力，提升他们的文化自信。

培养学生严谨细致的工作态度和学习态度。

2.1　样条到网格建模

2.1.1　样条到网格建模概述

样条到网格建模是三维计算机图形学中的一种建模技术，它可以使用样条曲线（如贝塞尔曲线或 NURBS 曲线）来创建平滑的表面，并将这些表面转换为网格，即由顶点、边和面组成的三维对象。这种技术在工业设计、汽车设计、船舶设计、游戏资产制作等领域非常流行。

样条曲线是一种可以随意变换形状的曲线，可以记录二维和三维空间的形态，适用于制作动画和构建模型等。样条曲线工具组内置了样条画笔、草绘等自制样条曲线工具，如图 2-1 所示。

1．样条到网格建模步骤

创建样条：用户先定义一系列控制点，软件会根据这些点生成一条平滑的曲线。这条曲线可以是开放的，也可以是封闭的，形成闭环。

调整曲线：通过移动控制点或调整其他属性（如张力、连续性等）可以精确调整曲线的形状。

生成表面：一旦得到满意的曲线，就可以通过挤压、旋转、放样或扫描等工具（见图 2-2）将曲线转换为一个或多个表面。例如，将一个圆形曲线沿着一条路径曲线进行放样，可以创建一个管状物体。

图 2-1　自制样条曲线工具

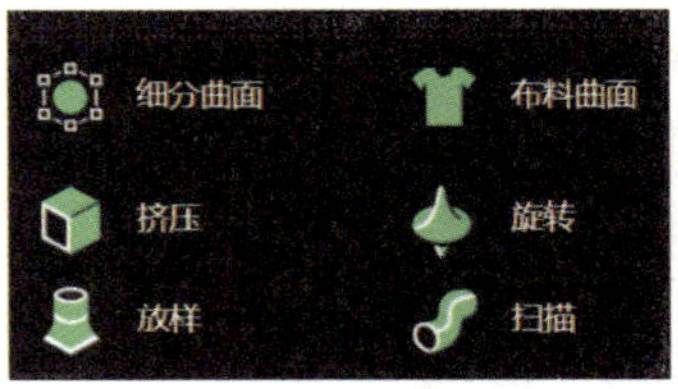

图 2-2　曲线工具组

将表面转换为网格：生成的表面通常是参数化的，这意味着它们由数学公式定义。为了进行进一步的编辑和渲染，需要将这些表面转换为多边形网格。这个过程被称为曲面细分或网格化。

编辑网格：对转换后的网格进行进一步的编辑，如移动顶点、切割边缘、合并面等，以满足模型设计的具体要求。

应用材质和纹理：为了得到更加真实的视觉效果，需要为模型添加材质和纹理，包括选择合适的颜色、反光度、透明度等属性。

2. 曲线工具组的使用方法

下面以挤压工具为例，介绍曲线工具组的使用方法。挤压工具需要结合样条曲线才能绘制出具体的形状，将样条曲线作为子级来生成具体的模型。例如，长按“矩形”按钮，在弹出的列表中单击“弧线”按钮，新建“弧线”对象（见图 2-3），按住 Alt 键，同时长按“细分曲面”按钮，在弹出的列表中单击“挤压”按钮，新建“挤压”对象（挤压工具），将“挤压”对象作为“弧线”对象的父级（见图 2-4），即可将弧线转换为弧面模型，如图 2-5 所示。

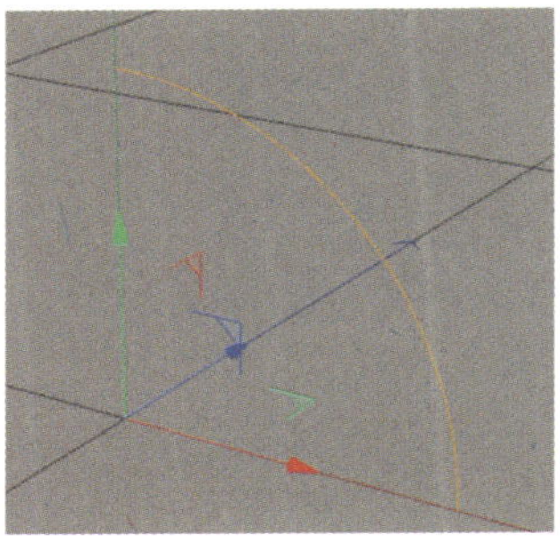

图 2-3　“弧线”对象（二维）

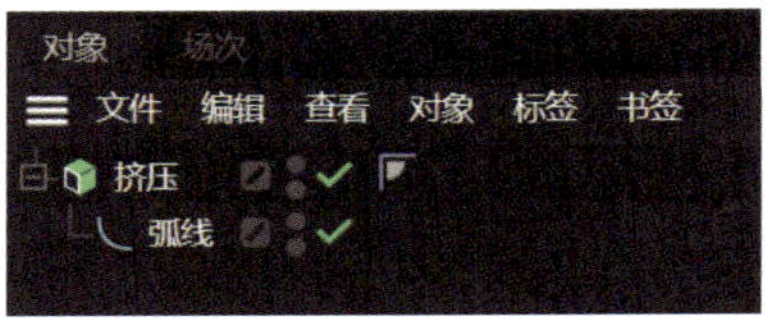

图 2-4　添加子级

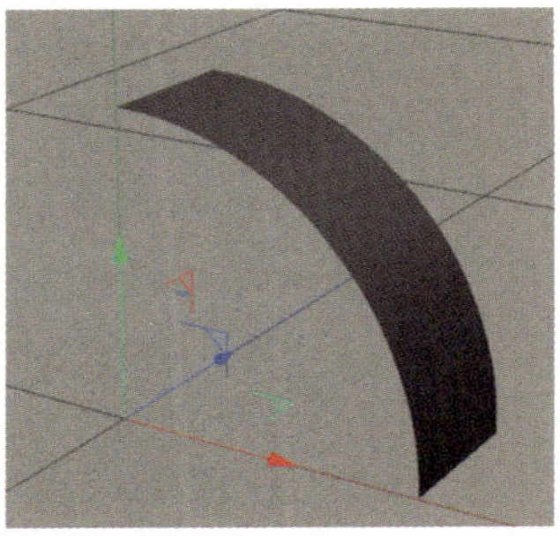

图 2-5　弧面模型（三维）

2.1.2 任务 1：盖碗茶杯

任务情境

中国是茶的故乡，也是茶文化的发源地。提到茶，我们便不禁联想到丰富的民族精神内涵，茶具则成为其中的象征。其中，盖碗茶杯（也被称为三才杯）作为沿用至今的茶具之一，由茶盖、茶杯和底托 3 部分组成，寓意着天、地、人的关系，即“天地人和”。本任务通过旋转工具和样条完成盖碗茶杯的创建。通过本任务，学生可以深入了解盖碗茶杯的具体形态，如图 2-6 所示。

图 2-6　盖碗茶杯

盖碗茶杯（1 杯身）　盖碗茶杯（2 杯盖）　盖碗茶杯（3 材质）

知识目标

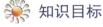

能够简述曲线工具组中旋转、扫描等工具的使用方法。

能够简述使用曲线工具组和样条创建模型的方法。

技能目标

掌握使用曲线工具组和样条创建盖碗茶杯的方法。
掌握使用扫描、克隆工具制作茶盘的方法。

素质目标

培养学生良好的观察力。
培养学生对中国茶文化的兴趣。

任务分析

首先使用样条画笔工具绘制盖碗茶杯的截面（正面），其次使用曲线工具组中的旋转工具创建盖碗茶杯，再次使用扫描工具制作茶盘，最后添加相应的材质球并进行渲染输出。

任务实施

01 制作盖碗茶杯底托

打开 Cinema 4D，单击“样条画笔”按钮，按 F4 键，切换到“正视图”窗口，使用样条画笔工具，绘制出盖碗茶杯底托的样条（见图 2-7），生成“样条”对象。

按 9 键，切换到实时选择工具，右击“正视图”窗口空白处，在弹出的快捷菜单中选择“创建轮廓”命令（见图 2-8）；在属性面板中，设置“距离”为 10cm（见图 2-9），使样条成为封闭的轮廓，如图 2-10 所示。

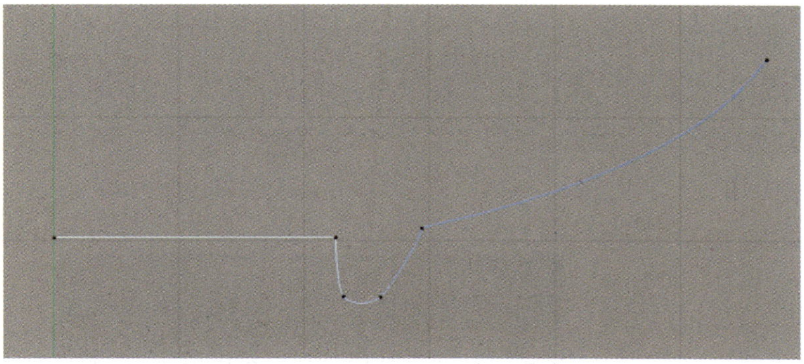

图 2-7　绘制盖碗茶杯底托的样条

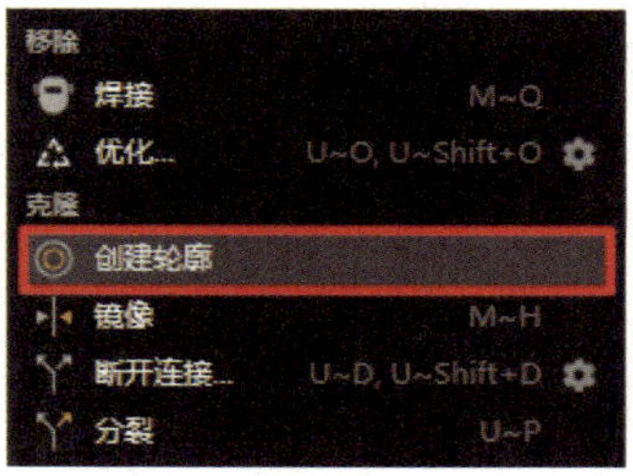

图 2-8　选择“创建轮廓”命令

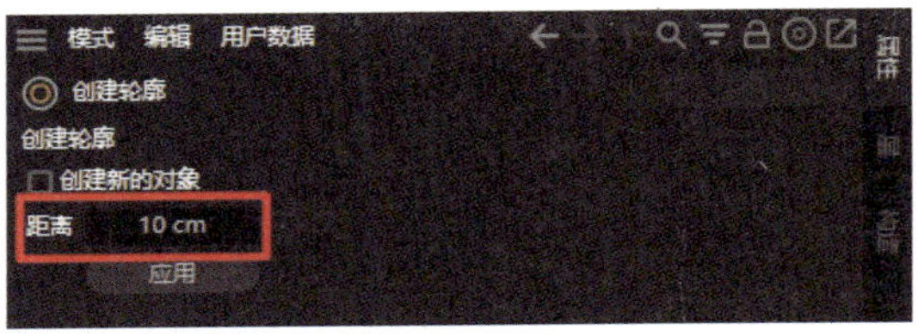

图 2-9 设置距离

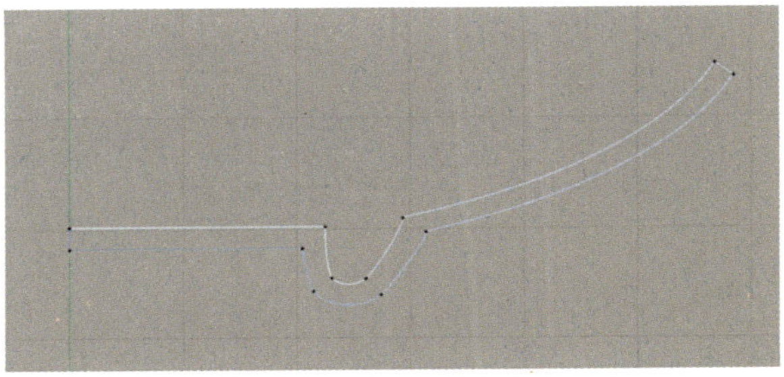

图 2-10 底托轮廓

单击“样条画笔”按钮，分别选择“样条”对象上半部分下沿的点（见图 2-11），右击“视图”窗口空白处，在弹出的快捷菜单中选择“删除点”命令（见图 2-12），将鼠标指针移动到“样条”对象右上方的边上，该边将显示为白色（见图 2-13），按下鼠标左键不松开，并拖动该边，将直线变成曲线，效果如图 2-14 所示。

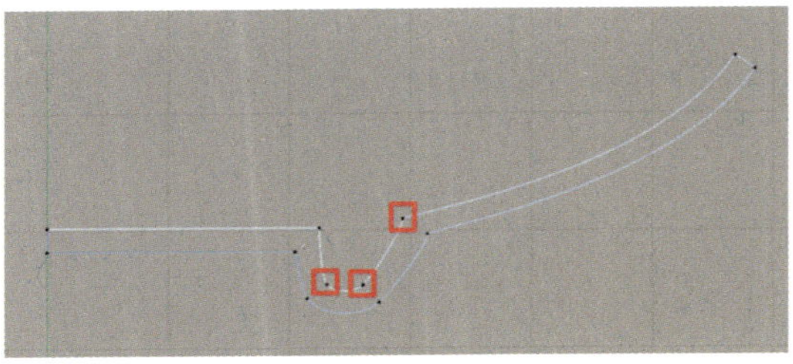

图 2-11 下沿点

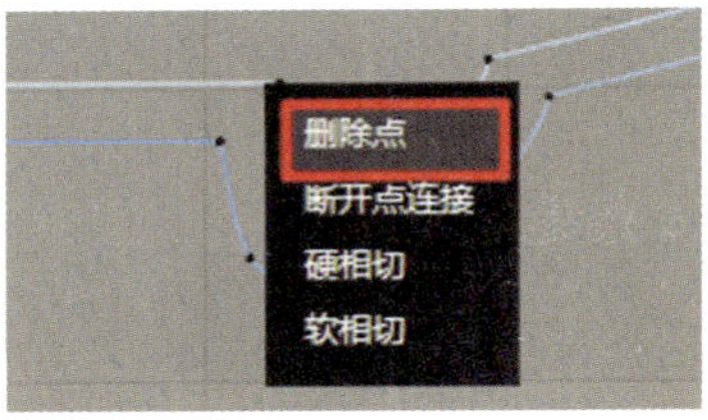

图 2-12 选择“删除点”命令

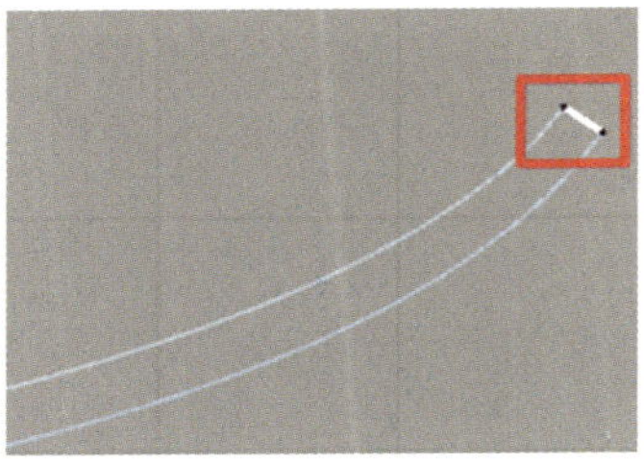

图 2-13 底托轮廓的边

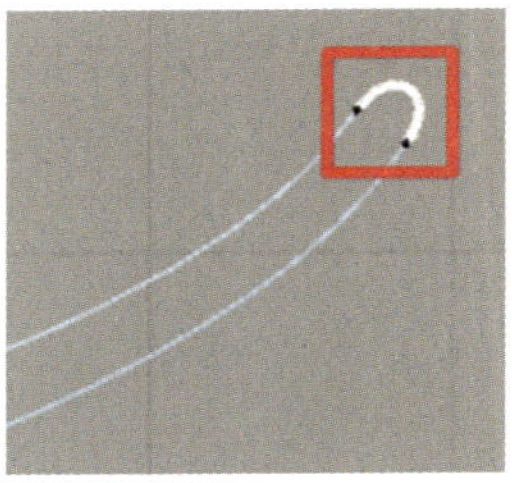

图 2-14 底托轮廓曲线效果

按 0 键，切换到框选工具，框选“样条”对象左边的两个点（见图 2-15），单击“坐标管理器”按钮，在坐标管理器的属性面板中，设置“X”（*X* 轴）为 0cm，如图 2-16 所示。

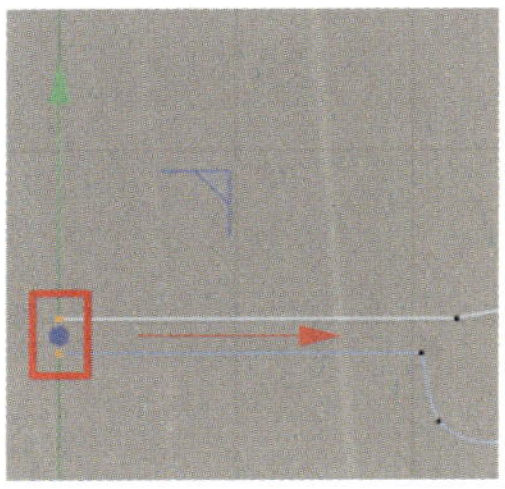

图 2-15 框选中心点

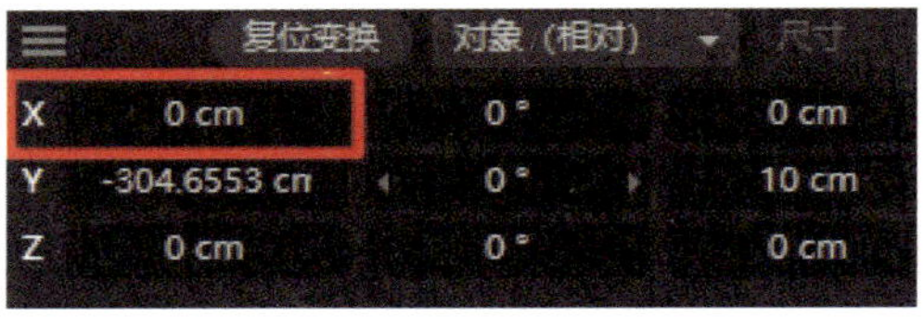

图 2-16 *X* 轴参数

按住 Alt 键，同时长按“细分曲面”按钮，在弹出的列表中单击“旋转”按钮，新建“旋转”对象，将“样条”对象作为“旋转”对象的子级，如图 2-17 所示；此时，“样条”对象会旋转一周，以建立模型，如图 2-18 所示；在“对象”窗口中，先双击“旋转”对象，将其命名为“盖碗茶杯底托”；再次双击“样条”对象，将其命令为“盖碗茶杯底托”，如图 2-19 所示。

图 2-17　为“样条”对象添加父级

图 2-18　底托模型

图 2-19　重命名 1

02 制作盖碗茶杯及茶盖

参照制作盖碗茶杯底托的方法，分别绘制茶杯和茶盖的样条，生成“盖碗茶杯”和“盖碗茶盖”对象，如图 2-20 和图 2-21 所示。添加“旋转 1”和“旋转 2”对象，并将其分别作为“盖碗茶杯”和“盖碗茶盖”对象的父级；将“旋转 1”和“旋转 2”对象分别命名为“盖碗茶杯”和“盖碗茶盖”，如图 2-22 所示。盖碗茶杯及茶盖最终效果如图 2-23 所示。

图 2-20　“盖碗茶杯”对象

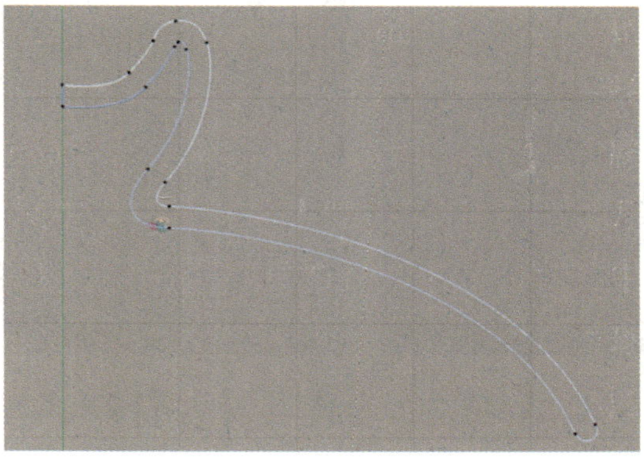

图 2-21　“盖碗茶盖”对象

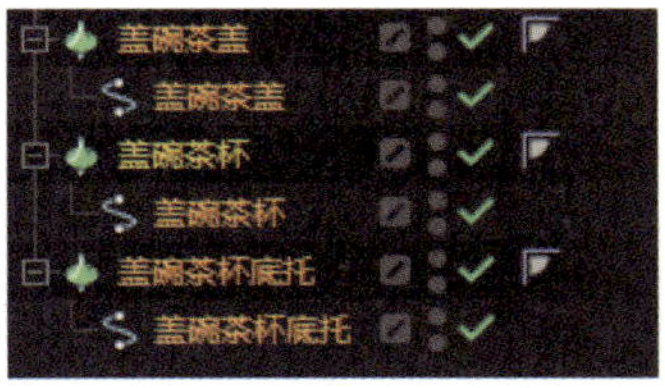

图 2-22　重命名 2

图 2-23　盖碗茶杯及茶盖最终效果

03 制作茶盘

单击“立方体”按钮，新建“立方体”对象，在其属性面板中设置“尺寸.X”为 1415cm，

“尺寸.Y”为 30cm，“尺寸.Z”为 25cm（见图 2-24），效果如图 2-25 所示。

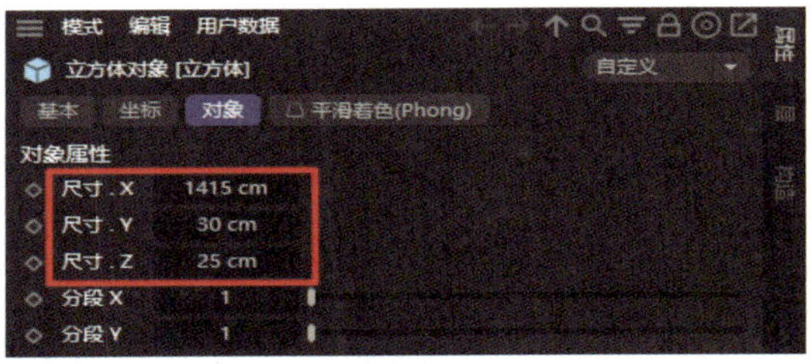

图 2-24 “立方体”对象的属性参数

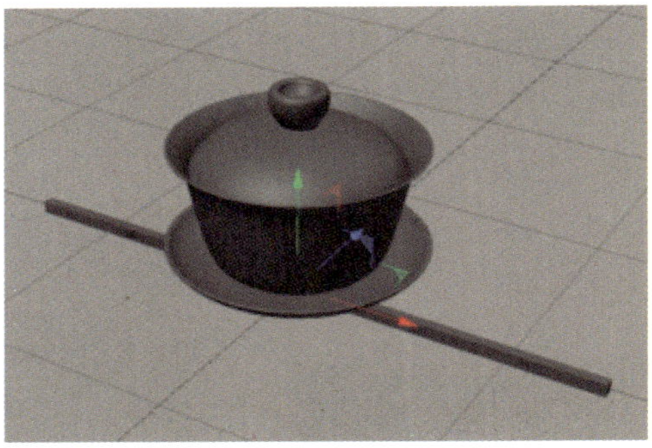

图 2-25 立方体效果

按住 Alt 键，同时单击“克隆”按钮，新建“克隆”对象，作为“立方体”对象的子级，将“立方体”和“克隆”对象都命名为“茶盘”，如图 2-26 所示；在“茶盘”对象的属性面板中，设置“模式”为线性，“数量”为 64，“位置.X”为 0cm，“位置.Y”为 0cm，“位置.Z”为 33cm（见图 2-27），克隆效果如图 2-28 所示。

图 2-26 重命名 3

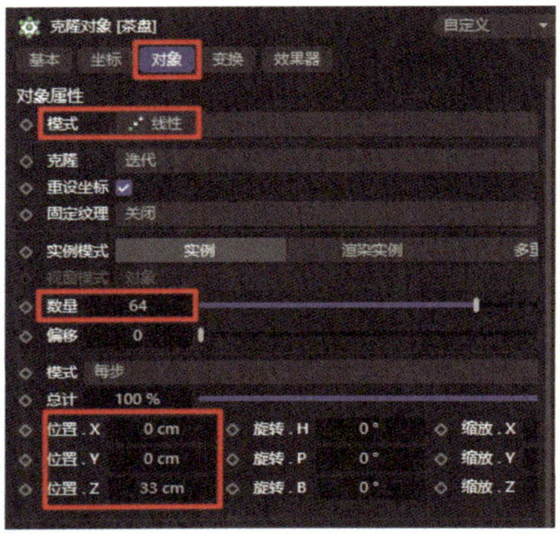

图 2-27 “茶盘”对象的属性参数

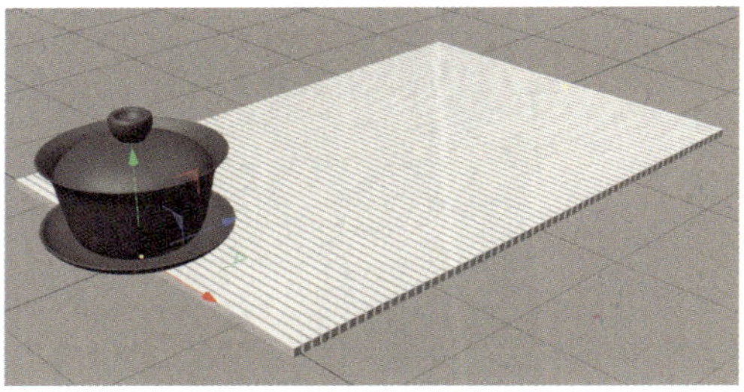

图 2-28 克隆效果

单击“矩形”按钮，新建“矩形”对象；在“矩形”对象的属性面板中，设置“宽度”为 1400cm，“高度”为 2150cm，“平面”为“XZ”（见图 2-29）。参照相同的方法，新建“矩形 1”对象，并在其属性面板中设置“宽度”为 55cm，“高度”为 100cm，“平面”为“XY”，效果如图 2-30 所示。

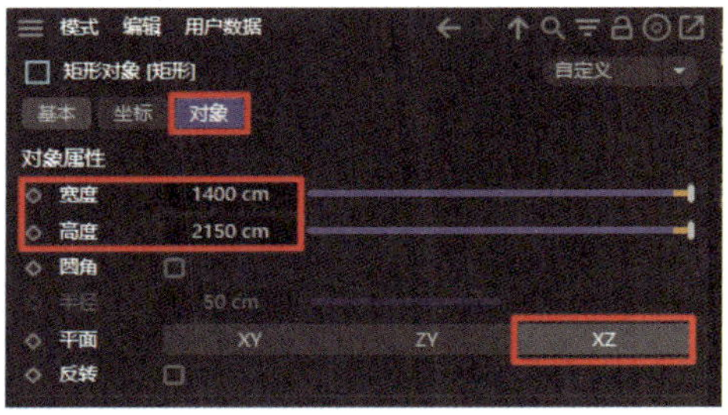

图 2-29 “矩形”对象的属性参数

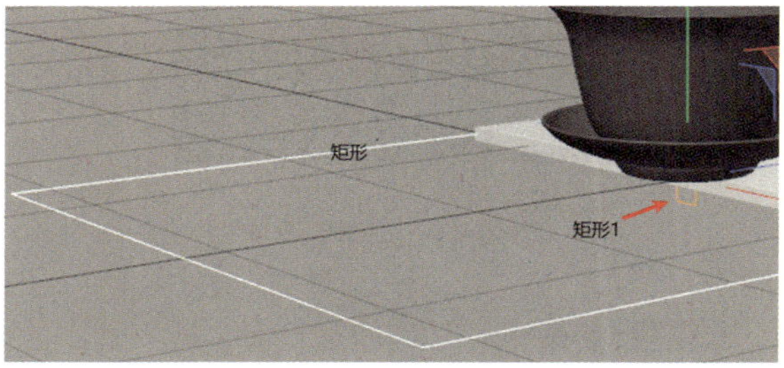

图 2-30 “矩形 1”对象效果

长按“细分曲面”按钮，在弹出的列表中单击“扫描”按钮，新建“扫描”对象；在“对象”窗口中，框选“矩形”和“矩形 1”对象（见图 2-31），将其拖动到“扫描”对象的下方，作为“扫描”对象的子级，并将它们重命名为“茶盘边框”（见图 2-32），制作出茶盘的外围边框，如图 2-33 所示。注意：“矩形 1”对象应在“矩形”对象的上一图层，不能互换它们的位置。

选择茶盘克隆对象，按 E 键，切换到移动工具，拖动 Z 轴，将茶盘克隆对象移动到“茶盘边框”对象内合适的位置，如图 2-34 所示。

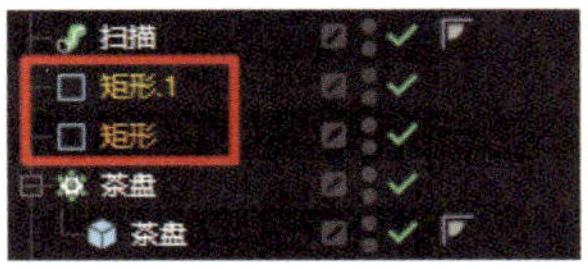

图 2-31 框选“矩形”和“矩形 1”对象

图 2-32 重命名 4

图 2-33 茶盘的外围边框

图 2-34 拖动茶盘对象

长按“弯曲”按钮，在弹出的列表中单击“倒角”按钮，新建“倒角”对象；在“对象”窗口中，将“倒角”对象拖动到“茶盘边框”对象的最下方，作为子级，如图 2-35 所示；在“倒角”对象的属性面板中，设置“偏移”为 5cm，“细分”为 1（见图 2-36），为茶盘边框添加倒角，效果如图 2-37 所示。

图 2-35 将“倒角”对象作为子级

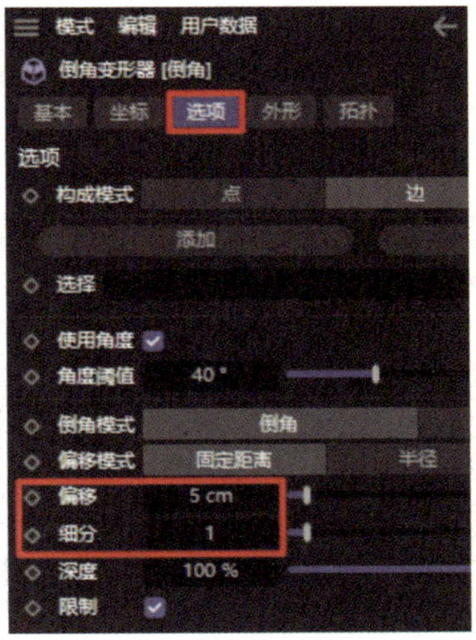

图 2-36 “倒角”对象的属性参数

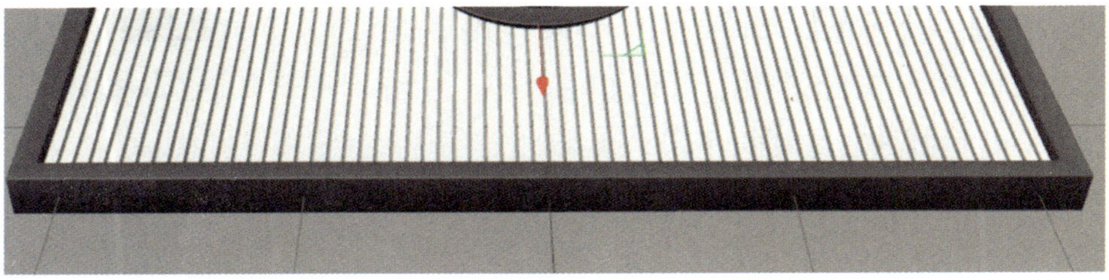

图 2-37　茶盘边框的倒角效果

04 制作模型材质

单击“材质管理器”按钮，打开“材质管理器”窗口，双击“材质管理器”窗口空白处，新建材质球“材质”，并将其命名为“盖碗茶杯”；双击该材质球，在打开的“材质编辑器”窗口中，勾选“颜色”复选框，在“颜色”通道属性面板中，设置“H”为 0°，“S”为 0%，“V”为 95%（见图 2-38）；勾选“反射”复选框，在“反射”通道属性面板中，设置“类型”为 GGX，“粗糙度”为 5%，“反射强度”为 90%，“高光强度”为 90%，“凹凸强度”为 100%，“菲涅耳”为“绝缘体”（见图 2-39）；将材质球添加到底托、茶杯及茶盖的 3 个旋转对象中（见图 2-40），效果如图 2-41 所示。

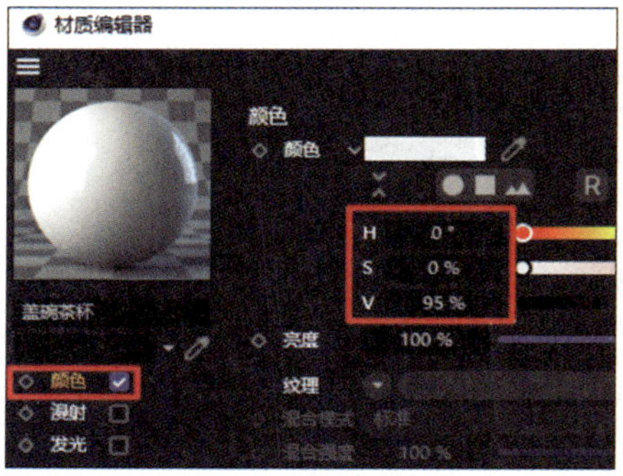

图 2-38　材质球颜色参数

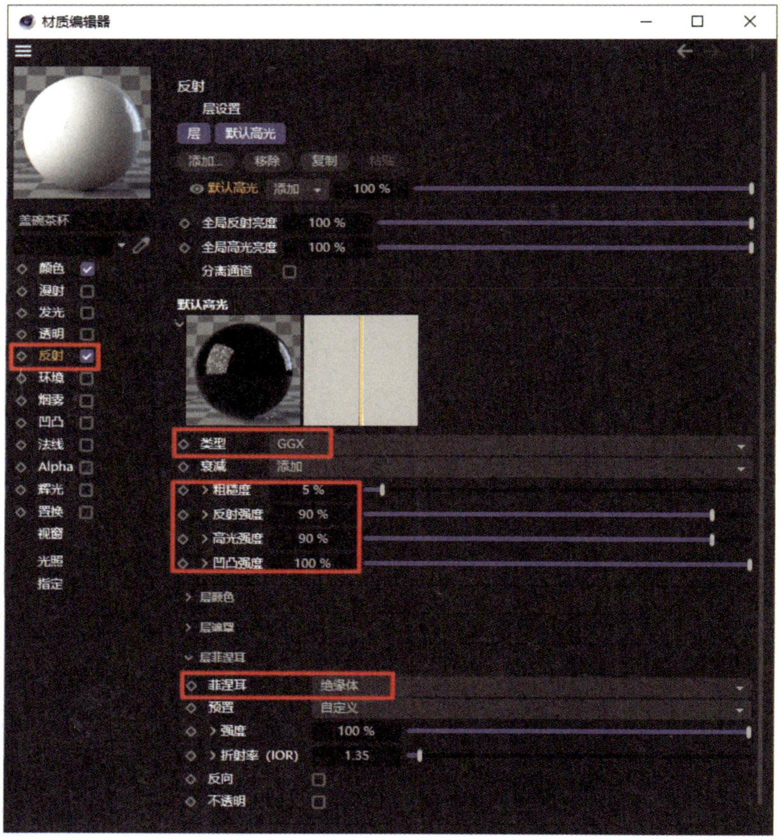

图 2-39　材质球反射参数

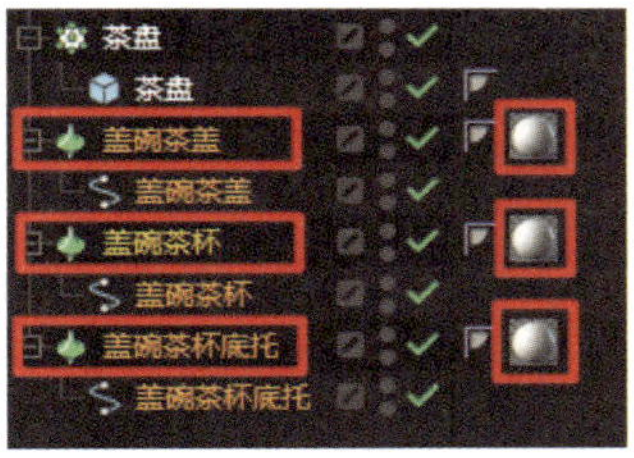

图 2-40　添加材质球 1

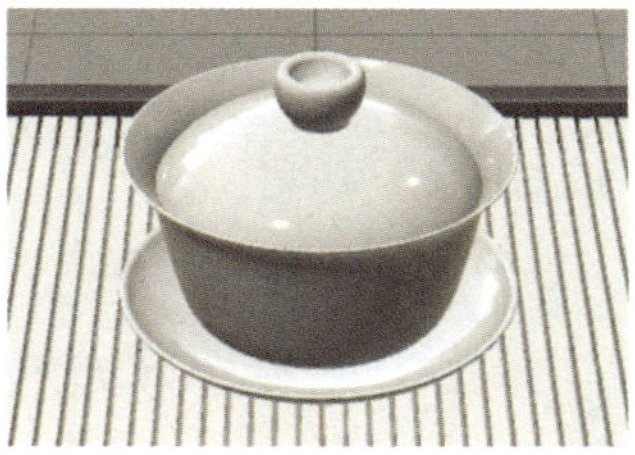

图 2-41　添加材质后的效果

双击“材质管理器”窗口空白处，新建材质球“材质”，并将其命名为“茶盘”；双击该材质球，在打开的“材质编辑器”窗口中，勾选“颜色”复选框，单击“纹理”下拉按钮，在弹出的下拉列表中选择“表面”→“木材”命令（见图 2-42）；单击纹理右边的木材框，在“着色器属性”选区中，设置“类型”为“桃花心木”，如图 2-43 所示。

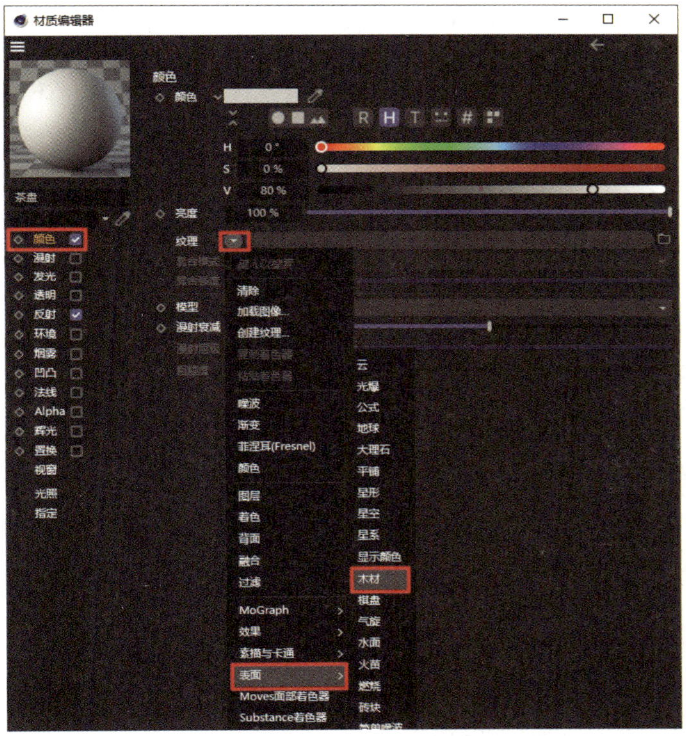

图 2-42　选择“木材”命令

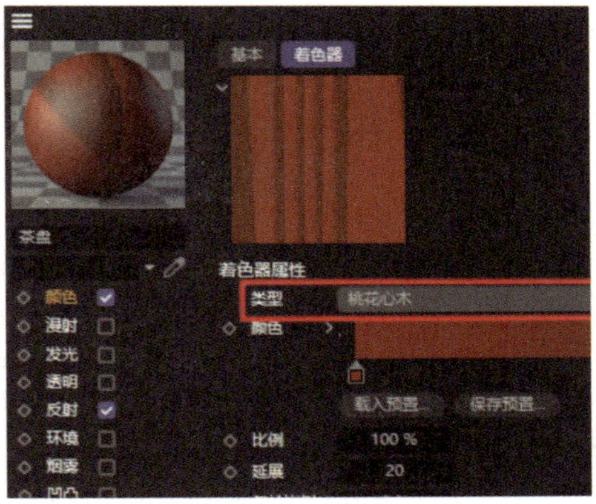

图 2-43　桃花心木类型

将“茶盘”材质球分别添加到“茶盘”和“茶盘边框”对象中（见图 2-44），效果如图 2-45 所示。

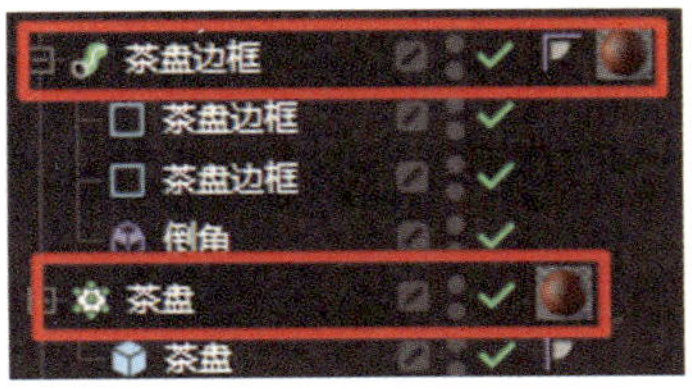

图 2-44　添加材质球 2

图 2-45　茶盘、茶盘边框的材质效果

05 调整渲染环境

单击“天空”按钮，新建“天空”对象，长按“天空”按钮，在弹出的列表中单击“地板”按钮，新建“地板”对象，将“地板”对象移动到茶盘的下方；双击“材质管理器”窗口空白处，新建材质球“材质”，并将其命名为“地板”，双击该材质球，在打开的“材质编辑器”窗口中，勾选“颜色”复选框，在“颜色”通道属性面板中，设置“H”为0°，“S”为0%，“V”为80%，如图2-46所示；参照相同的方法，新建“天空”材质球，勾选“颜色”复选框，在“颜色”通道属性面板中，设置“H”为0°，“S”为0%，“V”为100%，如图2-47所示；将“地板”材质球添加到“地板”对象中，将“天空”材质球添加到“天空”对象中。

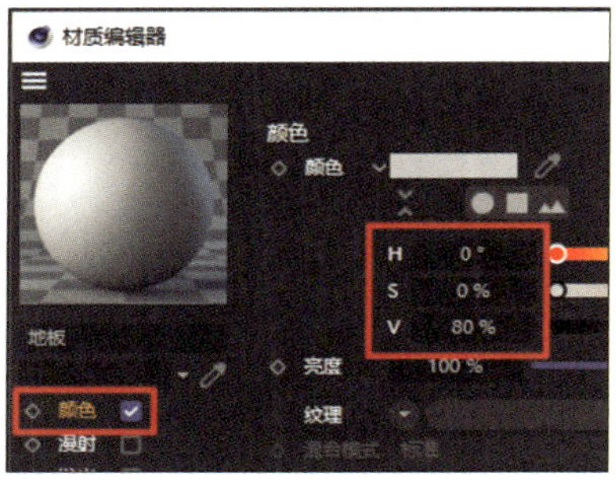

图 2-46　“地板”材质球参数设置

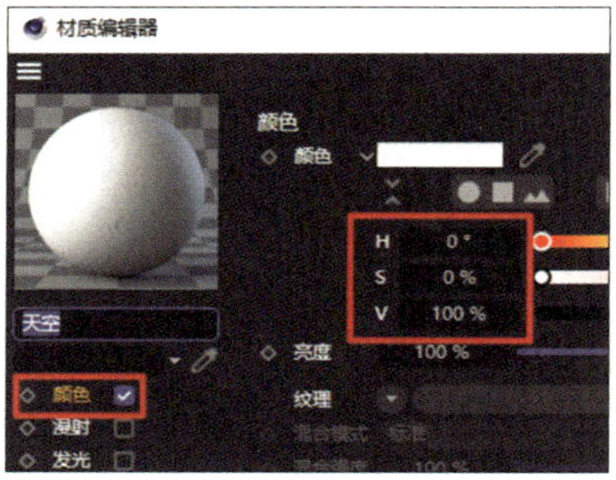

图 2-47　“天空”材质球参数设置

单击工具栏中的“编辑渲染设置”按钮，在弹出的“渲染设置”对话框中单击“效果”按钮 效果... ，在弹出的列表中选择“全局光照”命令；再次单击“效果”按钮 效果... ，在弹出的列表中选择“环境吸收”命令；单击“渲染到图像查看器”按钮，在弹出的“图像查看器”对话框中选择“文件”→“将图像另存为”命令，在弹出的“保存”对话框中设置“格式”为JPG，单击“确定”按钮，导出JPG格式文件。盖碗茶杯最终效果如图2-48所示。

图 2-48　盖碗茶杯最终效果

任务小结

运用样条画笔工具绘制样条。

运用旋转工具将样条生成曲面。

运用扫描工具绘制茶盘边框。

2.1.3　任务 2：艺术花瓶

任务情境

我国插花艺术的历史可以追溯到古代，其发展到明代则更加纯熟。插花艺术代表着人们对美好生活的向往和对美好事物的追求，是一种向美、向上的生活态度。艺术花瓶从古代发展至今，形状各异，种类繁多。下面让我们一起来制作一组艺术花瓶（见图 2-49），加深对艺术花瓶的了解吧！

图 2-49　艺术花瓶

艺术花瓶（1）　艺术花瓶（2）

知识目标

能够分析放样和扫描工具的工作原理。

能够简述艺术花瓶的不同形态。

技能目标

能够通过放样工具和样条创建模型。

能够通过扫描工具制作枝条。

能够创建造型合理的艺术花瓶。

素质目标

提升学生的艺术思维。

增强学生对美好生活的向往和对美好事物的追求。

任务分析

本任务通过放样和扫描工具完成艺术花瓶和枝条的创建（在建模过程中，需要注意线框的大小及位置），并通过调整样条的形状设计出多种花瓶；通过“立方体”对象实现桌面、墙壁的制作。

任务实施

01 制作旋转花瓶

打开 Cinema 4D，长按“矩形”按钮，在弹出的列表中单击“圆环”按钮，新建“圆环”对象，在其属性面板中设置“半径”为 55cm，“平面”为“XZ”，如图 2-50 所示；参照相同的方法，新建“圆环 1”对象，在其属性面板中设置“半径”为 135cm，“平面”为“XZ”；新建“圆环 2”对象，在其属性面板中设置“半径”为 145cm，“平面”为“XZ”；选择“圆环 2”对象，在其属性面板的“变换”选区中设置“P.Y”为 15cm（见图 2-51），效果如图 2-52 所示。

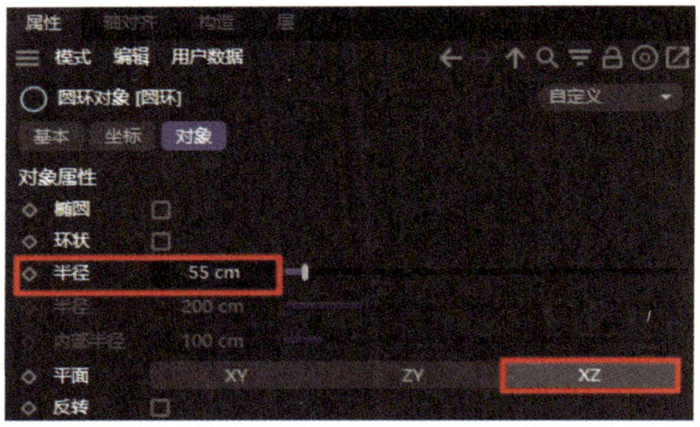

图 2-50 “圆环”对象的属性参数 1

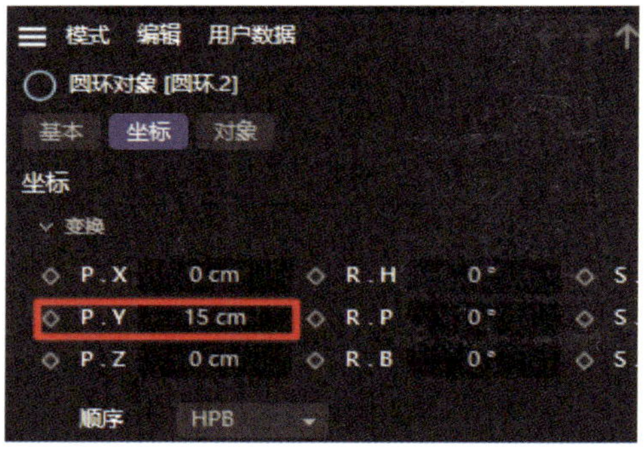

图 2-51 “圆环 2”对象的属性参数

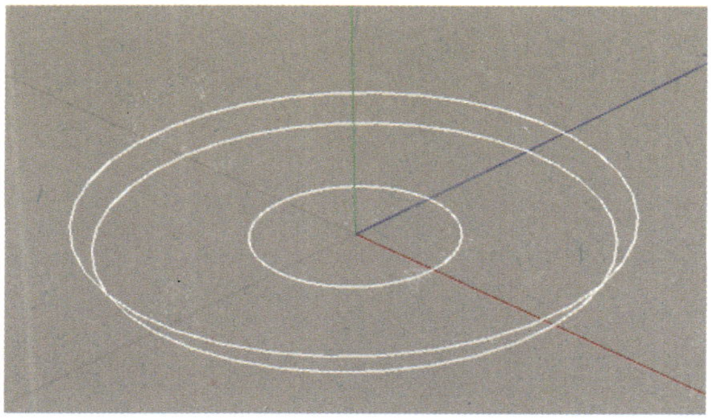

图 2-52 添加 3 个圆环的效果

长按“矩形”按钮，在弹出的列表中单击“星形”按钮，新建“星形”对象，在其属性面板中设置“内部半径”为 115cm，“外部半径”为 225cm，“点”为 8，“平面”为“XZ”（见图 2-53）；选择“坐标”选项卡，在“变换”选区中设置“P.Y”为 137cm，“R.H”为 15°，如图 2-54 所示。

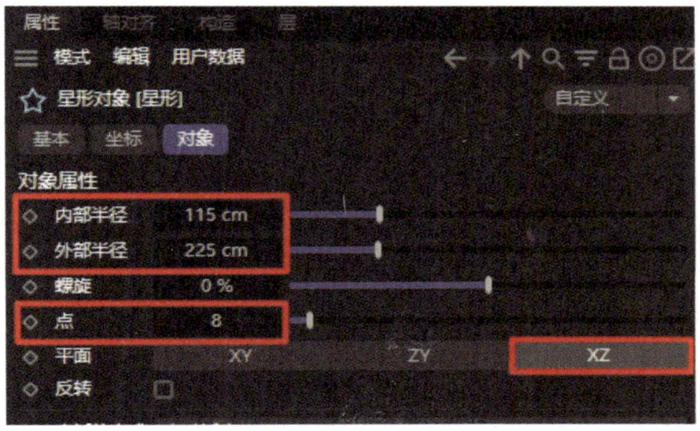

图 2-53　“星形”对象的属性参数 1

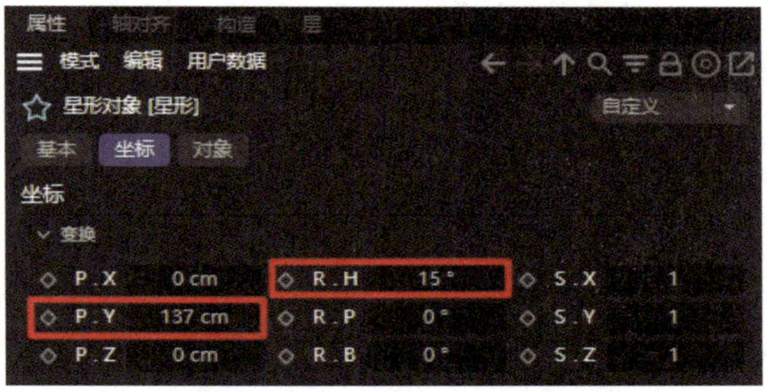

图 2-54　“星形”对象的属性参数 2

参照相同的方法，新建“星形 1”对象，在其属性面板中设置“内部半径”为 90cm，“外部半径”为 180cm，“点”为 8，“平面”为“XZ”（见图 2-55）；选择“坐标”选项卡，在“变换”选区中设置“P.Y”为 440cm，“R.H”为 30°，如图 2-56 所示。添加 2 个星形的效果如图 2-57 所示。

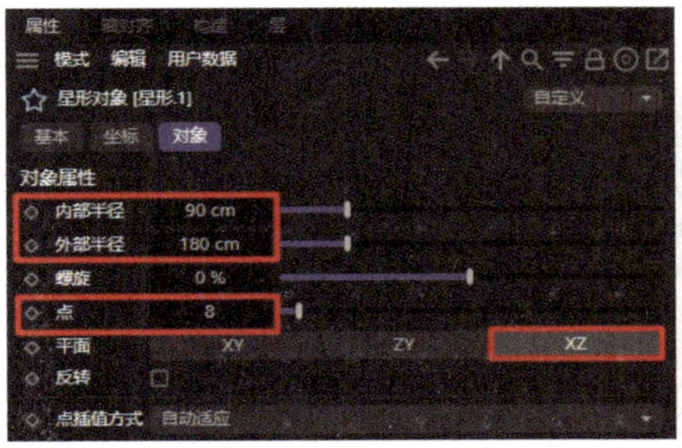

图 2-55　“星形 1”对象的属性参数 1

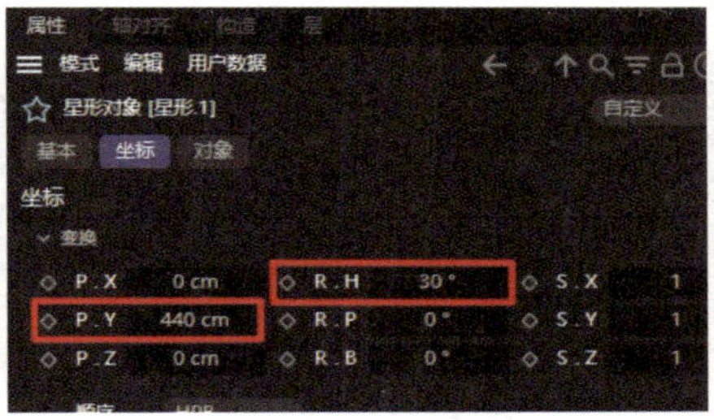

图 2-56　“星形 1”对象的属性参数 2

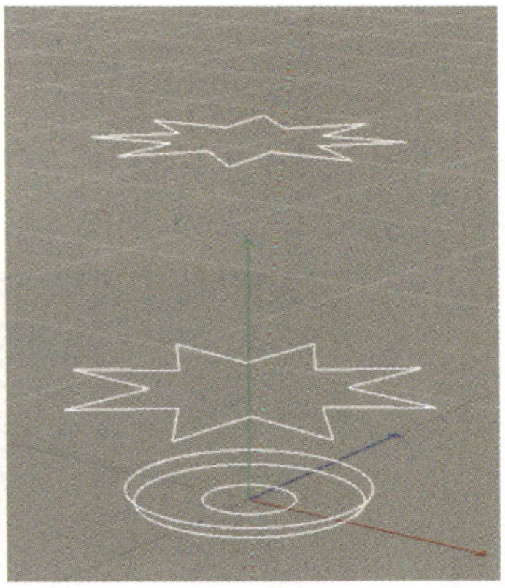

图 2-57　添加 2 个星形的效果

长按“矩形”按钮，在弹出的列表中单击“圆环”按钮，新建“圆环 3”对象，在其属性面板中设置“半径”为 65cm，“平面”为“XZ”（见图 2-58）；选择“坐标”选项卡，在“变换”选区中设置“P.Y”为 870cm，“R.H”为 45°，如图 2-59 所示；参照相同的方法，新建“圆环 4”对象，在其属性面板中设置“半径”为 50cm，“平面”为“XZ”（见图 2-60）；选择“坐标”选项卡，在“变换”选区中设置“P.Y”为 870cm，“R.H”为 45°。添加第 5 个圆环的效果如图 2-61 所示。

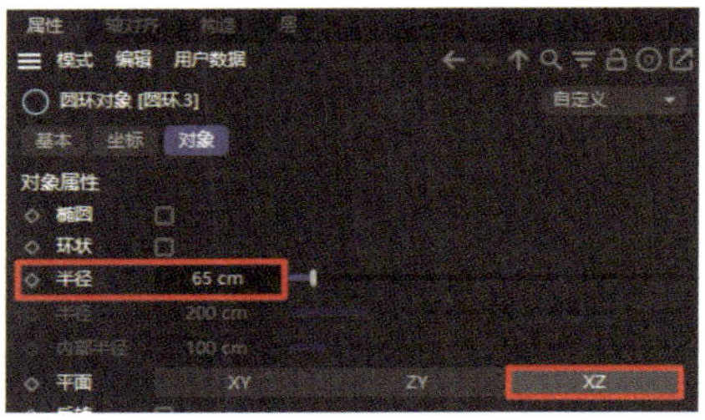

图 2-58　“圆环 3”对象的属性参数 1

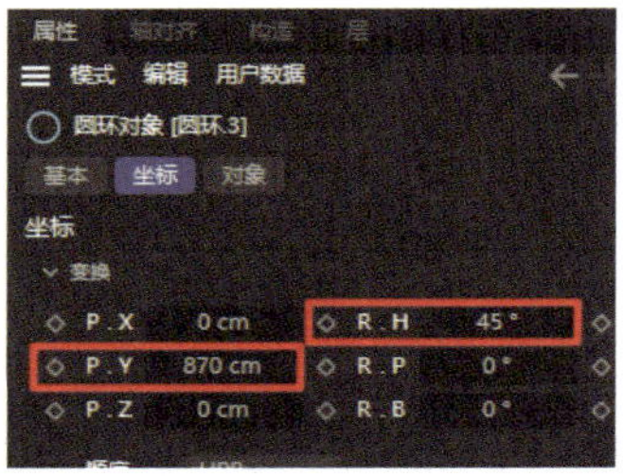

图 2-59　“圆环 3”对象的属性参数 2

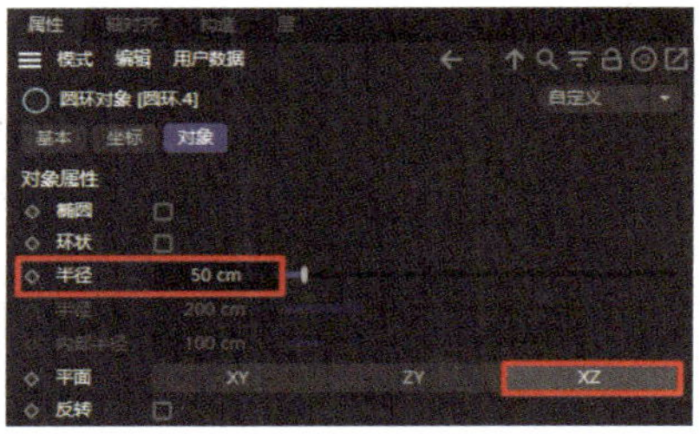

图 2-60　“圆环 4”对象的属性参数

图 2-61　添加第 5 个圆环的效果

长按“矩形”按钮，在弹出的列表中单击“星形”按钮，新建“星形 2”对象，在其属性面板中设置“内部半径”为 70cm，“外部半径”为 160cm，“点”为 8，“平面”为“XZ”，如图 2-62 所示；选择“坐标”选项卡，在“变换”选区中设置“P.Y”为 440cm，“R.H”为 30°，如图 2-63 所示。参照相同的方法，新建“星形 3”对象，在其属性面板中设置“内部半径”为 100cm，“外部半径”为 200cm，“点”为 8，“平面”为“XZ”，如图 2-64 所示；选择“坐标”选项卡，在“变换”选区中设置“P.Y”为 137cm，“R.H”为 15°，如图 2-65 所示。添加第 4 个星形的效果如图 2-66 所示。

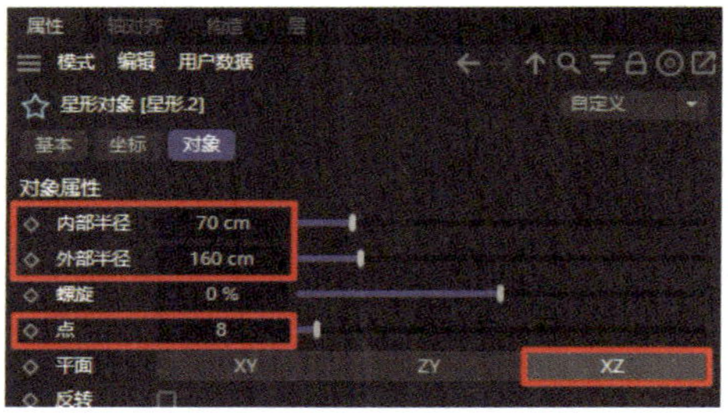

图 2-62　“星形 2”对象的属性参数 1

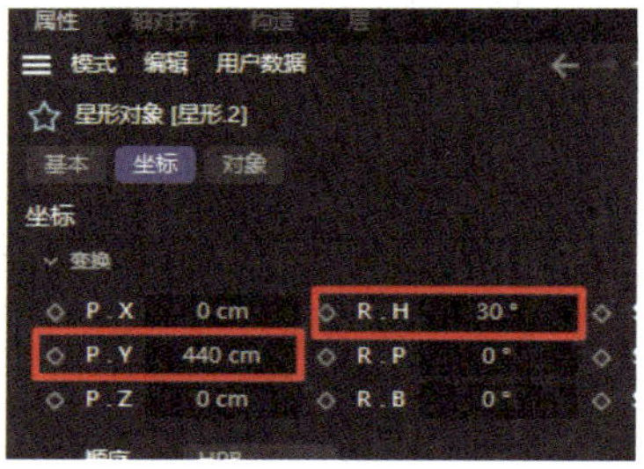

图 2-63　“星形 2”对象的属性参数 2

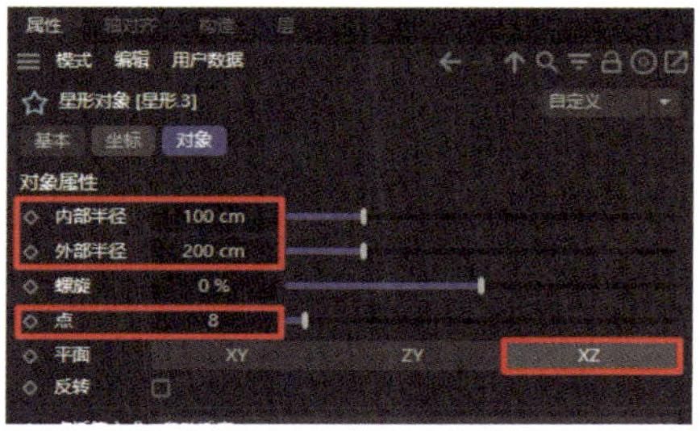

图 2-64　“星形 3”对象的属性参数 1

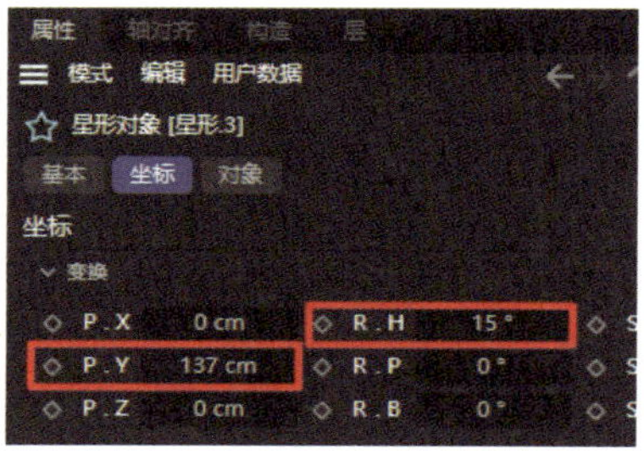

图 2-65“星形 3”对象的属性参数 2

图 2-66　添加第 4 个星形的效果

长按“矩形”按钮，在弹出的列表中单击“圆环”按钮，新建“圆环 5”对象，在其属性面板中设置“半径”为 130cm，“平面”为“XZ”，如图 2-67 所示；选择“坐标”选项卡，在“变换”选区中设置“P.Y”为 15cm，如图 2-68 所示。“对象”窗口如图 2-69 所示。

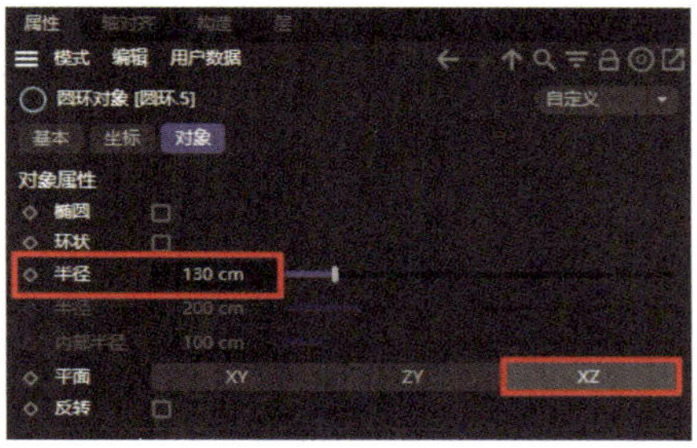

图 2-67　“圆环 5”对象的属性参数 1

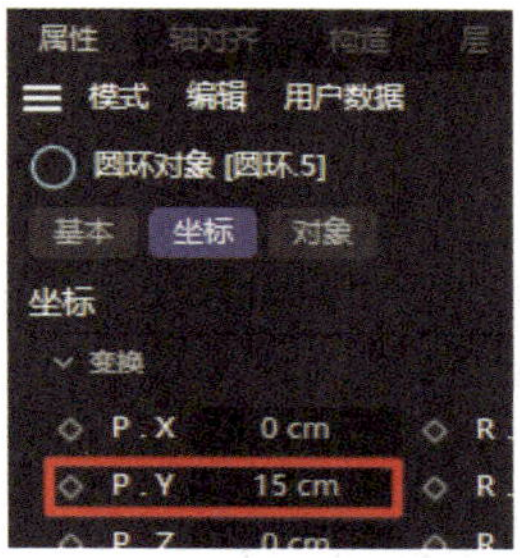

图 2-68　“圆环 5”对象的属性参数 2

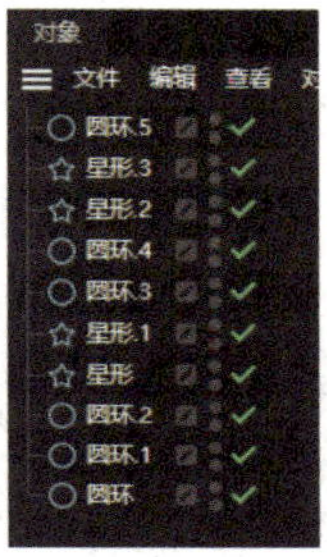

图 2-69　“对象”窗口

长按“细分曲面”按钮，在弹出的列表中单击“放样”按钮，新建“放样”对象；在“对象”窗口中，框选“圆环 5”至“圆环”对象，将其拖动到“放样”对象的下方，作为“放样”对象的子级；将“放样”对象命名为“旋转花瓶”，如图 2-70 所示；按住 Alt 键，单击“细分曲面”按钮，新建“细分曲面”对象，将“旋转花瓶”对象作为“细分曲面”对象的子级，并将其命名为“旋转花瓶”，如图 2-71 所示。旋转花瓶效果如图 2-72 所示。

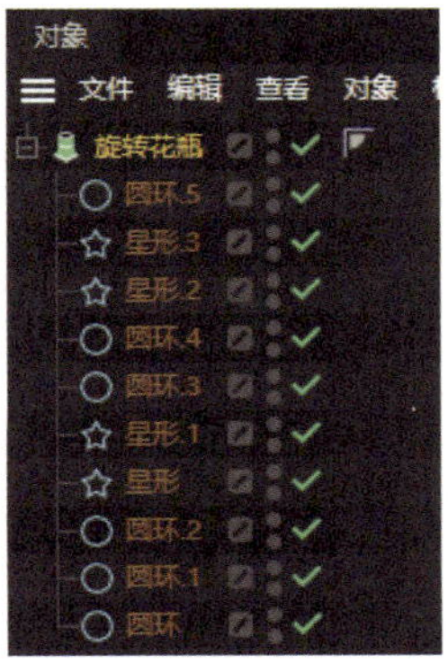

图 2-70　重命名 1

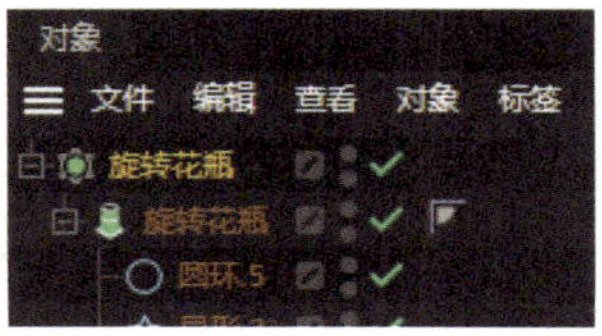

图 2-71　重命名 2

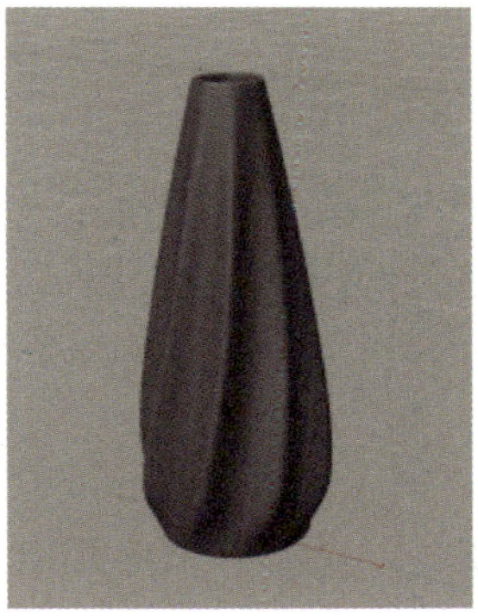

图 2-72　旋转花瓶效果

02 制作五边口花瓶

长按“矩形”按钮，在弹出的列表中单击“圆环”按钮，新建“圆环”对象，在其属性面板中设置“半径”为 74cm，“平面”为“XZ”，如图 2-73 所示，坐标属性参数如图 2-74 所示。

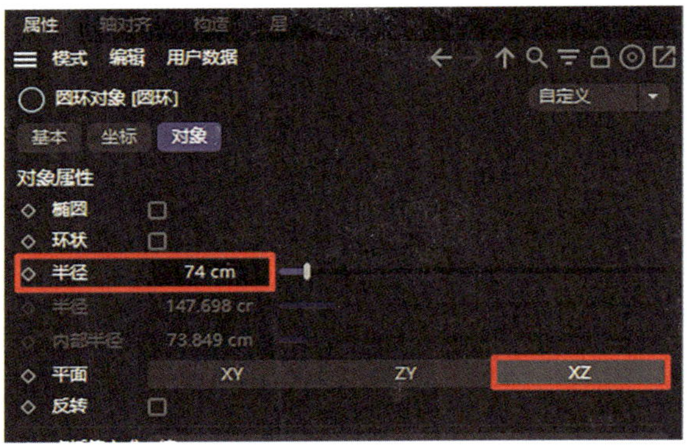

图 2-73 “圆环”对象的属性参数 2

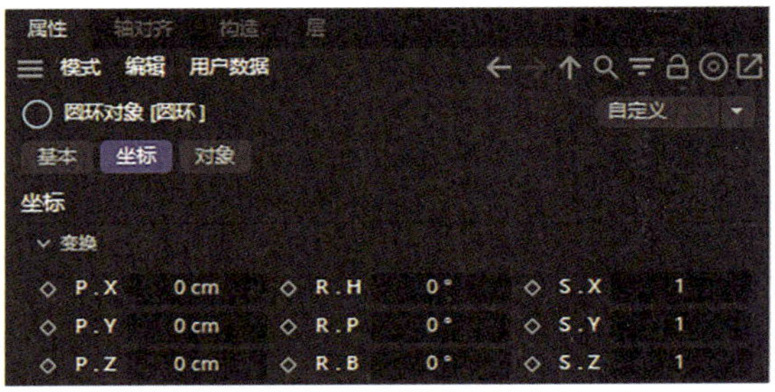

图 2-74 “圆环”对象的坐标属性参数

新建“圆环 1”对象，在其属性面板中设置“半径”为 78cm，“平面”为 XZ，如图 2-75 所示；选择“坐标”选项卡，在“变换”选区中设置“P.Y”为 7cm，如图 2-76 所示。

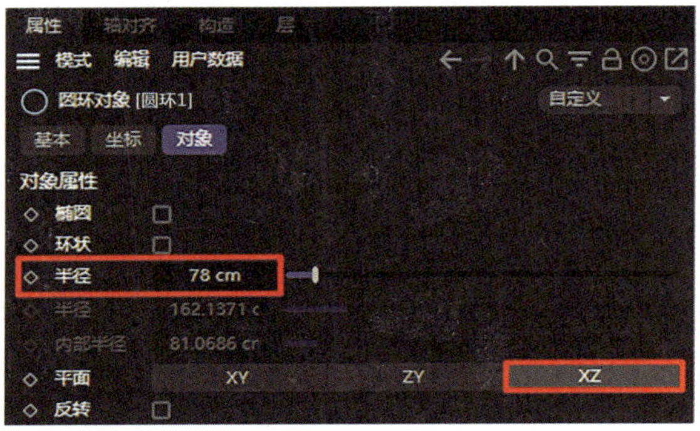

图 2-75 “圆环 1”对象的属性参数

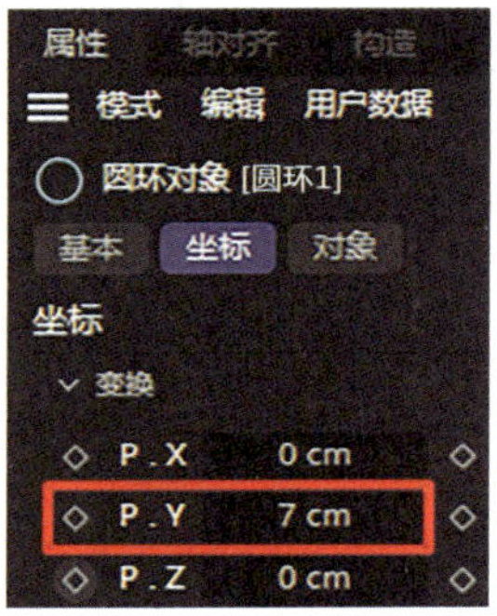

图 2-76 “圆环 1”对象的坐标属性参数

新建“圆环 2”对象，在其属性面板中设置“半径”为 113cm，“平面”为“XZ”，选择“坐标”选项卡，在“变换”选区中设置“P.Y”为 79cm。

新建“圆环 3”对象，在其属性面板中设置“半径”为 113cm，“平面”为“XZ”，选择“坐标”选项卡，在“变换”选区中设置“P.Y”为 167cm。

新建“圆环 4”对象，在其属性面板中设置“半径”为 83cm，“平面”为“XZ”，选择“坐标”选项卡，在“变换”选区中设置“P.Y”为 290cm。

新建“圆环 5”对象，在其属性面板中设置“半径”为 40cm，“平面”为“XZ”，选择“坐标”选项卡，在“变换”选区中设置“P.Y”为 418cm。

新建“多边”对象，在其属性面板中设置“半径”为 56cm，“侧边”为 5，“平面”为

“XZ”，选择“坐标”选项卡，在“变换”选区中设置“P.Y”为 532cm。

新建“多边 1”对象，在其属性面板中设置“半径”为 46cm，“侧边”为 5，“平面”为“XZ”，选择“坐标”选项卡，在“变换”选区中设置“P.Y”为 532cm。

新建“圆环 6”对象，在其属性面板中设置“半径”为 37cm，“平面”为“XZ”，选择“坐标”选项卡，在“变换”选区中设置“P.Y”为 418cm。

新建“圆环 7”对象，在其属性面板中设置“半径”为 80cm，“平面”为“XZ”，选择“坐标”选项卡，在“变换”选区中设置“P.Y”为 290cm。

新建“圆环 8”对象，在其属性面板中设置“半径”为 110cm，“平面”为“XZ”，选择“坐标”选项卡，在“变换”选区中设置“P.Y”为 167cm。

新建“圆环 9”对象，在其属性面板中设置“半径”为 108cm，“平面”为“XZ”，选择“坐标”选项卡，在“变换”选区中设置“P.Y”为 79cm。

新建“圆环 10”对象，在其属性面板中设置“半径”为 70cm，“平面”为“XZ”，选择“坐标”选项卡，在“变换”选区中设置“P.Y”为 7cm。

长按“细分曲面”按钮，在弹出的列表中单击“放样”按钮，新建“放样”对象；在“对象”窗口中，框选“圆环 10”至“圆环”对象，将其拖动到“放样”对象的下方，作为“放样”对象的子级，并将“放样”对象命名为“五边口花瓶”；按住 Alt 键，同时单击“细分曲面”按钮，新建“细分曲面”对象，将“五边口花瓶”对象作为“细分曲面”对象的子级，并将其命名为“五边口花瓶”，如图 2-77 所示。五边口花瓶效果如图 2-78 所示。

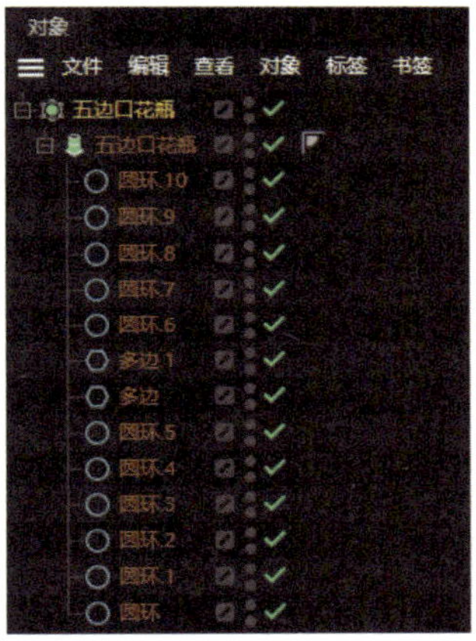

图 2-77　重命名 3

图 2-78　五边口花瓶效果

03 制作五边体花瓶

在“透视视图”窗口中，选择“五边口花瓶”对象，按住鼠标左键并沿着 X 轴拖动鼠标，将该对象移动到旁边的位置；长按“矩形”按钮，在弹出的列表中单击“多边”按钮，新建“多边”对象，在其属性面板中设置“半径”为 110cm，“侧边”为 5，“平面”为“XZ”，如图 2-79 所示。

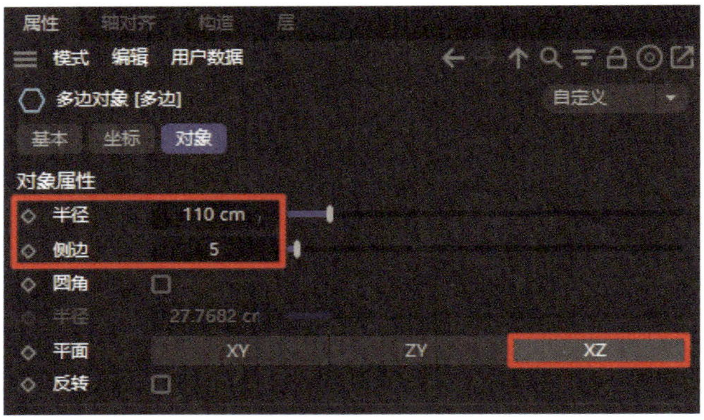

图 2-79　“多边”对象的属性参数 1

新建“多边 1”对象，在其属性面板中设置“半径”为 112cm，“侧边”为 5，“平面”为“XZ”，选择“坐标”选项卡，在“变换”选区中设置“P.Y”为 4cm。

新建“多边 2”对象，在其属性面板中设置“半径”为 166cm，“侧边”为 5，“平面”为“XZ”，选择“坐标”选项卡，在“变换”选区中设置“P.Y”为 155cm。

新建“多边 3”对象，在其属性面板中设置“半径”为 167cm，“侧边”为 5，“平面”为“XZ”，选择“坐标”选项卡，在“变换”选区中设置“P.Y”为 160cm。

新建“多边 4”对象，在其属性面板中设置“半径”为 166cm，“侧边”为 5，“平面”为“XZ”，选择“坐标”选项卡，在“变换”选区中设置“P.Y”为 170cm。

新建“多边 5”对象，在其属性面板中设置“半径”为 105cm，“侧边”为 5，“平面”为“XZ”，选择“坐标”选项卡，在“变换”选区中设置“P.Y”为 525cm。

新建“多边 6”对象，在其属性面板中设置“半径”为 102cm，“侧边”为 5，“平面”为“XZ”，选择“坐标”选项卡，在“变换”选区中设置“P.Y”为 526cm。

新建“圆环”对象，在其属性面板中设置“半径”为 76cm，“平面”为“XZ”，选择“坐标”选项卡，在“变换”选区中设置“P.Y”为 526cm。

新建“圆环 1”对象，在其属性面板中设置“半径”为 75cm，“平面”为“XZ”，选择“坐标”选项卡，在“变换”选区中设置“P.Y”为 523cm。

新建“圆环 2”对象，在其属性面板中设置“半径”为 76cm，“平面”为“XZ”，选择“坐标”选项卡，在“变换”选区中设置“P.Y”为 16cm。

长按“细分曲面”按钮，在弹出的列表中单击“放样”按钮，新建“放样”对象；在“对象”窗口中，框选“圆环 2”至“多边”对象，将其拖动到“放样”对象的下方，作为“放样”对象的子级，并将“放样”对象命名为“五边体花瓶”；按住 Alt 键，同时单击“细分曲面”按钮，新建“细分曲面”对象，将“五边体花瓶”对象作为“细分曲面”对象的子级，并将其命名为“五边体花瓶”，如图 2-80 所示。五边体花瓶效果如图 2-81 所示。

图 2-80 重命名 4

图 2-81 五边体花瓶效果

04 制作三角旋转花瓶

在“透视视图”窗口中，选择“五边口花瓶”对象，按住鼠标左键并沿着 *X* 轴拖动鼠标，将该对象移动到旁边的位置；长按“矩形”按钮，在弹出的列表中单击“多边”按钮，新建“多边”对象，在其属性面板中设置“半径”为 130cm，“侧边”为 3，“平面”为“XZ”，如图 2-82 所示；新建“多边 1”对象，在其属性面板中设置“半径”为 170cm，“侧边”为 3，“平面”为“XZ”，如图 2-83 所示。

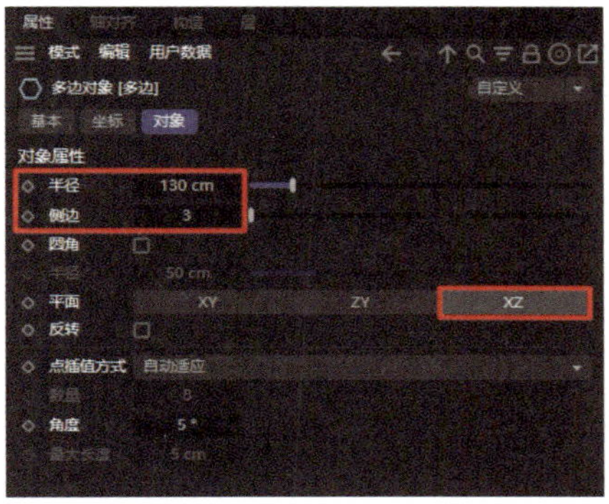

图 2-82 “多边”对象的属性参数 2

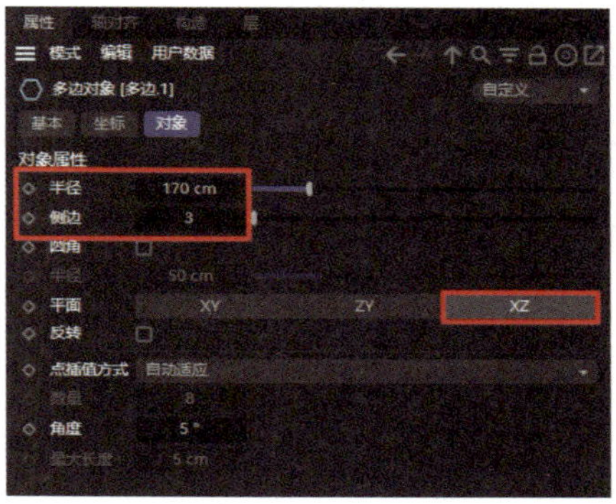

图 2-83 “多边 1”对象的属性参数

新建“多边 2”对象，在其属性面板中设置“半径”为 90cm，“侧边”为 3，“平面”为“XZ”，选择“坐标”选项卡，在“变换”选区中设置“P.Y”为 315cm，“R.H”为 15°。

新建“多边 3”对象，在其属性面板中设置“半径”为 110cm，“侧边”为 3，“平面”为“XZ”，选择“坐标”选项卡，在“变换”选区中设置“P.Y”为 650cm，“R.H”为 45°。

新建“多边 4”对象，在其属性面板中设置“半径”为 90cm，“侧边”为 3，“平面”为“XZ”，选择“坐标”选项卡，在“变换”选区中设置“P.Y”为 650cm，“R.H”为 45°。

新建“多边 5”对象，在其属性面板中设置“半径”为 70cm，“侧边”为 3，“平面”为“XZ”，选择“坐标”选项卡，在“变换”选区中设置“P.Y”为 315cm，“R.H”为 15°。

新建“多边 6”对象，在其属性面板中设置“半径”为 150cm，“侧边”为 3，“平面”为“XZ”。

长按“细分曲面”按钮，在弹出的列表中单击“放样”按钮，新建“放样”对象；

在“对象”窗口中，框选“多边 6”至“多边”对象，将其拖动到“放样”对象的下方，作为“放样”对象的子级，将“放样”对象命名为“三角旋转花瓶”；按住 Alt 键，同时单击“细分曲面”按钮，新建“细分曲面”对象，将“三角旋转花瓶”对象作为“细分曲面”对象的子级，并将其命名为“三角旋转花瓶”，如图 2-84 所示。三角旋转花瓶效果如图 2-85 所示。根据需要，将花瓶位置按顺序摆放。至此，完成花瓶的创建，最终效果如图 2-86 所示。

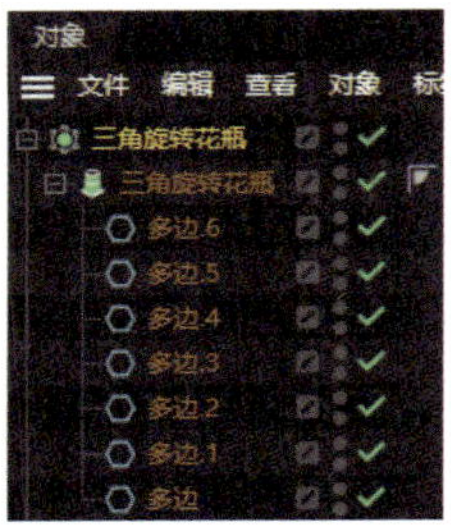

图 2-84　重命名 5

图 2-85　三角旋转花瓶效果

图 2-86　花瓶最终效果

05 制作枝条及背景

按 F4 键，切换到“正视图”窗口，单击左侧工具栏中的“样条画笔”按钮，从“五边口花瓶”对象的内部向上画出样条曲线，生成“样条”对象，如图 2-87 所示；长按“矩形”按钮，在弹出的列表中单击“圆环”按钮，新建“圆环”对象，在其属性面板中设置“半径”为 4cm。

按 F1 键，切换到“透视视图”窗口，长按“细分曲面”按钮，在弹出的列表中单击“扫描”按钮，新建“扫描”对象；在“对象”窗口中，框选“圆环”和“样条”对象，将其拖动到“扫描”对象的下方，作为“扫描”对象的子级；将“扫描”对象命名为“枝条”，如图 2-88 所示。枝条效果如图 2-89 所示。

图 2-87　“样条”对象

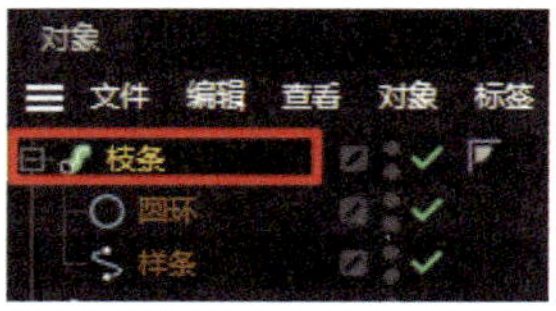

图 2-88　重命名 6

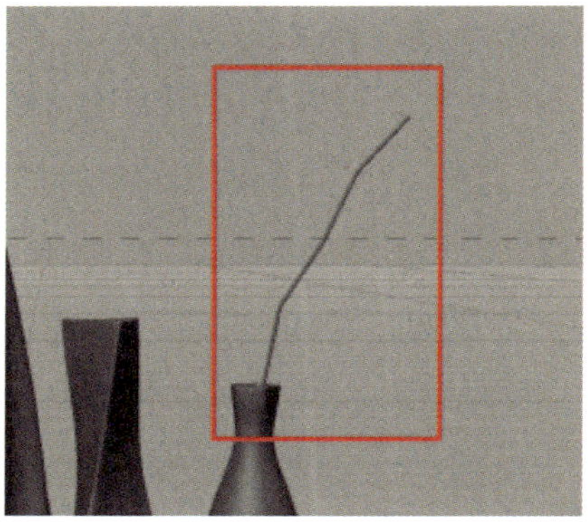

图 2-89　枝条效果

在“对象”窗口中，按住 Ctrl 键，同时按住鼠标左键并拖动“枝条”对象，复制“枝条”对象，以生成“枝条 1”对象；按 R 键，切换到旋转工具，拖动旋转线圈，以旋转“枝条 1”对象；按 E 键，切换到移动工具，沿着坐标轴拖动“枝条 1”对象。第 2 根枝条的效果如图 2-90 所示。

通过单击“立方体”按钮新建 3 个立方体对象，并将它们分别命名为“桌面”、“背景绿墙”和“背景红墙”，如图 2-91 所示，背景效果如图 2-92 所示。

图 2-90　第 2 根枝条的效果

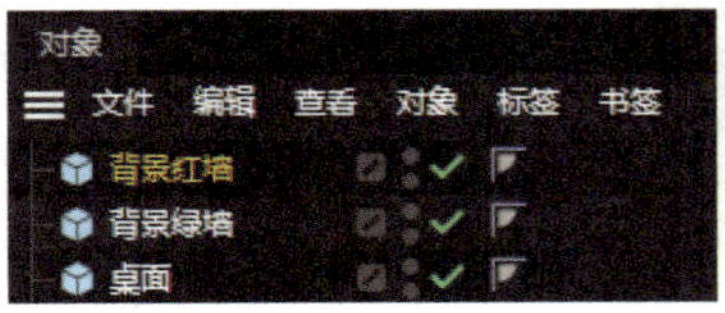

图 2-91　3 个立方体对象

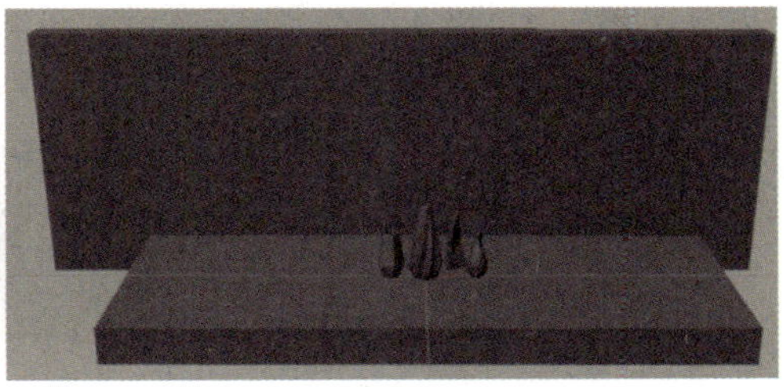

图 2-92　背景效果

06 赋予材质

双击“材质管理器”窗口空白处，新建材质球“材质”，双击该材质球，在打开的“材质编辑器”窗口中，设置“名字”为“白色”，勾选“颜色”复选框，在“颜色”通道属性面板中，设置“H”为 0°，“S”为 0%，“V”为 90%，如图 2-93 所示；勾选“反射”复选框，在“反射”通道属性面板中，设置“类型”为 GGX，“粗糙度”为 3%，“反射强度”为 27%，“高光强度”为 81%，“凹凸强度”为 0%，“菲涅耳”为“导体”，如图 2-94 所示。

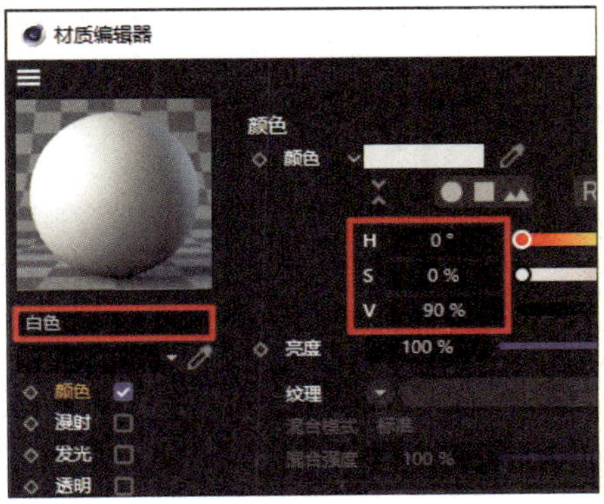

图 2-93　“白色”材质球的颜色属性参数

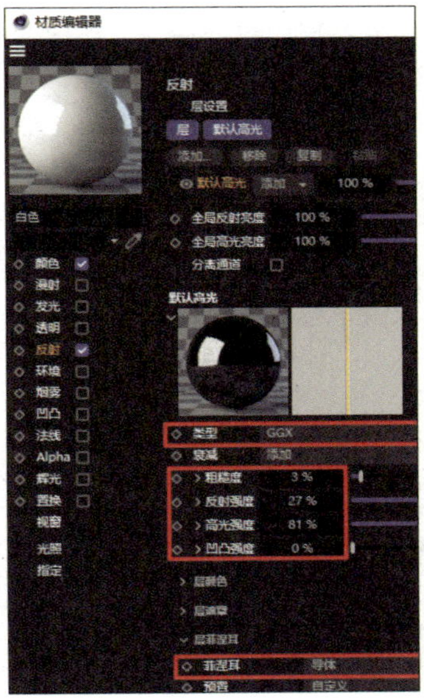

图 2-94　“白色”材质球的反射属性参数

选择“白色”材质球，按住 Ctrl 键，按住鼠标左键并拖动“白色”材质球，复制生成“白色 1”材质球；双击“白色 1”材质球，打开“材质编辑器”窗口，设置“名字”为“灰色”，勾选“颜色”复选框，在“颜色”通道属性面板中，设置“H”为 0°，“S”为 0%，“V”为 80%，如图 2-95 所示；参照相同的方法，复制生成一个新的材质球，双击该材质球，打开“材质编辑器”窗口，设置“名字”为“蓝色”，勾选“颜色”复选框，在“颜色”通道属性面板中，设置“H”为 220°，“S”为 10%，“V”为 80%，如图 2-96 所示。

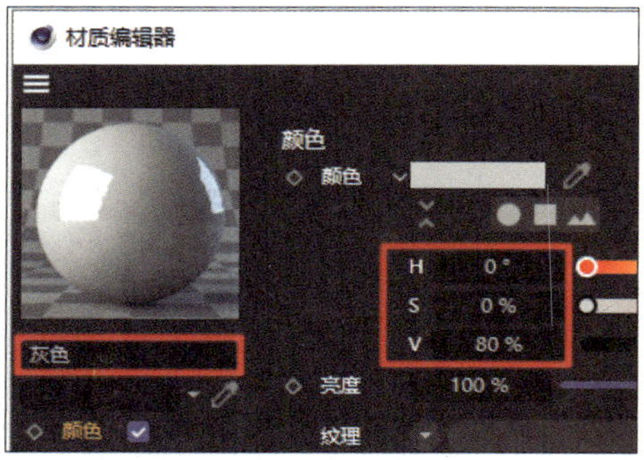

图 2-95 “灰色”材质球的颜色属性参数

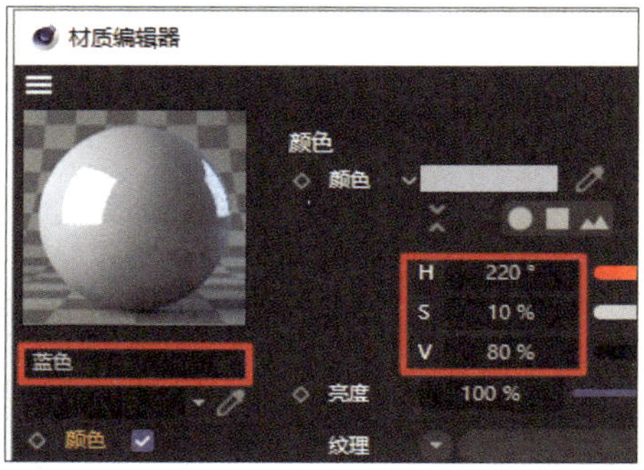

图 2-96 “蓝色”材质球的颜色属性参数

双击“材质管理器”窗口空白处，新建材质球“材质”，双击该材质球，打开“材质编辑器”窗口；设置“名字”为“渐变”，勾选“颜色”复选框，在“颜色”通道属性面板中，单击“纹理”下拉按钮，在弹出的下拉列表中选择“渐变”命令，如图 2-97 所示；单击渐变颜色区域（见图 2-98），在“着色器属性”选区中设置“类型”为“二维-V”；双击黑色色标，在弹出的“渐变色标设置”对话框中，设置“色标位置”为 18%，“位置偏差”为 50%，“亮度”为 100%，如图 2-99 所示；取消勾选“反射”复选框。

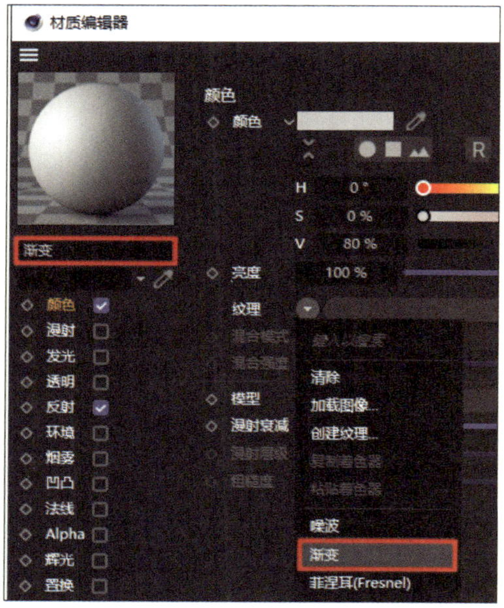

图 2-97 选择“渐变”命令

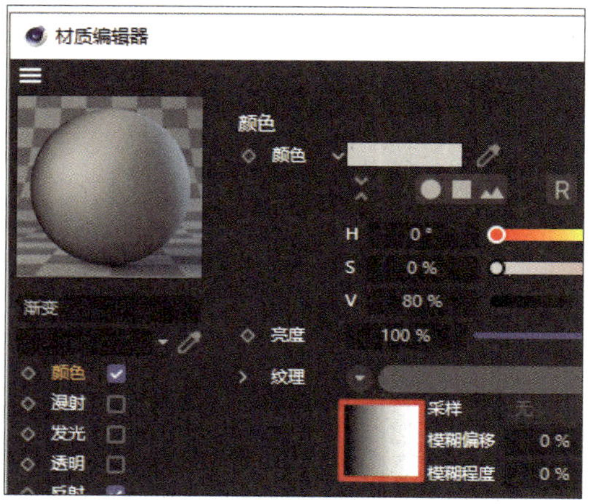

图 2-98 单击渐变颜色区域

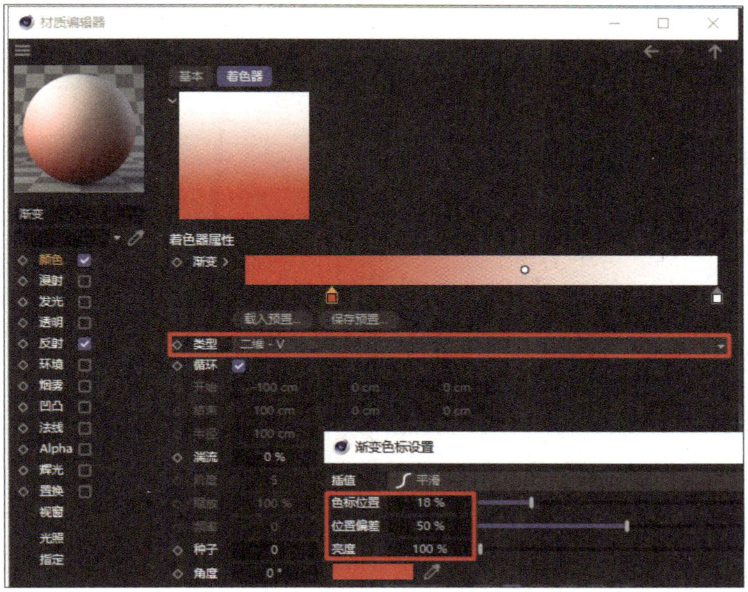

图 2-99　色标设置

双击“材质管理器”窗口空白处，新建材质球“材质”，双击该材质球，打开“材质编辑器”窗口；设置“名字”为“绿色”，勾选“颜色”复选框，在“颜色”通道属性面板中，设置“H”为 190°，“S”为 50%，“V”为 40%；参照相同的方法，新建“红色”材质球，勾选“颜色”复选框，在“颜色”通道属性面板中，设置“H”为 7°，“S”为 16%，“V”为 90%。

双击“材质管理器”窗口空白处，新建材质球“材质”，双击该材质球，打开“材质编辑器”窗口；设置“名字”为“桌子”，勾选“颜色”复选框，在“颜色”通道属性面板中，单击“纹理”下拉按钮，在弹出的下拉列表中选择“表面”→“木材”命令。

单击“灯光”按钮，添加“灯光”对象，在其属性面板中设置“类型”为“区域光”，“投影”为“区域”，如图 2-100 所示；将灯光放置花瓶主体的左上方合适位置，如图 2-101 所示；为所有模型添加相应材质球，如图 2-102 所示；单击“渲染到图像查看器”按钮，在弹出的“图像查看器”对话框中，将文件另存为 JPG 格式。艺术花瓶最终效果如图 2-103 所示。

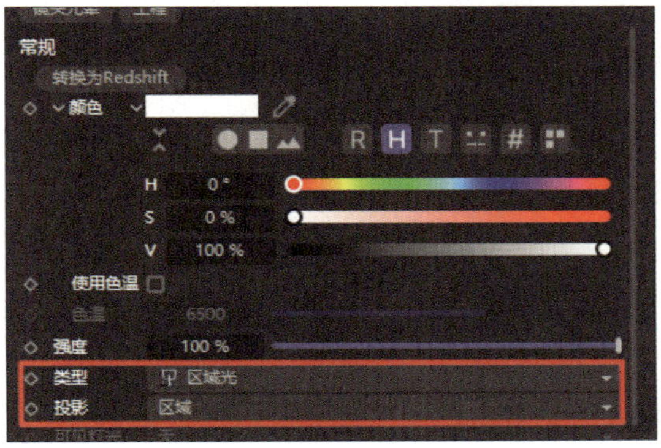

图 2-100　灯光属性

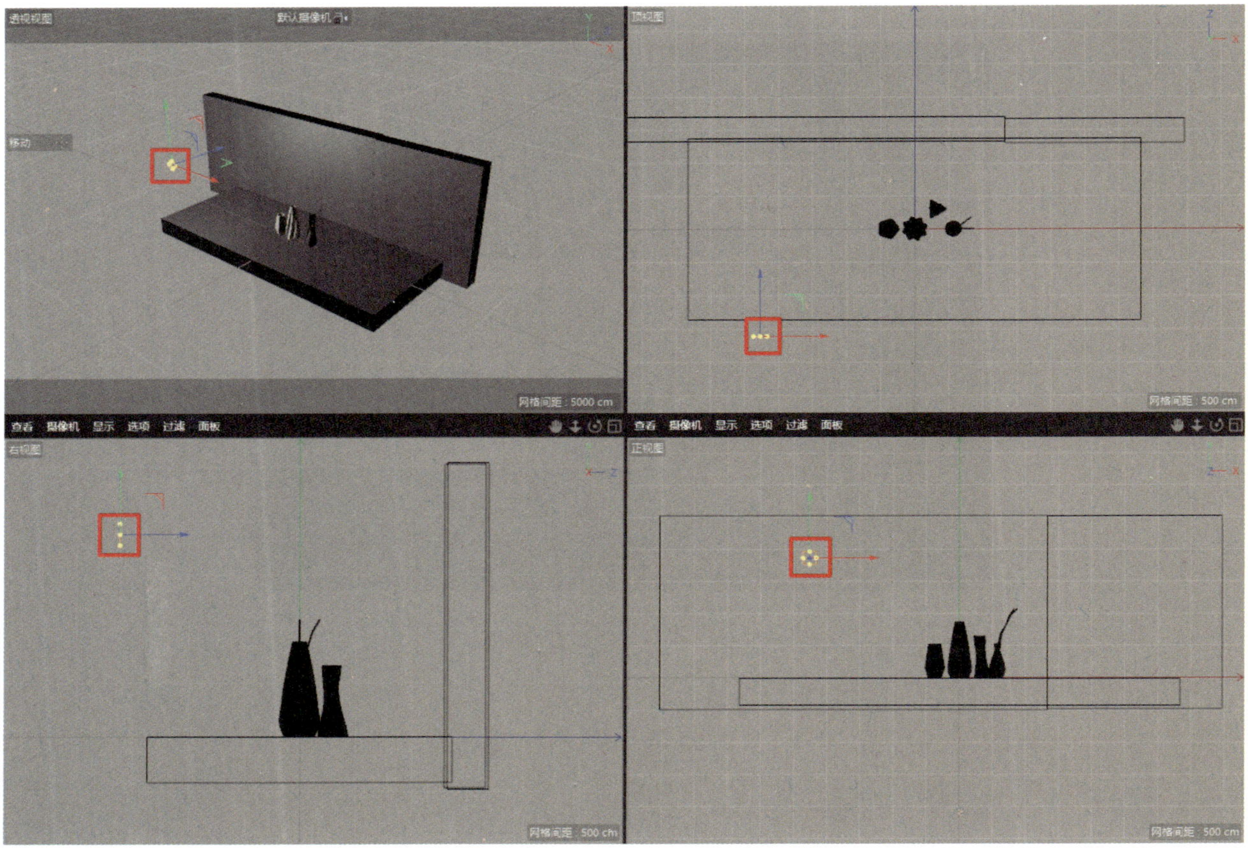

图 2-101　灯光位置

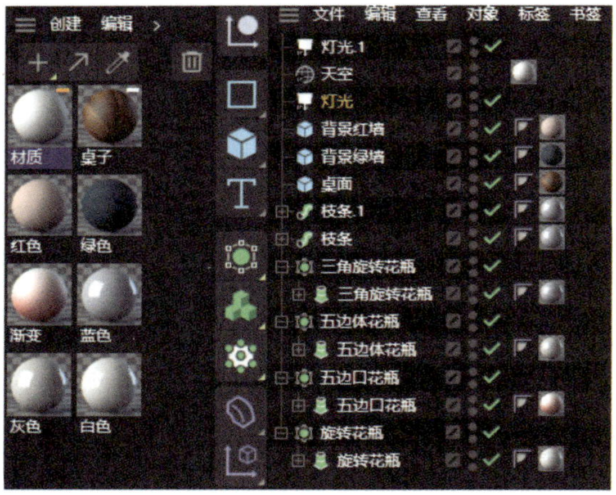

图 2-102　添加材质球

图 2-103　艺术花瓶最终效果

任务小结

使用放样工具完成花瓶的制作。

在“对象”窗口中，曲线的顺序将决定放样的效果。

2.1.4　任务 3：国货品牌宣传标题

任务情境

随着国家综合国力的日益增强，民族凝聚力和民族文化自信的提升，人们越来越关注和喜欢国货品牌。国货也逐渐成为人们心目中的“潮流”代表。下面让我们为国货品牌制作一个宣传标题，如图 2-104 所示。

图 2-104　国货品牌宣传标题

国潮品牌场景（1 主体）　国潮品牌场景（2 材质）

知识目标

能够简述挤压工具的工作原理。
能够简述国货品牌宣传标题的组成。

技能目标

能够通过挤压工具和样条创建模型。
能够通过随机工具制作扩散模型。
能够创建文本模型。

素质目标

提升学生的开放性思维。
增强学生的民族文化自信。

任务分析

本任务主要通过文本和挤压工具设计标题，通过随机工具实现标题扩散物体模型的创建。在场景搭建过程中，需要处理模型的细节、纹理的细节及场景颜色搭配问题、对象布局等。

任务实施

01 制作标题

打开 Cinema 4D，长按“文本样条”按钮，在弹出的列表中单击“文本”按钮，新建“文本”对象，在其属性面板中设置“深度”为 40cm，“文本样条”为“国货正当潮”，“对齐”为“中对齐”，“水平间隔”为 25cm，如图 2-105 所示；在“对象”窗口中，选择“文本”对象，复制生成 2 个新对象，并依次将其命名为“国货正当潮白色”和“国货正当潮红色”。添加文本后的效果如图 2-106 所示。

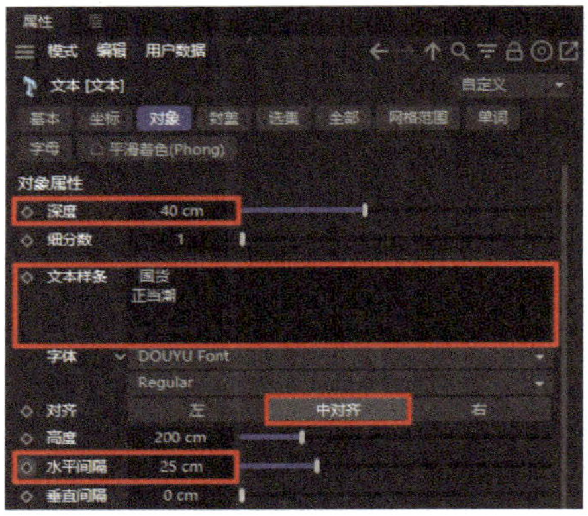

图 2-105 “文本”对象的属性参数

图 2-106 添加文本后的效果 1

在“对象”窗口中，选择“国货正当潮白色”对象，在其属性面板中，选择“封盖”选项卡，设置“倒角外形”为“圆角”，“尺寸”为 5cm，如图 2-107 所示；选择“国货正当潮红色”对象，在其属性面板中，选择“封盖”选项卡，设置“倒角外形”为“实体”，“尺寸”为 1cm，勾选“外侧倒角”复选框，如图 2-108 所示。添加文本后的效果如图 2-109 所示。

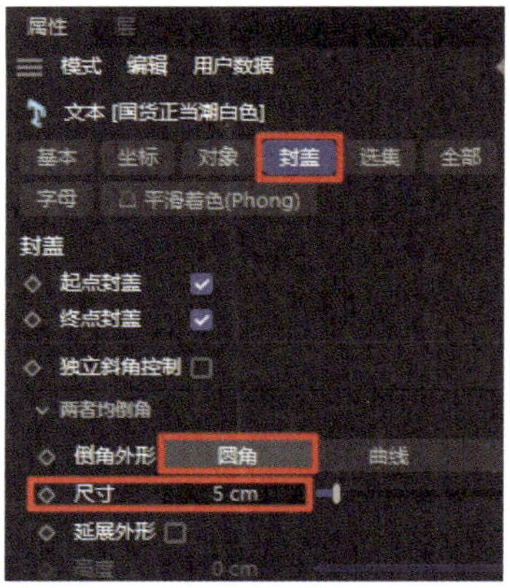

图 2-107 “国货正当潮白色”对象的属性参数

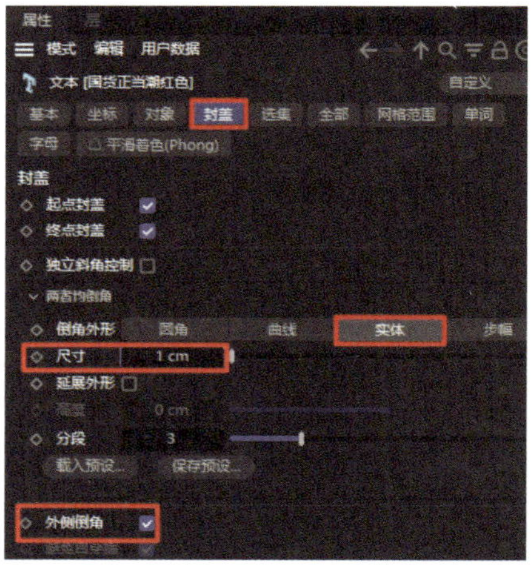

图 2-108 “国货正当潮红色”对象的属性参数

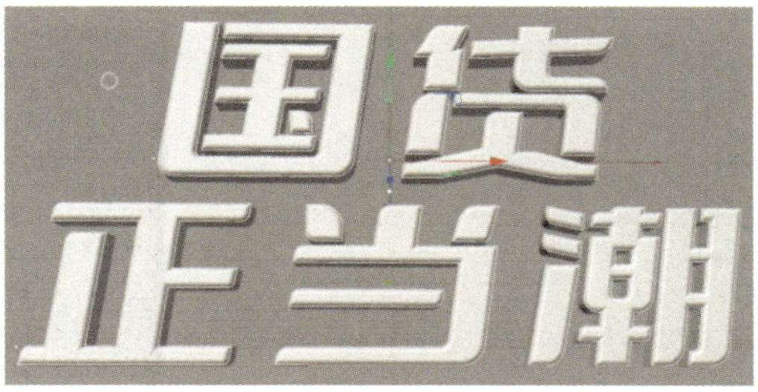

图 2-109　添加文本后的效果 2

02 制作标题背景

按 F4 键，切换到“正视图”窗口，单击左侧工具栏中的“样条画笔”按钮，沿着“国货正当潮”对象外部画出轮廓，生成“样条”对象。画出文字外部轮廓后的效果如图 2-110 所示。

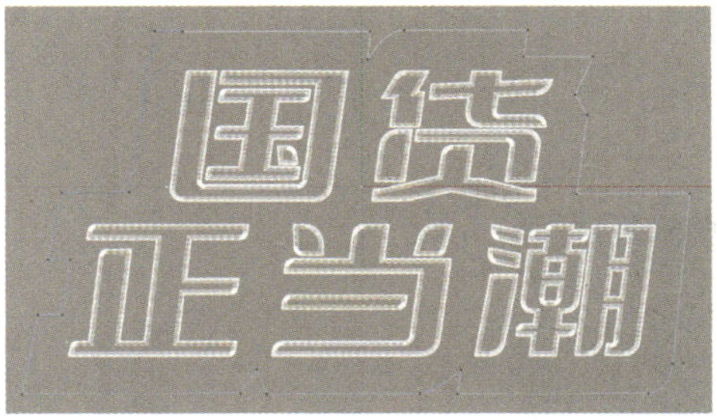

图 2-110　画出文字外部轮廓后的效果

按住 Alt 键，同时长按“细分曲面”按钮，在弹出的列表中单击“挤压”按钮，新建“挤压”对象，将“样条”对象作为“挤压”对象的子级；在“挤压”对象的属性面板中，设置“偏移”为 25cm（见图 2-111），在“封盖”选项卡中，设置“倒角外形”为“步幅”，“尺寸”为 10cm，勾选“延展外形”复选框，设置“高度”为−8cm，“分段”为 1，如图 2-112 所示；按 E 键，切换到移动工具，选择“挤压”对象，按住鼠标左键并沿着 *Z* 轴拖动鼠标，将“挤压”对象移动到文字的后方，效果如图 2-113 所示。

在“对象”窗口中，将“挤压”对象命名为“国货正当潮背景橙色”；按住 Ctrl 键，同时按住鼠标左键并拖动鼠标，复制“国货正当潮背景橙色”对象；参照相同的方法复制出一个对象，分别将复制的对象命名为“国货正当潮背景青色”和“国货正当潮背景黄色”，如图 2-114 所示。

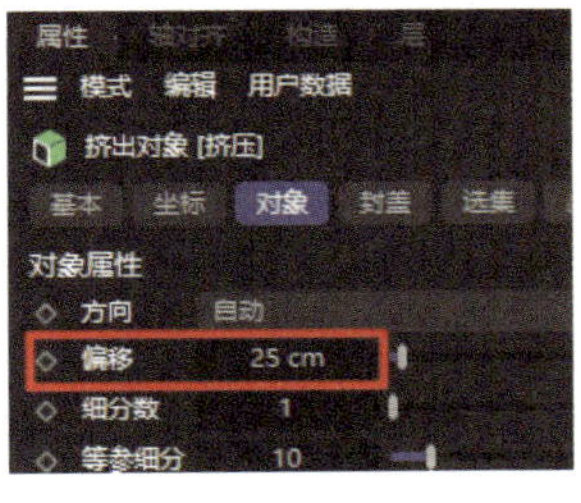

图 2-111　“挤压”对象的属性参数 1

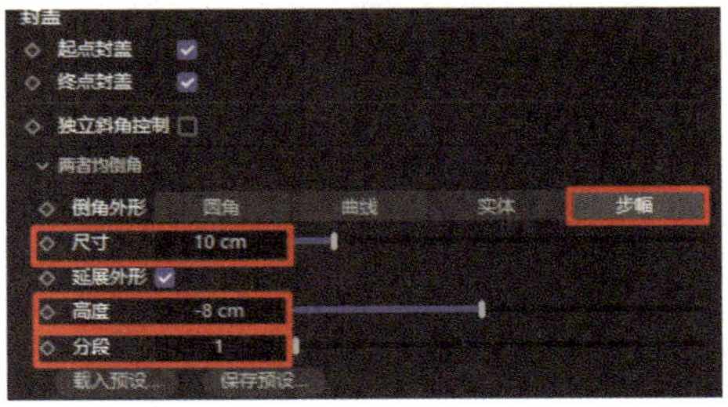

图 2-112　“挤压”对象的属性参数 2

图 2-113 “国货正当潮”背景效果

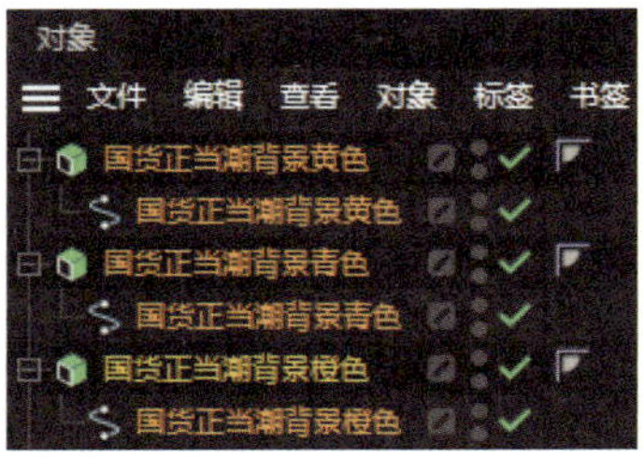

图 2-114 对象命名 1

选择“国货正当潮背景青色”对象，在其属性面板中选择“封盖”选项卡，设置“倒角外形”为“实体”，“尺寸”为 10cm，勾选“延展外形”复选框，设置“高度”为 0cm，“分段”为 1，勾选“外侧倒角”复选框，如图 2-115 所示；按 T 键，切换到缩放工具，将“国货正当潮背景青色”对象缩放至合适大小；按 E 键，切换到移动工具，将“国货正当潮背景青色”对象移动至合适位置；参照相同的方法，完成“国货正当潮背景黄色”对象的制作，效果如图 2-116 所示。

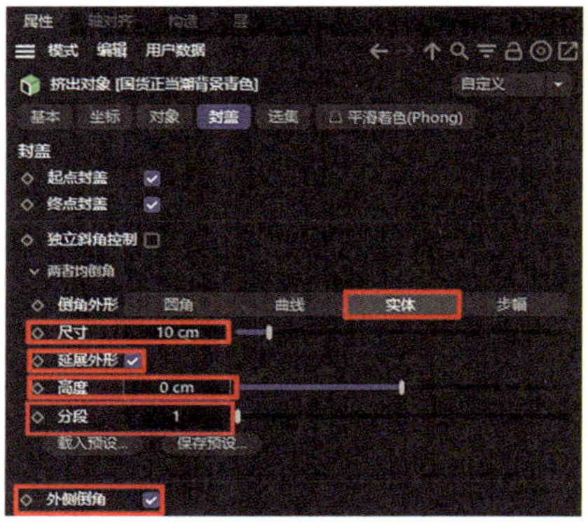

图 2-115 “国货正当潮青色”对象的属性参数

图 2-116 国货正当潮背景效果

长按“矩形”按钮，在弹出的列表中单击“星形”按钮，新建“星形”对象，在其属性面板中设置“内部半径”为 260cm，“外部半径”为 515cm，“点”为 3，如图 2-117 所示；在“对象”窗口中，按住 Ctrl 键，同时按住鼠标左键并拖动“星形”对象，复制“星形”对象，以生成新对象（复制两次），并分别将复制生成的对象命名为“三角体”和“三角框”，如图 2-118 所示。

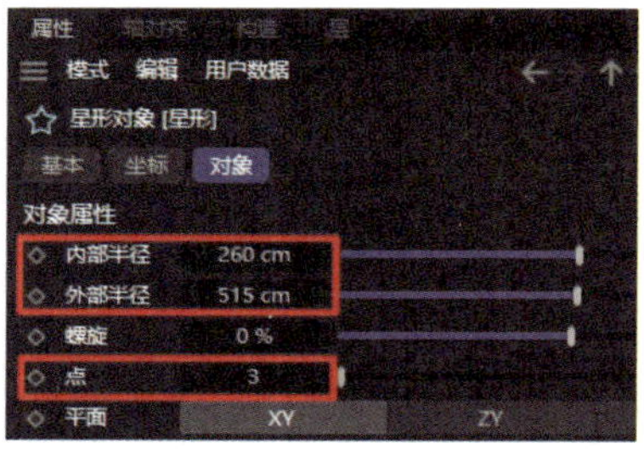

图 2-117 “星形”对象的属性参数

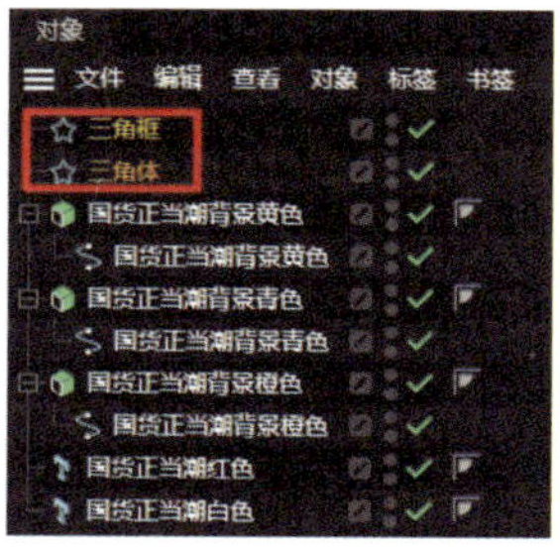

图 2-118 对象命名 2

选择“三角体”对象，按住 Alt 键，同时长按“细分曲面”按钮，在弹出列表中单击“挤压”按钮，新建“挤压”对象，将“三角体”对象作为“挤压”对象的子级，将“挤压”对象命名为“三角体”，如图 2-119 所示；在“三角体”对象的属性面板中，设置“偏移”为 20cm，并将其移动到背景的后方，效果如图 2-120 所示。

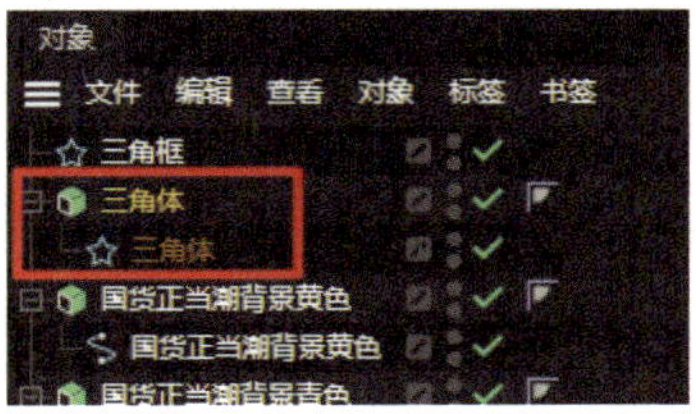

图 2-119　对象命令 3

图 2-120　移动后的效果 1

单击“矩形”按钮，新建“矩形”对象，在其属性面板中设置“高度”和“宽度”均为 29cm；长按“细分曲面”按钮，在弹出的列表中单击“扫描”按钮，新建“扫描”对象；将“矩形”和“三角框”对象作为“扫描”对象的子级，并将“扫描”对象命名为“三角框”，如图 2-121 所示；将“三角框”对象移动到背景的后方，效果如图 2-122 所示。

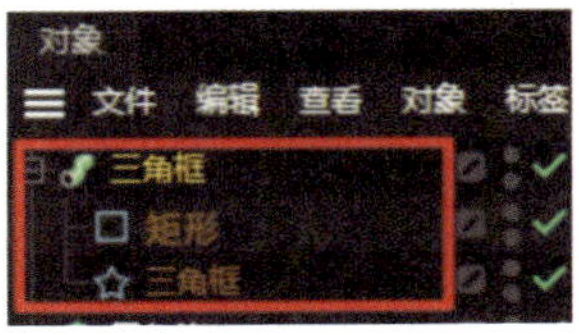

图 2-121　对象命名 4

图 2-122　移动后的效果 2

03 制作标题飘散物体

长按“立方体”按钮，在弹出的列表中单击“圆锥体”按钮，新建“圆锥体”对象，在其属性面板中设置“底部半径”为 10cm，“高度”为 30cm，如图 2-123 所示；参照相同的方法，新建“胶囊”对象，在其属性面板中设置“半径”为 5cm，“高度”为 25cm，如图 2-124 所示；新建“圆环面”对象，在其属性面板中设置“圆环半径”为 10cm，“导管半径”为 3cm，如图 2-125 所示；新建“球体”对象，在其属性面板中设置“半径”为 15cm，如图 2-126 所示。依次排列“圆锥体”、“胶囊”、“圆环面”和“球体”对象，效果如图 2-127 所示。

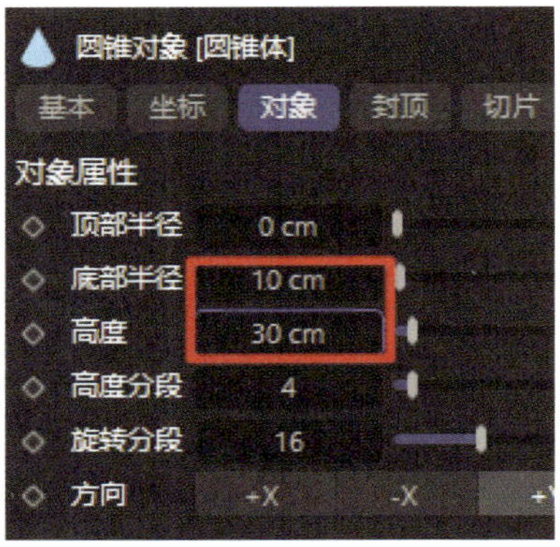

图 2-123 “圆锥体”对象的属性参数

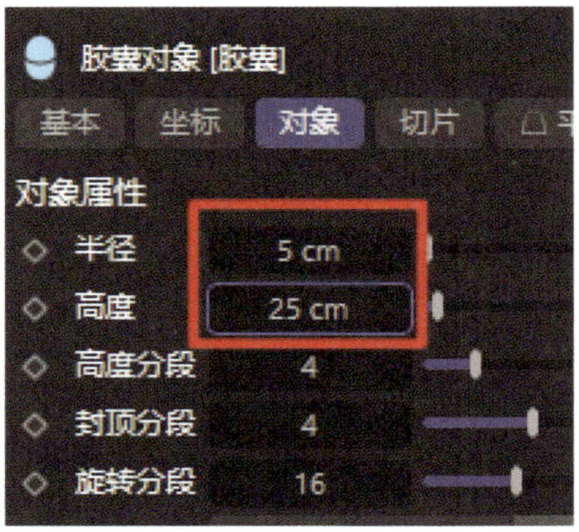

图 2-124 “胶囊”对象的属性参数

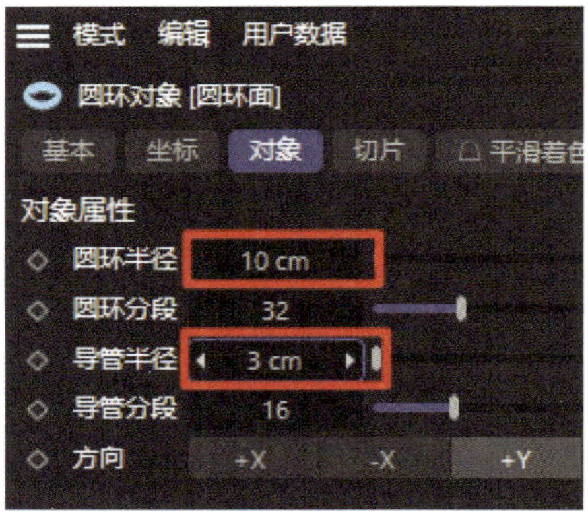

图 2-125 “圆环面”对象的属性参数

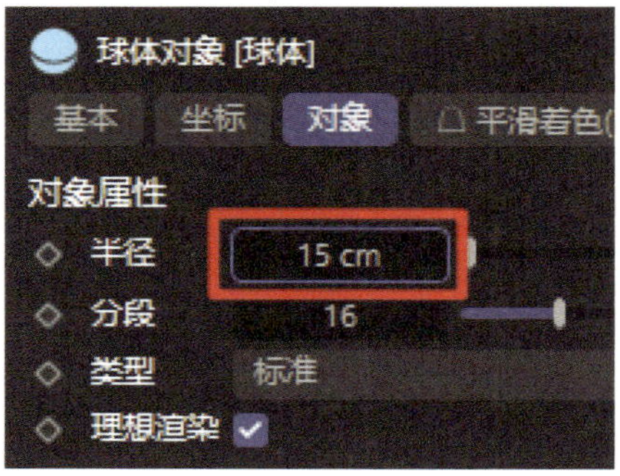

图 2-126 “球体”对象的属性参数

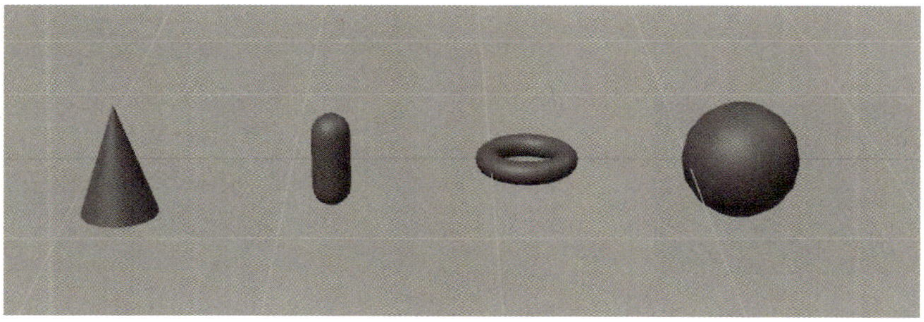

图 2-127 排列后的效果

单击“克隆”按钮，新建“克隆”对象，将“圆锥体”、“胶囊”、“圆环面”和“球体”对象作为“克隆”对象的子级，并将“克隆”对象命名为“飘散物体”；在其属性面板中设置“模式”为“网格”，“数量”为“4,4,4”，“尺寸”为“400cm,400cm,400cm”，如图 2-128 所示。克隆效果如图 2-129 所示。

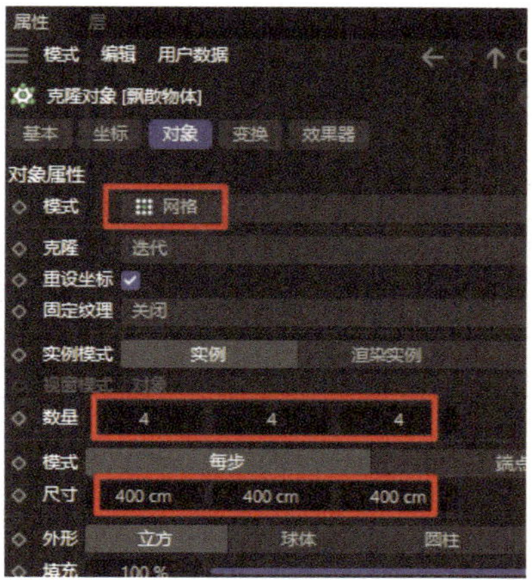

图 2-128　克隆属性参数

图 2-129　克隆效果

长按“简易”按钮，在弹出的列表中单击“随机”按钮，新建“随机”对象，在其属性面板的“变换”选区中设置“P.X”为 400cm，“P.Y”为 690cm，“P.Z”为 625cm，勾选“旋转”复选框，设置“R.H”为 50°，“R.P”为 100°，“R.B”为 100°，分别勾选“缩放”和“等比缩放”复选框，设置“缩放”为 2.5，如图 2-130 所示；或者根据实际需要调整属性参数和位置，使扩散物飘散在主体周围即可。随机效果如图 2-131 所示。

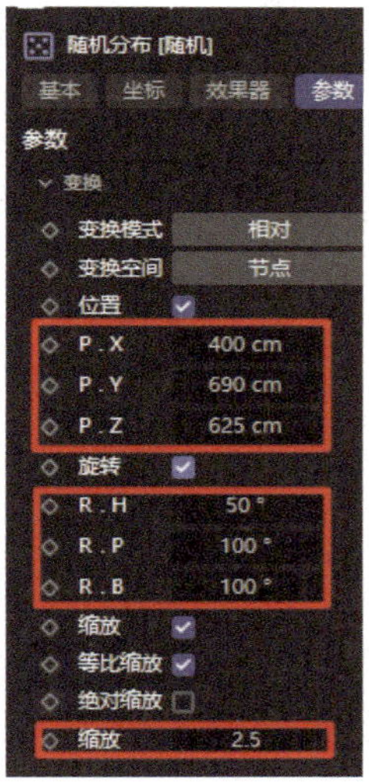

图 2-130　随机属性参数

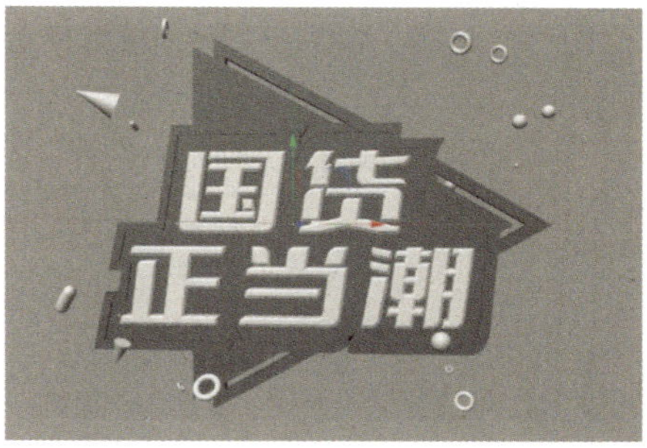

图 2-131　随机效果

04 赋予材质

双击“材质管理器”窗口空白处，新建材质球“材质”，双击该材质球，打开“材质编辑器”窗口，设置“名字”为“文字白色”，勾选“发光”复选框，在“发光”通道属性面板中设置“V”为 85%，如图 2-132 所示；新建“文字红色”材质球，双击该材质球，打开“材质编辑器”窗口，勾选“颜色”复选框，在“颜色”通道属性面板中设置“S”为 90%，“V”为 75%，如图 2-133 所示。

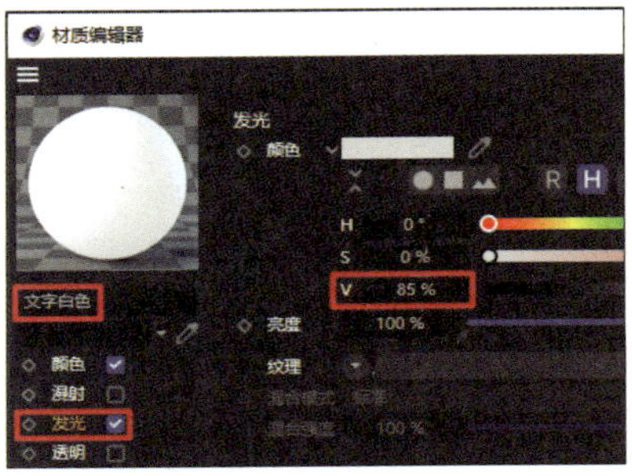

图 2-132 “文字白色”材质球的属性参数

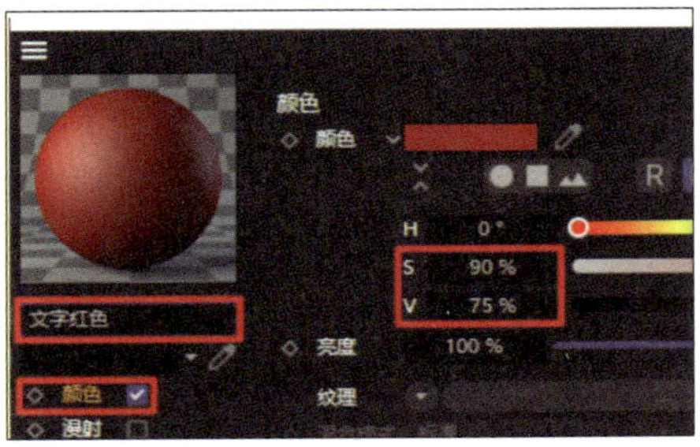

图 2-133 “文字红色”材质球的属性参数

新建“背景橙色”材质球，双击该材质球，打开“材质编辑器”窗口，勾选“颜色”复选框，在“颜色”通道属性面板中设置“H”为 25°，“S”为 90%，“V”为 90%，如图 2-134 所示；勾选“反射”复选框，在“反射”通道属性面板中设置“类型”为 GGX，“粗糙度”为 10%，“反射强度”为 10%，“高光强度”为 85%，“凹凸强度”为 100%，“菲涅耳”为“导体”，如图 2-135 所示。

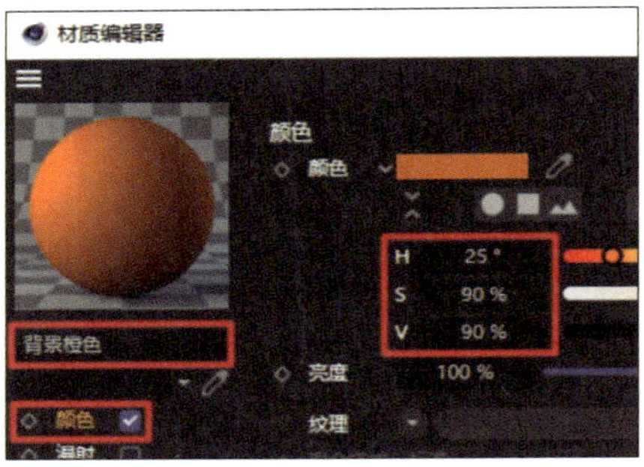

图 2-134 “背景橙色”材质球的颜色属性参数

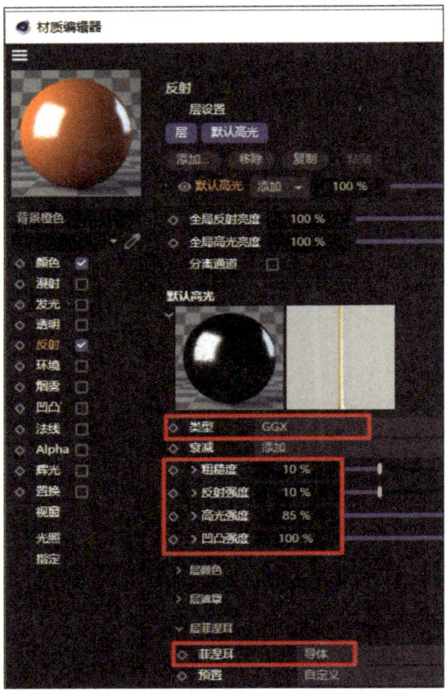

图 2-135 “背景橙色”材质球的反射属性参数

按照相同的方法，新建“背景青色”材质球，双击该材质球，打开“材质编辑器”窗口，勾选“颜色”复选框，在“颜色”通道属性面板中设置“H”为 185°，“S”为 60%，“V”为 95%；新建“背景黄色”材质球，双击该材质球，打开“材质编辑器”窗口，勾选“颜色”复选框，在“颜色”通道属性面板中设置“H”为 50°，“S”为 100%，“V”为 100%；新建“球体”材质球，双击该材质球，打开“材质编辑器”窗口，勾选“颜色”复选框，在“颜色”通道属性面板中设置“H”为 262°，“S”为 98%，“V”为 100%；新建“胶囊”材质球，双击该材质球，打开“材质编辑器”窗口，勾选“颜色”复选框，在“颜色”通道属性面板中设置“H”为 69°，“S”为 98%，“V”为 100%；新建“圆锥体”材质球，双击该材质球，打开“材质编辑器”窗口，勾选“颜色”复选框，在“颜色”通道属性面板中设置“H”为 330°，“S”为 98%，“V”为 100%；新建“圆环面”材质球，双击该材质球，打开“材质编辑器”窗口，勾选“颜色”复选框，在“颜色”通道属性面板中设置“H”为 0°，“S”为 98%，“V”为 100%。分别为相应的对象添加材质球，如图 2-136 所示，添加材质球后的效果如图 2-137 所示。

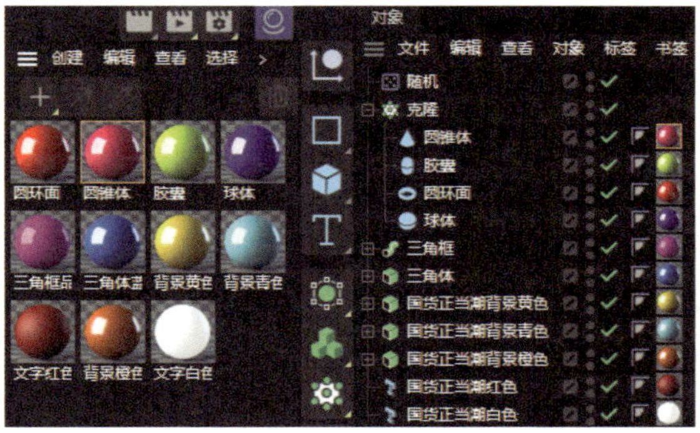

图 2-136　添加材质球

图 2-137　添加材质球后的效果

05 添加灯光

单击“灯光”按钮，添加“灯光”对象，在其属性面板中设置“类型”为“区域光”，“投影”为“区域”，将灯光移动到“国货正当潮”对象的左上方合适位置，如图 2-138 所示。

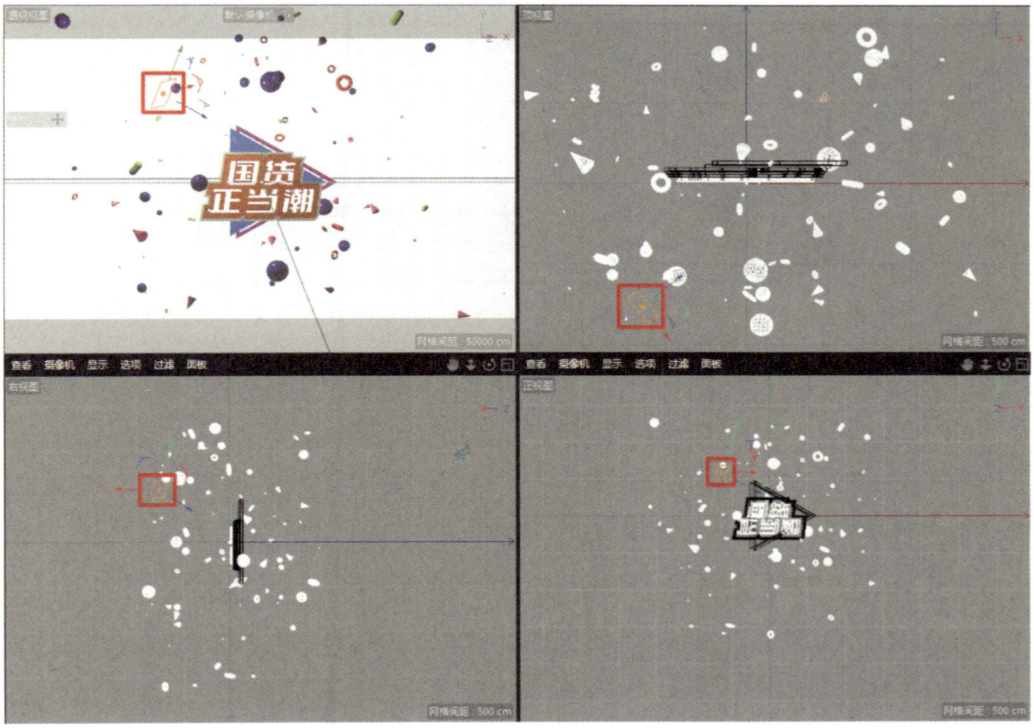

图 2-138　灯光位置

06 添加渲染环境

单击“天空”按钮，添加“天空”对象，新建“灰色”材质球，双击该材质球，打开“材质编辑器”窗口，勾选“颜色”复选框，在“颜色”通道属性面板中设置“H”为 0°，“S”为 0%，“V”为 95%。将“灰色”材质球添加到“天空”对象中。

单击工具栏中的“编辑渲染设置”按钮，在弹出的“渲染设置”对话框中单击“效果”按钮 效果... ，在弹出的列表中选择“全局光照”命令；再次单击“效果”按钮 效果... ，在弹出的列表中选择“环境吸收”命令；单击“渲染到图像查看器”按钮，在弹出的“图像查看器”对话框中将文件另存为 JPG 格式。国货品牌宣传标题最终效果如图 2-139 所示。

图 2-139　国货品牌宣传标题最终效果

任务小结

使用挤压工具制作文字背景。
使用随机工具制作标题飘散物体。

2.2　造型工具建模

2.2.1　造型工具概述

Cinema 4D 的造型工具非常强大，可以组合出各种不同的效果。作为父级工具，Cinema 4D 造型工具的可操作性和灵活性是其他三维软件无法比拟的。

造型工具的位置：在 Cinema 4D 中，长按“细分曲面”按钮，弹出列表（造型工具组），如图 2-140 所示；或者在菜单栏中选择“创建”→“生成器”命令，弹出生成器下拉列表，如图 2-141 所示。

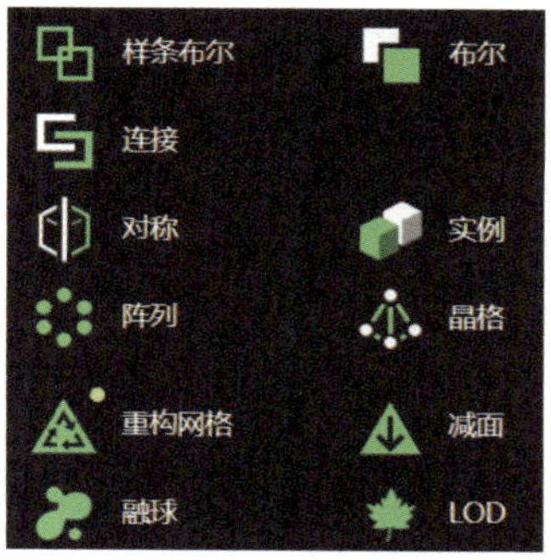

图 2-140　造型工具组

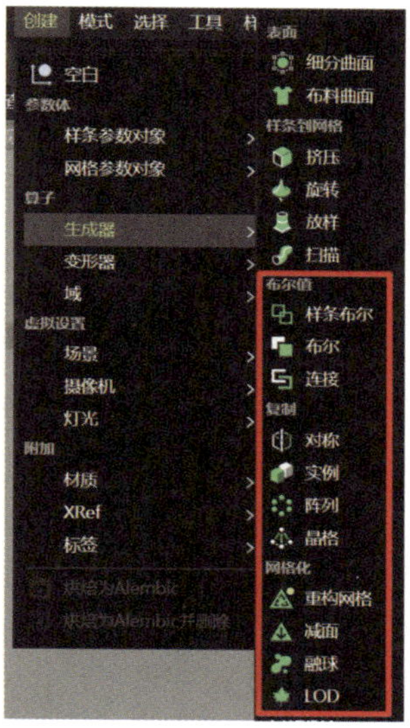

图 2-141　生成器下拉列表

1. 造型工具的使用方法

选择需要添加造型工具的对象，按住 Alt 键，同时长按“细分曲面”按钮，在弹出的列表中单击需要添加的造型工具，将该工具作为造型工具的子级；通过调整造型工具属性面板中的参数，可以实现想要的效果。

2. 常用的造型工具

（1）阵列造型工具。

阵列造型工具可以创建对象的副本，并将它们按照球面形式或波形进行排列，同时可以对振幅进行动画化。阵列造型工具的“对象”选项卡中的部分属性如下。

半径、副本：用于设置阵列对象的半径和阵列的数量。

振幅、频率：用于设置阵列波动的范围和速度。

阵列频率：用于设置阵列中每个对象波动的范围，需要与“振幅”和“频率”属性结合使用。

添加阵列造型工具的操作步骤如下。

单击“立方体”按钮，新建“立方体”对象，按住 Alt 键，同时长按“细分曲面”按钮，在弹出的列表中单击“阵列”按钮，添加阵列造型工具（“阵列”对象），将“立方体”对象作为“阵列”对象的子级，如图 2-142 所示。

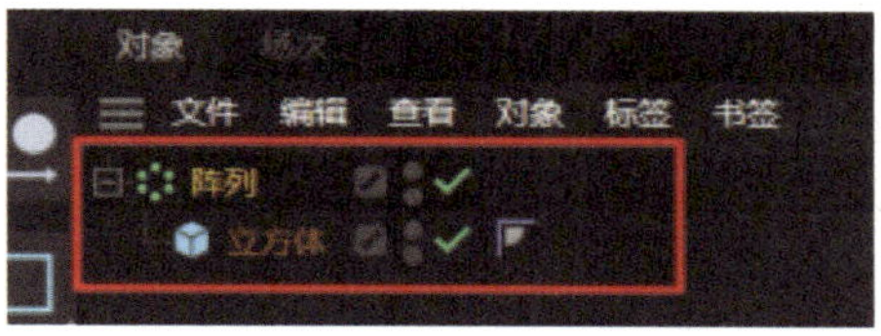

图 2-142　添加子级 1

在实际使用过程中，可以根据具体需求调整“阵列”对象的属性参数，如设置“半径”为 450cm，“副本”为 10，效果如图 2-143 所示。

调整“阵列”对象的“振幅”和“阵列频率”属性可以改变每个物体波动的范围，如设置“振幅”为 200cm，“阵列频率”为 30，效果如图 2-144 所示。

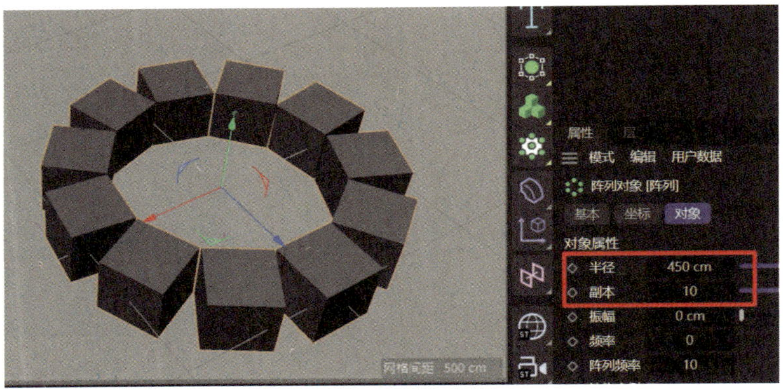

图 2-143　阵列效果 1

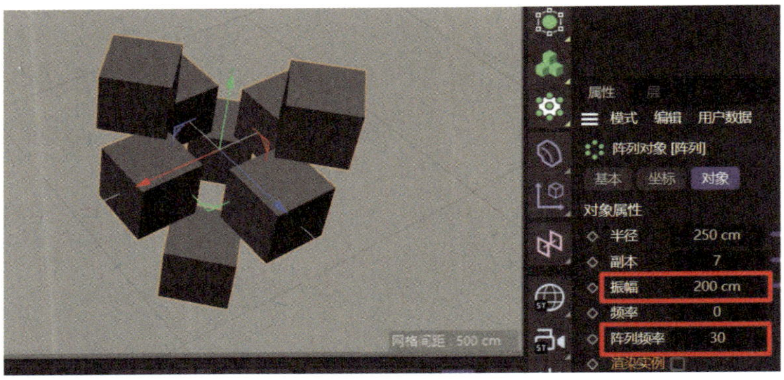

图 2-144　阵列效果 2

（2）晶格造型工具。

晶格造型工具可以在对象模型上创建一个原子晶格结构，使用圆柱体代替模型的边，使用球体代替所有点。晶格造型工具的“对象”选项卡中的部分属性如下。

球体半径：用于调整晶格节点球体的大小。

圆柱半径：用于调整晶格圆柱体的大小。

细分数：用于调整晶格细分参数，细分参数越大，对象越圆滑。

添加晶格造型工具的操作步骤如下。

长按“立方体”按钮，在弹出的列表中单击“宝石体”按钮，新建“宝石体”对象，按住 Alt 键，同时长按“细分曲面”按钮，在弹出的列表中单击“晶格”按钮，新建晶格造型工具（“晶格”对象），将“宝石体”对象作为“晶格”对象的子级，如图 2-145 所示。

在实际使用过程中，可以根据具体需求调整“晶格”对象的属性参数，从而实现想要的效果。例如，在“晶格”对象的属性面板中，设置“球体半径”为 15cm，“圆柱半径”为 5cm，“细分数”为 40，效果如图 2-146 所示。

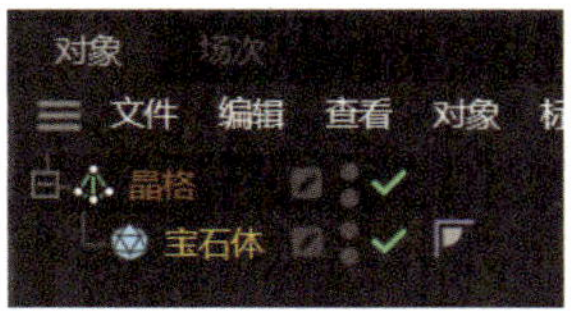

图 2-145 添加子级 2

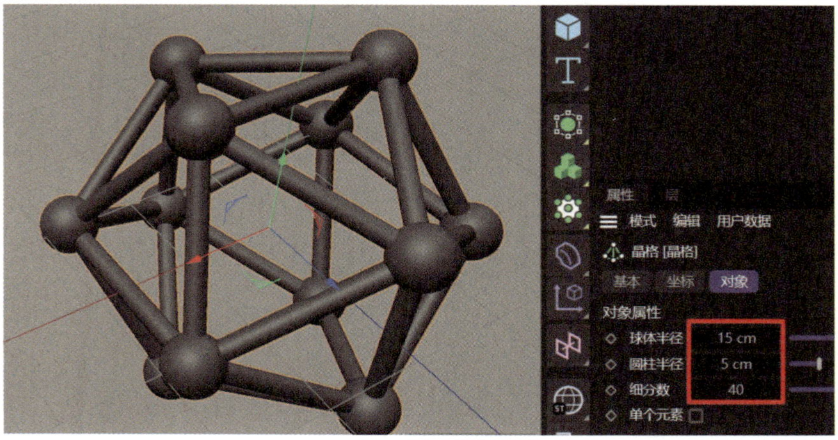

图 2-146 晶格效果

（3）对称造型工具。

对称造型工具只能作用于几何体。使用该工具可以将几何体相对于设定好的轴进行镜像复制。新复制出来的几何体将继承原几何体的所有属性。对称造型工具的“对象”选项卡中的部分属性如下。

对称中心点：用于确定对称操作的基准点。在默认情况下，对称中心点位于视图坐标原点。

镜像平面：默认镜像平面为 *ZY* 平面。若镜像平面为 *ZY*，则移动默认视图的 *X* 轴方向将产生对称的距离效果；若镜像平面为 *XZ* 平面，则移动默认视图的 *Y* 轴方向将产生对称的距离效果；若镜像平面为 *XY* 平面，则移动默认视图的 *Z* 轴方向将产生对称的距离效果。

公差：公差值的大小用于确定是否将对称中心点焊接到一起，公差值必须大于从对称点到对称轴的距离。

焊接点与对称：无须调整它们的状态。若取消勾选“焊接点”复选框，则全部参数均不可被调节。

在使用对称造型工具时，需要注意以下几点。

① 确定对称中心点。

② 确定镜像平面。

③ 移动对象物体，使其产生对称距离。

添加对称造型工具的操作步骤如下。

长按“立方体”按钮，在弹出的列表中单击“圆环面”按钮，新建“圆环面”对象，在其属性面板中选择“对象”选项卡，设置“导管半径”为 10cm；选择“切片”选项卡，勾选“切片”复选框，设置“起点”为 0°，“终点”为 180°，生成一个半圆环，如图 2-147 所示。

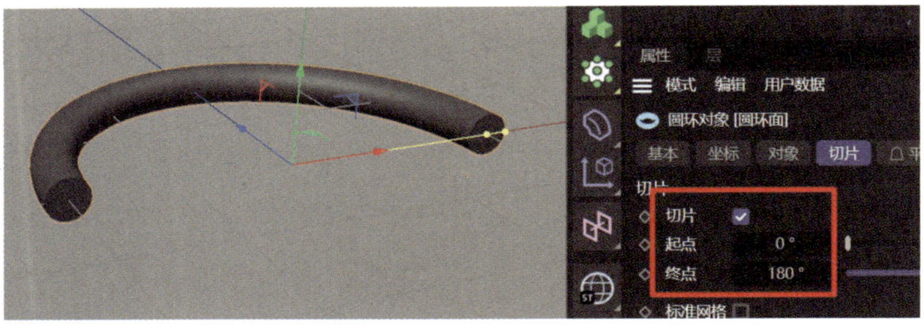

图 2-147　生成的半圆环

长按“细分曲面”按钮，在弹出的列表中单击“对称”按钮，添加对称造型工具（“对称”对象，见图 2-148）；在“对象”窗口中，拖动“圆环面”对象到“对称”对象的下方，将“圆环面”对象作为“对称”对象的子级。此时，对称中心点位于默认视图坐标上，默认镜像平面为 *ZY* 平面。在“对象”窗口中，选择“圆环面”对象，在“透视视图”窗口中，按住鼠标左键并沿着 *X* 轴方向拖动鼠标，即可产生对称的距离效果。

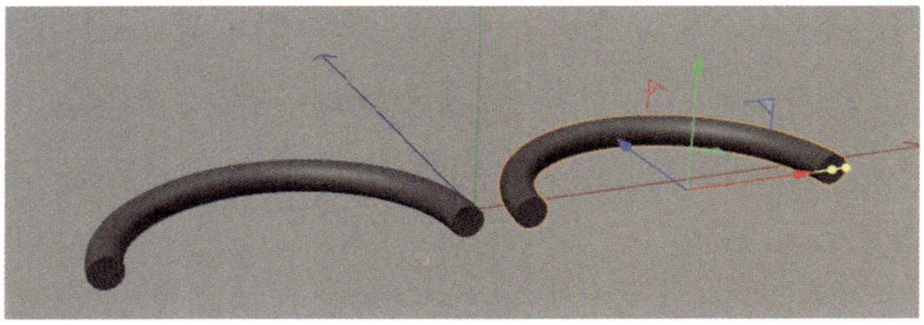

图 2-148　添加的“对称”对象

在实际使过程用中，调整“对称”对象的属性面板中的“镜像平面”属性，可以得到不同的效果，如图 2-149 和图 2-150 所示。

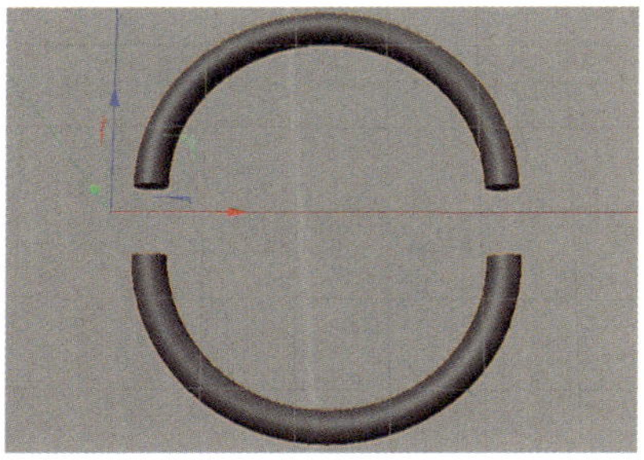

图 2-149　设置“镜像平面”为 *XY* 平面

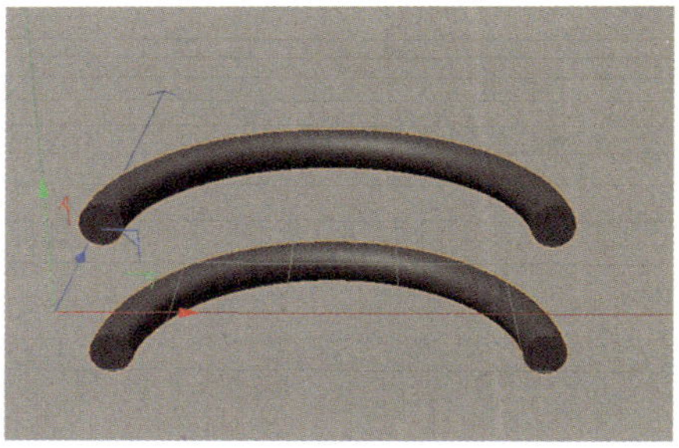

图 2-150　设置“镜像平面”为 *XZ* 平面

（4）布尔造型工具。

在 Cinema 4D 中，布尔造型工具可以应用于各种几何体，如盒子、球体和圆柱体等。布尔类型包括“A 加 B”、“A 减 B”、“交集”和“补集”4 种。“A 加 B”操作可以将两个对象合并为一个对象，“A 减 B”操作可以从对象 A 中减去对象 B（在“对象”窗口中，上层对象为 A），“交集”操作仅保留两个对象重叠的部分，而“补集”操作可以保留一个对象中未被另一个对象覆盖的部分。

使用布尔造型工具的好处是，它可以让我们创建复杂的几何形状，而无须手动建模每个细节。例如，我们可以使用布尔运算来创建一个圆柱体内部挖空的方块，而无须手动绘制挖空的部分。

添加布尔造型工具的操作步骤如下。

单击“立方体”按钮，新建“立方体”对象，单击“球体”按钮，新建“球体”对象，调整“立方体”对象和“球体”对象的位置，如图 2-151 所示。

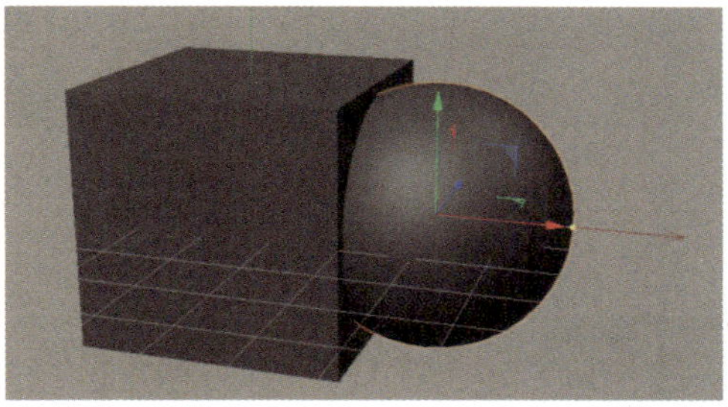

图 2-151　调整对象的位置

长按“细分曲面”按钮，在弹出的列表中单击“布尔”按钮，添加布尔造型工具（“布尔”对象），在“对象”窗口中，框选“立方体”和“球体”对象，并将其拖动到“布尔”对象的下方，作为“布尔”对象的子级，如图 2-152 所示。在“布尔”对象的属性面板中，设置“布尔类型”为“A 减 B”，效果如图 2-153 所示。

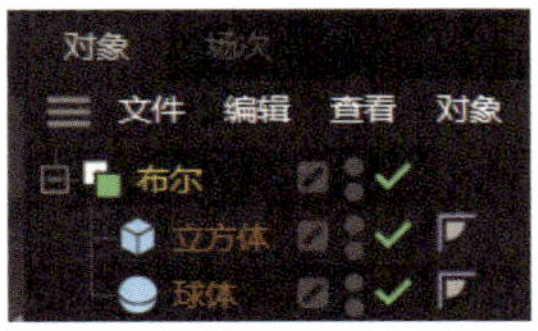

图 2-152　添加子级 3

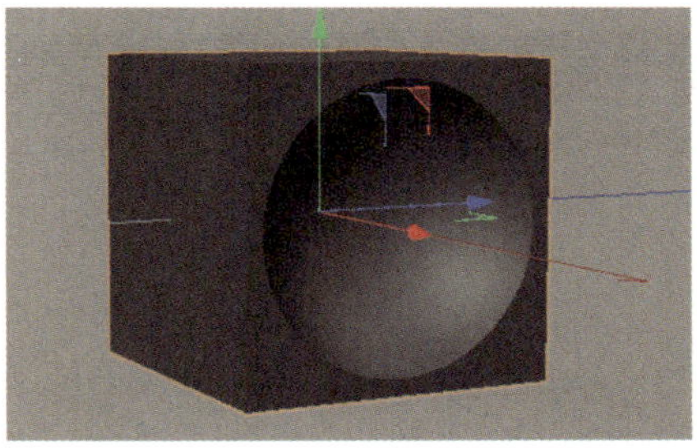

图 2-153　布尔类型为“A 减 B”时的效果

当设置不同的布尔类型时，得到的效果也不同。布尔类型为“A 加 B”时的效果如图 2-154 所示，布尔类型为“交集”时的效果如图 2-155 所示。

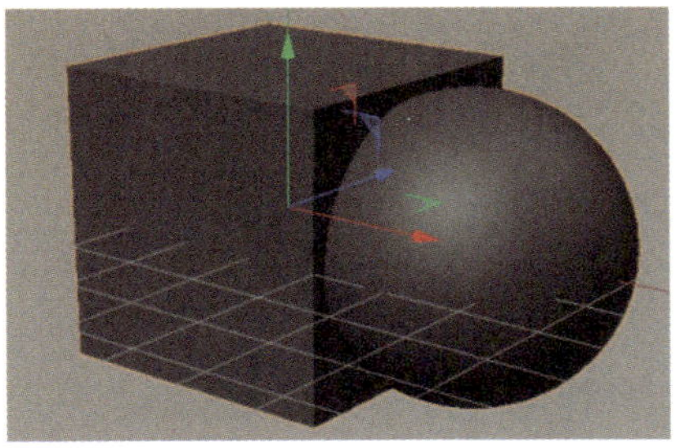

图 2-154　布尔类型为“A 加 B”时的效果

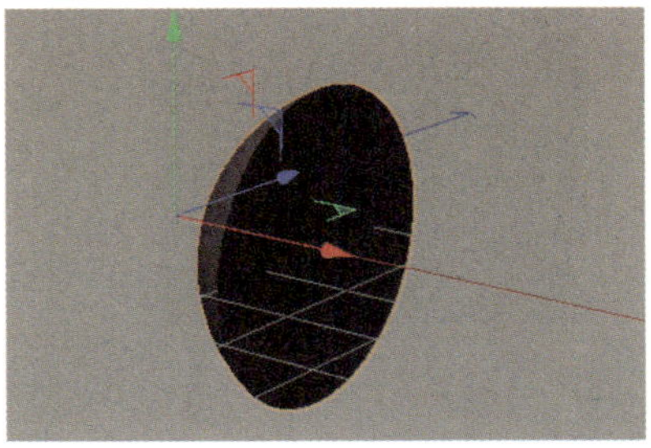

图 2-155　布尔类型为“交集”时的效果

（5）样条布尔造型工具。

样条布尔造型工具主要针对样条曲线进行布尔运算。在样条布尔层级中，第一个对象是目标样条，其他所有样条都会对目标样条进行切割。样条布尔造型工具提供了“合集”、“A 减 B”、“B 减 A”、“与”、“或”和“交集”6 种运算。对样条曲线进行运算，可以得到新的样条曲线。

添加样条布尔造型工具的操作步骤如下。

长按“矩形”按钮，在弹出的列表中单击“圆环”按钮，新建“圆环”对象；长按“矩形”按钮，在弹出的列表中单击“花瓣形”按钮，新建“花瓣形”对象；在“花瓣形”对象的属性面板中，设置“内部半径”为 80cm，“外部半径”为 140cm，“花瓣”为 6，如图 2-156 所示；调整“圆环”与“花瓣形”对象的位置，效果如图 2-157 所示。

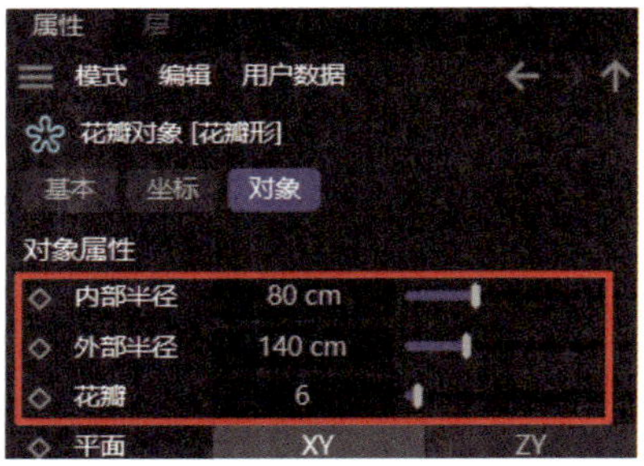

图 2-156 “花瓣形”对象的属性参数

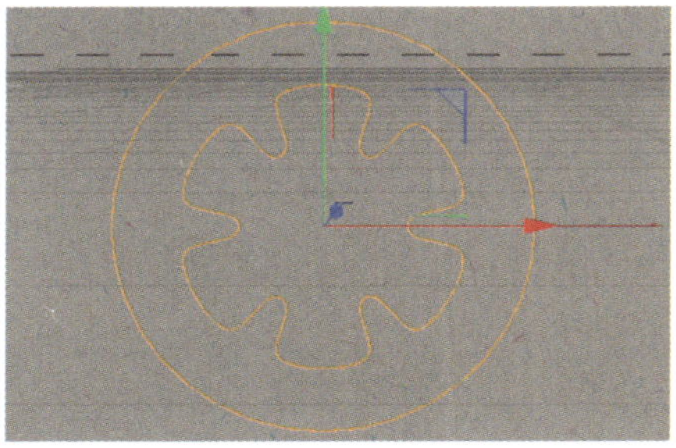

图 2-157 调整对象位置后的效果

长按“细分曲面”按钮，在弹出的列表中单击“样条布尔”按钮，新建样条布尔造型工具（“样条布尔”对象）。在“对象”窗口中，框选“圆环”和“花瓣形”对象，并将其拖动到“样条布尔”对象的下方，作为“样条布尔”对象的子级；在“样条布尔”对象的属性面板中，设置“布尔类型”为“A 减 B”。

在“对象”窗口中，选择“样条布尔”对象，按住 Alt 键，同时长按“细分曲面”按钮，在弹出的列表中单击“挤压”按钮，新建“挤压”对象。此时，“对象”窗口如图 2-158 所示，视图效果如图 2-159 所示。

图 2-158 “对象”窗口

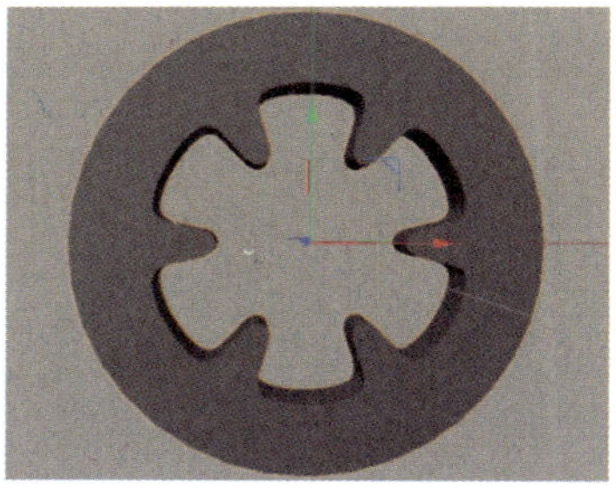

图 2-159 视图效果

（6）融球造型工具。

融球造型工具可以让物体产生粘连效果，常被用于制作卡通云朵或气泡。

添加融球造型工具的操作步骤如下。

长按“立方体”按钮，在弹出的列表中单击“球体”按钮，新建“球体”对象；在“球体”对象的属性面板中，设置“分段”为 30。在“透视视图”窗口中，选择“球体”对象，按住 Ctrl 键，同时按住鼠标左键，并沿着 *X* 轴方向拖动鼠标两次，复制出两个 “球体” 对象；调整“球体”对象的大小及位置，如图 2-160 所示。

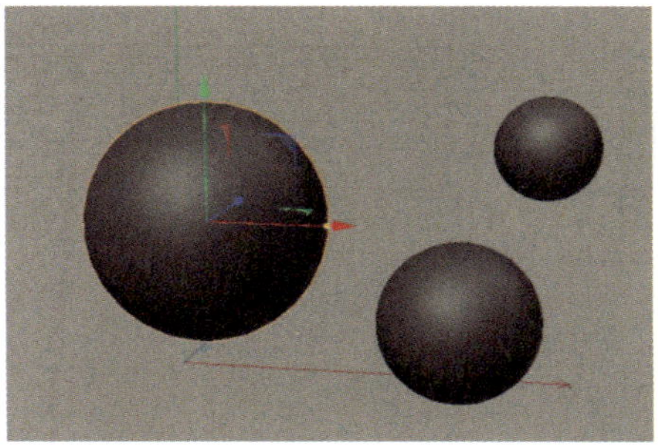

图 2-160　调整“球体”对象的大小及位置

长按“细分曲面”按钮，在弹出的列表中单击“融球”按钮，添加融球造型工具（“融球”对象）；在“对象”窗口中，框选所有“球体”对象，并将其拖动到“融球”对象的下方，作为“融球”对象的子级。在“融球”对象的属性面板中，设置“编辑器细分”为 1cm，如图 2-161 所示；调整“球体”对象的位置，融球效果如图 2-162 所示。

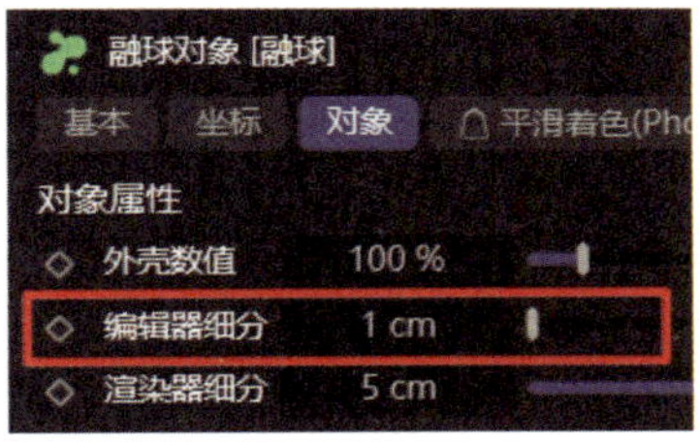

图 2-161　“融球”对象的属性参数

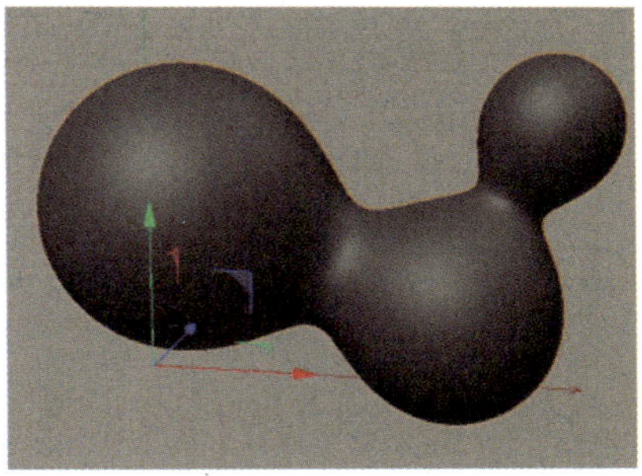

图 2-162　融球效果

2.2.2　任务 1：简易计算器

任务情境

在古代文明的长河中，人们创造了多种计算工具，以满足日益复杂的数学需求。从原始的算筹和算盘，到精巧的计算尺，这些工具见证了人类智慧与创造力的飞跃。它们随着社会的演进和科技的发展不断演化，从简单到复杂，从基础到高级。

20 世纪，随着电子技术的突破，计算器应运而生。它以便捷性和经济性迅速得到普及，成为商业交易不可或缺的助手，同时成了办公环境中的标准设备。计算机的出现和普及彻底改变了人们的工作和生活方式。本任务为完成简易计算器的建模。简易计算器如图 2-163 所示。

图 2-163　简易计算器

简易计算器（1）　简易计算器（2）　简易计算器（3）

知识目标

能够简述布尔造型工具的 4 种类型。

能够简述布尔造型工具的操作方法。

技能目标

能够对对象进行快速复制。

能够运用布尔造型工具对对象进行造型操作。

素质目标

培养学生的科学思维与科学兴趣。

培养学生严谨细致的工作态度和学习态度。

任务分析

运用“立方体”对象制作计算器底部主体，运用布尔造型工具制作显示屏，运用“立方体”和“圆柱体”对象制作按键凹槽，运用文本工具添加文本。

任务实施

01 制作计算器底部主体

打开 Cinema 4D，单击“立方体”按钮，新建“立方体”对象，在其属性面板中设置“尺寸.X”为 110cm，“尺寸.Y”为 8cm，“尺寸.Z”为 75cm，如图 2-164 所示。

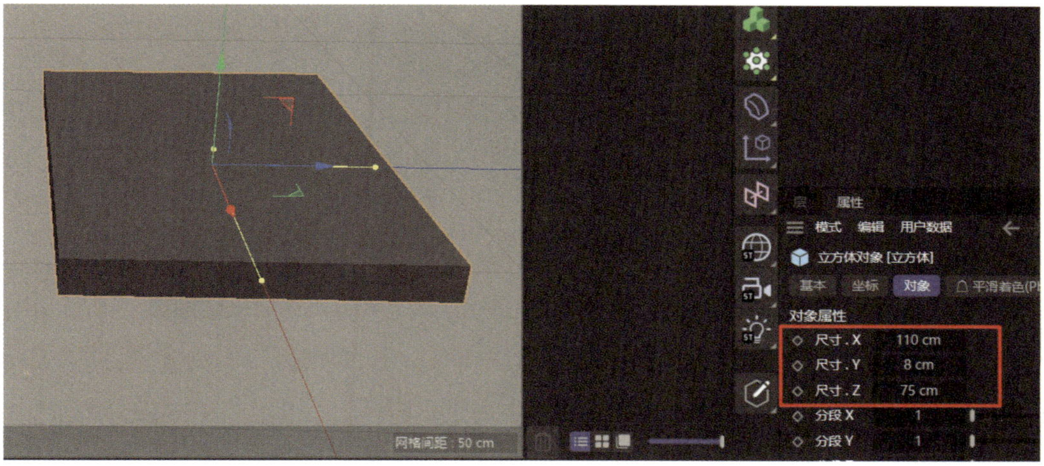

图 2-164　“立方体”对象的属性参数

按 C 键，将“立方体”对象转换为可编辑对象，并将其命名为“底部 1”；单击工具栏中的“线”按钮，切换到“线”模式，按住 Shift 键，依次选择立方体四角的边；右击“透视视图”窗口空白处，在弹出的快捷菜单中选择“倒角”命令（快捷键为 M+S）；在“倒角”属性面板中设置“偏移”为 12cm，“细分”为 10，如图 2-165 所示。倒角后的效果如图 2-166 所示。

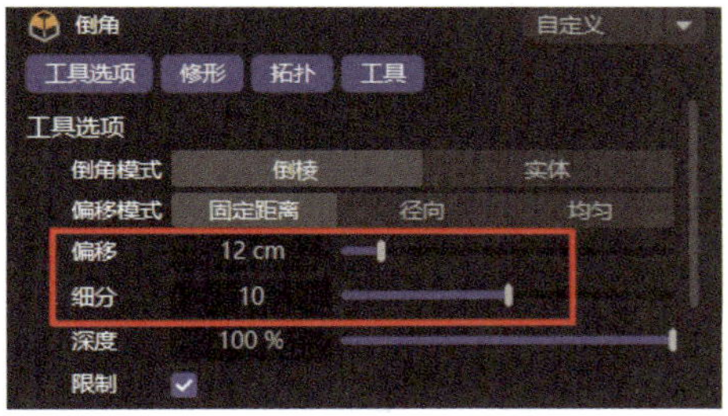

图 2-165　“倒角”属性参数

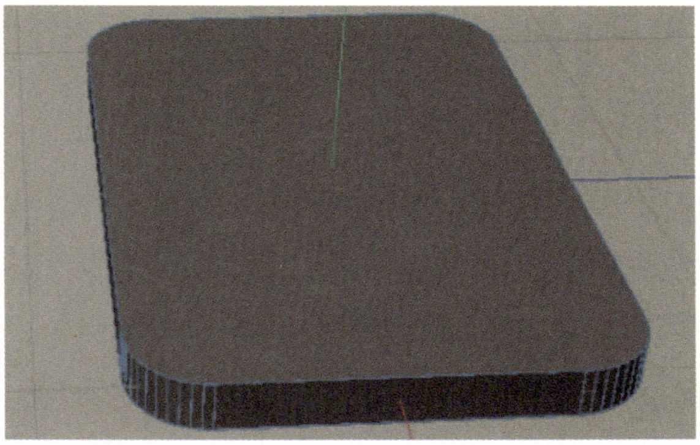

图 2-166　倒角后的效果 1

参照相同的方法，单击工具栏中的“多边形”按钮，切换到“面”模式，分别选择“底部 1”对象的上、下两个面；右击“透视视图”窗口空白处，在弹出的快捷菜单中选择“倒角”命令；在“倒角”属性面板中，设置“偏移”为 1.2cm，“细分”为 10，“挤出”为 1cm。

单击工具栏中的“模型”按钮，切换到“模型”模式。在“透视视图”窗口中，按住 Ctrl 键，同时按住鼠标左键并拖动“底部 1”对象两次，复制生成“底部 1.1”和“底部 1.2”对象，分别将其命名为“底部 2”和“底部 3”。按 T 键，切换到缩放工具，依次将“底部 2”和“底部 3”对象缩小，效果如图 2-167 所示。

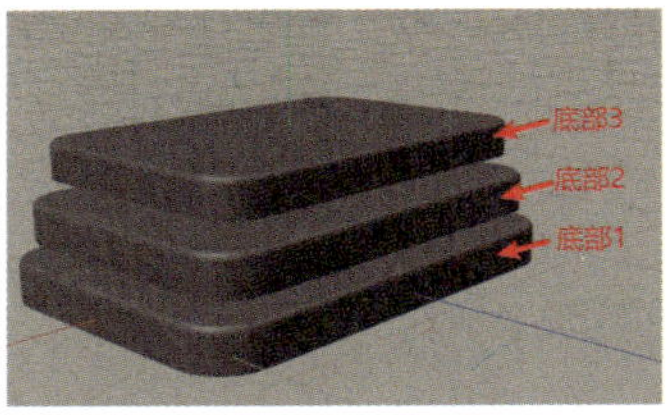

图 2-167　缩小后的效果

长按“细分曲面”按钮，在弹出的列表中单击“布尔”按钮，添加布尔造型工具（“布尔”对象）；在“对象”窗口中，将“底部 1”和“底部 2”对象拖到“布尔”对象的下方，使其成为“布尔”对象的子级（见图 2-168）；在“布尔”对象的属性面板中，设置“布尔类型”为“A 减 B”；调整“底部 2”对象的位置，使“底部 1”对象出现底部凹槽（见图 2-169），调整“底部 3”对象的位置及大小。底部完成效果如图 2-170 所示。

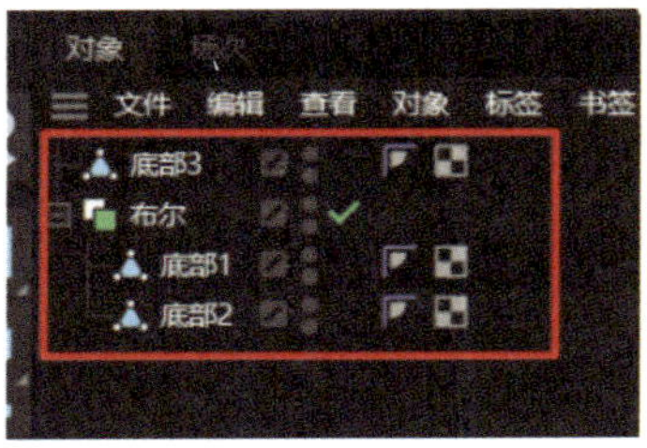

图 2-168　添加子级 1

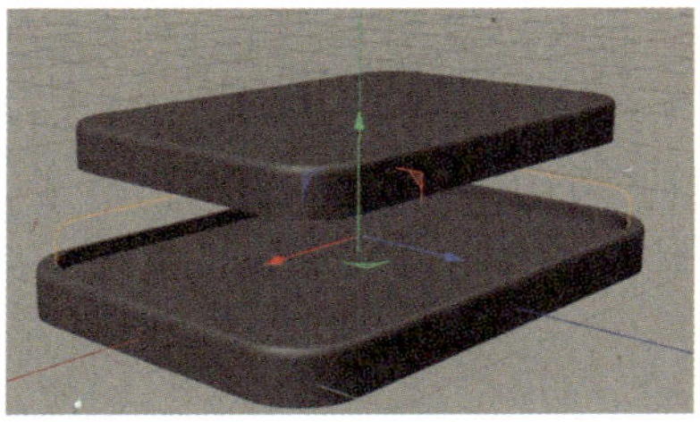

图 2-169　底部凹槽

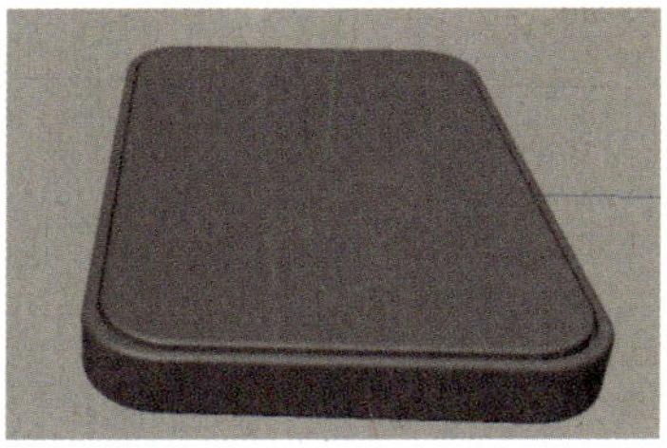

图 2-170　底部完成效果

02 制作显示屏

单击“立方体”按钮，新建“立方体”对象，并将其命名为“显示屏”；在“显示屏”对象的属性面板中，设置“尺寸.X”为 20cm，“尺寸.Y”为 3cm，“尺寸.Z”为 60cm；参照制作“底部 1”对象倒角的方法，为“显示屏”对象添加倒角，在“倒角”属性面板中设置“偏移”为 5cm，“细分”为 10，效果如图 2-171 所示。

长按“细分曲面”按钮，在弹出的列表中单击“布尔”按钮，添加布尔造型工具（“布尔 1”对象）；在“对象”窗口中，将“底部 3”和“显示屏”对象拖到“布尔 1”对象的下方，使其成为“布尔 1”对象的子级，如图 2-172 所示；调整“显示屏”对象的位置，使“底部 3”对象出现显示屏凹槽，如图 2-173 所示。

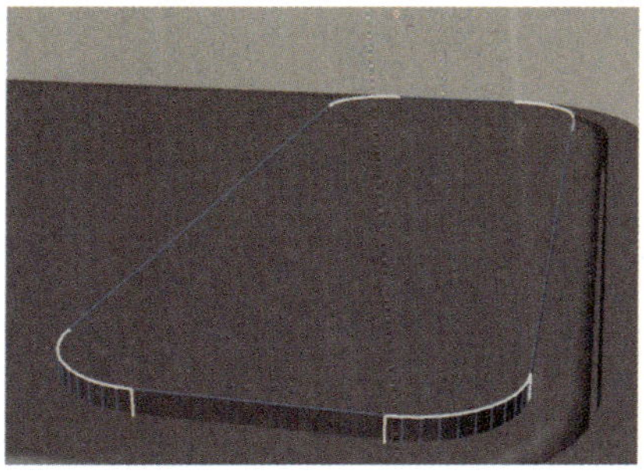

图 2-171　倒角后的效果 2

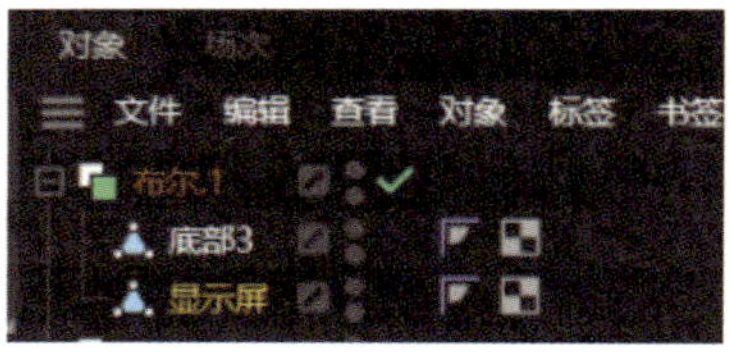

图 2-172　添加子级 2

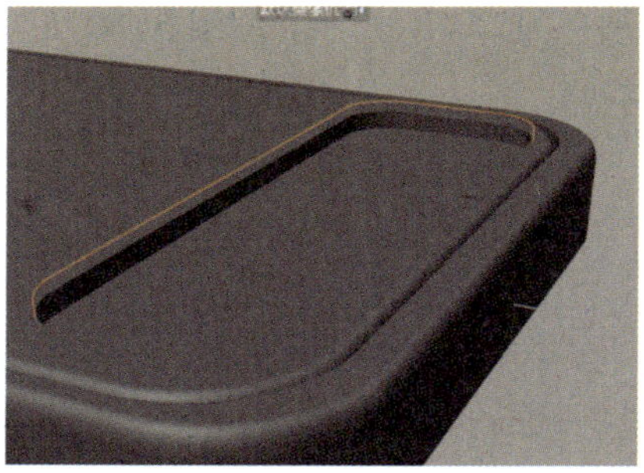

图 2-173　显示屏凹槽

03 制作按键凹槽

单击“立方体”按钮，新建“立方体”对象，并将其命名为“椭圆形按键”；在“透视视图”窗口中，调整“椭圆形按键”对象的大小和位置；参照制作“底部 1”对象倒角的方法，为“椭圆形按键”对象添加倒角；按住 Ctrl 键，同时按住鼠标左键并沿着 Y 轴拖动“椭圆形按键”对象，复制生成多个“椭圆形按键”对象，并调整它们的位置。新建“圆柱体”对象，并将其命名为“圆形按键”，调整其大小和位置；在“圆形按键”对象的属性面板中，设置“旋转分段”为 30，“高度分段”为 4；在“透视视图”窗口中，按住 Ctrl 键，同时按住鼠标左键并沿着 Y 轴拖动“圆形按键”对象，复制生成多个“圆形按键”对象，并调整它们的位置，按键效果如图 2-174 所示。

在“对象”窗口中，框选所有按键对象，按快捷键 Alt+G 进行编组，并将编组对象命名为“按键凹槽”；按住 Ctrl 键，同时按住鼠标左键并拖动“按键凹槽”对象，复制生成“按键凹槽 1”对象，并将其命名为“按键”；隐藏“按键”对象，如图 2-175 所示。

图 2-174　按键效果

图 2-175　隐藏“按键”对象

在“对象”窗口中，选择“按键凹槽”和“显示屏”对象，按快捷键 Alt+G 进行编组，并将编组对象命名为“凹槽”；选择“凹槽”对象，将其拖动到“底部 3”对象的下方，作为“布尔 1”对象的子级，如图 2-176 所示；在“透视视图”窗口中，将“按键凹槽”对象移动至合适位置，完成按键凹槽的制作，如图 2-177 所示。

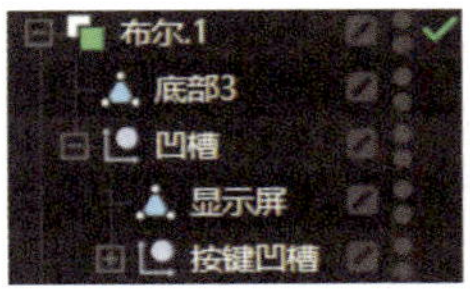

图 2-176　添加子级 3

图 2-177　按键凹槽

04 制作凸起按键并添加文本

在“对象”窗口中，显示“按键”对象，在“透视视图”窗口中调整其大小和位置，使其与“凹槽”对象重合（注意：在进行缩放时，需要在属性面板的“轴心”选项卡中勾选“单一对象变换”复选框）。

单击“文本”按钮，新建“文本”对象，在其属性面板中设置“高度”为 3cm，“深度”为 0.5cm，“文本样条”为“ON/AC”；将“文本”对象移动至对应按键上；参照相同的方法；制作其他文本对象；在“对象”窗口中，选择所有文本对象，按快捷键 Alt+G 进行编组，并将编组对象命名为“文本”，效果如图 2-178 所示。

图 2-178　添加文本后的效果

05 赋予材质

在“对象”窗口中，选择所有对象，按快捷键 Alt+G 进行编组，并复制编组对象，以生成“组合 1”对象；在“透视视图”窗口中，调整“组合”和“组合 1”对象的位置和角度；单击“材质管理器”按钮，打开“材质管理器”窗口，双击“材质管理器”窗口空白处，新建材质球“材质”；双击该材质球，弹出“材质球编辑器”对话框，勾选“颜色”复选框，在“颜色”通道属性面板中设置“颜色”为黑色；将“材质”材质球添加到“文本”对象中；参照相同的方法，新建材质球“材质 2”、“材质 3”、“材质 4”和“材质 5”，并修改它们的颜色。先添加地面及天空，再将材质球添加到相应的对象中，如图 2-179 所示。

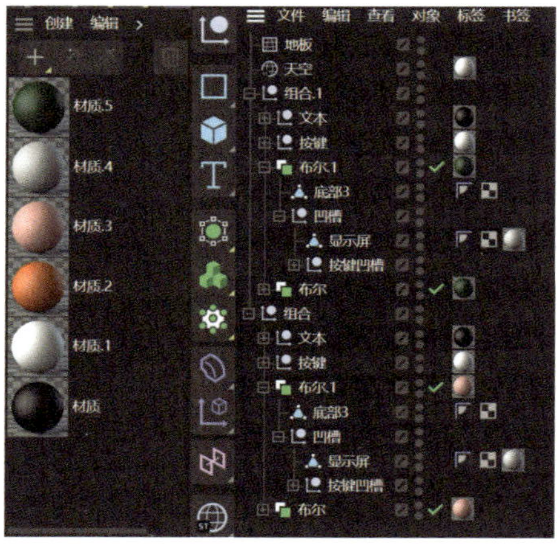

图 2-179　添加材质球

06 渲染输出

单击工具栏中的“编辑渲染设置”按钮，在弹出的“渲染设置”对话框中单击“效果”按钮 效果... ，在弹出的列表中选择“全局光照”命令；再次单击“效果”按钮 效果... ，在弹出的列表中选择“环境吸收”命令。单击“渲染到图像查看器”按钮，在弹出的“图像查看器”对话框中，将文件另存为 JPG 格式。简易计算器最终效果如图 2-180 所示。

图 2-180　简易计算器最终效果

任务小结

运用“立方体”对象制作计算器底部主体。在进行边或面的倒角操作时，需要先将对象转换为可编辑对象，再进行操作。

在运用布尔造型工具时，需要将布尔造型工具（“布尔”对象）作为父级，将 A、B 对象作为子级。

在运用布尔造型工具中的“A 减 B”类型时，上层对象为 A，下层对象为 B。

2.2.3　任务 2：手持小风扇

任务情境

每年夏季到来时，“高温预警”“橙色预警”等词汇频繁成为热门搜索词，持续的酷热天气让很多人对出门望而却步。小风扇凭借自身新颖、便携的特点，成为夏季的热门商品。手持小风扇是一种便携式电动风扇，体积小，质量轻，可以轻松放入口袋、手包或背包中。本任务为完成手持小风扇的建模。手持小风扇如图 2-181 所示。

图 2-181　手持小风扇　　　手持小风扇（1）　　手持小风扇（2）

知识目标

能够简述添加样条曲线的方法。
能够简述使用阵列造型工具的方法。

技能目标

能够根据需求设置阵列造型工具的属性参数。
能够运用工具或命令制作手持小风扇。

素质目标

培养学生耐心、细心的职业素养。
培养学生对产品设计的理解能力。

任务分析

应用“管道”对象制作风扇网罩外环，应用“圆柱体”对象和阵列造型工具制作网罩、扇叶，应用“圆柱体”对象制作手柄，应用布尔造型工具制作小风扇的开关。

任务实施

01 制作风扇网罩

打开 Cinema 4D，长按“立方体”按钮，在弹出的列表中单击“管道”按钮，新建“管道”对象；在“管道”对象的属性面板中，设置“外部半径”为 300cm，“内部半径”为 280cm，“旋转分段”为 100，“高度”为 20cm，勾选“圆角”复选框，如图 2-182 所示；长按“立方体”按钮，在弹出的列表中单击“圆柱体”按钮，新建“圆柱体”

对象；在“圆柱体”对象的属性面板中，设置“半径”为 80cm，“高度”为 20cm，“旋转分段”为 40，如图 2-183 所示。

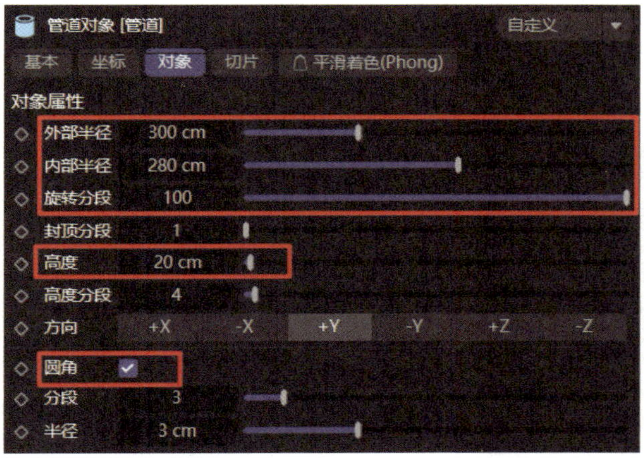

图 2-182　“管道”对象的属性参数

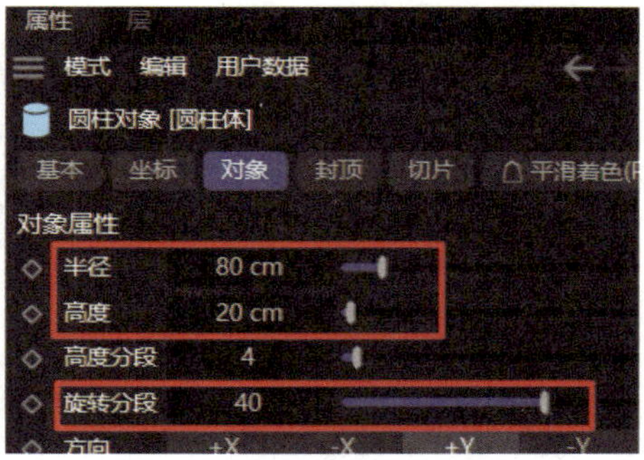

图 2-183　“圆柱体”对象的属性参数

单击“立方体”按钮，新建“立方体”对象，在其属性面板中设置“尺寸.X”为 10cm，“尺寸.Y”为 18cm，“尺寸.Z”为 225cm，勾选“圆角”复选框，如图 2-184 所示；按住 Alt 键，同时长按“细分曲面”按钮，在弹出的列表中单击“阵列”按钮，添加阵列造型工具（“阵列”对象），将“立方体”对象作为“阵列”对象的子级；将“阵列”对象命名为“正面网罩”，在其属性面板中设置“半径”为 183cm，“副本”为 20，效果如图 2-185 所示。

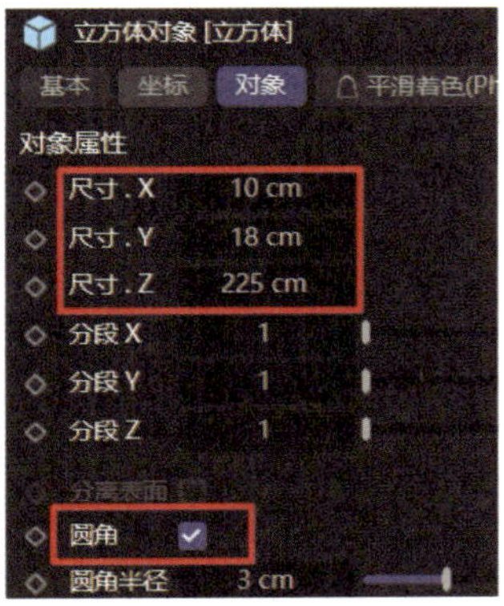

图 2-184　“立方体”对象的属性参数

图 2-185　正面网罩效果

在“透视视图”窗口中，选择“圆柱体”对象，按住 Ctrl 键，同时按住鼠标左键并沿 *Y* 轴正下方拖动鼠标，复制“圆柱体”对象，以生成“圆柱体 1”对象；切换至左视图，单击“样条画笔”按钮，绘制背面网罩样条（生成“样条”对象），如图 2-186 所示；单击“矩形”按钮，新建“矩形”对象，在其属性面板中设置“平面”为“XY”，“宽度”为 10cm，“高度”为 20cm，“半径”为 3cm；长按“细分曲面”按钮，在弹出的列表中单击“扫描”按钮，新建“扫描”对象，将“矩形”和“样条”对象作为“扫描”对象的子级。

选择“扫描”对象，按住 Alt 键，同时长按“细分曲面”按钮，在弹出的列表中单击

“阵列”按钮，添加阵列造型工具（“阵列”对象），将“扫描”对象作为“阵列”对象的子级；将“阵列”对象命名为“背面网罩”，在其属性面板中设置“半径”为 0cm，“副本”为 20。此时，“对象”窗口如图 2-187 所示，背面网罩效果如图 2-188 所示。

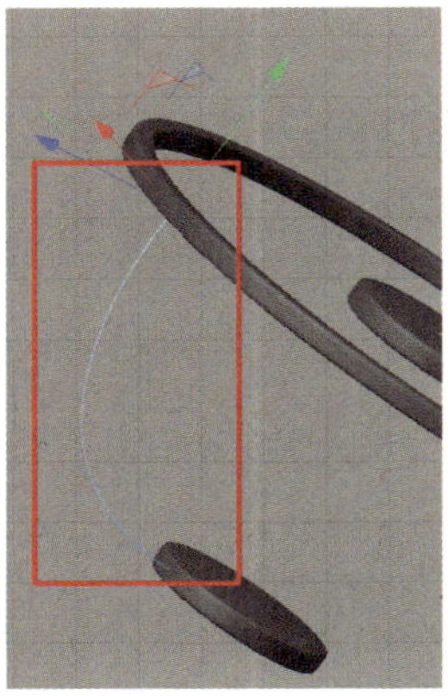

图 2-186　绘制背面网罩样条

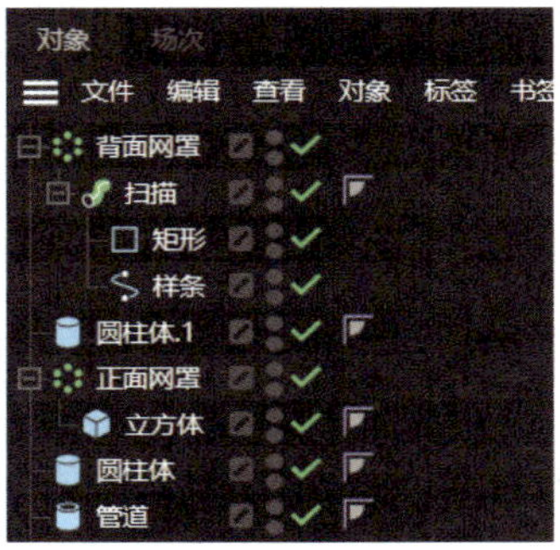

图 2-187　“对象”窗口 1

图 2-188　背面网罩效果

02 制作风扇扇叶

按 F2 键，切换到“顶视图”窗口，单击“样条画笔”按钮，绘制一片扇叶形状（生成“样条”对象），如图 2-189 所示；在“对象”窗口中，选择“样条”对象，按住 Alt 键，同时长按“细分曲面”按钮，在弹出的列表中单击“挤压”按钮，新建“挤压”对象，将“挤压”对象作为“样条”对象的父级；在“挤压”对象的属性面板中，设置“偏移”为 8cm，选择“封盖”选项卡，设置“尺寸”为 4cm，如图 2-190 所示。

选择“挤压”对象，按住 Alt 键，同时长按“细分曲面”按钮，在弹出的列表中单击“阵列”按钮，添加阵列造型工具（“阵列”对象）；将“挤压”对象作为“阵列”对象的子级；将“阵列”对象命名为“扇叶”（见图 2-191），在其属性面板中，设置“半径”为 15cm，“副本”为 3（见图 2-192），效果如图 2-193 所示。

长按“立方体”按钮，在弹出的列表中单击“圆柱体”按钮，新建“圆柱体 2”对象，在其属性面板中设置“半径”为 20cm，“高度”为 180cm，“旋转分段”为 40，效果如图 2-194 所示。

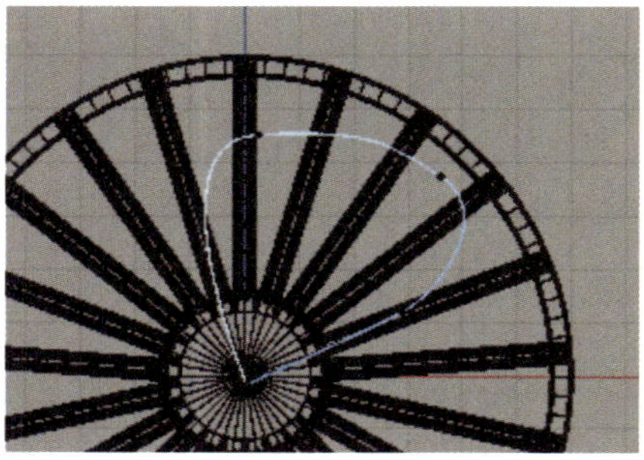

图 2-189　绘制扇叶形状

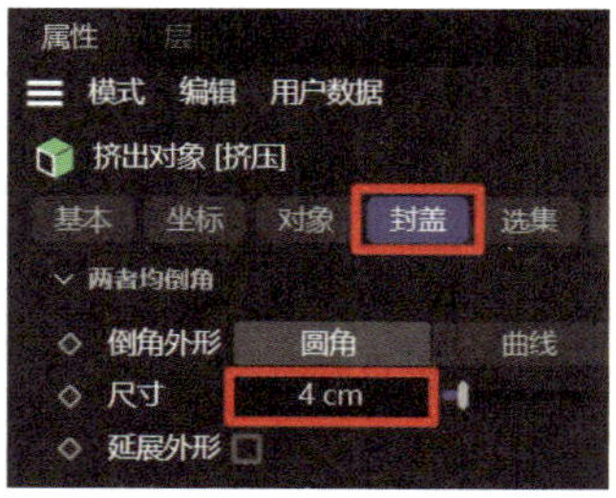

图 2-190　“挤压”对象的属性参数

图 2-191　对象命名

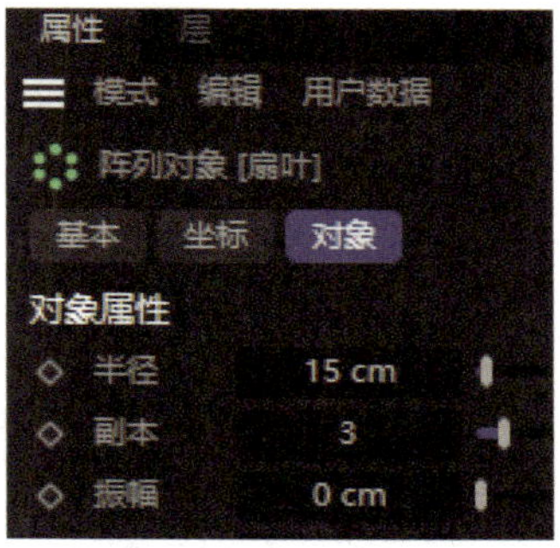

图 2-192　“扇叶”对象的属性参数

图 2-193　扇叶效果

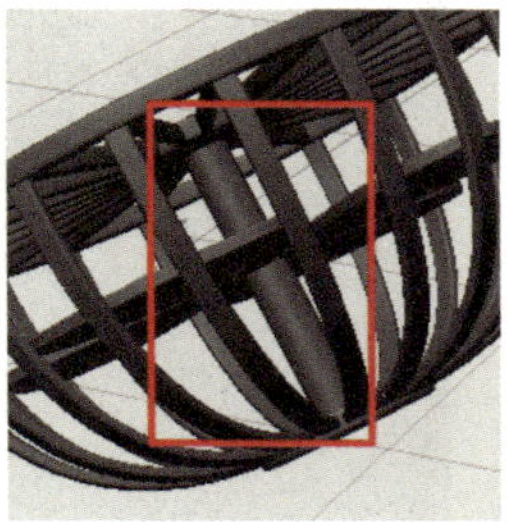

图 2-194　“圆柱体 2”对象效果

03 制作风扇开关及手柄

长按“立方体”按钮，在弹出的列表中单击“圆柱体”按钮，新建“圆柱体”对象，并将其命名为“手柄”；在“手柄”对象的属性面板中，设置“方向”为“+Z”，“半径”为 50cm，“高度”为 600cm，“旋转分段”为 40；将“手柄”对象移动到合适的位置。参照相同的方法，新建“圆柱体”对象，并将其命名为“开关凹槽”；在“开关凹槽”的属性面板中，设置“半径”为 20cm，“高度”为 10cm，“旋转分段”为 40。按住 Alt 键，同时长按“细分曲面”按钮，在弹出的列表中单击“布尔”按钮，添加布尔造型工具（“布尔”对象），作为 “手柄”和“开关凹槽”对象的父级，如图 2-195 所示；在“布尔”对象的属性面板中，设置“布尔类型”为“A 减 B”。调整“手柄”和“开关凹槽”对象的位置，形成圆形开关凹槽，效果如图 2-196 所示。

在“对象”窗口中，复制“开关凹槽”对象，生成“开关按钮”对象，在其属性面板中设置“半径”为 19cm；将“开关按钮”对象移动到开关凹槽处，形成风扇开关，效果如图 2-197 所示。

图 2-195　添加父级

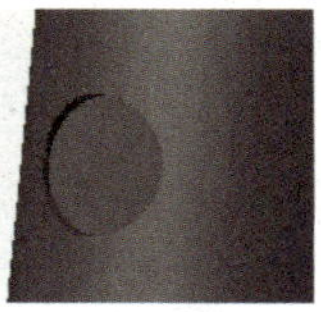

图 2-196　圆形开关凹槽效果

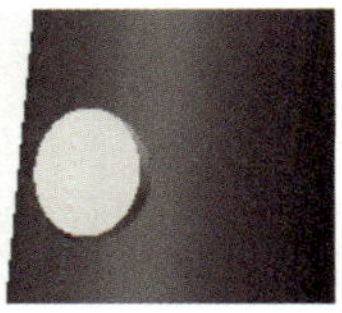

图 2-197　风扇开关效果

长按“立方体”按钮，在弹出的列表中单击“圆环面”按钮，新建“圆环面”对象；在“圆环面”对象的属性面板中，设置“圆环半径”为 100cm，“导管半径”为 50cm，“导管分段”为 40。在“对象”窗口中，选择所有对象，按快捷键 Alt+G 进行编组，并将编组对象名称命名为“手持小风扇”。此时，“对象”窗口如图 2-198 所示，风扇效果如图 2-199 所示。

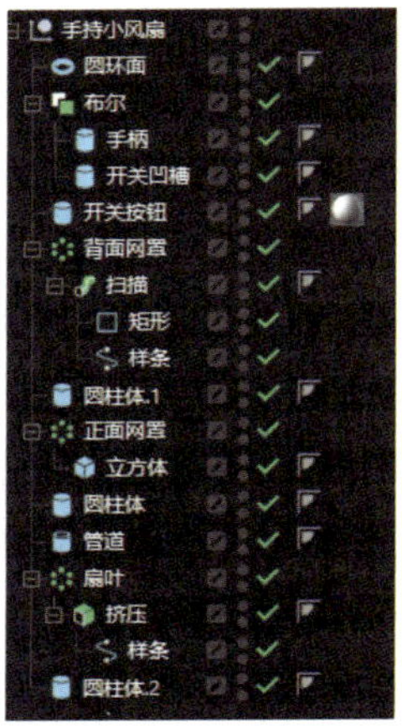

图 2-198 “对象”窗口 2

图 2-199 风扇效果

04 赋予材质

在“对象”窗口中，复制“手持小风扇”对象，生成“手持小风扇 1”和“手持小风扇 2”对象；在“透视视图”窗口中，调整它们的位置；单击“材质管理器”按钮，打开“材质管理器”窗口，双击“材质管理器”窗口空白处，新建材质球“材质”，并将其命名为“白色”；双击该材质球，打开“材质编辑器”窗口，勾选“颜色”复选框，在“颜色”通道属性面板中设置“颜色”为白色；将“材质”材质球添加到“开关按钮”对象中；参照相同的方法，新建材质球粉色、蓝色、黄色和淡粉色，并修改它们的颜色。先添加地面及天空，为将淡粉色材质球添加到天空中，并将其他材质球添加到相应的对象中，如图 2-200 所示。

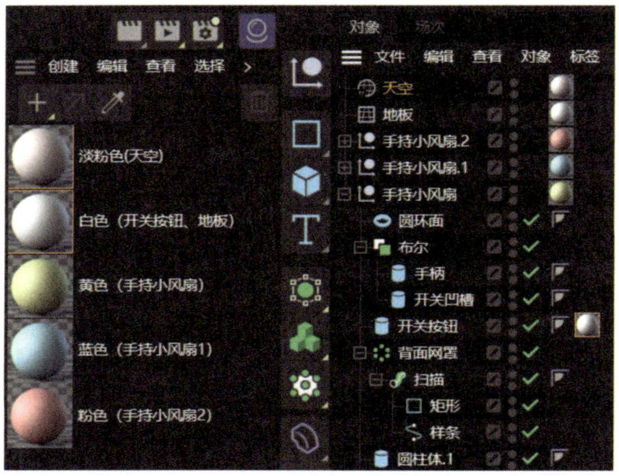

图 2-200 添加材质球

05 渲染输出

单击工具栏中的“编辑渲染设置”按钮，在弹出的“渲染设置”对话框中单击“效果”按钮 效果... ，在弹出的列表中选择“全局光照”命令；再次单击“效果”按钮 效果... ，在弹出的列表中选择“环境吸收”命令；单击“渲染到图像查看器”按钮，在弹出的“图像查看器”对话框中将文件另存为 JPG 格式。手持小风扇最终效果如图 2-201 所示。

图 2-201　手持小风扇最终效果

任务小结

运用阵列造型工具制作扇叶。
运用布尔造型工具制作开关。

2.2.4　任务 3：“正青春”场景

任务情境

青春是一场奇妙的旅行，如诗如画，如歌如梦，是人生中最宝贵的财富。本任务为搭建以“青春”为主题的舞台场景。“正青春”场景如图 2-202 所示。

图 2-202　“正青春”场景

“正青春”场景搭建（1）

“正青春”场景搭建（2）

知识目标

能够简述添加对象及调节参数的方法。
能够简述对称造型工具的使用方法和技巧。
能够简述融球造型工具的使用方法和技巧。
能够简述晶格造型工具的使用方法和技巧。

技能目标

能够根据需求设置对称和融球造型工具中的属性参数。
能够根据需求使用造型工具来搭建场景。
能够灵活运用工具或命令搭建“正青春”场景。

素质目标

培养学生耐心、细心的职业素养。
培养学生对场景建模的理解能力。

任务分析

运用“圆柱体”对象制作舞台，运用“圆环”对象制作舞台灯带，运用对称造型工具制作耳机，运用晶格造型工具制作晶格文字，运用融球造型工具制作云朵。在制作过程中，应规范命名，这样便于调整对象的位置、大小和方向。

任务实施

01 制作舞台

打开 Cinema 4D，长按“立方体”按钮，在弹出的列表中单击“圆柱体”按钮圆柱体，新建“圆柱体”对象，并将其命名为“舞台下”；在“舞台下”对象的属性面板中，设置“半径”为 600cm，“高度”为 80cm，“旋转分段”为 100，如图 2-203 所示；按住 Ctrl 键，并拖动“舞台下”对象，复制该对象，以生成“舞台上”对象；在“舞台上”对象的属性面板中，设置“半径”为 250cm，“高度”为 40cm，“旋转分段”为 100，将“舞台上”对象移动到“舞台下”对象的上方。参照相同的方法，制作一个“半径”为 180cm，“高度”为 250cm，“旋转分段”为 100 的“圆柱体”对象，并调整好位置。舞台搭建效果如图 2-204 所示。

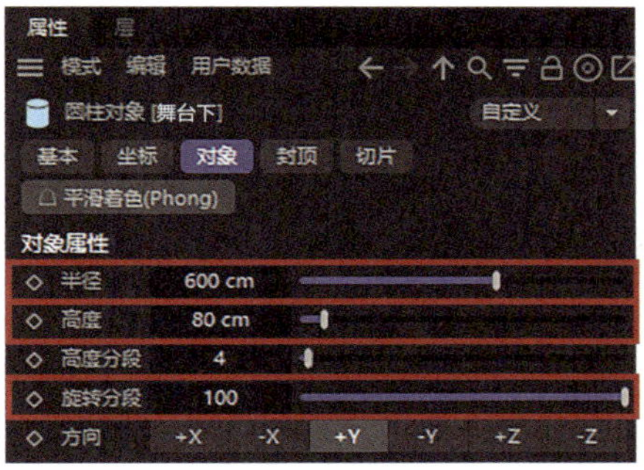

图 2-203 “舞台下”对象的属性参数

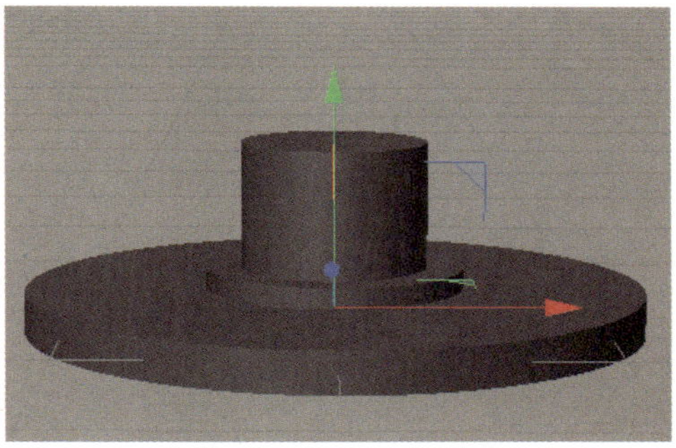

图 2-204 舞台搭建效果

02 制作舞台灯带

单击“圆环面”按钮，新建“圆环”对象，在其属性面板中设置“圆环半径”为 601cm，“圆环分段”为 100，“导管半径”为 5cm，“导管分段”为 100，如图 2-205 所示；按 F4 键，切换到“正视图”窗口，调整“圆环”对象的位置；按 F1 键，切换到“透视视图”窗口，按住 Ctrl 键，同时拖动“圆环”对象 3 次，复制生成“圆环 1”“圆环 2”“圆环 3”对象，调整它们的半径和位置。舞台效果如图 2-206 所示。在“对象”窗口中，框选所有对象，按快捷键 Alt+G 进行编组，并将编组对象命名为“舞台”。

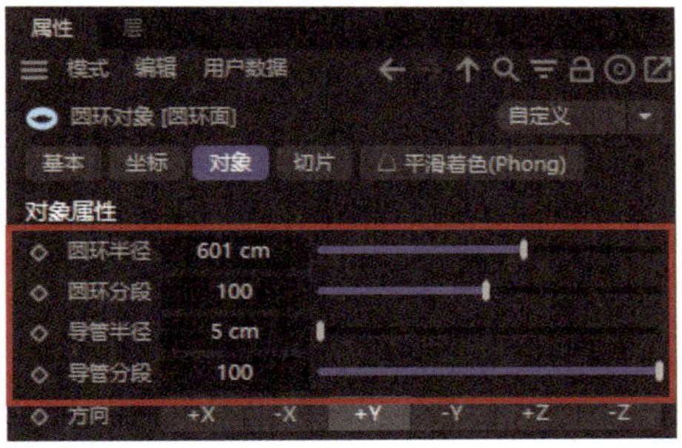

图 2-205 “圆环”对象的属性参数

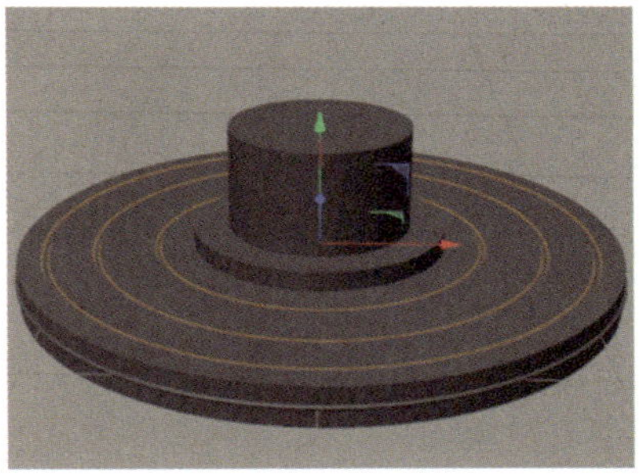

图 2-206 舞台效果

03 制作耳机

长按“立方体”按钮，在弹出的列表中单击“管道”按钮，新建“管道”对象；在“管道”对象的属性面板中，设置“外部半径”为 150cm，“内部半径”为 120cm，“高度”为 136cm，“旋转分段”为 100，“方向”为“+Z”，勾选“圆角”复选框，设置“半径”为 3cm。长按“立方体”按钮，在弹出的列表中单击“圆柱体”按钮，新建“圆柱体”对象；在“圆柱体”对象的属性面板中，设置“半径”为 130cm，“高度”为 50cm，“旋转分段”为 100，“方向”为“+Z”。新建“管道”和“圆柱体”对象后的效果如图 2-207 所示。

长按“立方体”按钮，在弹出的列表中单击“圆环面”按钮，新建“圆环面”对象，并调整其大小；按住 Ctrl 键，同时拖动“圆环面”对象两次，复制生成“圆环面 1”

和“圆环面 2”对象，完成耳机外圈装饰的制作，效果如图 2-208 所示。

在“对象”窗口中，选择“管道”、“圆柱体”、“圆环面”、“圆环面 1”和“圆环面 2”对象，按快捷键 Alt+G 进行编组，并将编组命名为“耳罩”。按住 Alt 键，同时长按“细分曲面”按钮，在弹出的列表中单击“对称”按钮，添加对称造型工具（“对称”对象），将“耳罩”对象作为“对称”对象的子级。此时，“对象”窗口如图 2-209 所示，添加对称造型工具后的效果如图 2-210 所示。

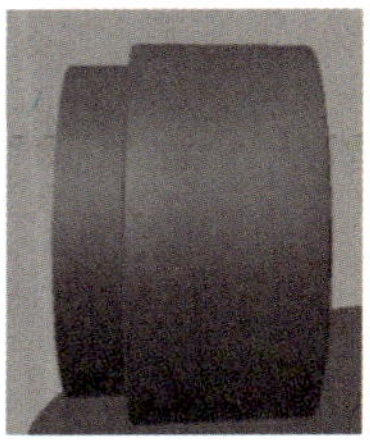

图 2-207　新建“管道”和“圆柱体”对象后的效果

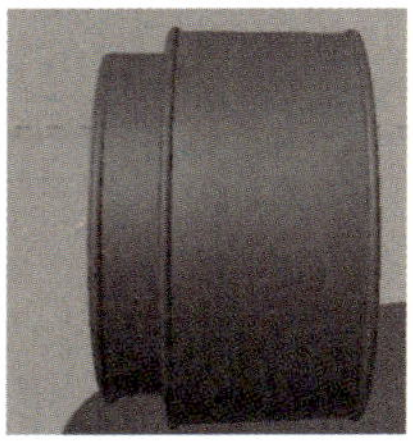

图 2-208　耳机外圈装饰效果

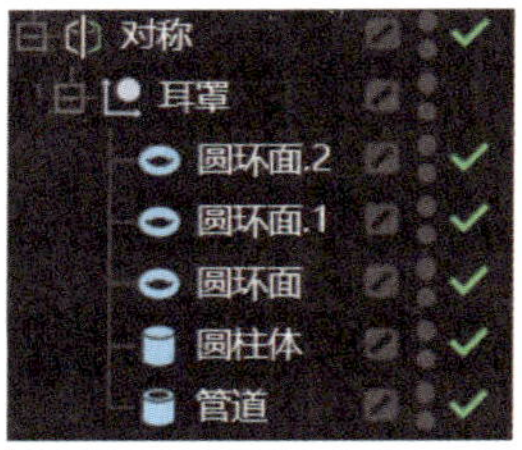

图 2-209　“对象”窗口 1

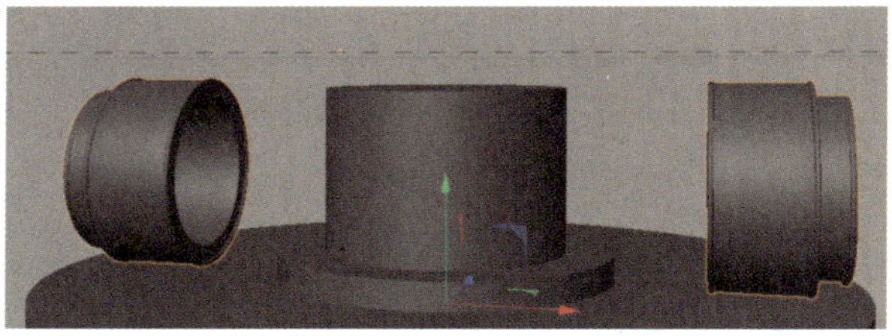

图 2-210　添加对称造型工具后的效果

长按“立方体”按钮，在弹出的列表中单击“管道”按钮，新建“管道”对象，在其属性面板中设置“外部半径”为 490cm，“内部半径”为 410cm，“旋转分段”为 100，“高度”为 40cm，“方向”为“+Z”，勾选“圆角”复选框，设置“分段”为 3，“半径”为 3cm，如图 2-211 所示；选择“切片”选项卡，勾选“切片”复选框，设置“起点”为 180°，“终点”为 360°，如图 2-212 所示，效果如图 2-213 所示。

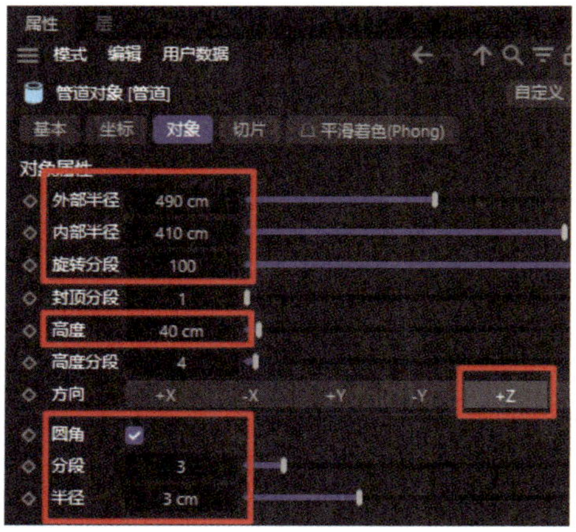

图 2-211　“管道”对象的属性参数 1

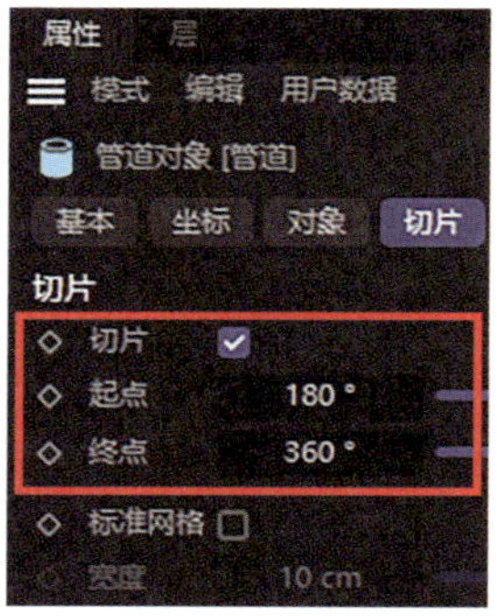

图 2-212　“管道”对象的属性参数 2

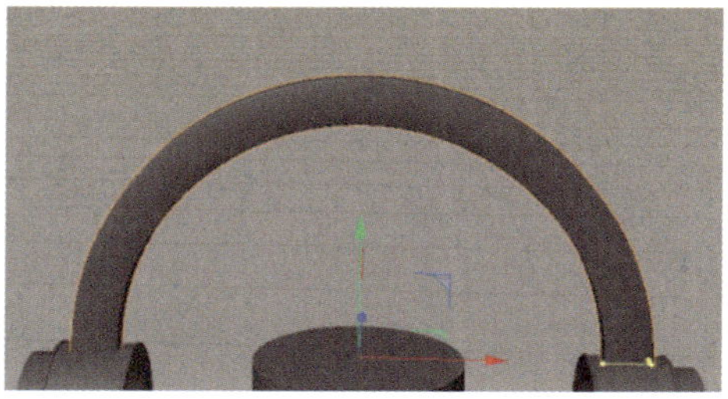

图 2-213　新建“管道”对象后的效果

长按“立方体”按钮，在弹出的列表中单击“圆环面”按钮对象，新建“圆环面”对象，调整该对象的大小，并将其移动到“管道”对象的边缘，如图 2-214 所示；按住 Ctrl 键，同时拖动“圆环面”对象 3 次，复制生成“圆环面 1”、“圆环面 2”和“圆环面 3”对象，将它们移动到“管道”对象的边缘，完成耳机装饰的制作，效果如图 2-215 所示。在“对象”窗口中，框选“圆环面”、“圆环面 1”、“圆环面 2”和“圆环面 3”对象，按快捷键 Alt+G 进行编组，并将编组对象命名为“装饰”。框选“对称”、“管道”和“装饰”对象，按快捷键 Alt+G 进行编组，并将编组对象命名为“耳机”。此时，“对象”窗口如图 2-216 所示。耳机最终效果如图 2-217 所示。

图 2-214　“圆环面”对象的位置

图 2-215　耳机装饰效果

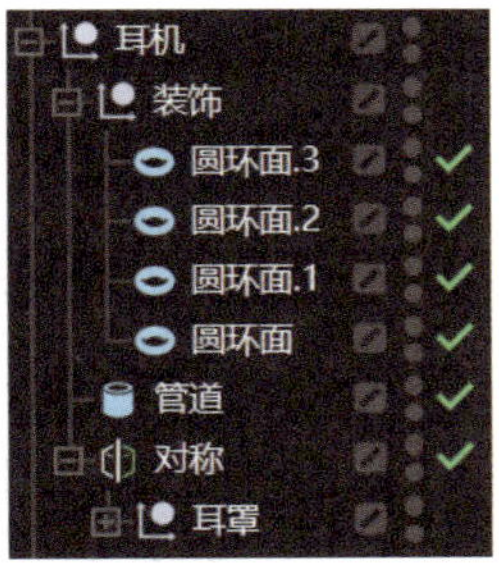

图 2-216　“对象”窗口 2

图 2-217　耳机最终效果

04 制作礼物盒

通过单击“立方体”按钮新建两个“立方体”对象，并将其调整至合适大小，作为礼物盒模型。按 F3 键，切换到“右视图”窗口，单击“样条画笔”按钮，绘制蝴蝶结形状（生成“样条”对象），如图 2-218 所示。单击“矩形”按钮，新建“矩形”对象，在其属性面板中设置“宽度”为 12cm，“高度”为 35cm，勾选“圆角”复选框，设置“半径”为 1cm，“平面”为“XY”。

长按“细分曲面”按钮，在弹出的列表中单击“扫描”按钮，新建“扫描”对象；在“对象”窗口中，将“矩形”和“样条”对象拖动到“扫描”对象的下方，将“扫描”对象作为“矩形”和“样条”对象的父级。选择“扫描”对象，按住 Alt 键，同时长按“细分曲面”按钮，在弹出的列表中单击“阵列”按钮，添加阵列造型工具（“阵列”对象）；将“阵列”对象作为“扫描”对象的父级，并将其命名为“蝴蝶结”；选择“蝴蝶结”对象，在其属性面板中设置“半径”为 10cm，“副本”为 3；调整“蝴蝶结”对象的位置及大小。礼物盒效果如图 2-219 所示。选择“立方体”和“蝴蝶结”对象，按快捷键 Alt+G 进行编组，并将编组对象命名“礼物盒”。此时，“对象”窗口如图 2-220 所示。

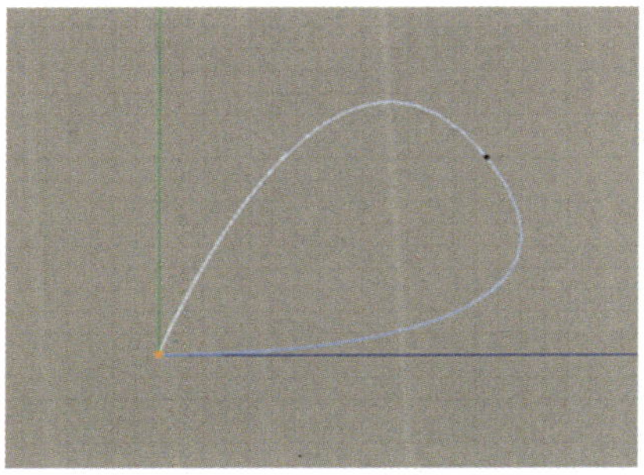

图 2-218　绘制蝴蝶结形状

图 2-219　礼物盒效果

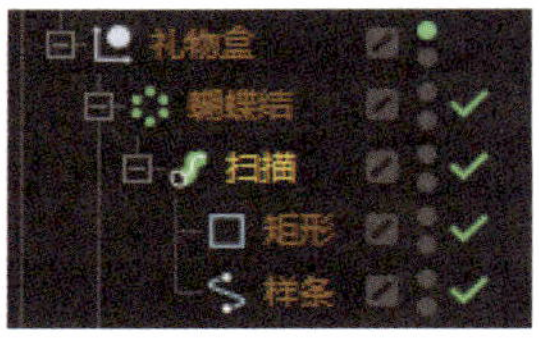

图 2-220　“对象”窗口 3

在“对象”窗口中，按住 Ctrl 键，同时拖动“礼物盒”对象 3 次，复制生成“礼物盒 1”、“礼物盒 2”和“礼物盒 3”对象，调整它们的位置及大小。新建“立方体”、“球体”和“宝石体”等对象，并调整它们的位置及大小，舞台装饰效果如图 2-221 所示。在“对象”窗口中，选择所有舞台装饰对象，按快捷键 Alt+G 进行编组，并将编组对象命名为“舞台装饰”。此时，“对象”窗口如图 2-222 所示。

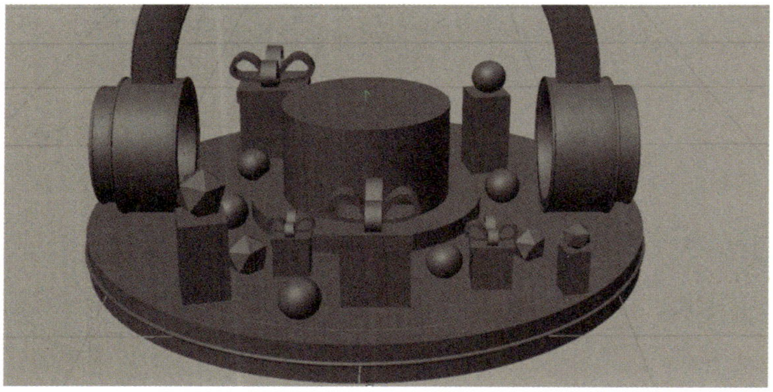

图 2-221　舞台装饰效果

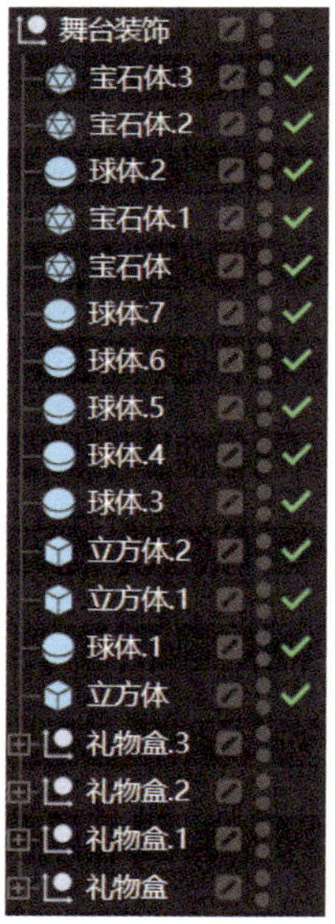

图 2-222　“对象”窗口 4

05 制作晶格文字

单击“文本”按钮，新建“文本”对象，在其属性面板中设置“深度”为 20cm，“文本样条”为“正青春”，“字体”为“华文行楷”，“高度”为 230cm，“水平间隔”为-50cm，如图 2-223 所示；单击“宝石体”按钮，新建“宝石体”对象，在其属性面板中设置

“半径”为 130cm；单击“晶格”按钮，添加晶格造型工具（“晶格”对象），作为“宝石”对象的父级；在“晶格”对象的属性面板中，设置“球体半径”为 6cm，“圆柱半径”为 2cm，“细分数”为 50；在“对象”窗口中，按住 Ctrl 键，同时拖动“晶格”对象，复制生成“晶格 1”对象，将它们调整到合适的位置；选择“晶格”、“晶格 1”和“文本”对象，按快捷键 Alt+G 进行编组，并将编组对象命名为“晶格文字”。添加晶格文字后的效果如图 2-224 所示。

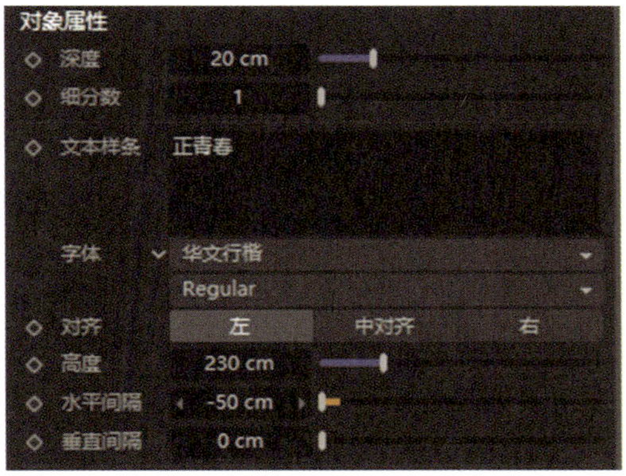

图 2-223 “文本”对象的属性参数

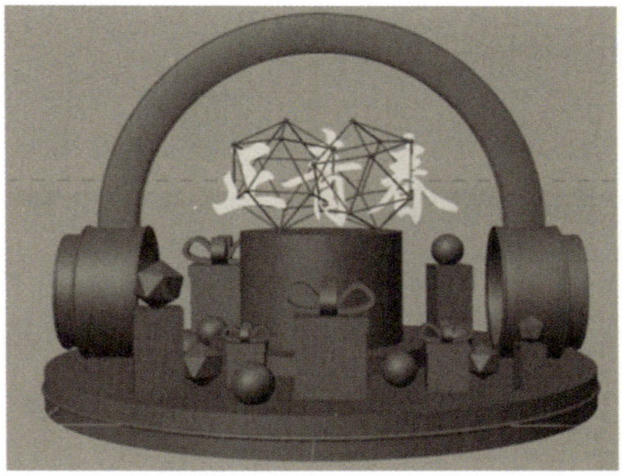

图 2-224 添加晶格文字后的效果

06 制作云朵

单击“球体”按钮，新建“球体”对象，在“对象”窗口中，按住 Ctrl 键，同时拖动“球体”对象 3 次，复制生成“球体 1”、“球体 2”和“球体 3”对象，并调整它们的位置及大小。单击“融球”按钮，添加融球造型工具（“融球”对象），在“对象”窗口中，将“球体”、“球体 1”、“球体 2”和“球体 3”对象拖动到“融球”对象的下方，作为“融球”对象的子级；在“融球”对象的属性面板中，设置“外壳数值”为 117%，“编辑器细分”为 7cm，“渲染器细分”为 5cm，如图 2-225 所示。复制生成 3 个“融球”对象，并调整它们的位置及大小。单击“球体”按钮，新建“球体”对象，复制生成多个球体对象，作为耳机小球装饰，效果如图 2-226 所示。

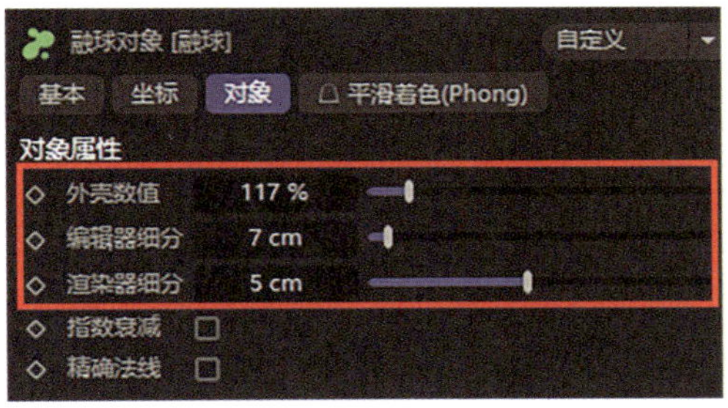

图 2-225 “融球”对象的属性参数

图 2-226 小球装饰效果

07 赋予材质

单击“材质管理器”按钮，打开“材质管理器”窗口，双击“材质管理器”窗口空白处，新建材质球“材质”，双击该材质球，打开“材质编辑器”窗口，勾选“颜色”复选框，在“颜色”通道属性面板中，设置“颜色”为白色；将“材质”材质球添加到“融球”对象中。参照相同的方法，新建材质球“材质 2”和“材质 3”，先修改它们的颜色，再将其添加到相应的对象中。

08 渲染输出

单击工具栏中的“编辑渲染设置”按钮，在弹出的“渲染设置”对话框中单击“效果”按钮 效果... ，在弹出的列表中选择“全局光照”命令；再次单击“效果”按钮 效果... ，在弹出的列表中选择“环境吸收”命令；单击“渲染到图像查看器”按钮，在弹出的“图像查看器”对话框中将文件另存为 JPG 格式。“正青春”场景最终效果如图 2-227 所示。

图 2-227 “正青春”场景最终效果

任务小结

运用对称、融球和晶格造型工具完成建模。
修改融球造型工具中的属性参数，从而实现理想的效果。

模块拓展

一、理论题

1．在 Cinema 4D 中，想要创建平滑的球体，应该使用（ ）工具。

A．地形　　B．细分曲面　　C．原始对象　　D．样条

2．在 Cinema 4D 中，使用（　　）工具可以快速将二维图形挤压为三维对象。

A．挤压　　B．斜面　　C．布尔　　D．文本

3．在 Cinema 4D 中，使用（　　）工具可以合并或分离不同的几何形状。

A．挤压　　B．斜面　　C．布尔　　D．文本

4．在 Cinema 4D 中，使用（　　）工具可以沿指定路径变形或弯曲对象。

A．路径变形　　B．扫描　　C．扭曲　　D．斜面

5．在 Cinema 4D 中，想要将网格参数对象转换成多边形对象，应该使用（　　）。

A．工具　　B．挤压工具

C．斜面 NURBS 工具　　D．转换为可编辑对象工具

二、实践创新

（1）完成青花瓷的建模，效果如图 2-228 所示。

（2）完成留声机的建模，效果如图 2-229 所示。

图 2-228　青花瓷建模效果

图 2-229　留声机建模效果

模块 3　变形器建模

模块导读

变形器建模：变形器是一种用于改变几何体形状的工具，它通过对模型应用特定的数学函数（如弯曲、扭曲、膨胀等）来实现形状的变化。这是一个强大且灵活的技术，能够极大地扩展设计师的创作空间并提高视觉表现力。合理运用不同的变形器，可以创造出独特和逼真的视觉效果，满足各种设计和动画制作的需求。本模块通过 3 个任务来探讨常用的变形器。

模块目标

知识目标

能够简述常用的变形器有哪些。

技能目标

能够制作冰激凌甜筒、“感谢有您”效果和破碎文字。

素质目标

培养学生良好的建模习惯。

3.1　变形器概述

Cinema 4D 中变形器的使用频率非常高。变形器可以使三维对象产生扭曲、倾斜、旋转等丰富的变形效果，且具有运行速度快和出错少的特点。

变形器的位置：在 Cinema 4D 中，长按“弯曲”按钮，弹出变形器列表（见图 3-1），或者在菜单栏中选择“创建”→“变形器”命令，弹出变形器列表。

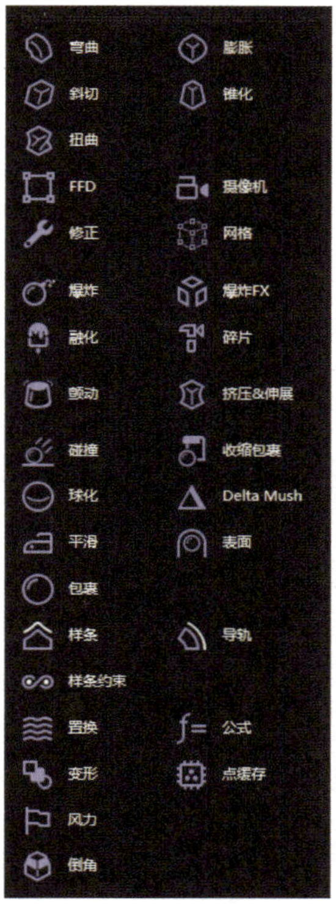

图 3-1　变形器列表

变形器的用途及优点如下。

（1）可以在不删除物体的情况下产生明显效果，避免不可挽回的操作。

（2）用户可以将对象和变形器分开，避免它们相互产生不必要的影响；可以通过修改变形器的位置来控制变形对象。

（3）当处理样条挤压对象或进行克隆时，将变形器放在同一级别的图层中也能产生相同的效果。

3.1.1　变形器的使用方法

当需要对所选对象进行变形操作时，一般可以通过增加对象的分段数来实现，也可以根据实际情况应用多个变形器来达到目的。需要注意的是，当前对象产生的变形效果会随着使用变形器的顺序不同而发生变化。

变形器的使用方法：先选择需要变形的对象，再按住 Shift 键，在变形器列表中单击所需变形器按钮，即可将对应变形器作为当前对象的子级。另外，也可以将对象和变形器放在同一个空白对象下。

3.1.2 常用的变形器

1. 弯曲变形器

弯曲变形器可以对父层级或同层级的参数化对象进行 3 个轴向上的弯曲变形，同时可以通过调节框控制弯曲的区域。

添加弯曲变形器的操作步骤如下。

新建“圆柱体”对象，按住 Shift 键，同时单击“弯曲”按钮，添加弯曲变形器（“弯曲”对象），作为“圆柱体”对象的子级，如图 3-2 所示。

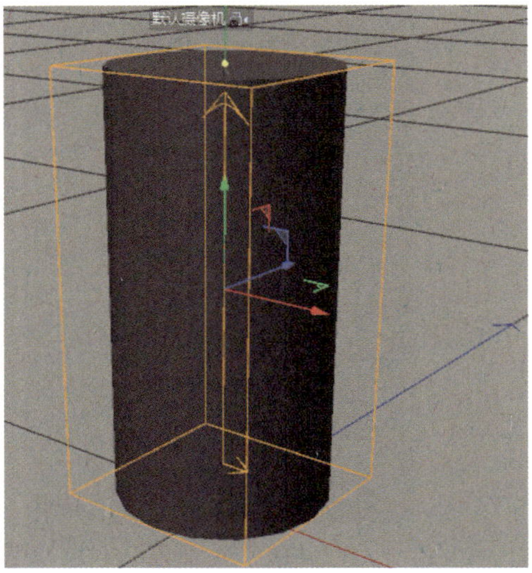

图 3-2 添加弯曲变形器

在默认情况下，弯曲变形器的调节框与“圆柱体”对象的大小相同。用户可以在属性面板中调整调节框的大小，以改变变形区域，如图 3-3 所示。

图 3-3 调整调节框的大小

移动调节框，可以改变“圆柱体”对象的弯曲变形程度，如图 3-4 所示。设置“角度”为-90°，可以改变弯曲变形方向，如图 3-5 所示。

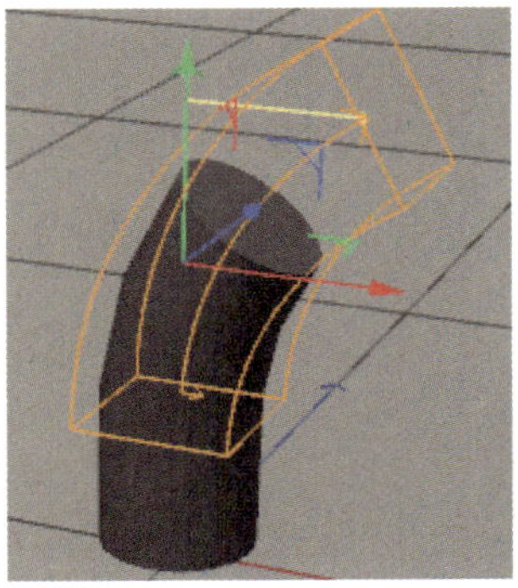

图 3-4　改变弯曲变形程度

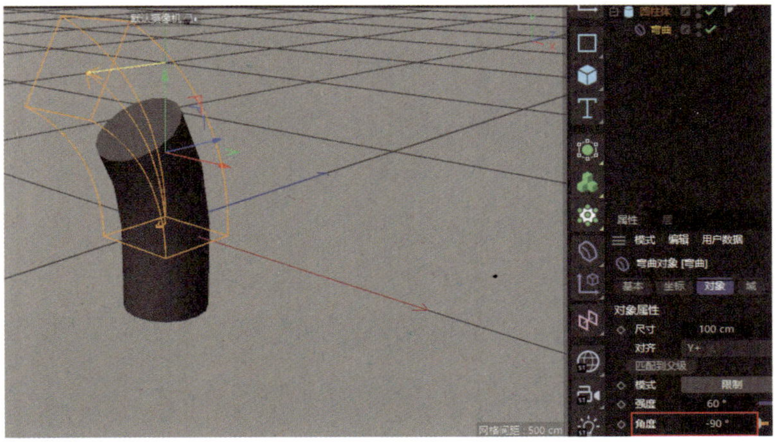

图 3-5　改变弯曲变形方向

选择“圆柱体”对象，在其属性面板中设置“高度分段”为 4；选择“弯曲”对象，在其属性面板中设置“强度”为 135º，“角度”为 0º。此时，可以看到弯曲的过渡比较生硬，效果如图 3-6 所示。选择“圆柱体”对象，在其属性面板中设置“高度分段”为 15；选择“弯曲”对象，在其属性面板中设置“强度”为 135º，“角度”为 0º，效果如图 3-7 所示。

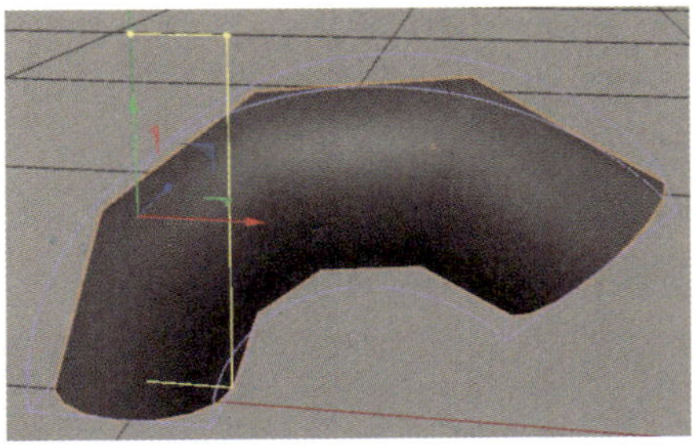

图 3-6　“高度分段”为 4 时的效果

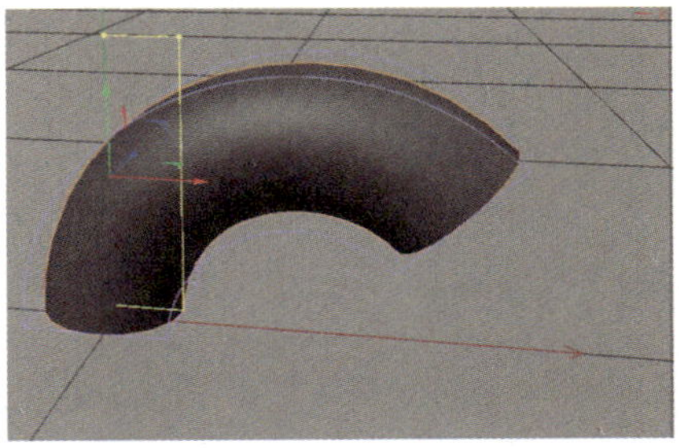

图 3-7　“高度分段”为 15 时的效果

弯曲变形器的具体属性讲解如下。

尺寸：通过调整变形器在 *X*、*Y* 和 *Z* 轴向上的大小来控制变形范围。

模式：分为“限制”、“框内”和“无限”3 种模式，默认为“限制”。限制：对象不需要在变形器调节框内，也会产生变形。框内：只有对象在变形器调节框内，才会产生变形。无限：对象不受变形器调节框大小的限制，都会产生变形。

强度：用于设置弯曲变形的程度。

角度：用于设置弯曲变形的方向。

保持长度：用于设置对象在应用弯曲变形器时是否保持原有纵轴长度不变。

2. 锥化变形器

锥化变形器可以使绘制的参数化对象产生锥化效果，使其局部缩小。需要注意的是，只有将锥化变形器（“锥化”对象）作为对象的子级，才能对该对象进行锥化操作。

添加锥化变形器的操作步骤如下。

新建“长方体”对象，在其属性面板中设置“尺寸.Y”为 600cm，“分段 Y”为 50。

长按“弯曲”按钮，在弹出的列表中单击“锥化”按钮，添加锥化变形器（“锥化”对象）；拖动“锥化”对象到“长方体”对象的下方，将其作为“长方体”对象的子级。

移动锥化变形器的调节框，将其放置在对象的上方，设置“强度”为 100%。此时，可以发现对象顶部开始收缩成锥形，效果如图 3-8 所示。

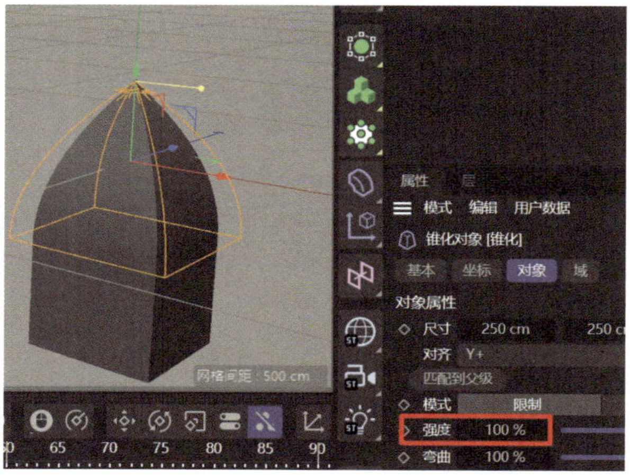

图 3-8 “强度”为 100%时的效果

设置“弯曲”为 200%。此时，可以看到“长方体”对象会随着变形器的膨胀而膨胀，效果如图 3-9 所示。勾选“圆角”复选框，可使变形器收缩，效果如图 3-10 所示。

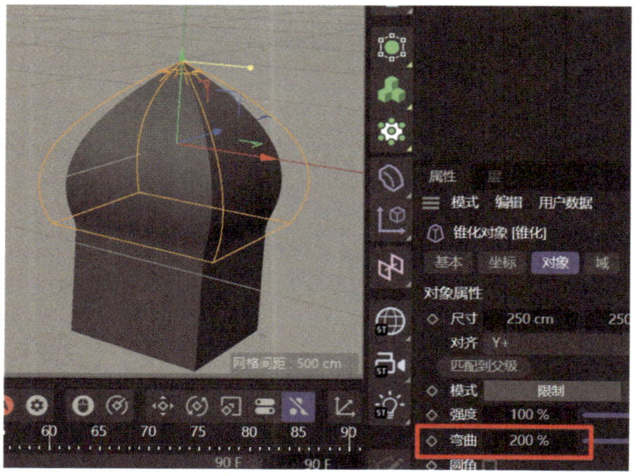

图 3-9 “弯曲”为 200%时的效果

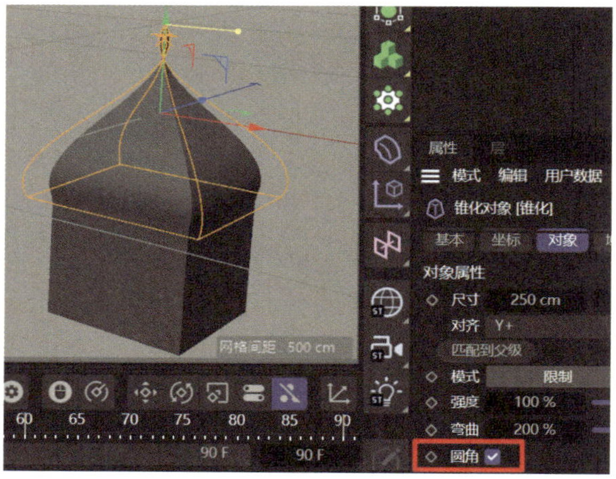

图 3-10 勾选“圆角”复选框时的效果

3. 扭曲变形器

扭曲变形器可以使绘制的参数化对象产生扭曲变形，使其扭曲成所需角度。需要注意的是，只有将扭曲变形器（“扭曲”对象）作为对象的子级，才能对该对象进行扭曲操作。

添加扭曲变形器的操作步骤如下。

新建“长方体”对象，在其属性面板中设置“尺寸.Y”为 500cm，“分段 Y”为 50。

长按“弯曲”按钮，在弹出的列表中单击“扭曲”按钮，添加扭曲变形器（“扭曲”对象）；拖动“扭曲”对象到“长方体”对象的下方，将其作为“长方体”对象的子级。在“扭曲”对象的属性面板中，设置“尺寸”为(250cm,500cm,250cm)，“角度”为 300°（见图 3-11），效果如图 3-12 所示。

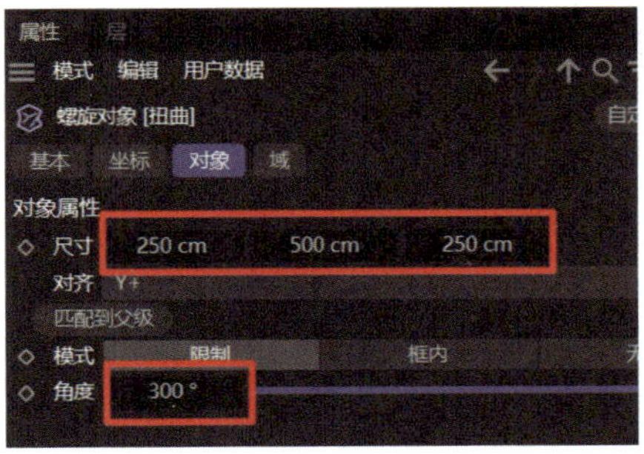

图 3-11　参数设置

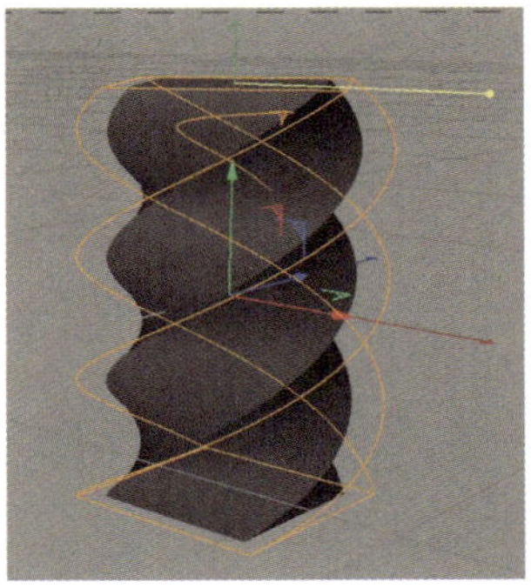

图 3-12　扭曲效果

4. FFD 变形器

FFD 变形器用于在绘制的参数化对象外部形成晶格。在不需要将对象转化成可编辑对象的情况下，在“点”模式下调整晶格上的控制点，可以改变参数化对象的形状。要想显示或调整“点”，需要切换到“点”模式。需要注意的是，只有将 FFD 变形器（“FFD”对象）作为对象的子级，才能对该对象进行变形操作。

添加 FFD 变形器的操作步骤如下。

新建“立方体”对象，在其属性面板中设置“分段 X”、“分段 Y”和“分段 Z”均为 10。

按住 Shift 键，同时长按“弯曲”按钮，在弹出的列表中单击“FFD”按钮，添加 FFD 变形器（“FFD”对象），将其作为“立方体”对象的子级。默认的“FFD”对象的边数很少，用户可以在“对象”窗口中将其“水平网点”、“垂直网点”和“纵深网点”调整到合适的数值，以增加“FFD”对象的边数和点数，如图 3-13 所示。

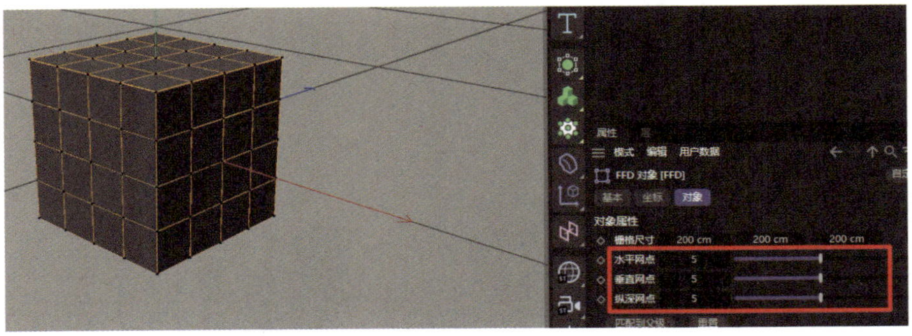

图 3-13　调整“FFD”对象的“水平网点”、“垂直网点”和“纵深网点”数值

切换到“点”模式，使用移动工具调整“点”的位置，“立方体”对象也会随之发生相应变化，效果如图 3-14 所示。

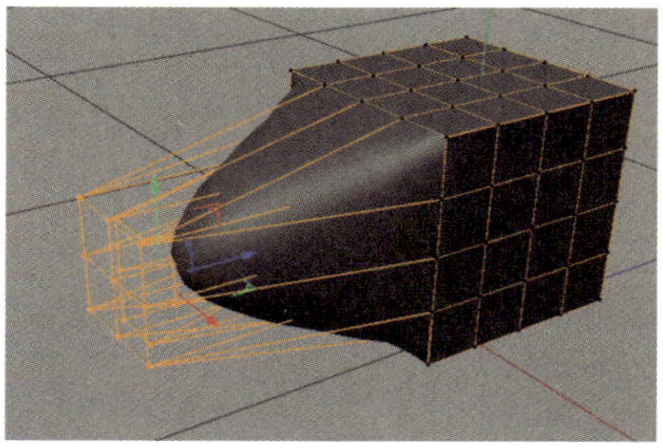

图 3-14　调整“点”的位置后的效果

需要注意的是，模型对象的分段数越多，FFD 变形器的控制效果就会越细腻，看起来也就会更加舒服。

FFD 变形器具体的属性如下。

栅格尺寸：用于控制调节范围的大小。

水平网点、垂直网点、纵深网点：用于调节 *X*、*Y* 和 *Z* 轴向上控制点的数量。

3.2　任务 1：冰激凌甜筒

任务情境

人生是一场旅程，我们都在努力奔跑，历经春夏秋冬，奔向自己向往的生活。冰激凌甜筒象征着夏天的快乐，让我们吃掉这支冰激凌甜筒，驱散身体的燥热，充满能量继续向前奔跑吧！冰激凌甜筒如图 3-15 所示。

图 3-15　冰激凌甜筒

冰激凌甜筒

知识目标

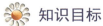

能够简述运用锥化、弯曲和扭曲变形器进行建模的方法和技巧。

技能目标

能够对参数化对象应用锥化变形器，使其产生合适的变形效果。
能够对参数化对象应用弯曲变形器，使其产生合适的变形效果。
能够对参数化对象应用扭曲变形器，使其产生合适的变形效果。

素质目标

培养学生耐心、细心的职业习惯。
提高学生对 Cinema 4D 课程的热情。

任务分析

运用“圆锥体”对象制作冰激凌甜筒底部，运用“花瓣形”对象制作冰激凌甜筒上半部分形状，应用挤压工具、锥化变形器、扭曲变形器和弯曲变形器制作冰激凌甜筒上半部分模型。

任务实施

01 制作冰激凌甜筒底部

打开 Cinema 4D，长按“立方体”按钮，在弹出的列表中单击“圆锥体”按钮，新建“圆锥体”对象，在其属性面板中设置“底部半径”为 63cm，“高度分段”为 20，“方向”为“-Y”，如图 3-16 所示。

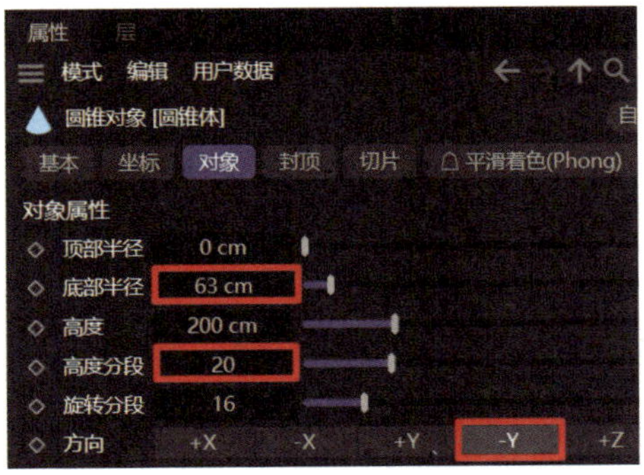

图 3-16　“圆锥体”对象的属性参数 1

按快捷键 N+B，切换到“光影着色（线条）”模式；按 C 键，将“圆锥体”对象转换为可编辑对象，单击工具栏中的“多边形”按钮，切换到“面”模式；按快捷键 U+L，切换到循环选择工具，按住 Shift 键，同时选择底部的部分面（见图 3-17），按 Delete 键将其删除，底部将出现圆孔，如图 3-18 所示；右击“透视视图”窗口空白处，在弹出的快捷菜单中选择“封闭多边形孔洞”命令，单击底部圆孔处，封闭图形，如图 3-19 所示；按快捷键 U+L，切换到循环选择工具，选择“圆锥体”顶部的所有面，按 Delete 键将其删除，如图 3-20 所示。

图 3-17　选择底部的部分面

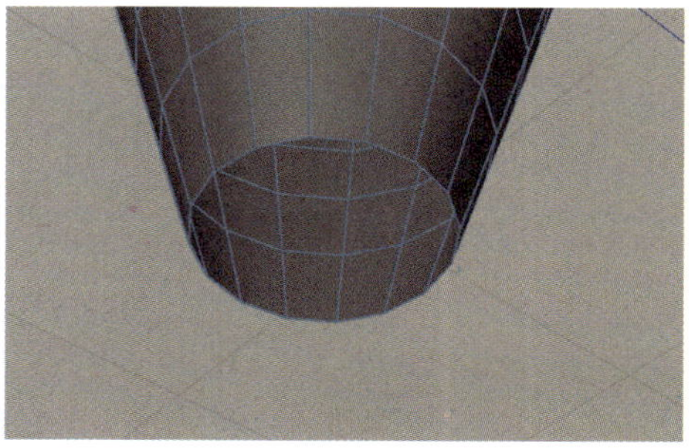

图 3-18　删除底部的部分面

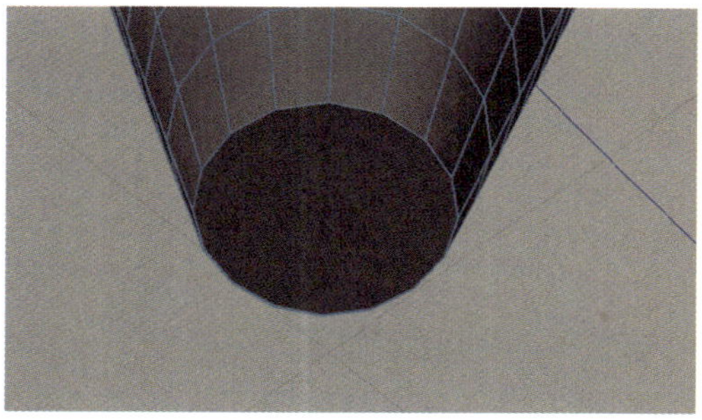

图 3-19　封闭图形

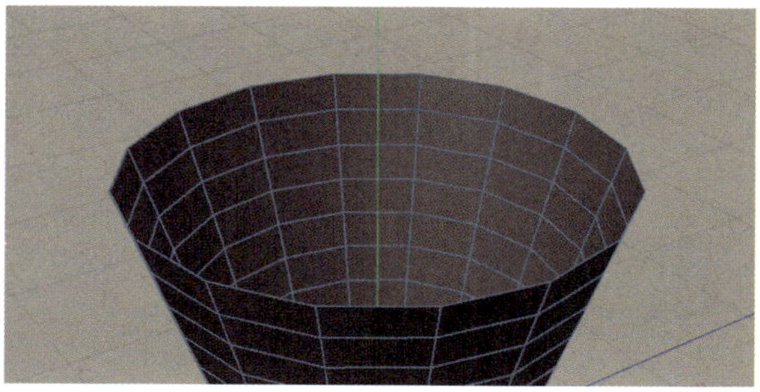

图 3-20　删除顶部的所有面

按住 Shift 键，同时选择“圆锥体”对象最上方的两行面，如图 3-21 所示；右击“透视视图”窗口空白处，在弹出的快捷菜单中选择“分裂”命令，生成“圆锥体 1”对象，效果如图 3-22 所示；右击“透视视图”窗口空白处，在弹出的快捷菜单中选择“挤压”命令，添加挤压生成器（“挤压”对象），在属性面板中设置“偏移”为 2cm，勾选“创建封顶”复选框（见图 3-23），效果如图 3-24 所示。

在“对象”窗口中，选择“圆锥体”对象，按住 Alt 键，同时单击“细分曲面”按钮，新建“细分曲面”对象，将“圆锥体”对象作为“细分曲面”对象的子级；选择“圆锥体 1”对象，按住 Alt 键，同时单击“细分曲面”按钮，新建“细分曲面 1”对象，将“圆锥体 1”对象作为“细分曲面 1”对象的子级。此时，“对象”窗口如图 3-25 所示。框选所有对象，按快捷键 Alt+G 进行编组，并将编组对象命名为“冰激凌底部”。

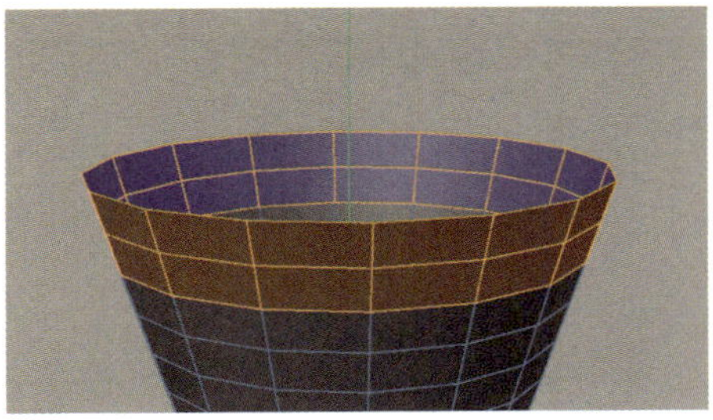

图 3-21 选择面

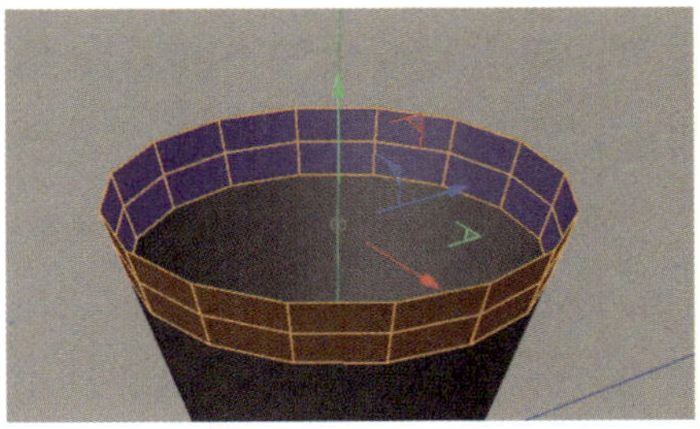

图 3-22 分裂效果

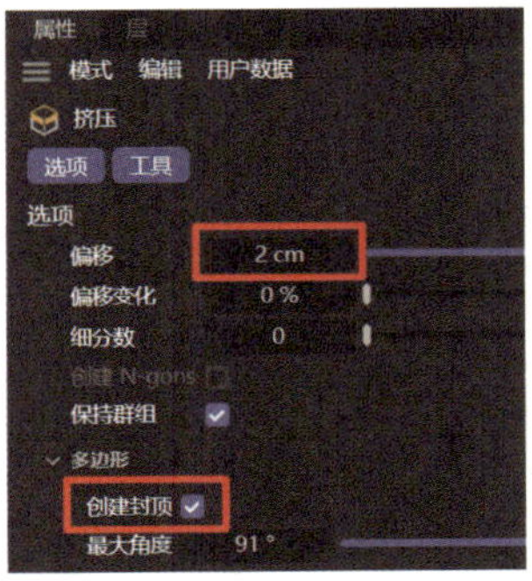

图 3-23 “圆锥体”对象的属性参数 2

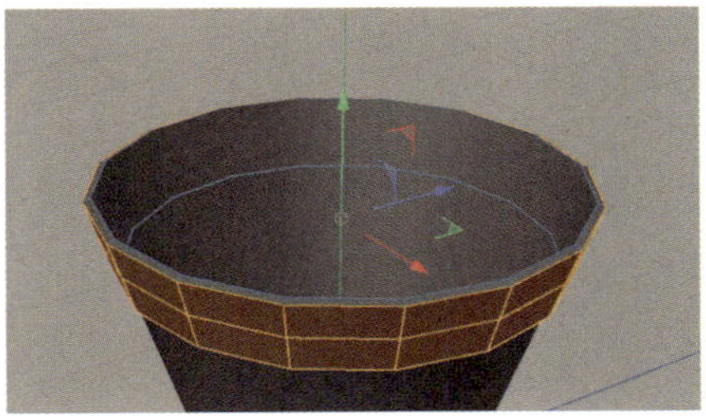

图 3-24 挤压效果

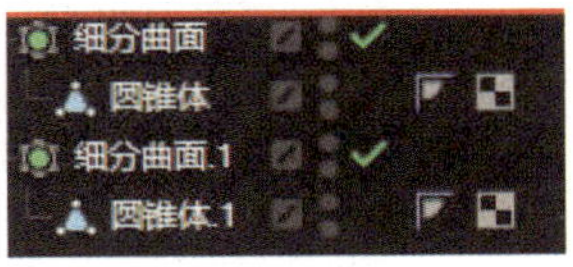

图 3-25 “对象”窗口

02 制作冰激凌甜筒上半部分

长按“矩形”按钮，在弹出的列表中单击“花瓣形”按钮，新建“花瓣形”对象，在其属性面板中设置“内部半径”为 50cm，“外部半径”为 100cm，“平面”为“XZ”，如图 3-26 所示；将“花瓣形”对象移至合适的位置，如图 3-27 所示。

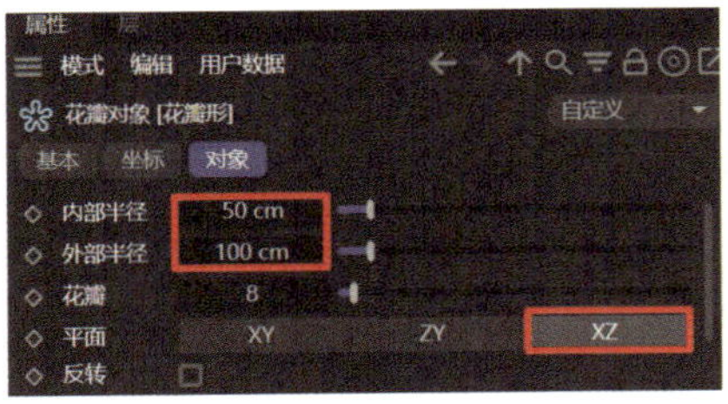

图 3-26 “花瓣形”对象的属性参数

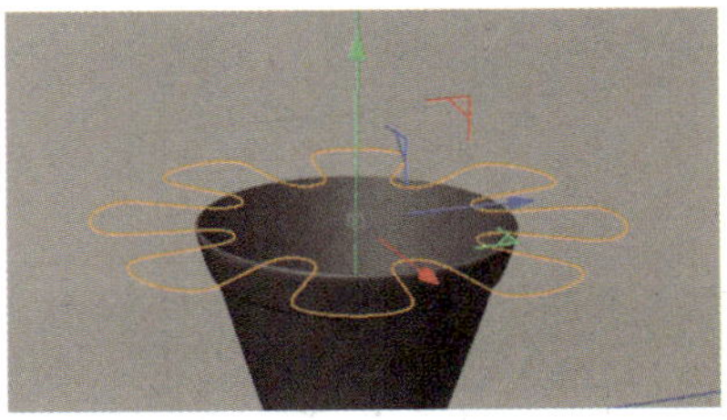

图 3-27 调整“花瓣形”对象的位置

按 C 键，将“花瓣形”对象转换为可编辑对象，单击工具栏中的“点”按钮，按快捷键 Ctrl+A，选择所有点；右击“透视视图”窗口空白处，在弹出的快捷菜单中选择“平滑”命令；在属性面板中设置“点”为 200，单击“应用”按钮，效果如图 3-28 所示。

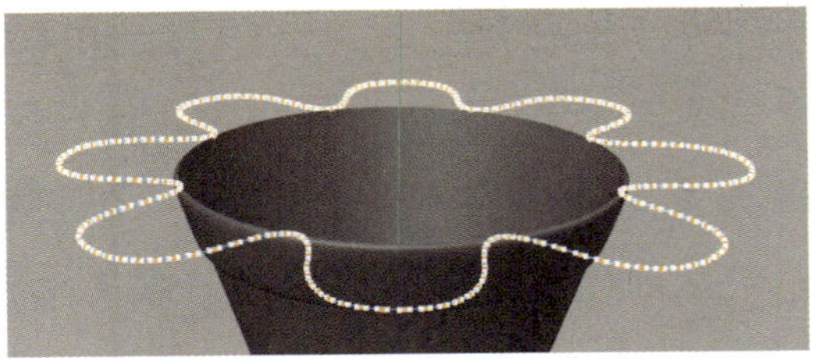

图 3-28 编辑“花瓣形”对象后的效果

按住 Alt 键，同时长按“细分曲面”按钮，在弹出的列表中单击“挤压”按钮，添加“挤压”对象，将“花瓣形”对象作为“挤压”对象的子级；在“挤压”对象的属性面板中设置“偏移”为 160cm，“细分数”为 30，如图 3-29 所示；拖动“挤压”对象到“冰激凌底部”对象的上方，效果如图 3-30 所示。

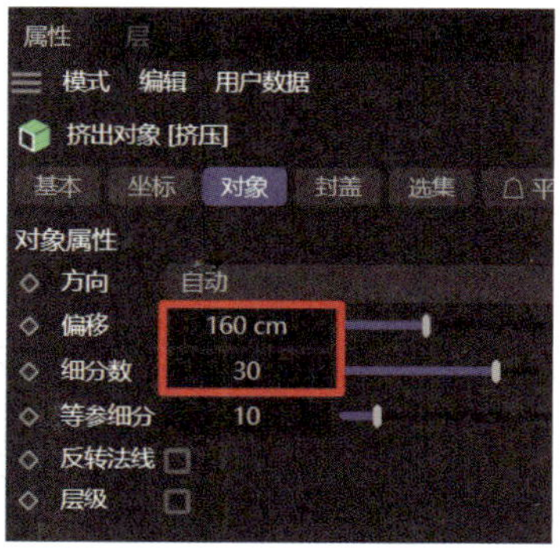

图 3-29 “挤压”对象的属性参数

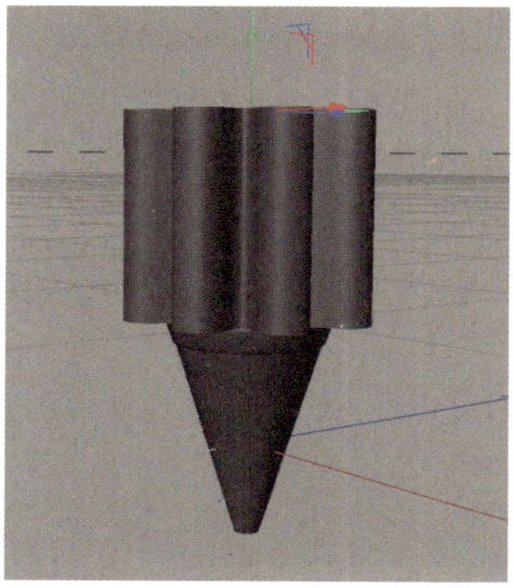

图 3-30 调整“挤压”对象位置后的效果

长按“弯曲”按钮，在弹出的列表中单击“锥化”按钮，添加锥化变形器（“锥化”对象）。选择“锥化”对象和“挤压”对象，按快捷键 Alt+G 进行编组，并将编组对象命名为“锥化组”。在“对象”窗口中，选择“锥化”对象，在其属性面板中设置“模式”为“无限”，“强度”为 100%，如图 3-31 所示；在“透视视图”窗口中，调整锥化变形器调节框的位置，效果如图 3-32 所示。

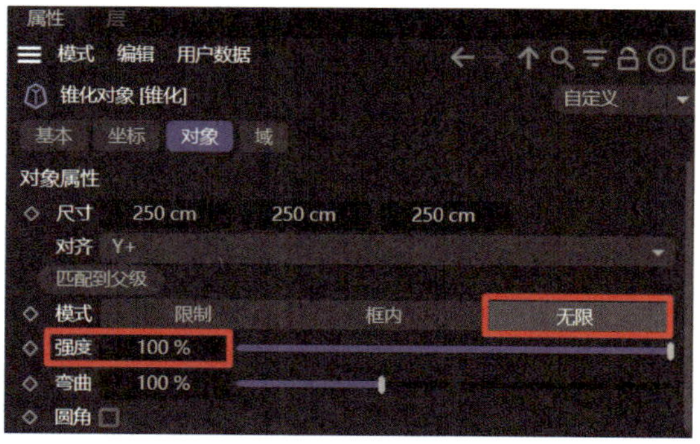

图 3-31 “锥化”对象的属性参数

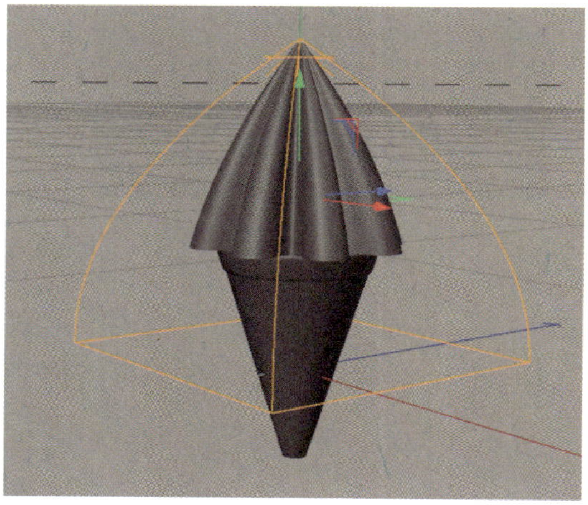

图 3-32 锥化效果

长按“弯曲”按钮，在弹出的列表中单击“扭曲”按钮，添加扭曲变形器（“扭曲”对象）。在“对象”窗口中，选择“扭曲”对象和“锥化组”对象，按快捷键 Alt+G 进行编组，并将编组对象命名为“扭曲组”；在“对象”窗口中，选择“扭曲”对象，在其属性面板中，设置“角度”为 130º，如图 3-33 所示；在“透视视图”窗口中，调整扭曲变形器调节框的位置，效果如图 3-34 所示。

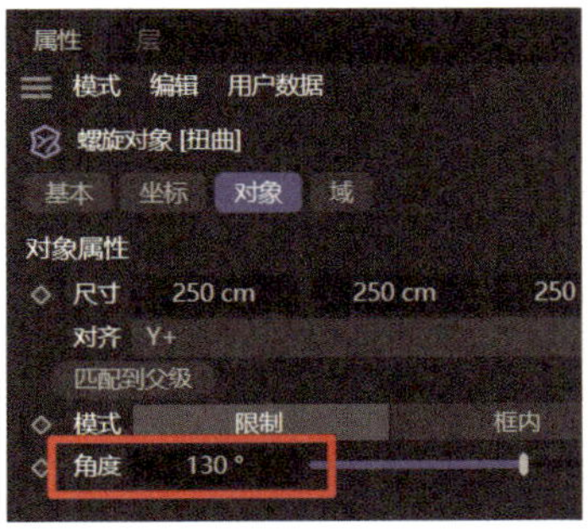

图 3-33 “扭曲”对象的属性参数

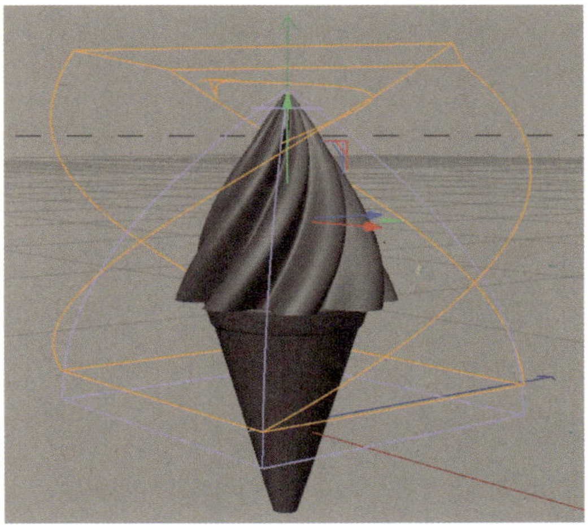

图 3-34 扭曲效果

单击“弯曲”按钮，添加弯曲变形器（“弯曲”对象）。选择“弯曲”对象和“扭曲组”对象，按快捷键 Alt+G 进行编组，并将其命名为“冰激凌上半部分”。在“对象”窗口中，选择“弯曲”对象，在其属性面板中设置“强度”为 100º，“角度”为 360º，勾选“保持长度”复选框，如图 3-35 所示；在“透视视图”窗口中，调整弯曲变形器调节框的位置，效果如图 3-36 所示；在“对象”窗口中，选择“冰激凌上半部分”对象，按 T 键，切换到缩放工具，调整该对象的大小；按 E 键，切换到移动工具，调整该对象的位置，效果如图 3-37 所示。

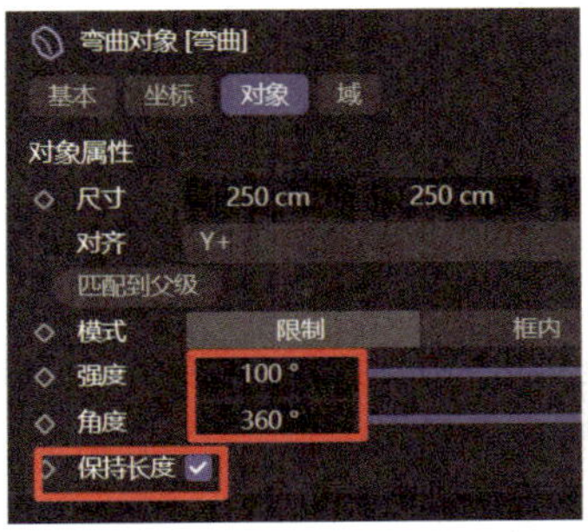

图 3-35 “弯曲”对象的属性参数

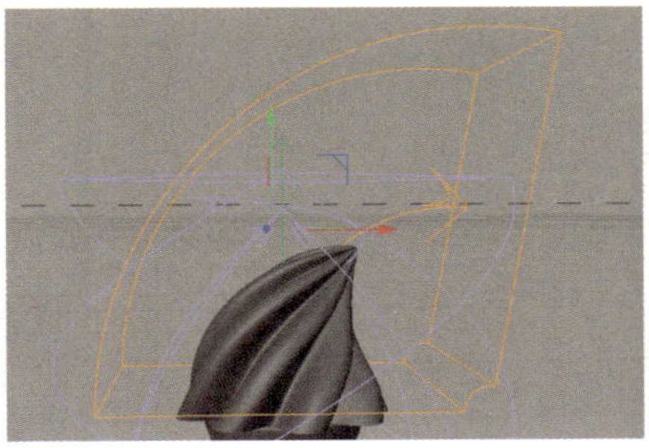

图 3-36 弯曲效果

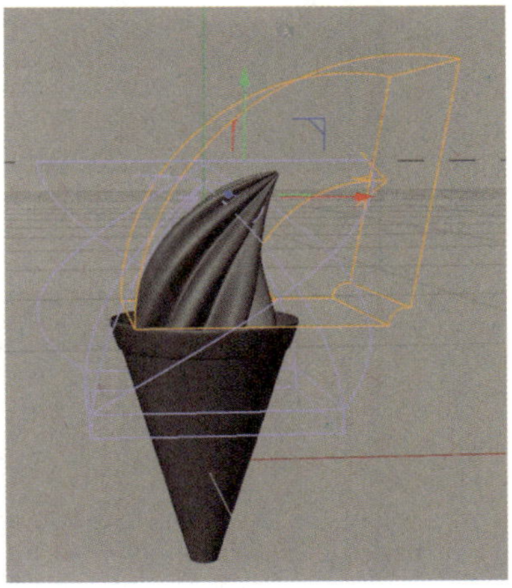

图 3-37 冰激凌上半部分效果

03 赋予材质

切换到“透视视图”窗口，单击“材质管理器”按钮，打开“材质管理器”窗口，双击“材质管理器”窗口空白处，新建材质球“材质 1”，并将其命名为“冰激凌上半部分”；双击该材质球，弹出“材质编辑器”窗口，勾选“颜色”复选框，在“颜色”属性面板中，设置“V”为 100%，如图 3-38 所示；将“冰激凌上半部分”材质球添加到“冰激凌上半部分”对象中。

参照相同的方法，新建材质球“冰激凌底部”，双击该材质球，弹出“材质编辑器”窗口，勾选“颜色”复选框，在“颜色”通道属性面板中，设置“颜色”为土黄色（RGB：232，205，123）；勾选“反射”复选框，在“反射”通道属性面板中，设置“类型”为反射（传统）；勾选“置换”复选框，在“置换”通道属性面板中，单击“纹理”下拉按钮■，在弹出的下拉列表中选择“表面”→“平铺”命令，设置“强度”为 5%，“高度”为 5cm，勾选“次多边形置换”复选框，设置“细分数级别”为 2，如图 3-39 所示。单击“纹理”属性下方的图形，在“着色器”选项卡中，设置“填塞颜色”为白色，“平铺颜色 1”为黑色，“平铺颜色 2”为黑色，“平铺颜色 3”为黑色，“填塞宽度”为 10%，“斜角宽度”为 10%，如图 3-40 所示；将该材质球添加到“圆锥体”对象中。

在“材质管理器”窗口中，按住 Ctrl 键，同时拖动“冰激凌底部”材质球，复制生成“冰激凌底部 1”材质球（见图 3-41）；双击“冰激凌底部 1”材质球，在弹出的“材质编辑器”窗口中，取消勾选“置换”复选框，将该材质球添加到“圆锥体 1”对象中。

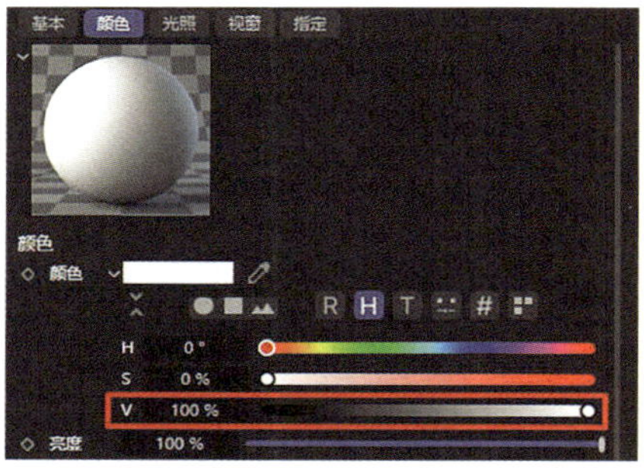

图 3-38 “冰激凌上半部分”的属性参数

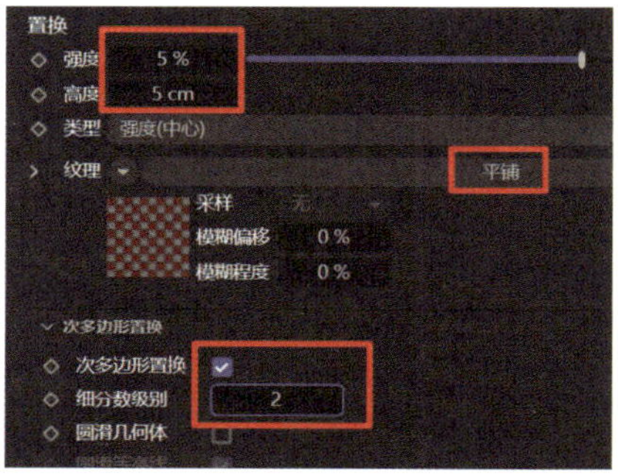

图 3-39 “冰激凌底部”材质球的属性参数 1

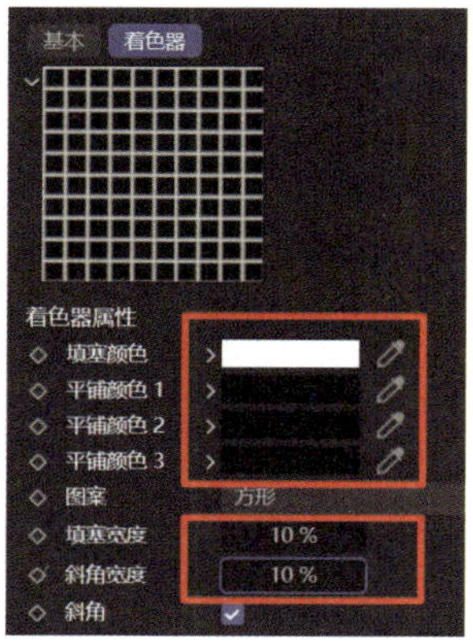

图 3-40 “冰激凌底部”材质球的属性参数 2

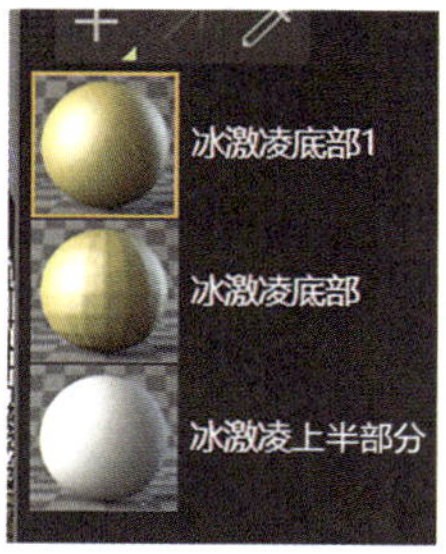

图 3-41 复制生成“冰激凌底部 1”材质球

04 渲染输出

单击“渲染到图像查看器”按钮，在弹出的“图像查看器”对话框中，将文件另存为JPG格式。冰激凌甜筒最终效果如图 3-42 所示。

图 3-42　冰激凌甜筒最终效果

任务小结

运用挤压工具、锥化变形器、扭曲变形器和弯曲变形器制作冰激凌甜筒上半部分模型。通过修改“置换”和“反射”通道属性面板中的属性参数制作冰激凌甜筒底部材质。

3.3　任务 2：“感谢有您”效果

任务情境

生命是一场厚礼，每一株草木，每一个人，都是自然的恩赐。无论何时，我们都应怀有一颗感恩之心，感谢祖国的强大，感谢父母的养育之恩，感谢老师的教育之恩，感谢身边朋友的知遇之恩，感谢所有奇妙的相遇，感谢所有低调的善良，感谢从未放弃、一直在努力的自己。让我们学会感恩，与爱同行。本任务为利用 Cinema 4D 绘制心形。“感谢有您”效果如图 3-43 所示。

图 3-43　“感谢有您”效果　　感恩有您

知识目标

能够简述添加 FFD 变形器的方法。
能够简述设置 FFD 变形器属性的方法。

技能目标

能够运用 FFD 变形器等制作“感谢有您”效果。

素质目标

培养学生耐心、细心的职业素养。
培养学生的感恩之心。

任务分析

运用“球体”对象、FFD 变形器制作心形，并修改“球体”对象、FFD 变形器的属性参数，运用“圆柱体”对象制作挂绳，运用“文本”对象添加文字。

任务实施

01 制作心形

打开 Cinema 4D，长按“立方体”按钮，在弹出的列表中单击“球体”按钮，新建“球体”对象，在其属性面板中设置“类型”为“二十面体”，“分段”为 50，效果如图 3-44 所示。

按住 Shift 键，同时长按“弯曲”按钮，在弹出的列表中单击“FFD”按钮，添加 FFD 变形器（“FFD”对象），将“FFD”对象作为“球体”对象的子级，在“FFD”对象的属性面板中设置“水平网点”为 5，“垂直网点”为 4，“纵深网点”为 3，如图 3-45 所示。

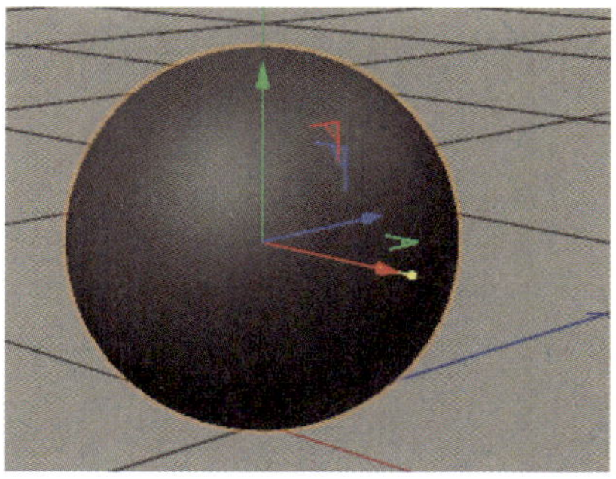

图 3-44　新建“球体”对象效果

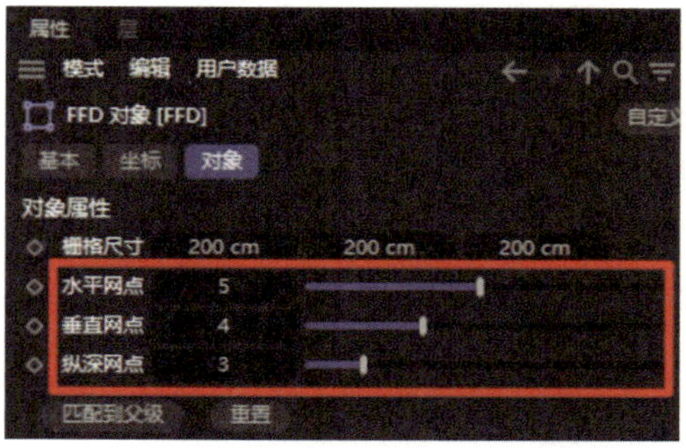

图 3-45　“FFD”对象的属性参数

切换到“正视图”窗口，单击工具栏中的“点”按钮，切换到“点”模式，按 0 键，切换到框选工具，框选如图 3-46 所示的顶点，按住鼠标左键并沿着 Y 轴向下拖动该顶点，使“球体”对象产生变形，如图 3-47 所示。

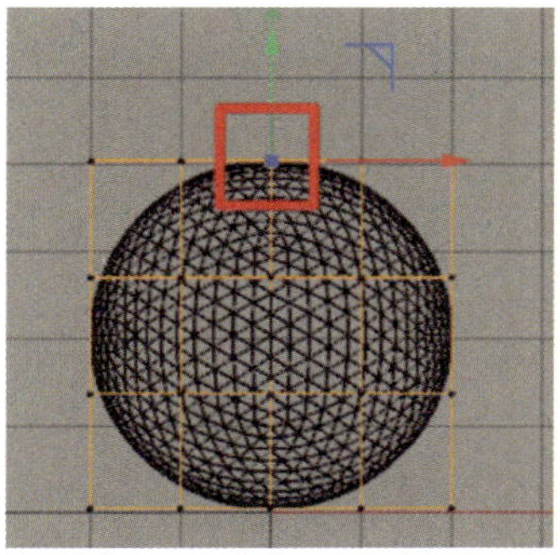

图 3-46　框选顶点 1

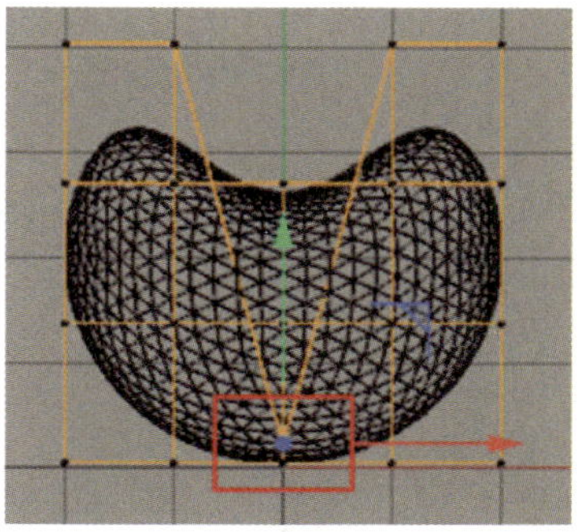

图 3-47　变形对象

框选如图 3-48 所示的顶点，按 T 键，切换到缩放工具，按住鼠标左键并沿着 X 轴方向拖动该顶点，使“球体”对象缩小到如图 3-49 所示的状态。

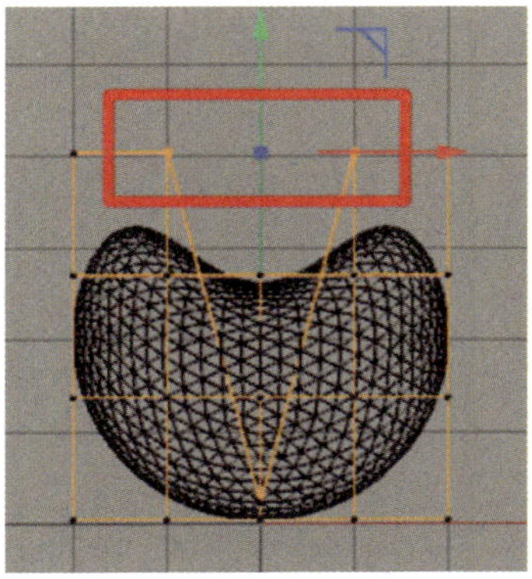

图 3-48　框选顶点 2

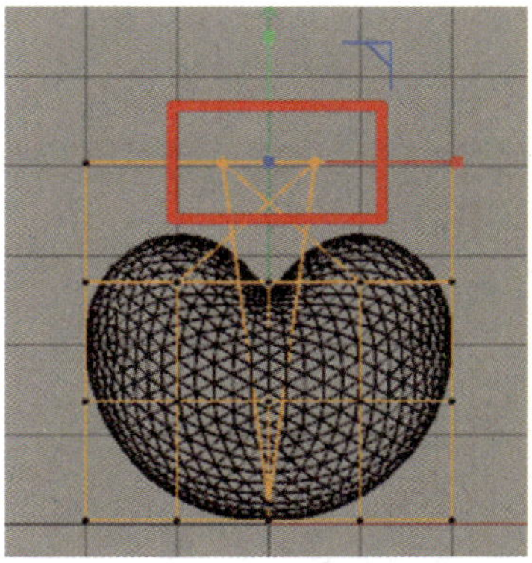

图 3-49　缩小对象 1

框选如图 3-50 所示的顶点，按 T 键，切换到缩放工具，按住 Shift 键，同时按住鼠标左键并在“透视视图”窗口空白处拖动鼠标，等比例缩小“球体”对象，如图 3-51 所示。注意：不要选择任何轴向，直至将所有点压缩为一点。

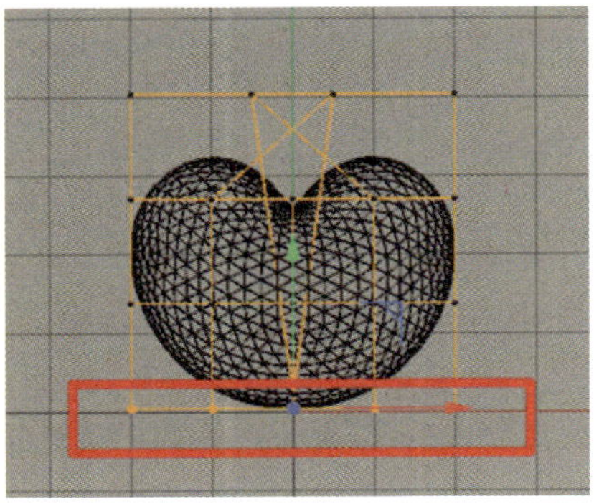

图 3-50　框选顶点 3

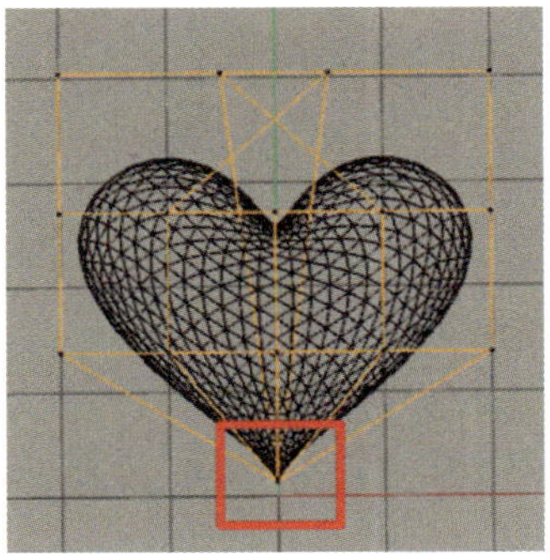

图 3-51　缩小对象 2

按 F3 键，切换到“右视图”窗口，框选“球体”对象左侧的所有顶点，同时按住鼠标左键并沿着 *Z* 轴向右拖动鼠标，如图 3-52 所示；框选“球体”对象右侧的所有顶点，同时按住鼠标左键并沿着 *Z* 轴向左拖动鼠标（见图 3-53），将“球体”对象压扁。

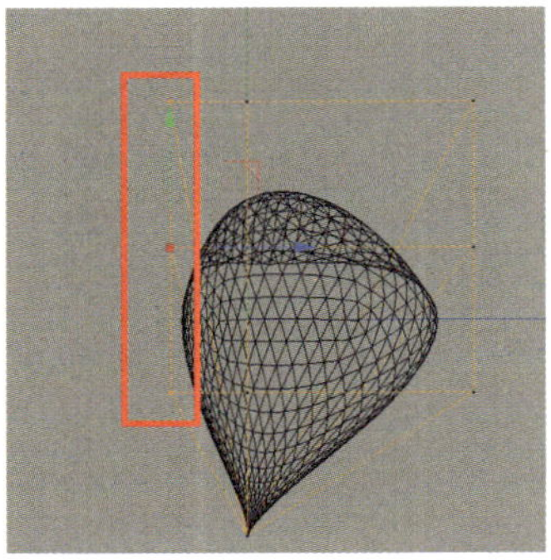

图 3-52　移动左侧顶点

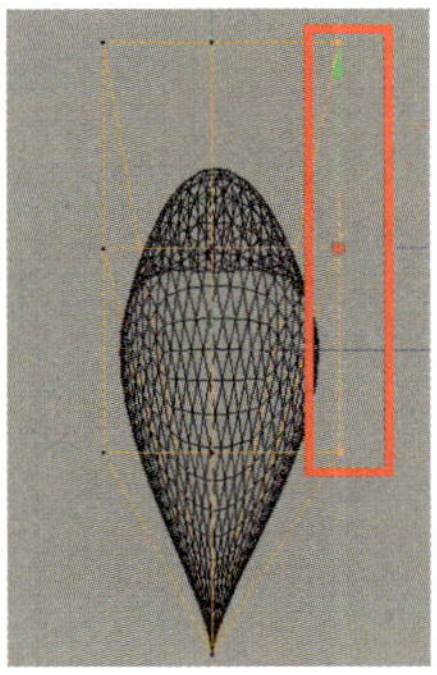

图 3-53　移动右侧顶点

单击工具栏中的“模型”按钮，切换到“模型”模式，在“对象”窗口中，选择“球体”对象，按住 Alt 键，同时单击“细分曲面”按钮，新建“细分曲面”对象，将“球体”对象作为“细分曲面”对象的子级，如图 3-54 所示。

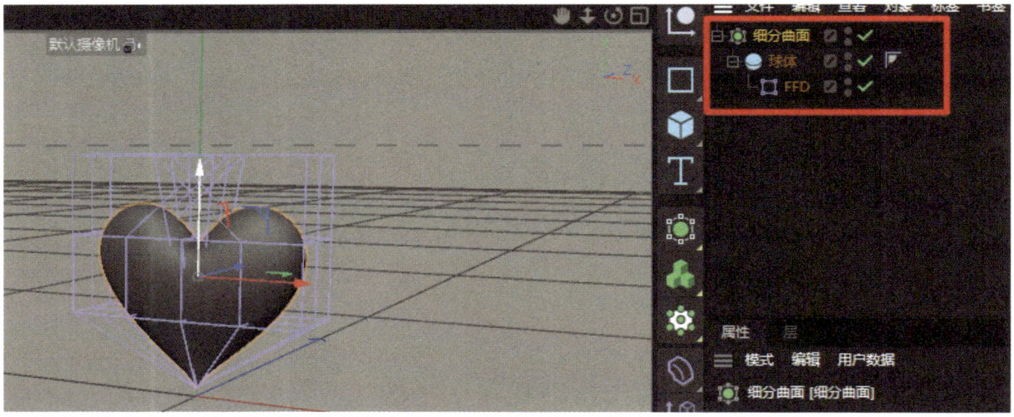

图 3-54　添加子级

选择“细分曲面”对象，按快捷键 Alt+G 进行编组，并将编组对象命名为“心形”；选择该对象，按住 Ctrl 键，同时拖动“心形”对象 3 次，复制生成“心形 1”、“心形 2”和“心形 3”对象。按 F5 键，切换到四视图，调整心形对象的空间位置关系，如图 3-55 所示。

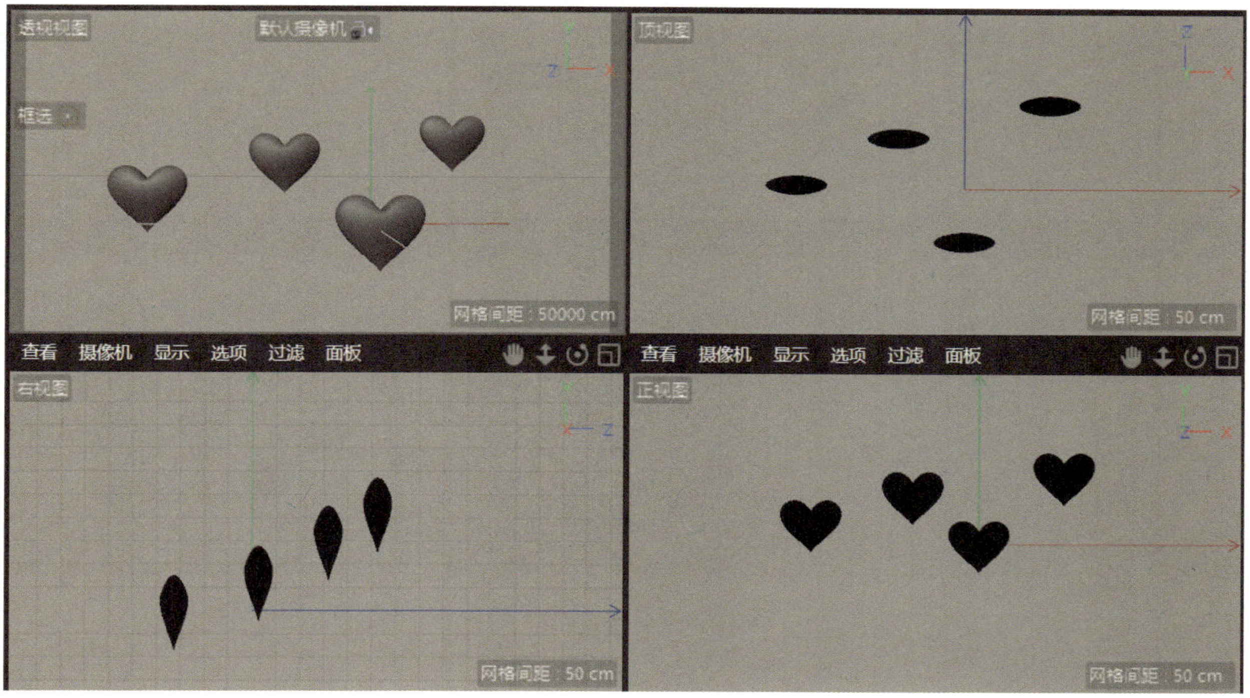

图 3-55　调整心形对象的空间位置关系

02 制作挂绳

长按“立方体”按钮，在弹出的列表中单击“圆柱体”按钮，新建“圆柱体”对象，在其属性面板中设置“半径”为 1cm，“高度”为 600cm，如图 3-56 所示；将“圆柱体”对象移动到“心形”对象顶端的凹陷处，呈现悬挂的效果，如图 3-57 所示。复制生成 3 个“圆柱体”对象，分别将它们放置在其他 3 个心形对象的顶端，完成 4 个心形对象挂绳的制作，如图 3-58 所示。

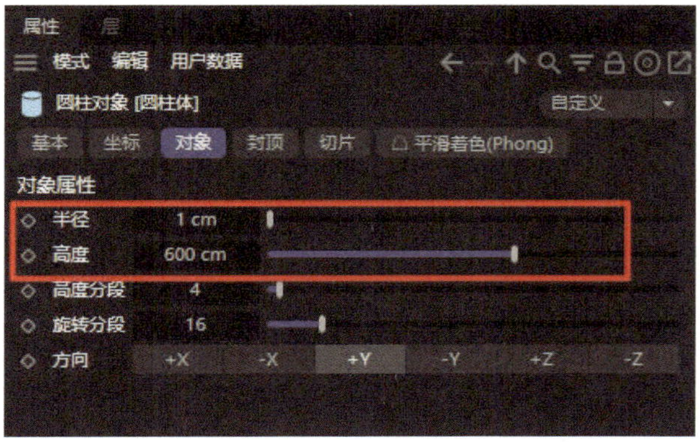

图 3-56　“圆柱体”对象的属性参数

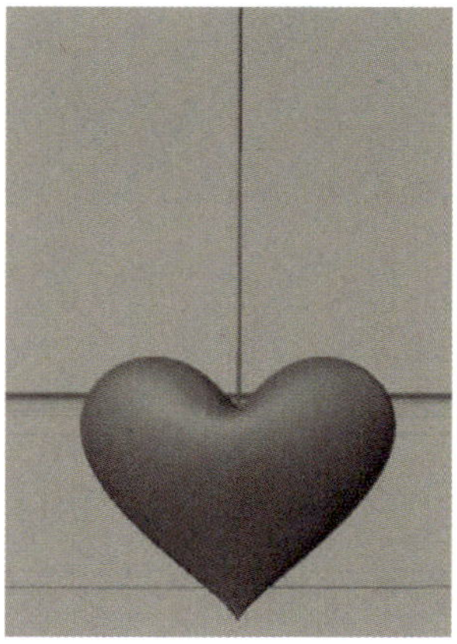

图 3-57　调整“圆柱体”对象的位置

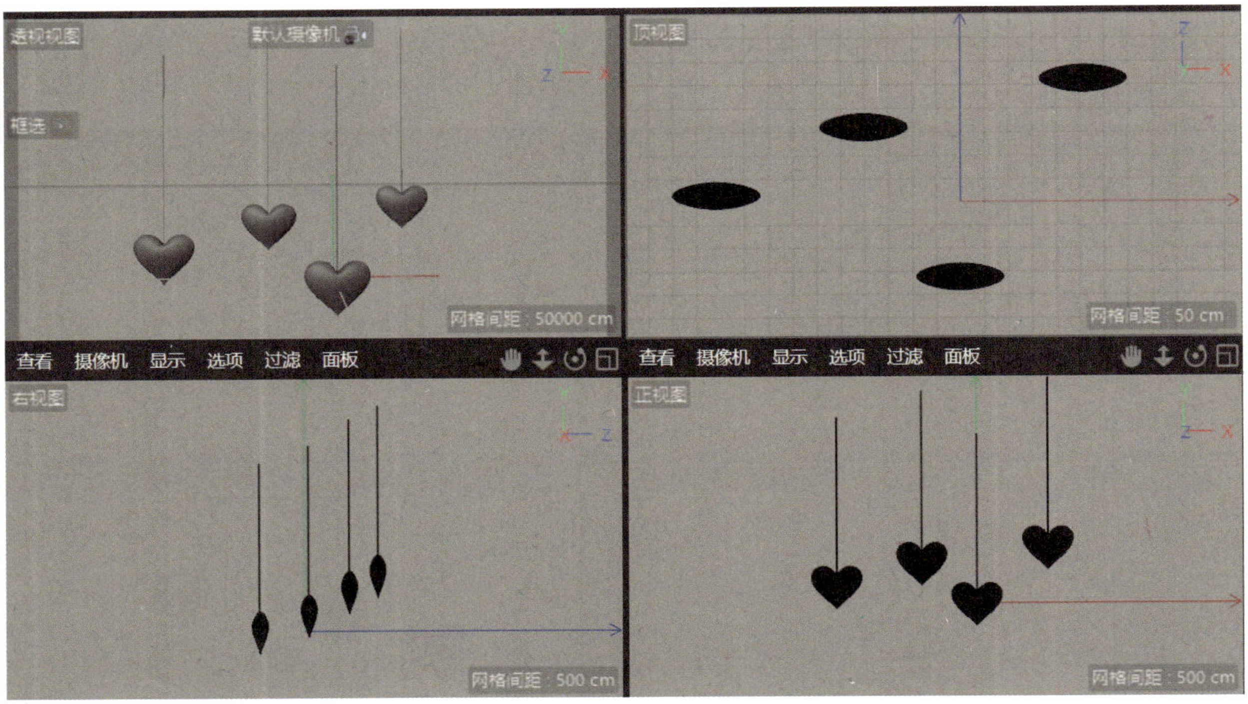

图 3-58　完成挂绳的制作

03 添加文字

单击“文本”按钮，新建“文本”对象，在其属性面板中设置“深度”为 20cm，“文本样条”为“感”，“高度”为 150cm，“字体”为“微软雅黑”；参照相同的方法，添加“谢”、“有”和“您”文字，并调整文字的位置。“正视图”窗口如图 3-59 所示，“透视视图”窗口如图 3-60 所示。

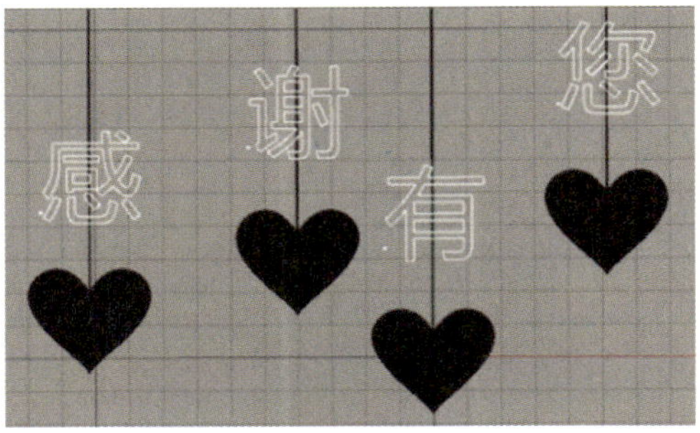

图 3-59　“正视图”窗口

图 3-60　“透视视图”窗口

04 赋予材质并输出

切换到“透视视图”窗口，单击“材质管理器”按钮，打开“材质管理器”窗口，双击“材质管理器”窗口空白处，新建材质球“材质”，双击该材质球，弹出“材质编辑器”窗口，勾选“颜色”复选框，在“颜色”通道属性面板中，设置“颜色”为红色，即 RGB 为(237,58,58)，勾选“反射”复选框，在“反射”通道属性面板中，设置“类型”为反射（传统）；将该材质球添加到“心形”、“心形 1”、“心形 2”和“心形 3”对象中；参照相同的方法，新建材质球“材质 2”，修改其颜色，并将其添加到相应的“圆柱体”对象中，如图 3-61 所示。单击“渲染到图像查看器”按钮，在弹出的“图像查看器”对话框中，将文件另存为 JPG 格式。“感谢有您”最终效果如图 3-62 所示。

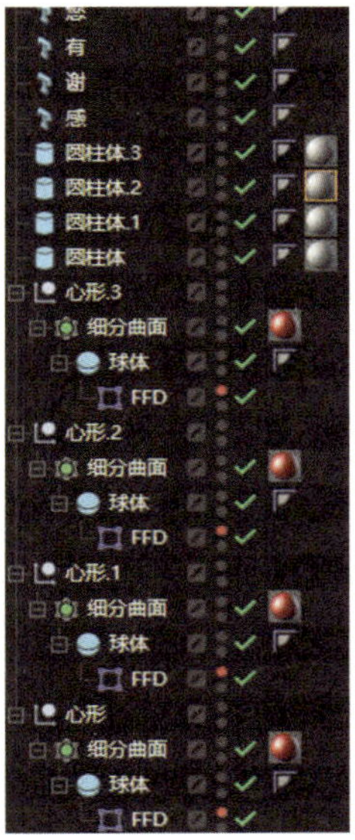

图 3-61　添加材质球

图 3-62　“感谢有您”最终效果

任务小结

通过 FFD 变形器对模型的点、线、面进行调节，从而制作出心形。

通过切换四视图调整文字、挂绳、心形的位置。

3.4　任务 3：破碎文字——“保护环境　人人有责”

任务情境

地球是我们唯一的家园。人不负青山，青山定不负人。保护环境是当代人的使命，也是在为子孙后代谋福祉。本任务利用 Cinema 4D 制作“保护环境，人人有责”的破碎文字效果，呼吁大家一起保护环境。破碎文字效果如图 3-63 所示。

图 3-63　破碎文字效果

破碎文字“保护环境 人人有责”

知识目标

能够简述添加爆炸变形器的方法。

技能目标

能够运用爆炸变形器制作破碎文字。

素质目标

培养学生从点滴做起，增强保护环境的意识。

任务分析

运用文本工具创建“保护环境、人人有责”立体文字，运用爆炸变形器使文字产生破碎效果。

任务实施

01 添加文本

单击“文本”按钮，新建“文本”对象，并将其命名为“保护环境”，在其属性面板中选择“对象”选项卡，设置“深度”为 30cm，“文本样条”为“保护环境”，“字体”为“微软雅黑”，“高度”为 60cm，“水平间距”为 10cm，如图 3-64 所示；选择“封盖”选项卡，勾选“起点封盖”和“终点封盖”复选框，设置“尺寸”为 6cm，“分段”为 5，如图 3-65 所示。

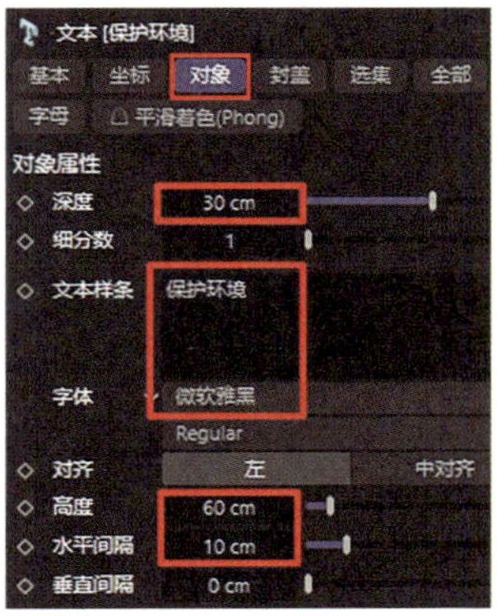

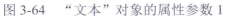

图 3-64　“文本”对象的属性参数 1

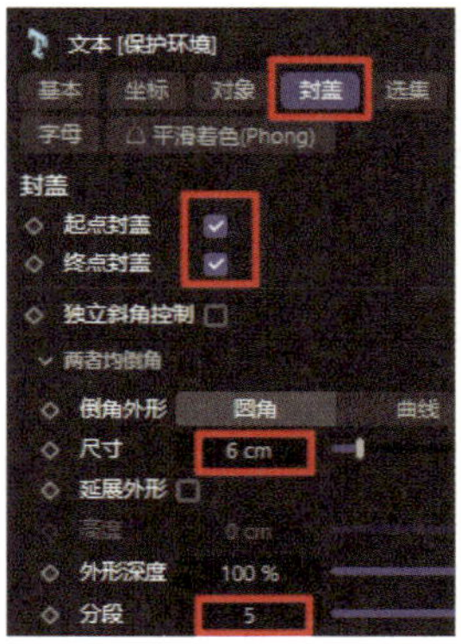

图 3-65　“文本”对象的属性参数 2

复制“保护环境”对象，并将其命名为“人人有责”，在其属性面板中设置“文本样条”为“人人有责”，并将其调整到合适的位置，文字效果如图 3-66 所示。

按 C 键，将“保护环境”对象转换为可编辑对象，在“透视视图”窗口中分别选择“保”、“护”、“环”和“境”4 个字，在其属性面板中选择“坐标”选项卡，设置“旋转角度”和“缩放角度”属性参数；参照相同的方法，新建“人人有责”对象，制作“人人有责”文字效果，如图 3-67 所示。

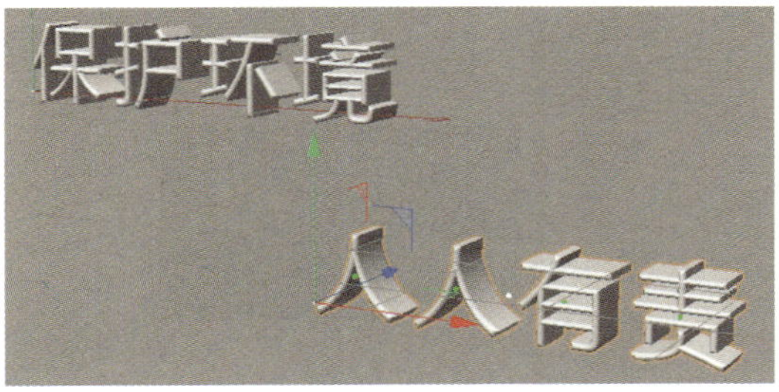

图 3-66　文字效果

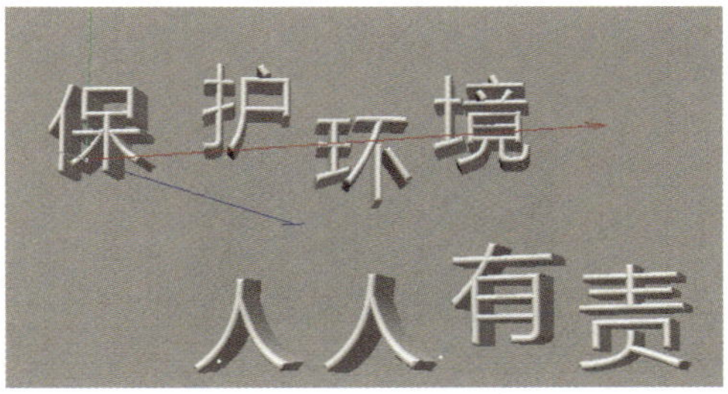

图 3-67　“人人有责”文字效果

02 赋予材质

新建“材质”材质球，双击该材质球，在弹出的“材质编辑器”窗口中勾选“颜色”复选框，在“颜色”通道属性面板中设置 RGB 为(254,245,92)，勾选“反射”复选框，在“反射”通道属性面板中设置“类型”为反射（传统），将该材质球添加到“保护环境”和“人人有责”对象中，效果如图 3-68 所示。

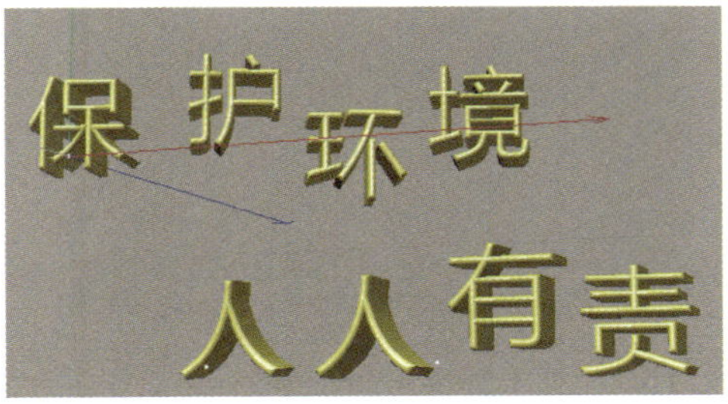

图 3-68　添加材质效果

03 添加爆炸变形器

框选“保护环境”和“人人有责”对象，按快捷键 Alt+G 进行编组，并将编组对象命名为“主题”，按住 Shift 键，同时长按“弯曲”按钮，在弹出的列表中单击“爆炸”按钮，添加爆炸变形器（“爆炸”对象），将“爆炸”对象作为“主题”对象的子级。此时，“对象”窗口如图 3-69 所示。

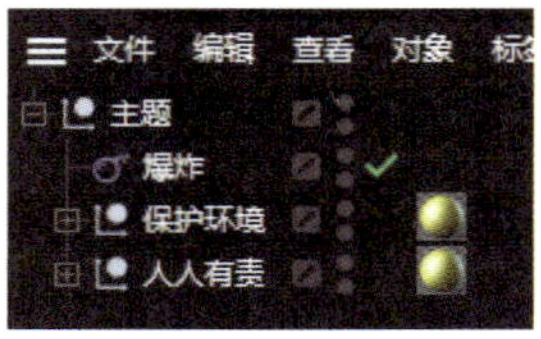

图 3-69　“对象”窗口

04 添加关键帧动画

选择“爆炸”对象，在“动画”窗口中将时间线指针移动到第 0 帧处，在“爆炸”对象的属性面板中设置“强度”为 100%，单击“强度”属性左边的“关键”按钮，添加第 1 个关键帧，如图 3-70 所示；将时间线指针移动到第 50 帧处，在“爆炸”对象的属性面板中设置“强度”为 0%，单击“强度”属性左边的“关键”按钮，添加第 2 个关键帧，如图 3-71 所示。

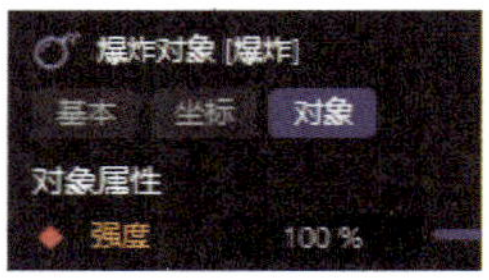

图 3-70　添加第 1 个关键帧

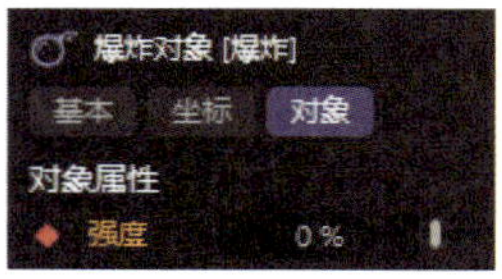

图 3-71　添加第 2 个关键帧

单击“动画”窗口中的“播放”按钮，预览“主题”对象的最终运动效果；单击“编辑渲染设置”按钮，在弹出的“渲染设置”对话框中选择“输出”选项，设置“帧范围”为“全部帧”，选择“保存”选项，设置文件属性，修改保存路径，设置“格式”为 MP4。单击“渲染到图像查看器”按钮，在弹出的“图像查看器”对话框中完成导出。第 0 帧效果如图 3-72 所示，第 40 帧效果如图 3-73 所示，第 50 帧效果如图 3-74 所示。

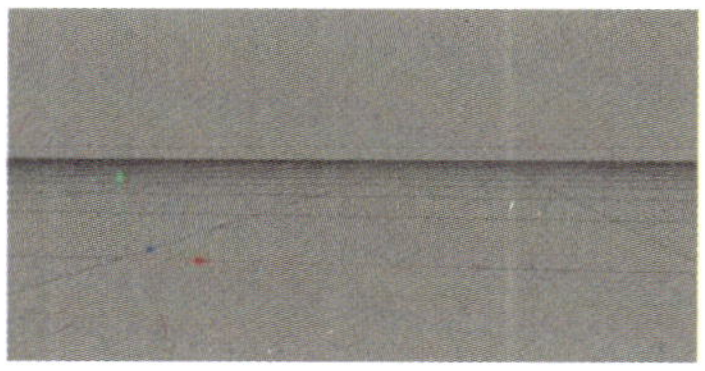

图 3-72　第 0 帧效果

图 3-73　第 40 帧效果

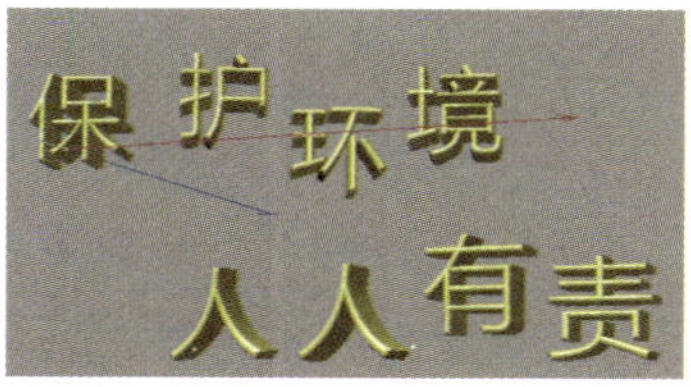

图 3-74　第 50 帧效果

任务小结

运用爆炸变形器使文字产生破碎效果。
通过添加关键帧，实现爆炸效果。

模块拓展

一、理论题

1．在 Cinema 4D 中，使用（　　）可以创建复杂的几何形状。

A．变形器　　B．造型工具
C．效果器　　D．材质编辑器

2．在 Cinema 4D 中，使用（　　）可以弯曲物体。

A．弯曲变形器　　B．扭曲变形器
C．斜切变形器　　D．膨胀变形器

3．在 Cinema 4D 中，FFD 变形器通常用于（　　）。

A．创造爆炸动画　　B．改变物体的内部结构
C．使物体沿路径进行移动　　D．局部变形物体

4．在 Cinema 4D 中，使用（　　）可以旋转物体。

A．弯曲变形器　　B．扭曲变形器
C．斜切变形器　　D．膨胀变形器

5．在 Cinema 4D 中，使用（　　）可以模拟物体的爆炸效果。

A．爆炸变形器　　B．波浪变形器
C．扭曲变形器　　D．噪声变形器

二、实践创新

制作文字标题，效果如图 3-75 所示。

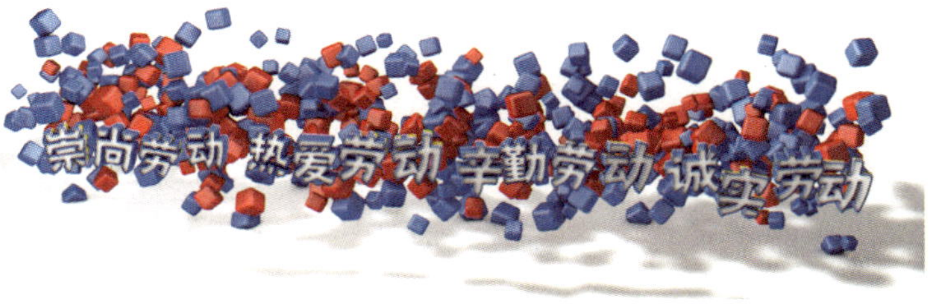

图 3-75　文字标题效果

模块 4 材质

模块导读

Cinema 4D 材质模块是一个非常实用的工具集，它不仅提供了丰富的材质编辑功能，还支持多种渲染引擎，能够满足不同项目的需求。通过系统地学习和实践，学生可以熟练掌握材质模块的使用技巧，从而为三维作品增添更加生动和真实的视觉效果。本模块对 Cinema 4D 中的材质与贴图进行讲解，通过 3 个任务来探讨各种典型材质的调节方法。

模块目标

知识目标

能够简述材质和质感的作用与设置方法。
能够简述各通道的特点。
能够简述“材质编辑器”窗口的使用技巧。

技能目标

能够根据主题需求设置材质参数。
能够根据主题需求调节典型材质。
能够根据主题需求设置材质球。

素质目标

培养学生良好的规范意识、细心的操作习惯和综合素养。
培养学生的工匠精神，传承文化技艺，同时激发他们的创新意识。

4.1 材质基础

材质基础

4.1.1 材质概述

Cinema 4D 中的材质是一种三维渲染技术，主要用于模拟真实环境中不同物体的表面，以及它们的整体外观，从而使模型更逼真。Cinema 4D 中的材质包括贴图、纹理和材质类型等，它们可以调整模型的质地、反光度和粗糙度等。

在游戏和影视行业中，有一句话叫作“三分模型，七分贴图”，意思是在制作角色或场景的视觉效果时，三维模型只占据 30%的视觉表现，而贴图（材质贴图和纹理贴图等）则占据 70%的视觉表现。模型主要负责展示物体的形状、大小和基本结构，而贴图则负责展示物体的表面细节、颜色、纹理和光照等视觉元素。因此，贴图在最终呈现的视觉效果中具有至关重要的作用。在三维世界中，材质贴图与纹理贴图主要用于描述物体表面的物质状态，呈现真实世界中自然物质表面的视觉表象。

材质贴图：在三维模型表面应用的图像，它定义了物体的外观和光学特性。材质贴图可以包含多种类型的贴图，如漫反射贴图、凹凸贴图和高光贴图等。这些贴图共同作用在材质上，可以定义物体的颜色、反光度和透明度等属性。

纹理贴图：将二维图像映射到三维模型表面。这个映射过程涉及 UV 展开。纹理贴图主要用于增加模型表面的细节，使模型看起来更加真实。例如，一张贴砖墙的纹理贴图可以使模型表面呈现出砖块的效果。

4.1.2 材质的实现

使用贴图：贴图是一种非常有效且快速的方法，可以模拟出各种不同的表面，从而获得更加逼真的效果。

使用纹理：纹理可以创建出多样化的表面，有效改善模型的外观。

使用材质类型：材质类型可以有效提高模型的精细度，从而更好地模拟真实环境中的表面。

4.1.3 “材质编辑器”窗口

“材质编辑器”窗口分为两部分，左侧为材质预览区和材质通道，右侧为通道属性面板，如图 4-1 所示。

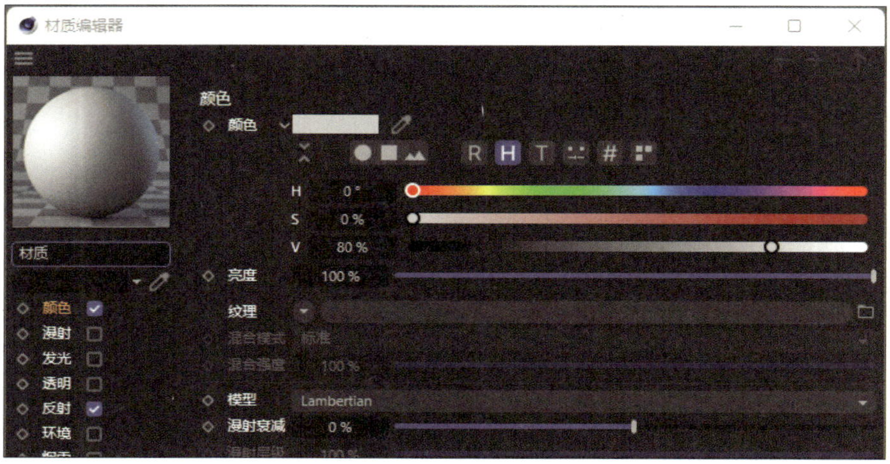

图 4-1 “材质编辑器”窗口

1. 通道中的属性

（1）“颜色”通道。

“颜色”通道用于设置材质的固有色属性，即呈现材质时所传达的第一印象。在“颜色”通道中，可以设置颜色、亮度和纹理等属性。“颜色”通道属性面板如图 4-2 所示。

重点属性如下。

颜色：用于设置模型的颜色。

亮度：用于设置材质的亮度，数值越大，渲染出的材质越亮。

纹理：单击右方的“工程”按钮，在弹出的“加载文件”对话框中可以添加贴图。

（2）“漫射”通道。

“漫射”通道可以模拟光线在粗糙表面上向各个方向漫射的效果。“漫射”通道属性面板如图 4-3 所示。

重点属性如下。

亮度：用于设置漫射表面的亮度，数值越大，表面越亮，数值越小，表面越暗。

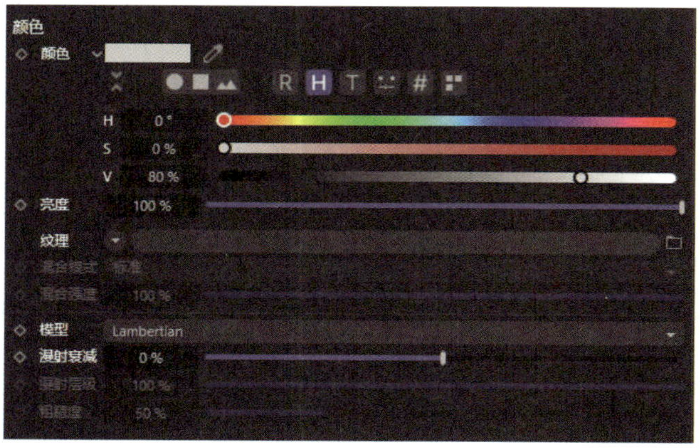

图 4-2 “颜色”通道属性面板

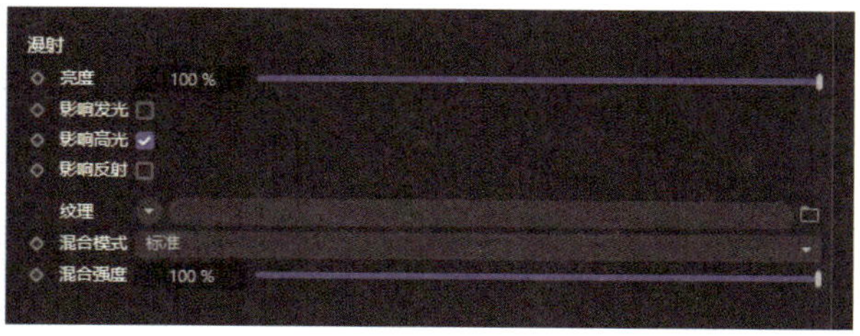

图 4-3 “漫射”通道属性面板

（3）“发光”通道。

“发光”通道用于设置材质的发光效果。“发光”通道属性面板如图 4-4 所示。

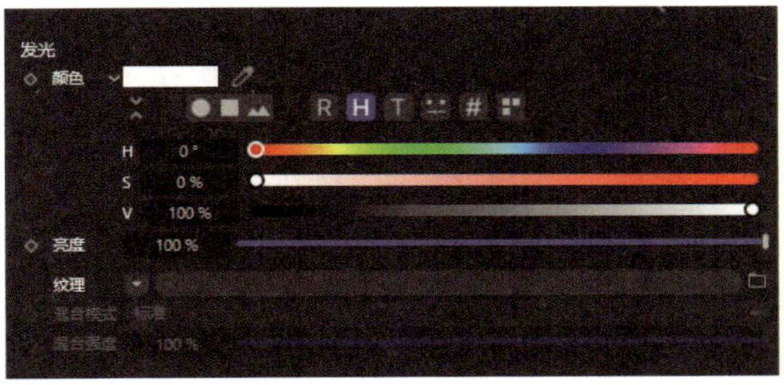

图 4-4 “发光”通道属性面板

重点属性如下。

颜色：用于设置发光的颜色。

亮度：用于设置发光的强度。

（4）“透明”通道。

“透明”通道用于设置材质的透明属性，可以制作出水材质、玻璃材质等。纯透明的材质不需要使用“颜色”通道，而折射强度可以通过预设的折射率数值进行选择。

重点属性如下。

颜色：用于设置透明材质的颜色。

亮度：用于设置透明的程度，数值越大，表示越透明，数值越小，表示越不透明。

折射率预设：用于设置材质（如玻璃、啤酒和水等）的折射率预设数值。

折射率：用于设置折射率数值。折射率数值设置得越精准，材质的透明质感表现得越真实。

全内部反射：在勾选该复选框后，可以激活“菲涅耳反射率”属性。

双面反射：用于控制对象是否具有双面反射效果。

菲涅耳反射率：在勾选“全内部反射”复选框后才会被激活，用于设置反射程度。

附加：在勾选该复选框后，颜色才会影响材质。

吸收颜色：用于设置材质对颜色的吸收效果。颜色吸收是指材质吸收特定颜色的光线，而不吸收或较少吸收其他颜色的光线。

吸收距离：用于设置吸收颜色的程度。

模糊：用于设置模糊的程度。

（5）“反射”通道。

“反射”通道用于设置材质中的反射属性。“反射”通道的功能强大，提供了多种反射类型，如 Beckmann、GGX、Phong、Ward，以及各向异性和织物等。为了获得更好的反射效果，可以单击“添加”按钮，加载反射（传统）效果。

① “层”选项卡。

全局反射亮度：用于设置反射的强度，数值越大，反射效果越明显。

全局高光亮度：用于设置高光的强度，数值越大，高光效果越明显。

“默认高光”选区如图 4-5 所示。

类型：用于设置高光的类型。

衰减：用于设置高光的衰减方式，包括“添加”和“金属”两种。

高光强度：用于设置高光区域的高光强度。

凹凸强度：用于设置素材的凹凸强度。

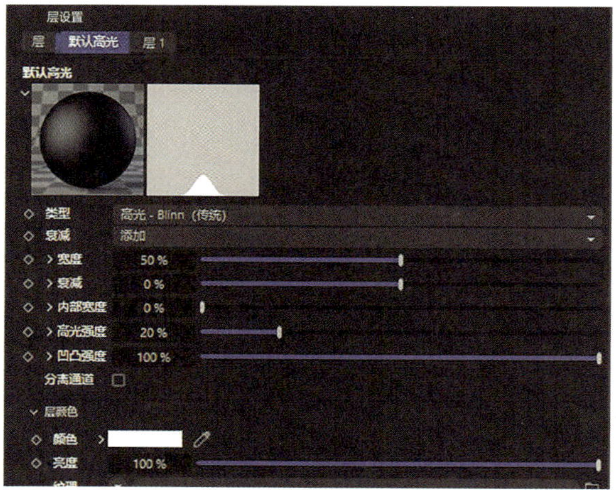

图 4-5 “默认高光”选区

② “层 1”选项卡。

单击“添加”按钮，选择“反射（传统）”选项，即可在“材质编辑器”窗口的“反射”通道属性面板中添加“层 1”选项卡。“层 1”选项卡对应的就是新添加的“反射（传统）”选项。

类型：用于设置反射的类型。不同的反射类型，产生的反射效果不同。

衰减：用于设置衰减类型，包括“平均”、“最大”、“添加”和“金属”。不同的衰减类型，产生的反射衰减效果不同。

粗糙度：用于设置材质的粗糙程度，数值越小，材质越光滑，数值越大，材质越粗糙。

反射强度：用于设置反射强度，数值越大，反射效果越明显。

高光强度：用于设置材质表面高光部分的强度，数值越大，高光效果越明显。

纹理：单击右方的“工程”按钮，在弹出的“加载文件”对话框中可以添加贴图。

混合模式：在添加纹理后，可以设置该属性。不同的混合模式，产生的效果不同。

混合强度：用于设置混合效果的强度。

（6）“环境”通道。

“环境”通道用于设置材质的环境效果，使具有反射特性的材质看起来仿佛处于某种特定的环境中，从而使材质的表面反射出贴图的效果。“环境”通道属性面板如图 4-6 所示。

重点属性如下。

纹理：单击右方的“工程”按钮，在弹出的“加载文件”对话框中添加贴图，可以使材质的表面反射出该贴图的效果。

水平平铺：用于设置水平方向的贴图重复次数，数值越大，水平方向的贴图重复次数越多。

垂直平铺：用于设置垂直方向的贴图重复次数，数值越大，垂直方向的贴图重复次数越多。

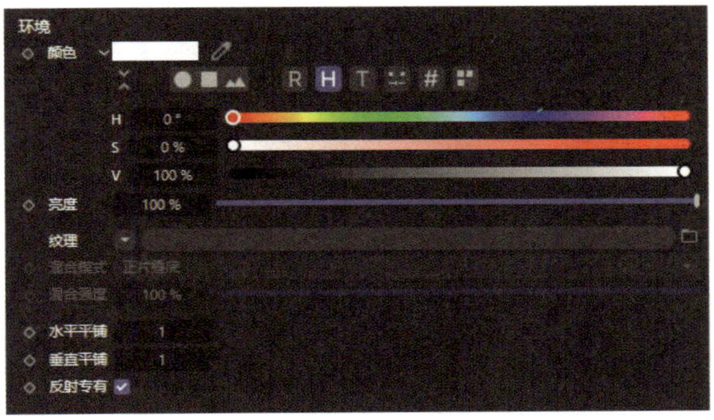

图 4-6　“环境”通道属性面板

（7）“烟雾”通道。

“烟雾”通道可以与环境对象结合使用，使环境具有烟雾效果。

（8）“凹凸”通道。

“凹凸”通道用于使材质产生凹凸效果。它可以通过黑白纹理贴图来控制模型表面的凹凸程度。

重点属性如下。

强度：用于设置凹凸起伏的强度。

纹理：单击右方的“工程”按钮，在弹出的“加载文件”对话框中添加贴图，可以使材质的表面产生凹凸效果。

（9）“法线”通道。

“法线”通道用于设置材质的法线贴图。“法线”通道的作用与“凹凸”通道的作用类似，它们都可以使材质产生凹凸效果，但是“法线”通道产生的效果更加真实。法线贴图是从高精度模型上复制生成的、具有三维纹理信息的特殊纹理，常用于模拟更逼真的纹理，如草地的颠簸、毛巾的纹理和山脉的起伏等。

重点属性如下。

强度：用于设置起伏强度，数值越大，纹理起伏效果越明显。

纹理：单击右方的“工程”按钮，在弹出的“加载文件”对话框中添加贴图，可以使材质的表面产生起伏效果。

（10）“Alpha” 通道。

“Alpha”通道用于设置 Alpha 的颜色、反相、图像。它可以通过一张黑白纹理贴图使模型表面呈现出透明效果。其中，白色表示显示，黑色表示透明。

（11）“辉光” 通道。

“辉光” 通道用于设置材质的辉光效果。

（12）“置换” 通道。

“置换” 通道用于设置材质的置换效果。该通道同样能使材质产生凹凸效果，但呈现的细节更加丰富，比 “凹凸” 通道更具细致感。

2．通道的优先级

如果同时打开 “透明” 通道和 “颜色” 通道，则会先计算 “颜色” 通道，再计算 “透明” 通道。因为 “透明” 通道是后计算的，所以其效果会覆盖 “颜色” 通道的效果。如果将 “透明” 通道的属性参数调至最大值，则整个物体会变成透明的，并且覆盖 “颜色” 通道的效果。通道的计算优先级如图 4-7 所示，眼睛观看通道的优先级如图 4-8 所示。

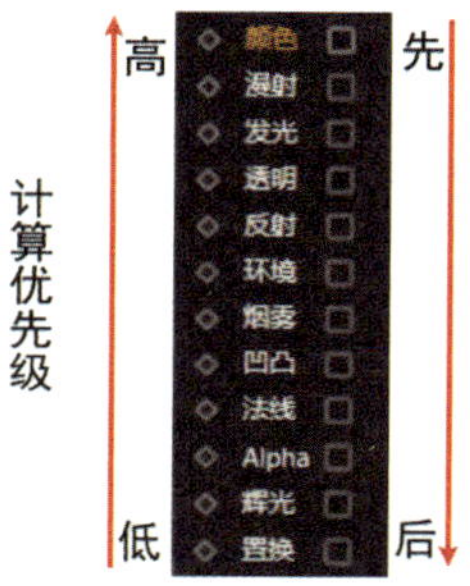

图 4-7　通道的计算优先级

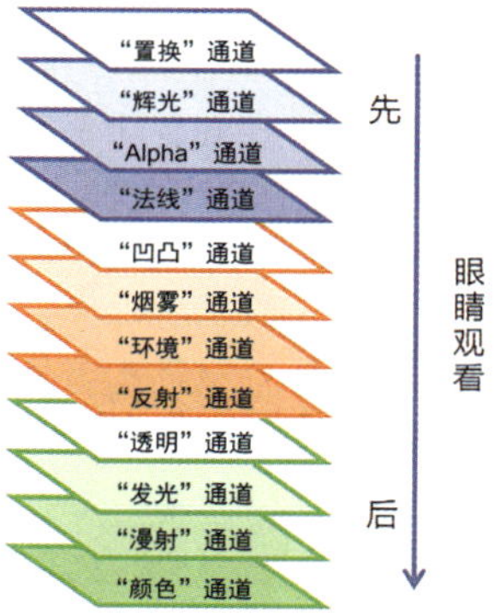

图 4-8　眼睛观看通道的优先级

4.2　任务 1：木纹材质——木球

任务情境

木构建筑、家具和雕刻等都是中华优秀传统文化的瑰宝。在生活环境中，我们经常会看到很多木质产品，如筷子、木球和木地板等。木纹元素具有素雅、细腻的特点，纹路自然流畅，深受大家的喜欢。在三维建模中，木纹材质是常用的材质。本任务为制作简单的木球，如图 4-9 所示。

图 4-9　木球

木纹材质——木球

知识目标

能够简述木纹材质的特点和调节方法。
能够简述“颜色”、“反射”和“凹凸”通道中属性的作用。

技能目标

能够根据工作需求调节木纹材质的属性参数。

素质目标

倡导绿色低碳的生活方式，让人与自然和谐共生。

任务分析

本任务主要通过调整“反射”、“颜色”和“凹凸”通道中的属性，完成木球的贴图。

任务实施

01 制作小球

打开 Cinema 4D，长按“立方体”按钮，在弹出的列表中单击“球体”按钮，新建“球体”对象，按快捷键 N+B，切换到“显示光影着色（线条）”模式，在“球体”对象的属性面板中设置“分段”为 26，如图 4-10 所示；长按“立方体”按钮，在弹出的列表中单击“圆柱体”按钮，新建“圆柱体”对象，在其属性面板中设置“旋转分段”为 26，如图 4-11 所示；长按“细分曲面”按钮，在弹出的列表中单击“布尔”按钮，添加布尔造型工具（“布尔”对象）。在“对象”窗口中，将“球体”和“圆柱体”对象拖动到“布尔”对象的下方，作为“布尔”对象的子级，如图 4-12 所示；将“布尔”对象命名为“小球”；选择“小球”对象并右击，在弹出的快捷菜单中选择“连接对象+删除”命令，将“小球”对象转换为“多边形”对象，结果如图 4-13 所示。小球模型如图 4-14 所示。

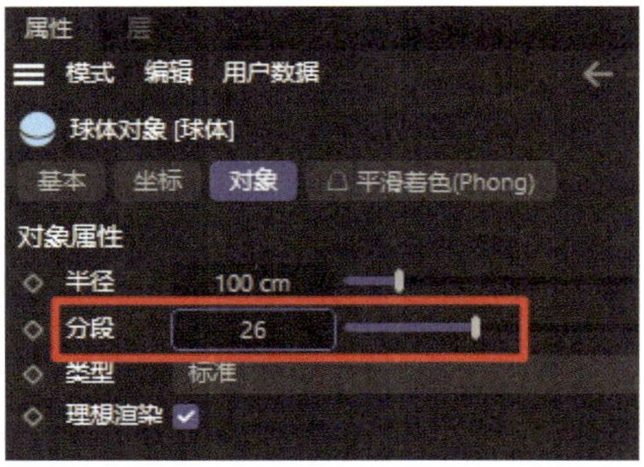

图 4-10 “球体”对象的属性参数

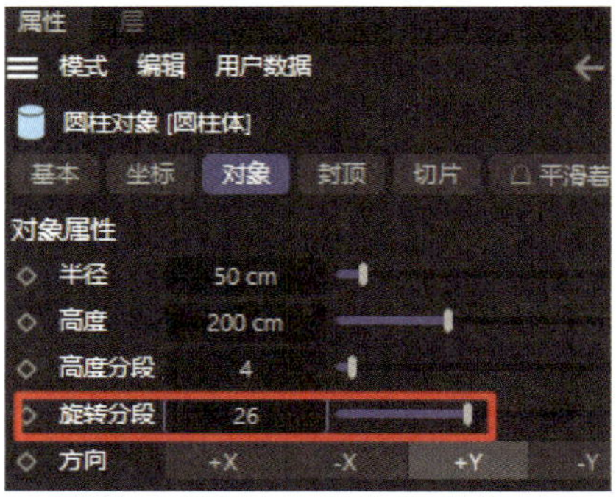

图 4-11 “圆柱体”对象的属性参数

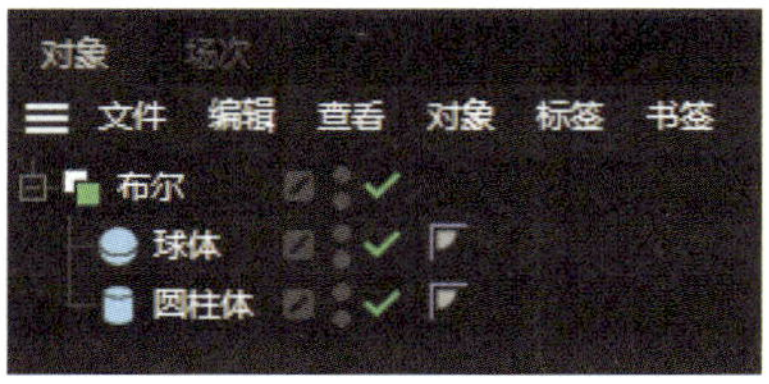

图 4-12 添加子级

图 4-13 将“小球”对象转换为“多边形”对象结果

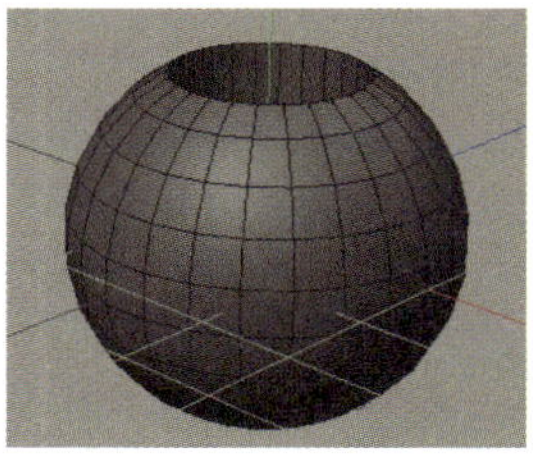

图 4-14 小球模型

02 优化小球

在“透视视图”窗口中，选择“小球”对象，单击工具栏中的“点”按钮，切换到“点”模式，按快捷键 Ctrl+A，选择“小球”对象的所有点，右击“透视视图”窗口空白处，在弹出的快捷菜单中选择“优化”命令，对所有的点进行缝合。

单击工具栏中的“边”按钮，切换到“边”模式；按快捷键 U+L，切换到循环选择工具，选择“小球”对象顶部的边（见图 4-15），单击左侧工具栏中的“倒角”按钮，在“视图”窗口空白处，按住鼠标左键并拖动鼠标，对所选的边进行倒角；在“倒角”属性面板中选择“工具”选项卡，设置“细分”为 12（见图 4-16），效果如图 4-17 所示。使用相同的方法，选择“小球”对象底部的边，完成倒角。

按住 Alt 键，同时单击“细分曲面”按钮，对“小球”对象进行细分曲面操作，使球体变得更加圆滑，效果如图 4-18 所示；将“细分曲面”对象命名为“小球”。

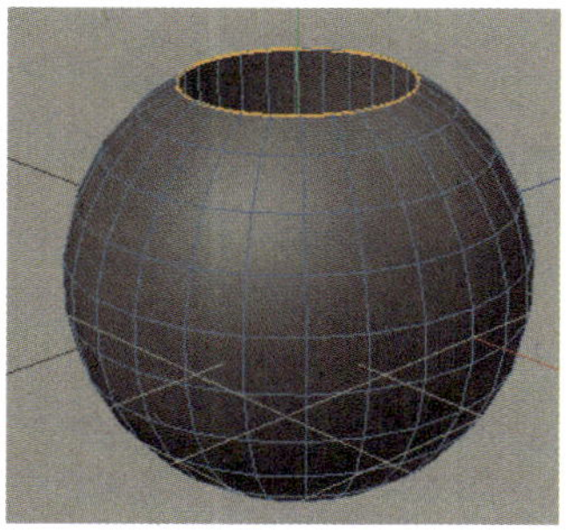

图 4-15 选择“小球”对象顶部的边

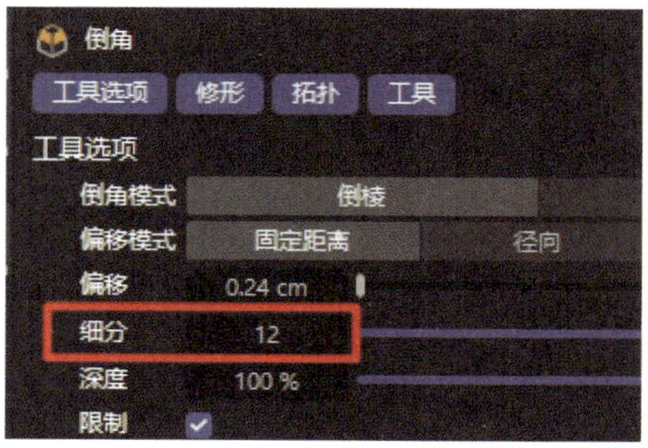

图 4-16 “倒角”属性参数

图 4-17　倒角效果

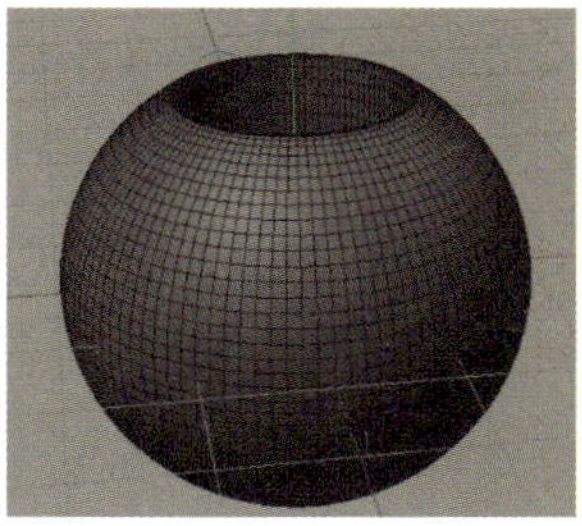

图 4-18　细分曲面效果

03 场景搭建

长按“立方体”按钮，在弹出的列表中单击“平面”对象，新建“平面”对象，在“透视视图”窗口中，拖动“平面”对象的 *Y* 轴，将“平面”对象拖动到“球体”对象的下方，如图 4-19 所示。在“平面”对象的属性面板中设置“宽度分段”为 1，“高度分段”为 1，如图 4-20 所示。单击右侧工具栏中的“转为可编辑对象”按钮，将“平面”对象转换成可编辑对象（快捷键为 C），单击工具栏中的“边”按钮，切换到“边”模式，选择“平面”对象上方的边，按住 Ctrl 键，同时按住鼠标左键并沿着 *Y* 轴拖动鼠标，复制生成背景墙，如图 4-21 所示。为了让背景墙与地面衔接得更加平滑，选择它们相交的边，单击左侧工具栏中的“倒角”按钮，在“视图”窗口空白处，按住鼠标左键并拖动鼠标，对边进行倒角；在“倒角”属性面板中，选择“工具选项”选项卡，设置“细分”为 12，效果如图 4-22 所示。

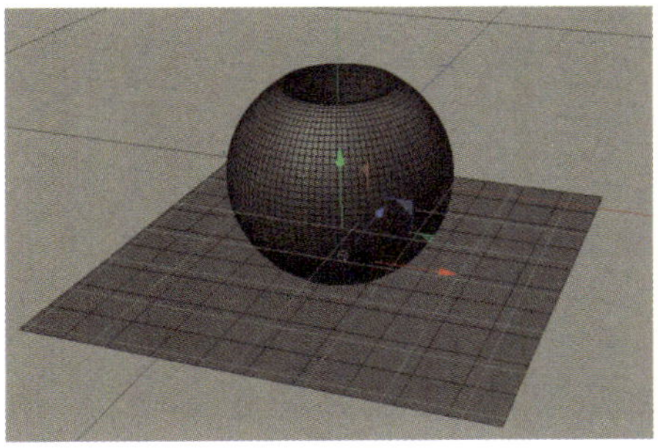

图 4-19　“平面”对象的位置

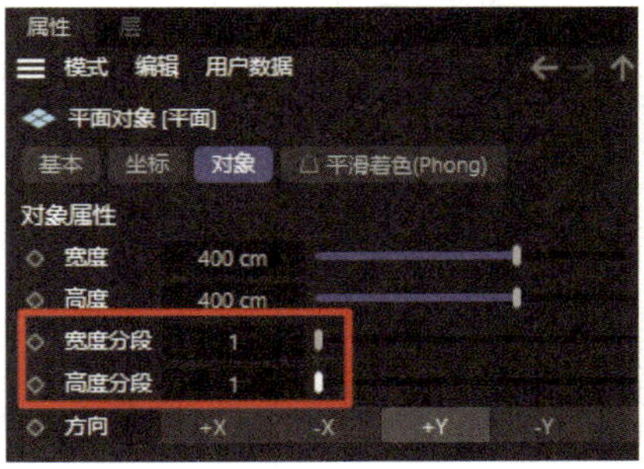

图 4-20　“平面”对象的属性参数

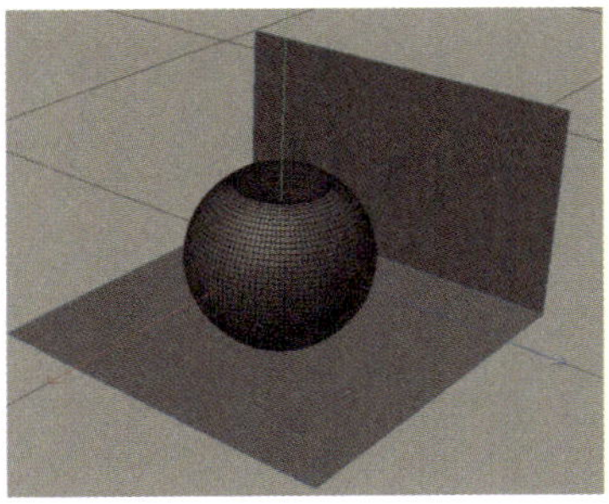

图 4-21　背景墙

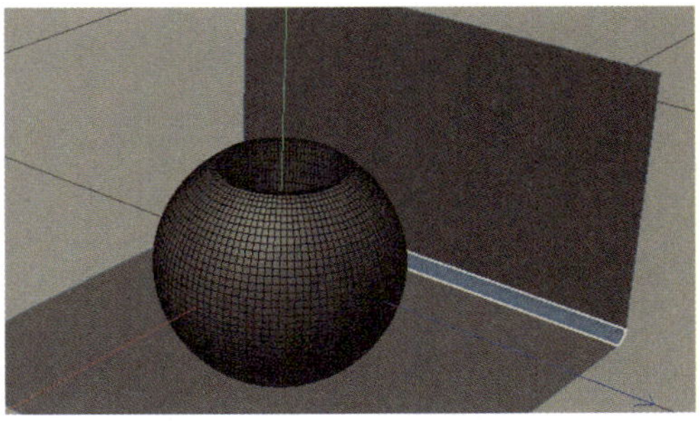

图 4-22　相交边的倒角效果

单击左侧工具栏中的“实时选择”按钮，单击工具栏中的“模型”按钮，切换到“模型”模式，选择场景中的“球体”对象，单击左侧工具栏中的“缩放”按钮，或者按 T 键，切换到缩放工具，在场景中调整“小球”对象的大小。按 E 键，切换到移动工具，调整“小球”对象的位置；按 R 键，切换到旋转工具，调整“小球”对象的旋转角度，效果如图 4-23 所示。

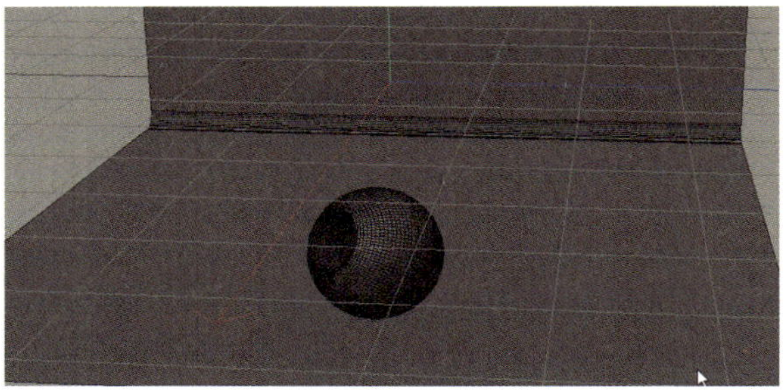

图 4-23　调整“球体”对象的大小、位置及旋转角度后的效果

单击工具栏中的“坐标系统”按钮，在“透视视图”窗口中，按住 Ctrl 键，同时按住鼠标左键并沿着 *X* 轴拖动“小球”对象，复制生成“小球 1”对象，并调整其位置。按 T 键，切换到缩放工具，调整“小球 1”对象的大小；按 R 键，切换到旋转工具，调整“小球 1”对象的旋转角度，效果如图 4-24 所示。长按“立方体”按钮，在弹出的列表中单击“球体”按钮，新建“球体”对象，这里需要新建多个“球体”对象，并调整它们的大小、位置和旋转角度；自由摆放“球体”对象，形成如图 4-25 所示的效果。

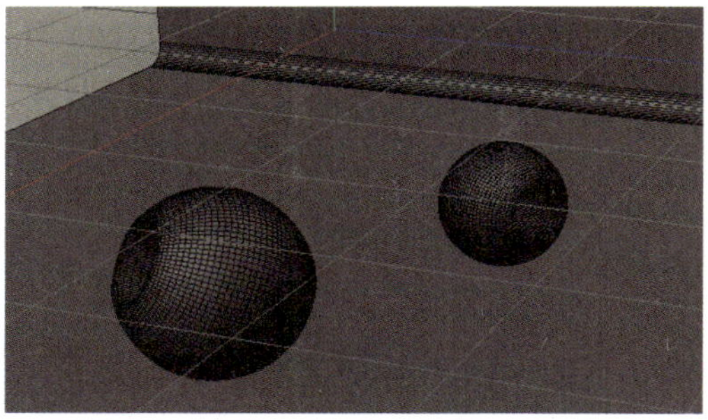

图 4-24　调整“小球 1”对象后的效果

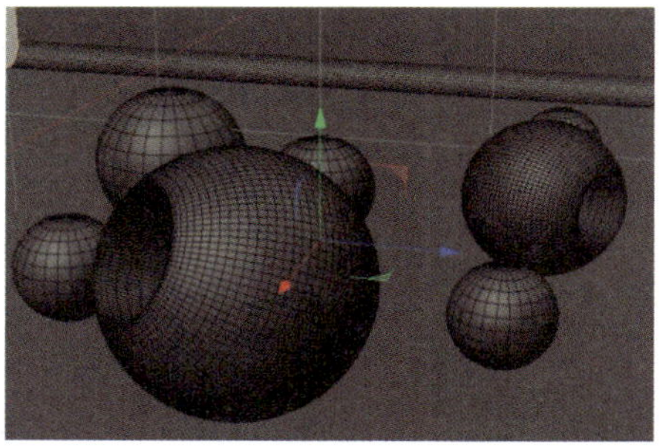

图 4-25　“球体”对象摆放效果

04 赋予材质

单击工具栏中的“材质管理器”按钮，打开“材质管理器”窗口，将“木纹”图片拖动到“材质管理器”窗口中，自动生成材质球，将其命名为“木纹”；将“木纹”材质球添加到“小球”对象中，如图 4-26 所示。在“视图”菜单中，选择“显示”→“光影着色”命令，切换到“光影着色”模式（快捷键为 N+A）。单击“小球”对象的“木纹”材质标签，在“材质标签”属性面板中选择“标签”选项卡，设置“投射”为“空间”，如图 4-27 所示；单击工具栏中的“纹理”按钮，切换到“纹理”模式，单击“缩放”按钮，调整纹理的

大小，如图 4-28 所示；单击“旋转”按钮，旋转纹理到合适的位置，如图 4-29 所示。

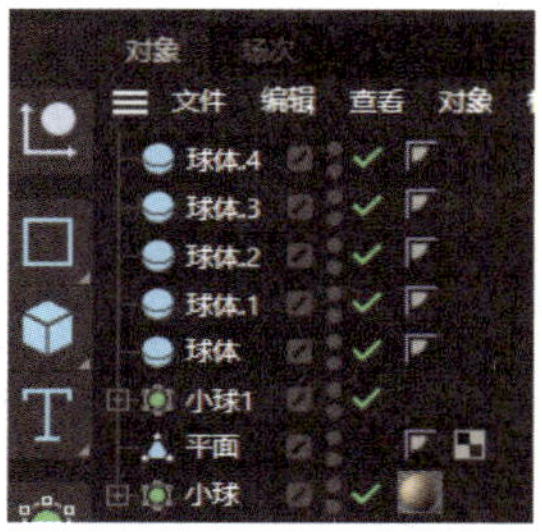

图 4-26 将“木纹”材质球添加到“小球”对象中

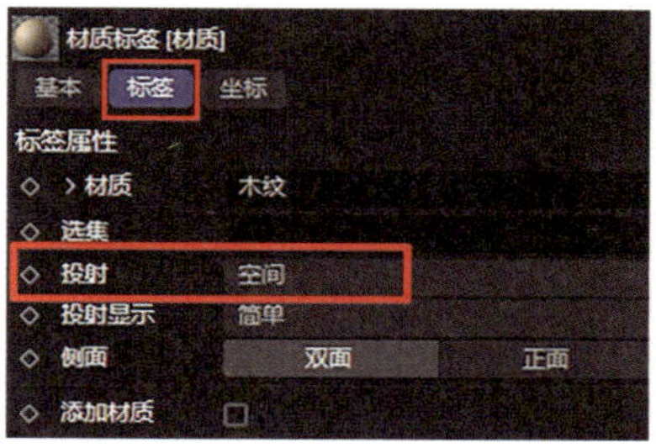

图 4-27 设置“投射”为“空间”

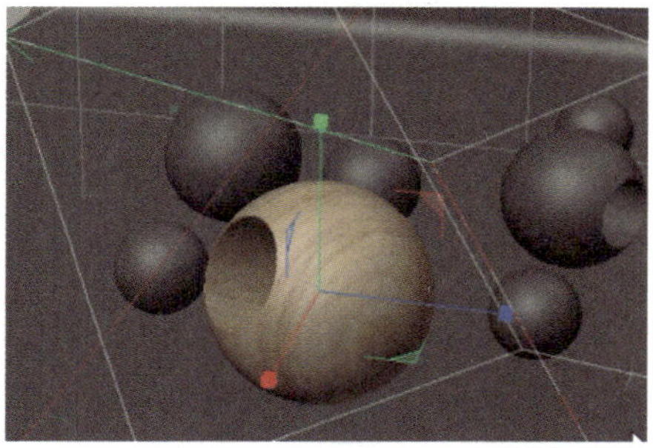

图 4-28 调整纹理的大小

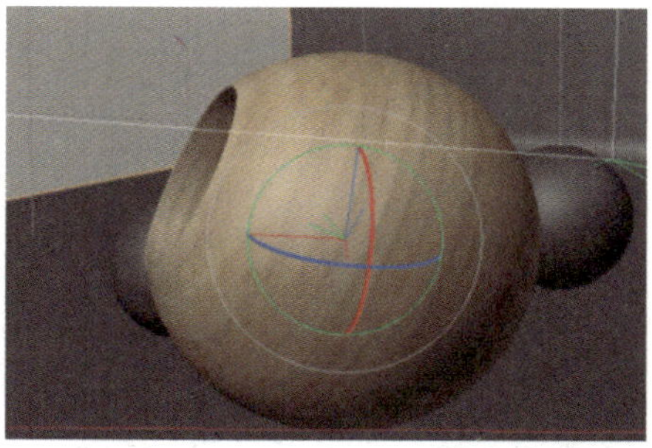

图 4-29 调整纹理的旋转角度

双击“木纹”材质球，在打开的“材质编辑器”窗口中，勾选“反射”复选框，在“反射”通道属性面板中，单击“层”选项卡下方的“添加”按钮，在弹出的列表中选择“GGX”命令（见图 4-30），添加“层 1”选项卡。在“层 1”选项卡中设置“粗糙度”为 9%，“反射强度”为 63%，展开“层菲涅耳”选区，设置“菲涅耳”为“绝缘体”，如图 4-31 所示。

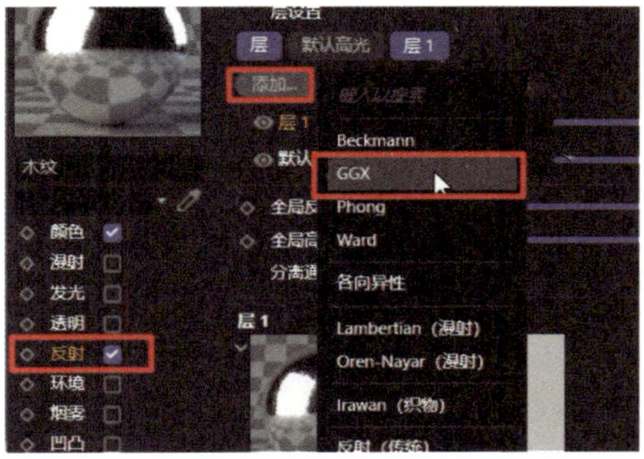

图 4-30 选择“GGX”命令

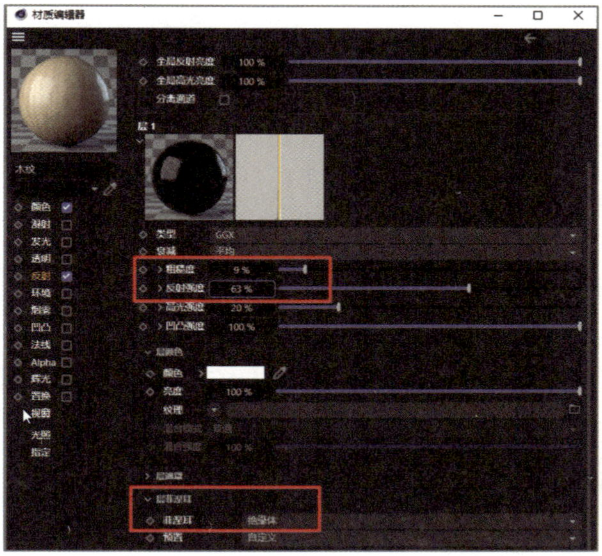

图 4-31 “层 1”选项卡的属性参数

勾选“颜色”复选框，在“颜色”通道属性面板中，单击“纹理”下拉按钮，在弹出的下拉列表中选择“复制着色器”命令，如图 4-32 所示；勾选“反射”复选框，在“反射”通道属性面板中，选择“默认高光”选项，单击“纹理”下拉按钮■，在弹出的下拉列表中选择“粘贴着色器”命令（见图 4-33），设置“高光强度”为 30%，如图 4-34 所示。

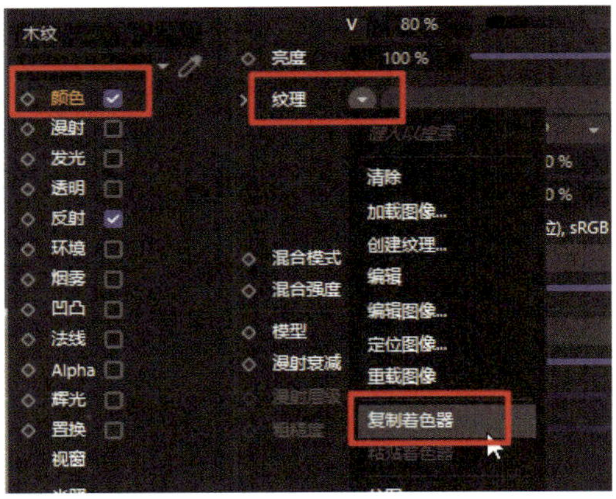

图 4-32　选择“复制着色器”命令

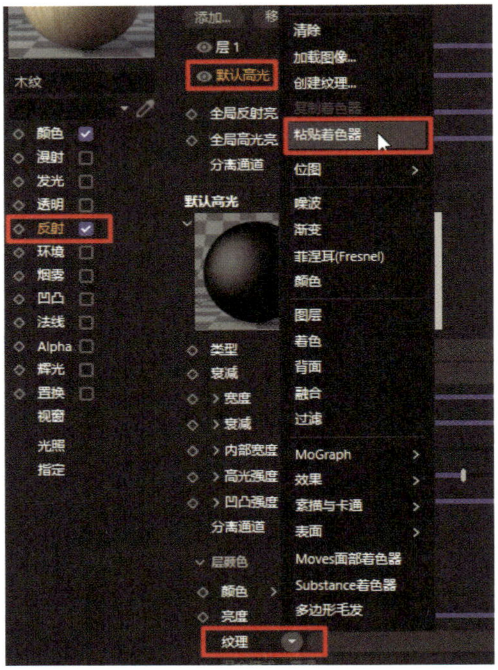

图 4-33　选择“粘贴着色器”命令 1

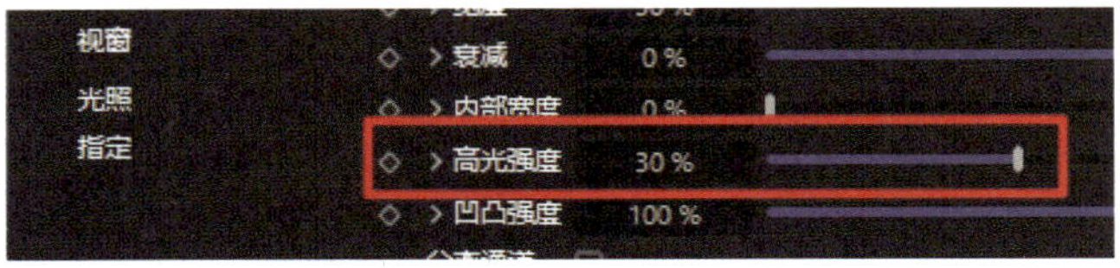

图 4-34　设置“高光强度”为 30%

选择“层”选项卡，设置“层 1”为 50%，“默认高光”为 70%，如图 4-35 所示；勾选“凹凸”复选框，在“凹凸”通道属性面板中，单击“纹理”下拉按钮■，在弹出的下拉列表中选择“粘贴着色器”命令，如图 4-36 所示；将“颜色”通道的纹理着色器粘贴到“凹凸”通道的纹理中。由于“凹凸”通道仅在处理黑白图像时效果比较明显，因此需要设置“纹理”为“过滤”。单击“纹理”下拉按钮■，在弹出的下拉列表中选择“过滤”命令。单击“纹理”属性下方的木纹图片，选择“着色器”选项卡，设置“饱和度”为-100%，使木纹图片变为黑白图片，如图 4-37 所示。

在“对象”窗口中，单击“小球”对象后面的“木纹”材质标签（见图 4-38），在“材质标签”属性面板中选择“标签”选项卡，勾选“连续”复选框（见图 4-39），将“木纹”材质添加到所有球体对象中。

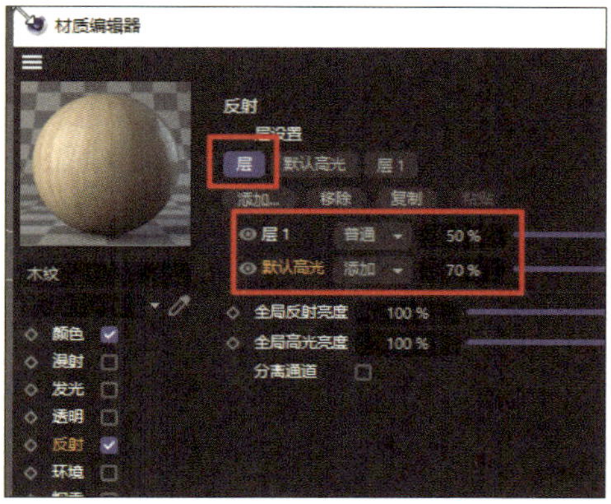

图 4-35 “层”选项卡的属性参数

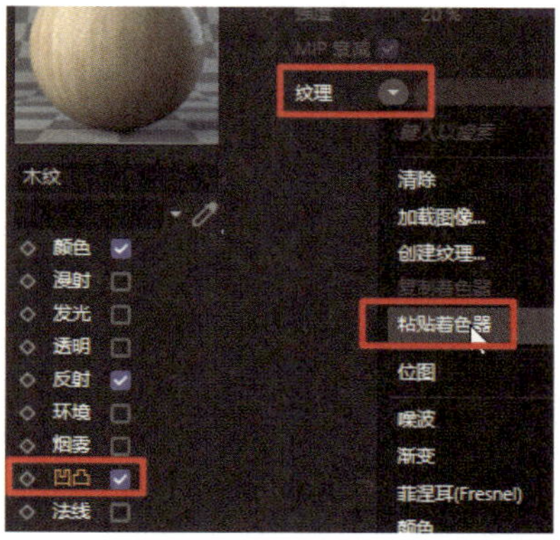

图 4-36 选择“粘贴着色器”命令 2

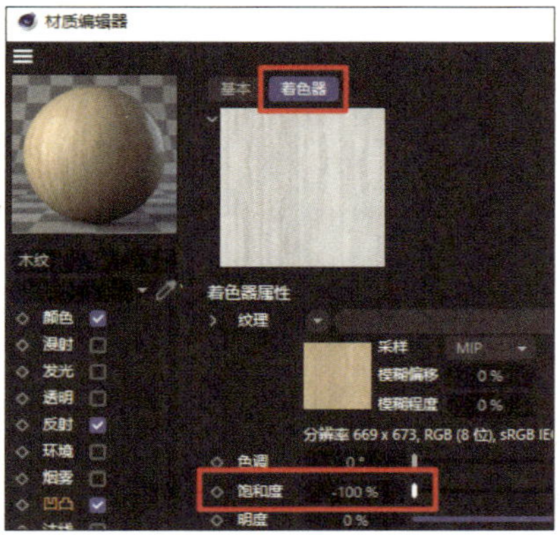

图 4-37 使木纹图片变为黑白图片

图 4-38 “木纹”材质标签

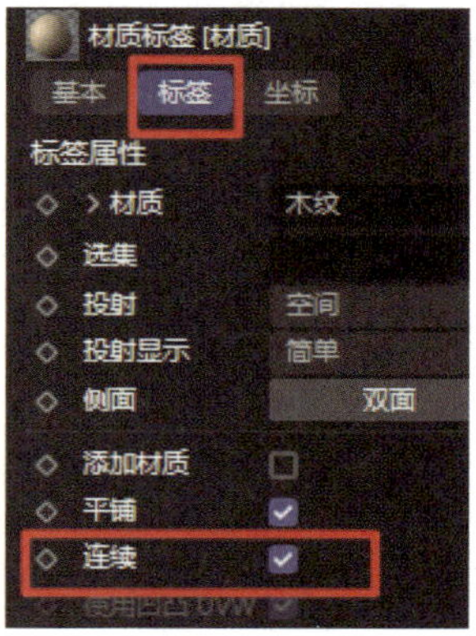

图 4-39 勾选“连续”复选框

05 渲染输出

单击“天空”按钮，添加“天空”对象，单击“材质管理器”按钮，打开“材质管理器”窗口，双击“材质管理器”窗口空白处，新建材质球“材质”，并将其命名为“白色”；在“白色”材质球的属性面板中，选择“颜色”选项卡，设置“颜色”为白色，即 RGB 为(255,255,255) 如图 4-40 所示；将“白色”材质球添加到“平面”和“天空”对象中，如图 4-41 所示。

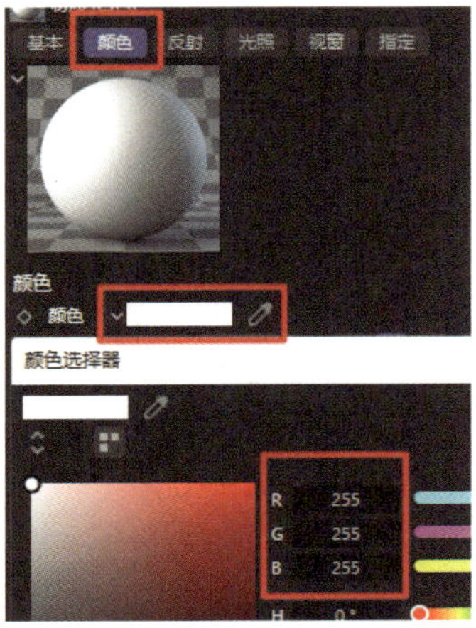

图 4-40 材质球颜色

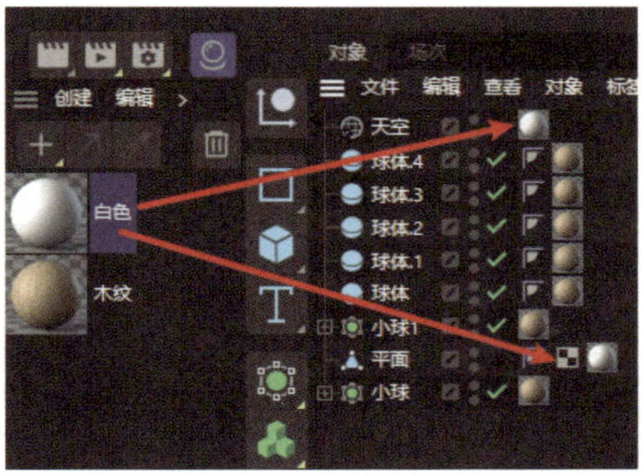

图 4-41 为“天空”和“平面”对象添加“白色”材质球

木球最终效果如图 4-42 所示。

图 4-42 木球最终效果

任务小结

运用木纹图片生成材质球，并在“标签”选项卡中设置“投射”为“空间”，实现木球的贴图。

主要在“反射”、“颜色”和“凹凸”通道属性面板中调节木纹材质参数。

4.3 任务 2：金属材质——哑铃

任务情境

哑铃是人们举重和健身时常用的一种辅助器材。学生知道举哑铃的好处是什么吗？举哑铃不仅可以锻炼背部肌肉、促进脂肪燃烧，还有助于增强心肺功能等。哑铃一般由两种金属制成，分别是铁和钢。本任务为制作哑铃添加金属材质。哑铃如图 4-43 所示。

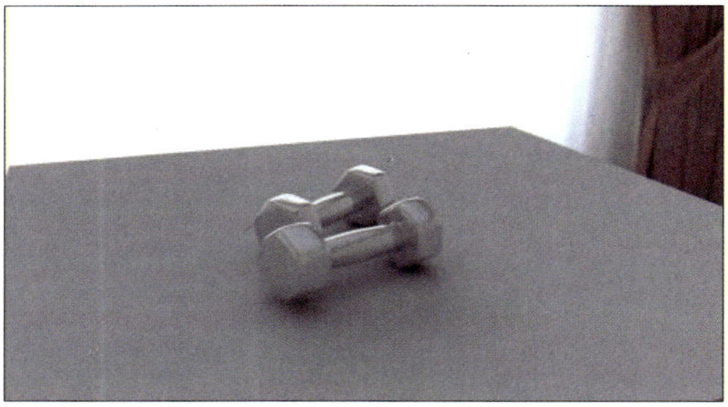

图 4-43 哑铃

金属材质——哑铃

知识目标

能够简述金属材质的调节方法。

能够简述 HDR 类型的贴图方法。

能够简述 GGX 类型的贴图方法。

技能目标

能够调节出金属材质。

能够完成哑铃贴图。

能够根据需求设置“反射”通道属性面板中的参数。

素质目标

鼓励全民参与体育锻炼，提高全民健康意识。

任务分析

通过修改“反射”通道属性面板中的参数实现金属材质效果，并应用 HDR 贴图模拟真实环境。HDR 是 High-Dynamic Range（高动态范围）的缩写，HDR 类型的贴图具有更丰富的信息，可以更好地反映真实环境，也可以很方便地用来增强场景的亮度。

任务实施

01 修改“透明”通道属性面板中的参数

打开“哑铃建模.c4d”源文件，单击工具栏中的“材质管理器”按钮，打开“材质管理器”窗口，双击“材质管理器”窗口空白处，新建材质球“材质”；双击该材质球，在打开的“材质编辑器”窗口中，勾选“反射”复选框，在“反射”通道属性面板中，单击“层”选项卡下方的“添加”按钮，在弹出的列表中选择“GGX”命令，添加“层1”选项卡；在“层 1”选项卡中，展开“层菲涅耳”选区，设置“菲涅耳”为“导体”，如图 4-44 所示；关闭“材质编辑器”窗口，将“材质”材质球添加到“哑铃建模”对象（源文件中自带）中，如图 4-45 所示。

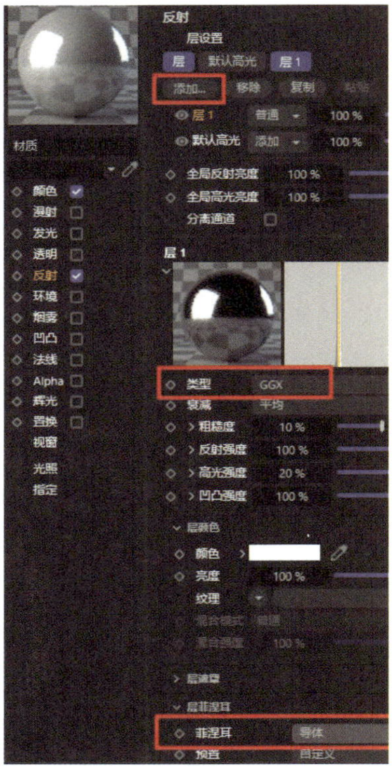

图 4-44　参数设置

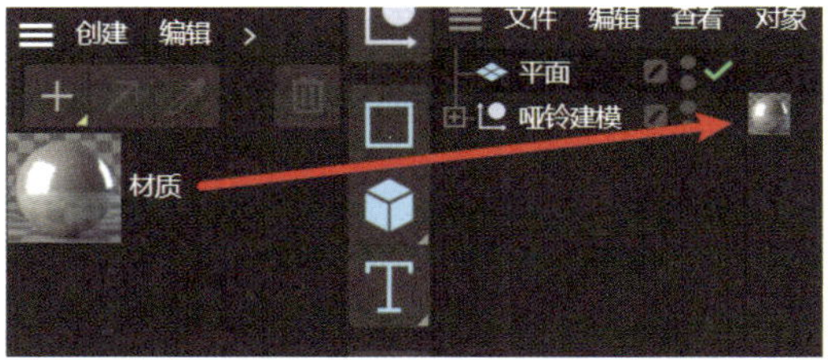

图 4-45　将材质球添加到对象中

02 添加贴图

单击工具栏中的“资源浏览器”按钮，在搜索框中输入“HDR”，搜索相关预设贴图，在“图像媒体”选区中找到 GI(empty_room_02_pano)贴图，如图 4-46 所示；将该贴图拖动到“材质管理器”窗口中，新建材质球“GI(empty_room_02_pano)”，如图 4-47 所示。

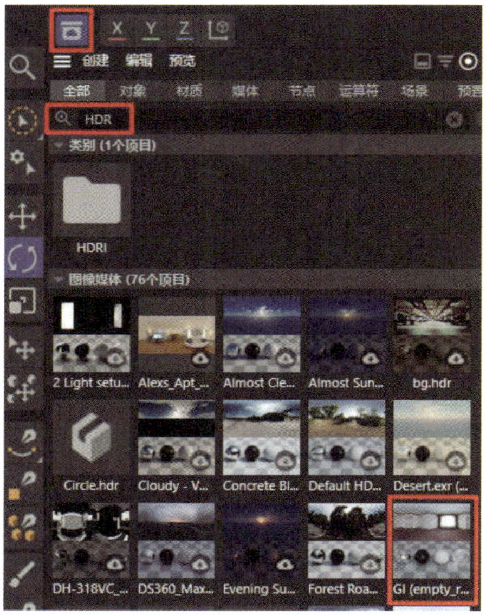

图 4-46　查找预设贴图

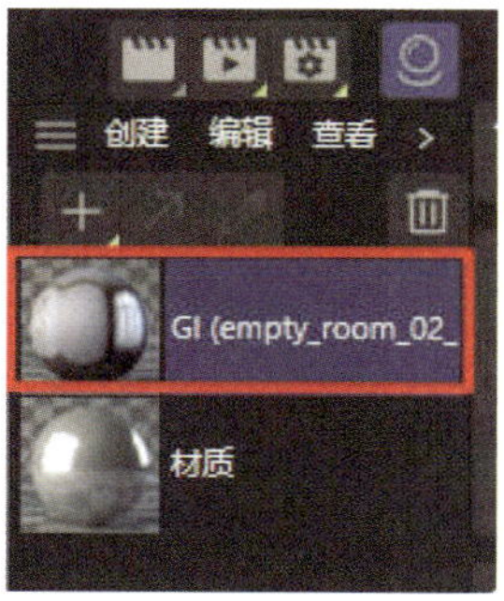

图 4-47　新建材质球“GI(empty_room_02_pano)”

03 渲染输出

单击“天空”按钮，添加“天空”对象，将材质球“GI(empty_room_02_pano)”添加到“天空”对象中；单击“渲染到图像查看器”按钮，在弹出的“图像查看器”对话框中，将文件另存为 JPG 格式。哑铃最终效果如图 4-48 所示。

图 4-48　哑铃最终效果

任务小结

主要在“反射”通道属性面板中调节金属材质，常用的类型是 GGX。

通过调整“层菲涅耳”选区中的预设参数，可以调节出多种金属效果。

4.4　任务 3：玻璃材质——玻璃杯

任务情境

在生活中，玻璃制品无处不在。它们以透明、美观、实用的特性深受人们的喜爱。从日常用品到装饰品，玻璃制品为我们的生活带来了许多便利，也增加了许多美感。考一考大家，玻璃制品都有哪些特点呢？玻璃制品具有多种显著特点，包括透光性好、美观、耐腐蚀、耐高温、易清洁、具有可塑性，以及环保等。本任务为在 Cinema 4D 中实现玻璃材质。玻璃杯如图 4-49 所示。

图 4-49　玻璃杯

玻璃材质——玻璃杯

知识目标

能够简述玻璃材质的调节方法。

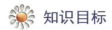

能够简述修改“透明”和“反射”通道属性面板中参数的方法。

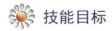

技能目标

能够理解天空+HDR 布光方法。

能够为水杯添加玻璃材质效果。

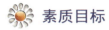

素质目标

培养学生的科学思维。

培养学生对科普知识的兴趣。

任务分析

通过修改“透明”和“反射”属性参数实现玻璃材质效果。菲涅耳现象是自然环境中很常见的光学现象。在游戏和动画制作中，为了表现写实的光影效果，会对大部分材质应用菲涅耳属性。菲涅耳现象是可见光范围内，从物体中心到物体边缘的反射光强度逐渐衰减的现象。菲涅耳属性可以使某种材质在不同距离上呈现出不同的反射效果，从而使材质更加接近现实。

任务实施

01 修改“透明”通道属性面板中的参数

打开“水杯建模.c4d”源文件，单击工具栏中的“材质管理器”按钮，打开“材质管理器”窗口，双击“材质管理器”窗口空白处，新建材质球，并将其命名为“玻璃”；双击该材质球，在打开的“材质编辑器”窗口中，取消勾选“颜色”复选框，勾选“透明”复选框，在“透明”通道属性面板中，设置“折射率预设”为“玻璃”，“吸收距离”为 33cm，如图 4-50 所示。

02 修改“反射”通道属性面板中的参数

勾选“反射”复选框，在“反射”通道属性面板中，选择“默认高光”选项，设置“类型”为“Beckmann”，“粗糙度”为 2%，“反射强度”为 100%，“高光强度”为 20%；展开“层菲涅耳”选区，设置“菲涅耳”为“绝缘体”，如图 4-51 所示；关闭“材质编辑器”窗口，将“玻璃”材质球添加到“水杯”对象（源文件中自带）中。

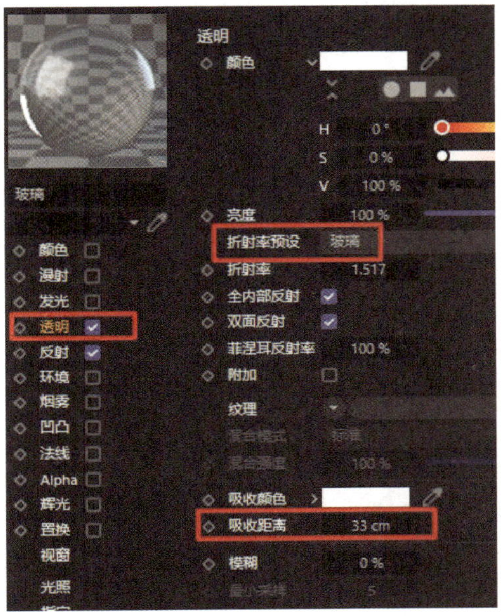

图 4-50 “透明”通道属性参数设置

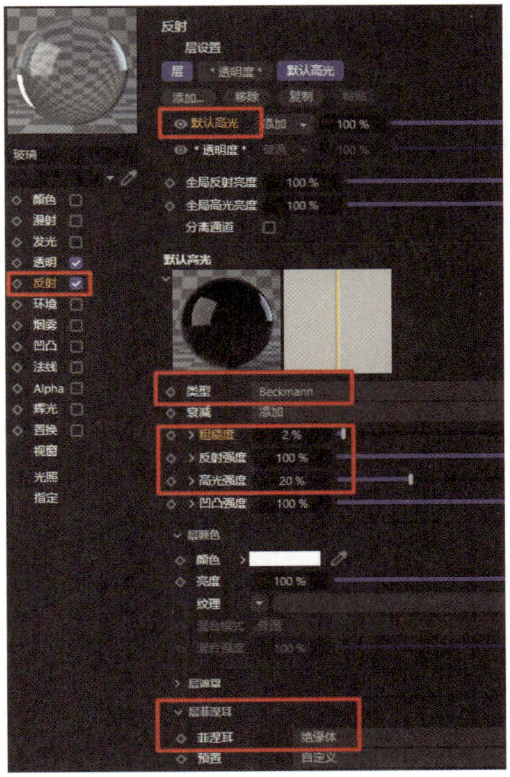

图 4-51 “反射”通道属性参数设置

03 设置环境

单击“天空”按钮，添加“天空”对象，双击“材质管理器”窗口空白处，新建材质球，并将其命名为“环境”；双击该材质球，在打开的“材质编辑器”窗口中，取消勾选“颜色”和“反射”复选框，勾选“发光”复选框；在“发光”通道属性面板中，单击“纹理”属性后面的“工程”按钮；在弹出的“加载文件”对话框中选择“Sky”文件，如图 4-52 所示；关闭“材质编辑器”窗口，将“环境”材质球添加到“天空”对象中，如图 4-53 所示。

提示：这里采用了天空+HDR 布光方法。该方法使用球面天空将场景包裹起来，将天空视为一个大环境。通过添加发光材质，可以为场景提供照明。另外，也可以为“发光”通道添加 HDR 贴图，从而照亮场景。

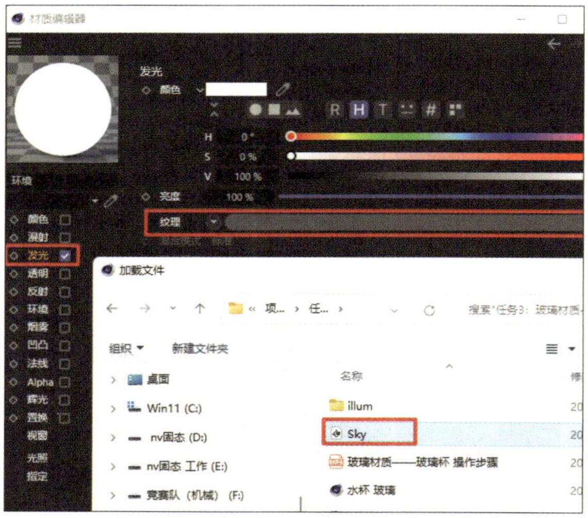

图 4-52　选择文件

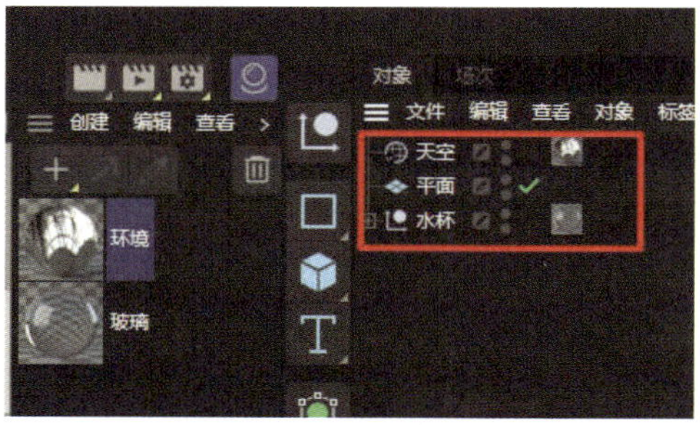

图 4-53　将“环境”材质球添加到“天空”对象中

04 渲染输出

单击“渲染到图像查看器”按钮，在弹出的“图像查看器”对话框中，将文件另存为 JPG 格式。玻璃杯最终效果如图 4-54 所示。

图 4-54　玻璃杯最终效果

任务小结

主要在“透明”和“反射”通道属性面板中调节玻璃材质效果。

在操作过程中，模型的厚度和场景的灯光等会影响玻璃材质球的表现效果。

模块拓展

一、理论题

1．在 Cinema 4D 中，使用（　　）可以快速预览场景中所有对象的纹理和材质。

A．“材质管理器”窗口　　　　B．属性面板

C．渲染设置　　　　　　　　　D．“对象”窗口

2．在 Cinema 4D 中，使用（　　）可以调整材质的整体亮度和对比度。

A．“颜色”通道　　　　　　　B．“环境”通道

C．“凹凸”通道　　　　　　　D．“发光”通道

3．在 Cinema 4D 中，如果想创建一个具有反射和折射特性的材质，则应该使用（　　）。

A．“颜色”通道　　　　　　　B．“反射”通道

C．“环境”通道　　　　　　　D．“凹凸”通道

4．在 Cinema 4D 中，如果想让材质看起来更具有金属感，则应该调整（　　）。

A．“颜色”通道　　　　　　　B．“反射”通道

C．“环境”通道　　　　　　　D．“凹凸”通道

5．在 Cinema 4D 中，如果想模拟不同时间的光照效果，则应该调整（　　）。

A．渲染设置中的光源选项

B．“材质编辑器”窗口中的“环境”通道

C．“材质管理器”窗口中的全局光照设置

D．Redshift 渲染器中的光线追踪设置

二、实践创新

制作木桌、金属水壶效果，分别如图 4-55 和图 4-56 所示。

图 4-55　木桌效果

图 4-56　金属水壶效果

模块 5　场景布光

模块导读

自从人类学会了利用钻木和燧石取火，火便发挥了重要作用。它不仅让人类告别茹毛饮血的野蛮时代，还驱散了黑暗，带来了光明和温暖。原始人把松脂或脂肪类物质涂在树枝上，并将它们绑在一起，制成照明用的火把，这便成为人类历史上第一盏具有真正意义的“灯”。在自然界中，我们看到的光主要来自太阳或人造的光设备，如白炽灯和手电筒等。在 Cinema 4D 中，创建逼真的灯光效果是实现出色渲染和视觉效果的关键步骤。通过正确的灯光布局，可以更好地展示出场景的气氛和特点。

在 Cinema 4D 中，虚拟世界与真实世界非常相似。如果没有光，整个世界会变得一片黑暗，所有物体都无法展现出来。合适的灯光可以让模型产生逼真的阴影、投影与光照效果等，使其显示效果更加栩栩如生。本模块分别对 Cinema 4D 中灯光的类型、参数及使用方法进行系统的讲解。Cinema 4D 渲染是三维设计的最后一步，用于为创建好的模型生成图像。通过学习本模块，学生可以全面了解 Cinema 4D 的渲染技术。

模块目标

知识目标

能够简述灯光的基本原理。

能够简述灯光的类型和设置方法。

能够简述渲染器的设置方法。

素质目标

培养学生爱学习、勇创新、乐实践的精神。

技能目标

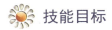

能够根据主题需求设置各种类型灯光的参数。
能够根据主题需求搭建灯光环境。

5.1　灯光基础

灯光基础

5.1.1　灯光原理

灯光是设计中极具魅力的元素，它可以照射于物体表面，并在暗部产生投影，使物体更具立体感。灯光的强度决定了场景的色调和形态，灯光的颜色可以调节场景的氛围，而灯光的位置可以控制场景的组成元素及其相互关系。在设置灯光时，应充分考虑色彩、色温和照度，这些因素应符合人体工程学，从而让人们感到更舒适。

5.1.2　灯光类型

Cinema 4D 提供了多种灯光类型（见图 5-1），其中每种灯光都有其独特的功能和应用场景。这些灯光不仅可以模拟真实的照明效果，还可以创造出独特的视觉效果，从而增强三维作品的艺术表现力。在实际使用过程中，合理选择和运用不同类型的灯光，能够提升作品的质感和氛围。

灯光 灯光：它是一个点光源，也是常用的灯光类型之一，可以被想象成一个电灯。在创建完灯光类型后，可以通过“类型”属性切换不同的灯光类型（见图 5-2），默认为“泛光灯”。泛光灯常用于模拟吊顶灯、壁灯和台灯等，如图 5-3 所示。

图 5-1　灯光类型

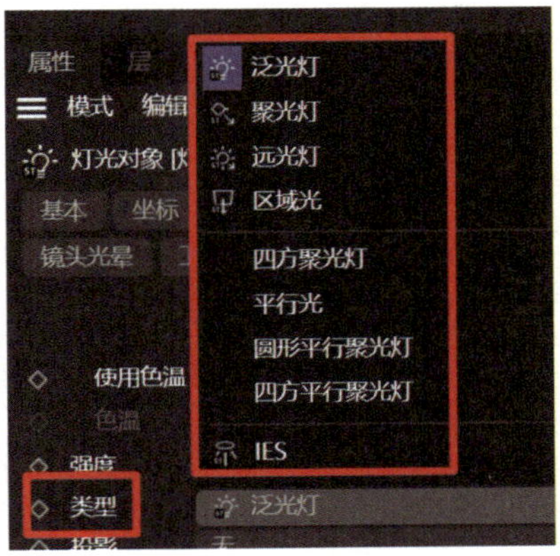

图 5-2　切换灯光类型

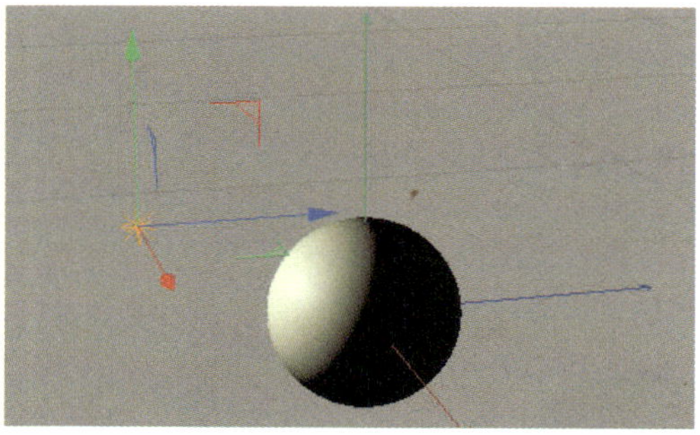

图 5-3　泛光灯

聚光灯：它可以向一个方向发射出锥形的光线，照射区域外的对象不受影响，其光照效果类似于日常生活中的探照灯，如图 5-4 所示。

目标聚光灯：它具有一个明确的目标点，可以精确地控制光线的方向和照射范围，如图 5-5 所示。它通常用于需要精确光照效果的场景，如模拟手电筒、汽车头灯等。

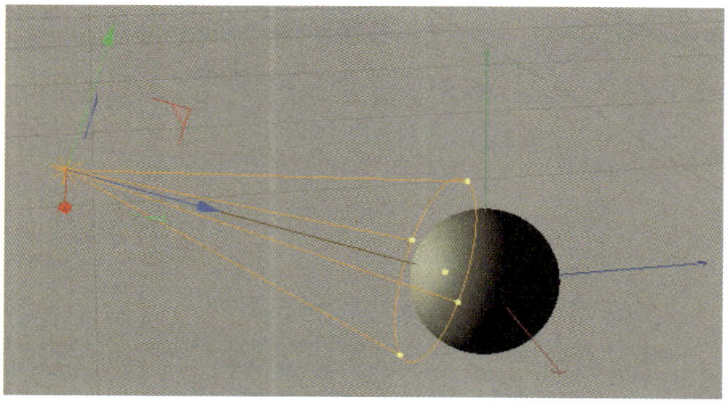

图 5-4　聚光灯

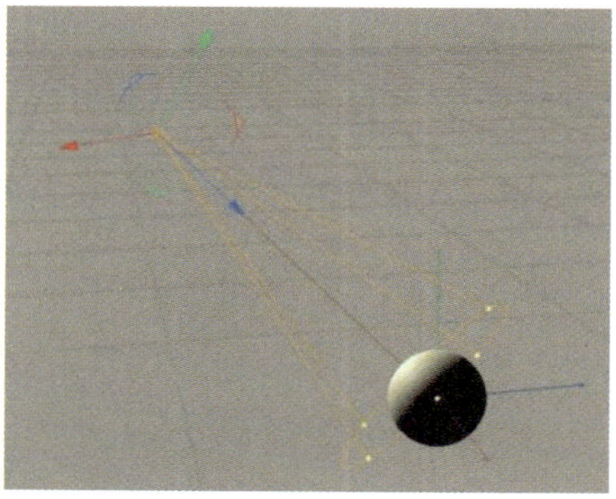

图 5-5　目标聚光灯

区域光：它也被称为线光，以一条线为中心向两边发射光线，属于一种面光源。区域光的光线较为柔和，类似于日常生活中通过反光板折射出的光线。通常，将区域光倾斜一个角度，可以产生比较柔和的阴影，如图 5-6 所示。

PBR 灯光：它是一种物理照明灯光，与区域光类似，默认开启区域阴影及反方形衰减功能。PBR 灯光的渲染速度快，效果更逼真，如图 5-7 所示。

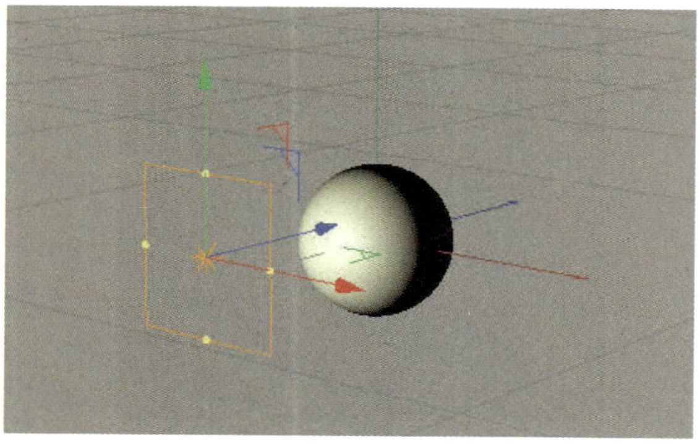

图 5-6　区域光

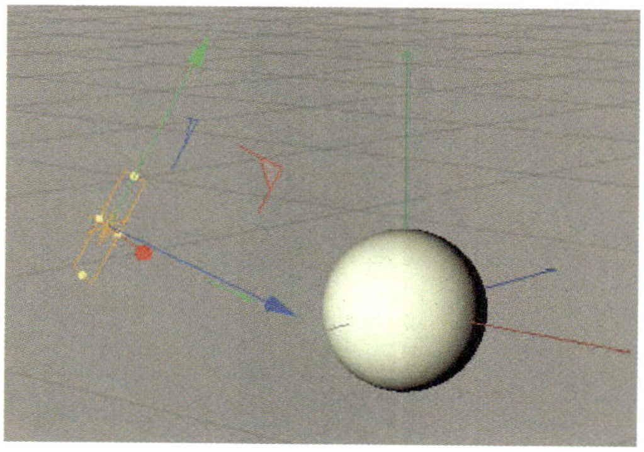

图 5-7　PBR 灯光

IES 灯光 ：它是一种建筑灯光，需要按标准尺寸匹配场景，并使用 IES 灯光文件中的灯光类型来模拟出壁灯、台灯的效果。在 Cinema 4D 中，用户可以使用预置的多种 IES 灯光文件来模拟不同的光照效果。添加 IES 灯光的方法：单击工具栏中的“资产浏览器”按钮，在打开的“资产浏览器”窗口中下载并选择所需的 IES 灯光文件（见图 5-8），将 IES 灯光拖动到“透视视图”窗口中，效果如图 5-9 所示。

无限光 ：它是一种具有方向性的灯光，其光线可以沿特定的方向平行传播，并且没有距离限制，光照效果类似于太阳，如图 5-10 所示。

日光 ：它也是一种具有方向性的灯光，常被用于模拟太阳光，如图 5-11 所示。

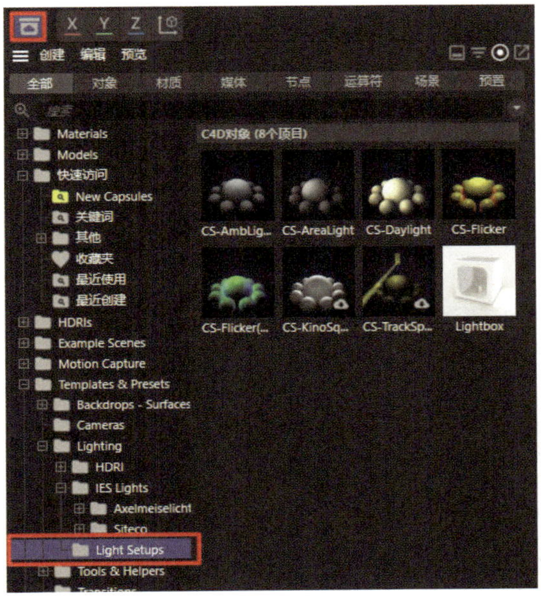

图 5-8　IES 灯光文件

图 5-9　IES 灯光

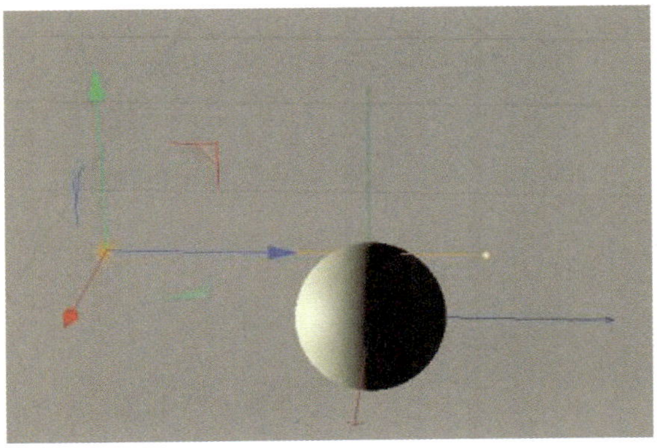

图 5-10　无限光

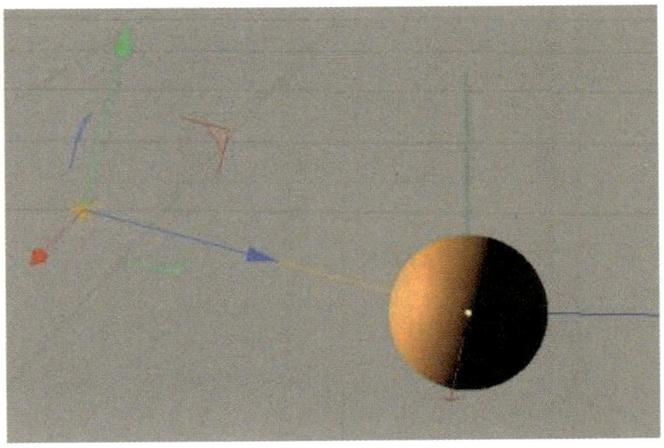

图 5-11　日光

物理天空 ：它模拟了现实世界中的太阳，因此可以产生真实的室外光照效果，如图 5-12 所示。通过修改它的位置和参数，可以实现清晨、正午、黄昏和夜晚的不同光照效果。

图 5-12　物理天空

5.1.3 灯光参数

1. “常规”选项卡

在“常规”选项卡中，可以设置颜色、使用色温、强度、类型和投影等属性，如图 5-13 所示。

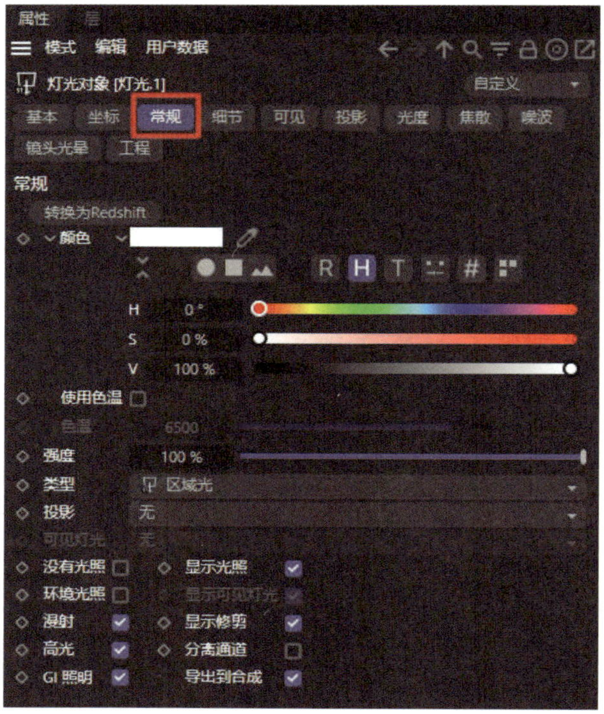

图 5-13　“常规”选项卡

重点属性如下。

颜色：用于设置不同的灯光颜色。

使用色温：在勾选该复选框后，可以通过设置色温数值来改变灯光的颜色。

强度：用于设置灯光的强度。

类型：用于设置灯光的类型。

投影：用于设置投影类型。如果需要灯光产生投影效果，那么不可将该属性设置为“无”。投影类型共包括 5 种，即无、阴影贴图（软阴影）、光线、跟踪（强烈）和区域。

可见灯光：用于设置可见灯光的类型，包括无、可见、正向测定体积和反向测定体积。

没有光照：默认取消勾选该复选框。如果勾选该复选框，则会产生关灯效果。

显示光照：在取消勾选该复选框后，可以隐藏灯光的外轮廓。

环境光照：默认取消勾选该复选框。若取消勾选该复选框，则渲染效果比较正常；若勾选该复选框，则启用环境光照。

漫射：在取消勾选该复选框后，将忽略视图中物体原本的颜色，突出显示灯光的光泽部分。

显示修剪：在勾选该复选框后，可以修剪灯光。

高光：若勾选该复选框，则具有高光的模型表面会反射出灯光效果；若取消勾选该复选框，则具有高光的模型表面不会反射出灯光效果。

GI 照明：建议勾选该复选框。若勾选该复选框，则灯光的照射效果会更均匀、真实；若取消勾选该复选框，则渲染效果的暗部会较暗并且缺少细节。

2. “细节”选项卡

在“细节”选项卡中，可以设置对比和衰减等属性，如图 5-14 所示。

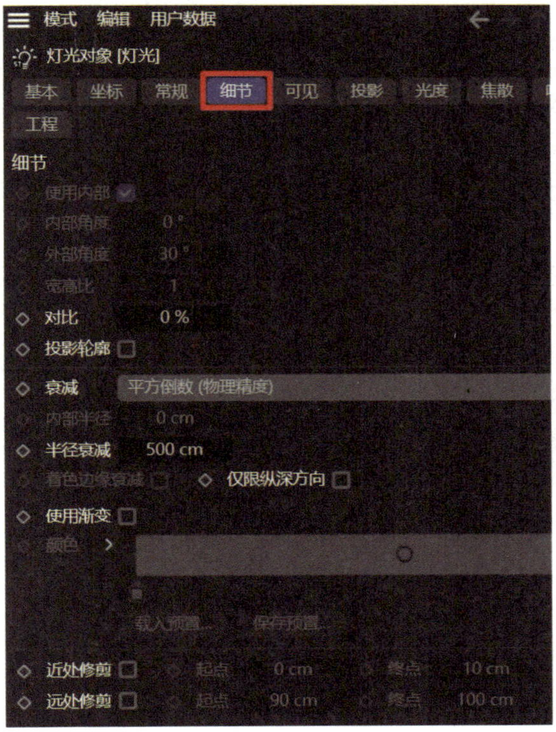

图 5-14　“细节”选项卡

重点属性如下。

对比：该数值越大，灯光的对比效果越明显。

衰减：用于设置灯光的衰减效果，默认参数为“无”，这种方式下的灯光会均匀地照亮整个场景。若需要使灯光在一定范围内照射，那么应设置“衰减”为“平方倒数（物理精度）”，并设置合适的“半径衰减”数值，这样就能使灯光在该半径范围内产生衰减，而超出该范围则不会产生光照。

近处修剪：在勾选该复选框后，可以设置“起点”和“终点”参数，以设置灯光近处的起点和终点位置。

远处修剪：在勾选该复选框后，可以设置“起点”和“终点”参数，以设置灯光远处的起点和终点位置。

3.“可见”选项卡

在“可见”选项卡中，可以设置内部距离和外部距离等属性，如图 5-15 所示。

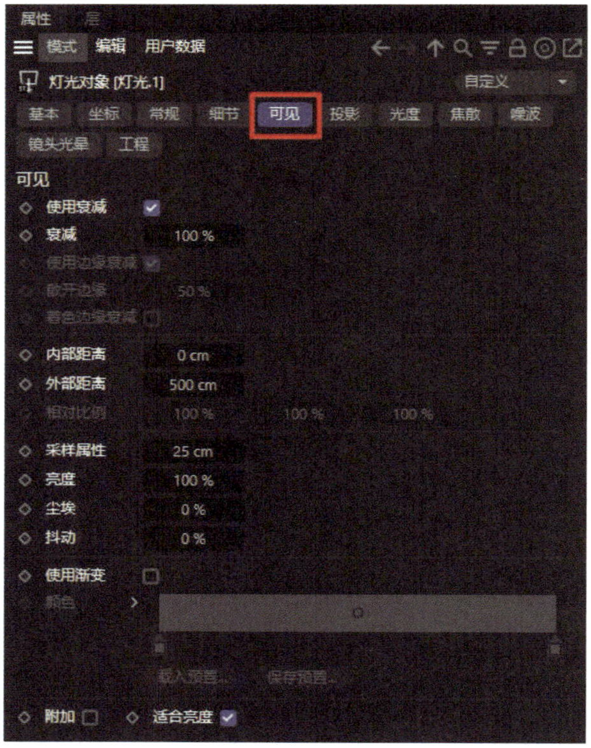

图 5-15　“可见”选项卡

重点属性如下。

使用衰减：在勾选该复选框后，可以设置“衰减”和“内部距离”数值。

“衰减”：用于设置衰减的百分比。

“内部距离”：用于设置灯光的内部距离数值。

“外部距离”：用于设置灯光的外部距离数值。

4. “投影”选项卡

在“投影”选项卡中，可以设置投影和密度等属性，如图 5-16 所示。

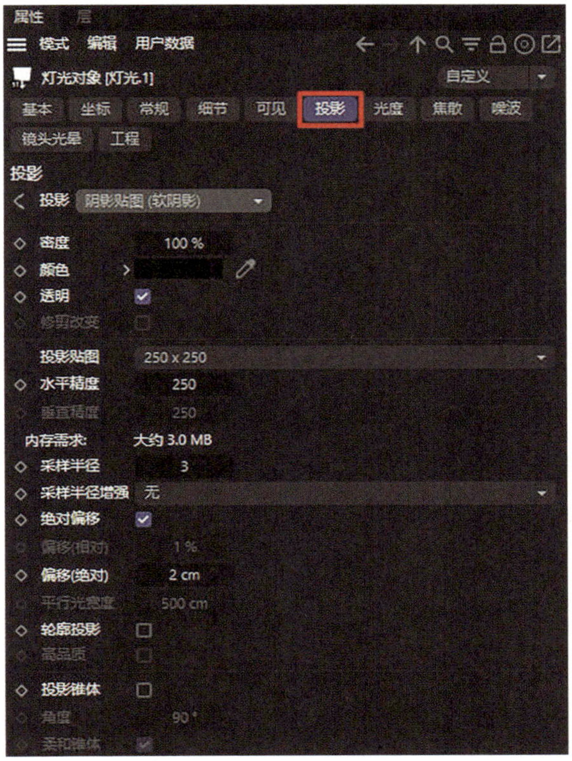

图 5-16 “投影”选项卡

重点属性如下。

投影：用于设置投影类型，共包含以下 3 种类型。

（1）阴影贴图（软阴影）：在场景中产生柔和的投影效果。

（2）光线跟踪（强烈）：接近太阳光的投影，效果比较真实。

（3）区域：投影效果比较自然。

密度：用于设置阴影的密度，数值越大，阴影越浓。

颜色：用于设置阴影的颜色。

投影贴图：用于设置投影贴图的大小。

采样半径：数值越大，噪点越少，并且渲染速度越慢。

5.1.4 添加灯光的步骤

在创建灯光时，要遵循首先创建主光源，然后创建辅助光源，最后创建背景光源的三点布光原则。这样渲染出的作品才会层次分明、气氛到位、效果真实。

① 创建主光源：主光源通常位于物体的一侧，与摄像机大约呈 45°，这样可以避免物体表面出现过多的平面和阴影。主光源的强度通常较高，它确定了场景中主要的光照方向及物体的大部分明暗关系。

② 创建辅助光源：辅助光源位于主光源的对面，其强度比主光源低，通常是主光源的 50%。辅助光源的主要作用是填补主光源产生的阴影区域，减轻阴影的深度和降低阴影的硬度，使物体的细节更加丰富。

③ 创建背景光源：背景光源位于物体的背面，强度最低，通常是主光源的 25%。背景光源的主要作用是突出物体的轮廓，增强物体与背景的分离感，使整个场景更加立体。

任务小结

添加灯光的 3 个步骤：创建主光源、创建辅助光源、创建背景光源。

投影类型包含 3 种，其中投影效果比较自然的是区域类型。

5.2 任务 1：场景布光——图书馆

任务情境

我们了解了灯光的基本原理和类型，其中三点布光是创作过程中较为常用的一种布光方式，它主要包括主光源、辅助光源和背景光源。本任务将通过场景布光来照亮图书馆，如图 5-17 所示。

图 5-17 图书馆

场景布光——图书馆

知识目标

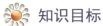

能够简述三点布光的步骤。
能够简述主光源的调节方法。

技能目标

能够运用三点布光原则完成场景布光。

素质目标

培养学生良好的规范、严谨细致的职业素养和操作习惯。

任务分析

运用三点布光原则，为图书馆布光。三点布光中的主光源、辅助光源和背景光源分别负责模拟主要光照、填充阴影和增强物体轮廓。

任务实施

01 创建主光源

打开“图书馆.c4d”源文件，长按“灯光”按钮，在弹出的列表中单击“区域光”按钮（见图 5-18），新建“区域光”对象，将其命名为“主光源”，并将其调整到“图书馆”对象的左上角，效果如图 5-19 所示。

图 5-18　单击“区域光”按钮

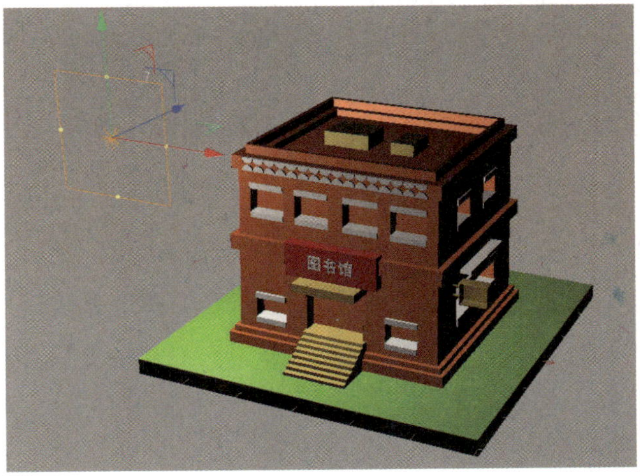

图 5-19　创建主光源后的效果

选择“对象”窗口中的“主光源”对象并右击，在弹出的快捷菜单中选择“动画标签”→“目标”命令（见图 5-20），添加“目标”标签，图 5-21 所示。

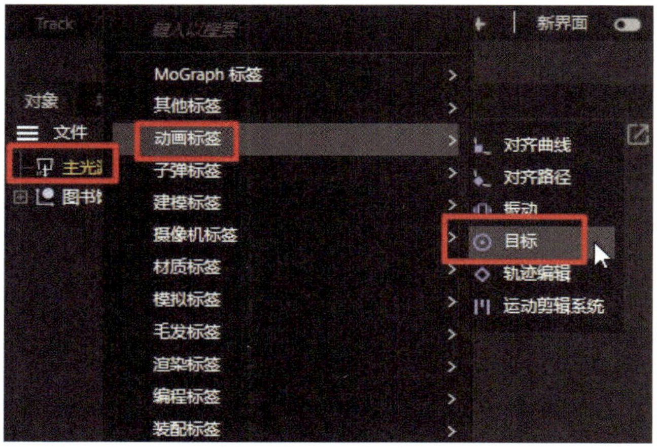

图 5-20　选择“目标”命令

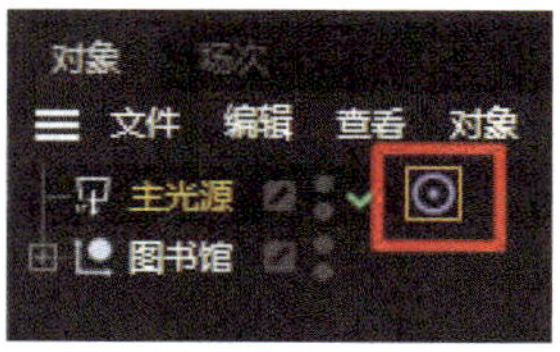

图 5-21　添加“目标”标签

在“对象”窗口中，选择“主光源”对象后方的“目标”标签，在“目标”属性面板中，选择“标签”选项卡，设置“目标对象”为“图书馆”，如图 5-22 所示；在“透视视图”窗口中，拖动“主光源”对象的 X、Y、Z 轴，将其调整至合适位置，如图 5-23 所示。

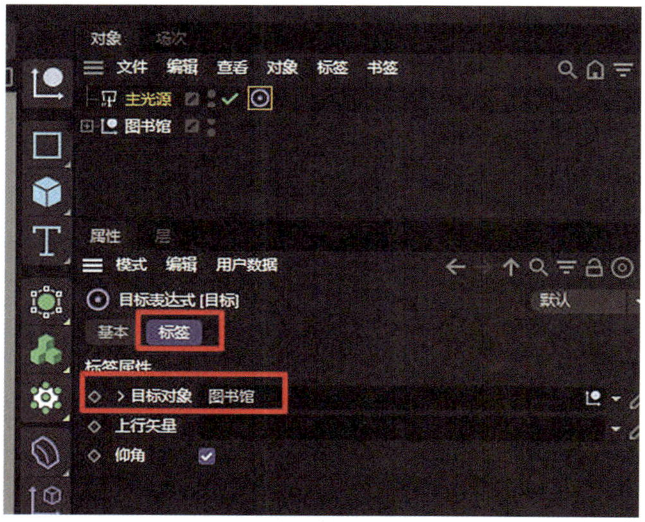

图 5-22　为主光源添加“图书馆”目标对象

图 5-23　调整主光源的位置

在“对象”窗口中，选择“主光源”对象，在“主光源”对象的属性面板中选择“细节”选项卡，设置“衰减”为“平方倒数（物理精度）”，如图 5-24 所示，效果如图 5-25 所示；设置“半径衰减”为 1100cm，增大灯光的范围；拖动“主光源”对象的 Y 轴，将其调整至合适位置，效果如图 5-26 所示。

提示：平方倒数（物理精度）衰减方式是接近现实生活中光源的衰减方式。

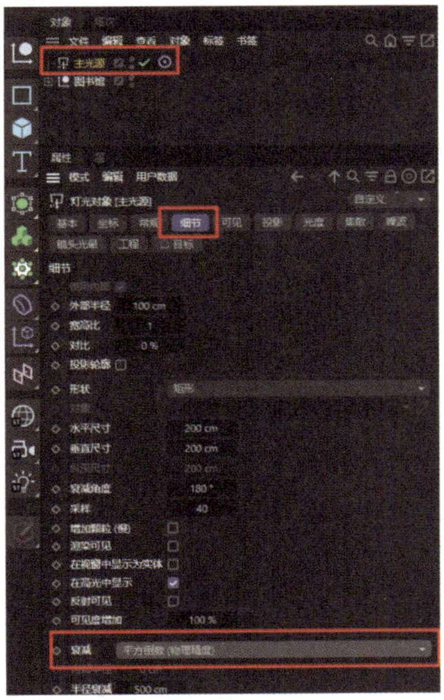

图 5-24　修改主光源的衰减方式

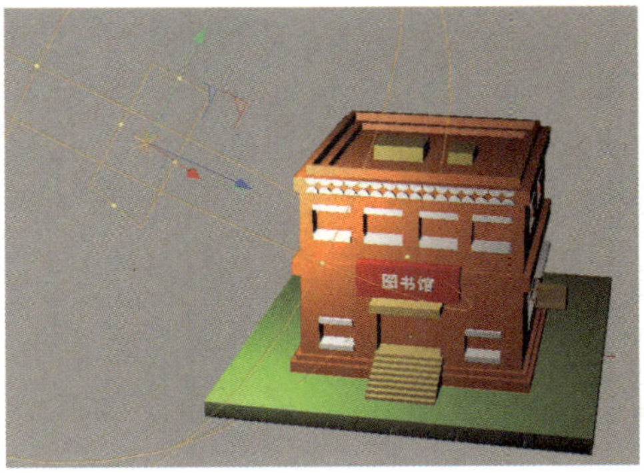

图 5-25　设置“平方倒数”（物理精度）后的效果

图 5-26　对象位置

在“对象”窗口中，选择“主光源”对象，在其属性面板中选择“投影”选项卡，设置“投影”为“区域”，如图 5-27 所示。单击工具栏中的“编辑渲染设置”按钮，在弹出的“渲染设置”对话框中单击“效果”按钮，在弹出的列表中选择“全局光照”命令；再次单击“效果”按钮，在弹出的列表中选择“环境吸收”命令；单击“渲染到图像查看器”按钮，在弹出的“图像查看器”对话框中查看渲染效果，如图 5-28 所示。

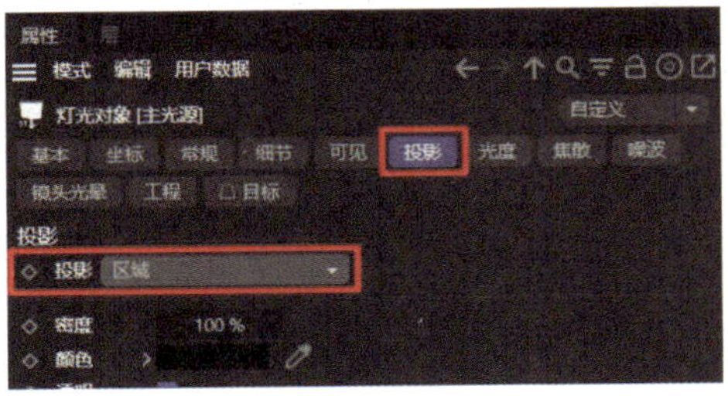

图 5-27　“主光源”对象的属性参数

图 5-28　主光源渲染效果

02 创建辅助光源

长按“灯光”按钮，在弹出的列表中单击“区域光”按钮，新建“区域光”对象，将其命名为“辅助光源”，并将其调整到与主光源相对的位置，效果如图 5-29 所示；选择旋转工具（快捷键为 R），选择 Y 轴方向的线圈，将其旋转-30°，使“辅助光源”对象面向图书馆，如图 5-30 所示。

图 5-29　创建辅助光源后的效果

图 5-30　调整辅助光源的方向

在“对象”窗口中，选择“辅助光源”对象，在其属性面板中选择“常规”选项卡，设置“强度”为 70%，如图 5-31 所示；选择“细节”选项卡，设置“衰减”为“平方倒数（物理精度）”，“半径衰减”为 550cm，如图 5-32 所示。拖动“辅助光源”对象的 Y 轴，将其调整到合适位置，如图 5-33 所示，渲染效果如图 5-34 所示。

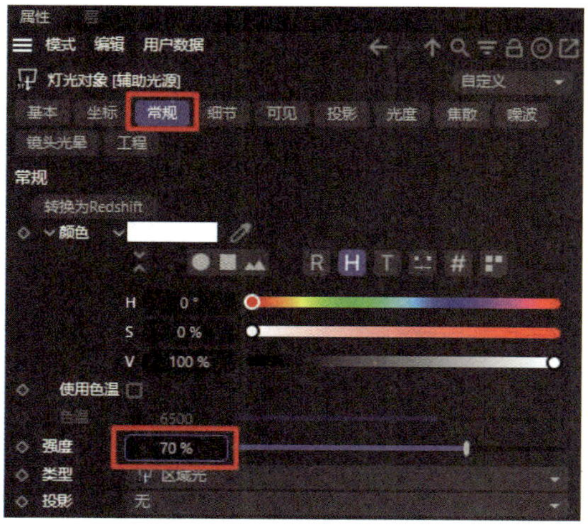

图 5-31　“辅助光源”对象的属性参数 1

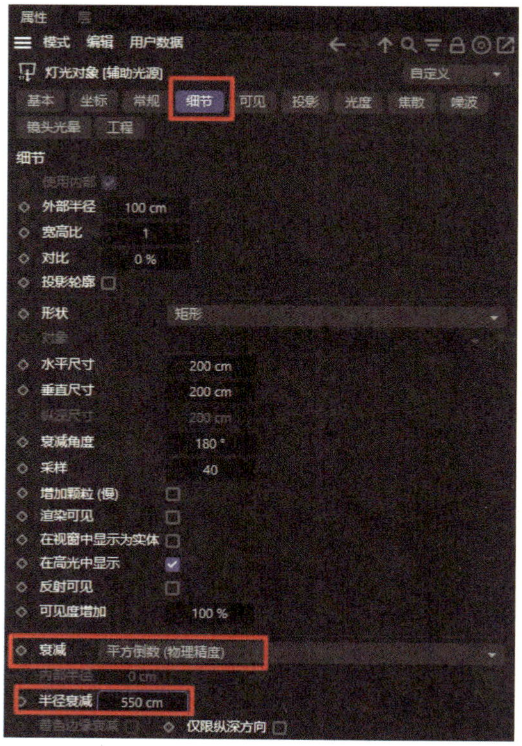

图 5-32　“辅助光源”对象的属性参数 2

图 5-33　调整辅助光源的位置

图 5-34　辅助光源渲染效果

03 创建背景光源

长按“灯光”按钮，在弹出的列表中单击“区域光”按钮，新建“区域光”对象，将其命名为“背光”，并将其调整到“图书馆”对象的后方，效果如图 5-35 所示。

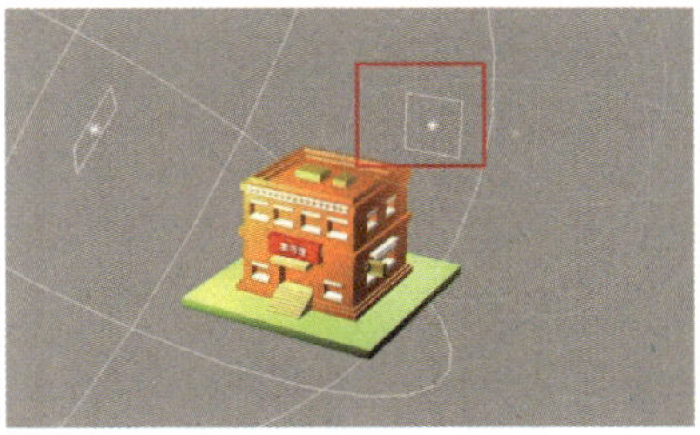

图 5-35　创建背景光源后的效果

在“对象”窗口中，选择“背光”对象，在其属性面板中选择“常规”选项卡，设置“强度”为 40%，如图 5-36 所示；选择“细节”选项卡，设置“形状”为“球体”，“衰减”为“平方倒数（物理精度）”，“半径衰减”为 600cm，如图 5-37 所示。在“透视视图”窗口中，拖动“背光”对象的 *Z* 轴，将其调整至合适位置，如图 5-38 所示。

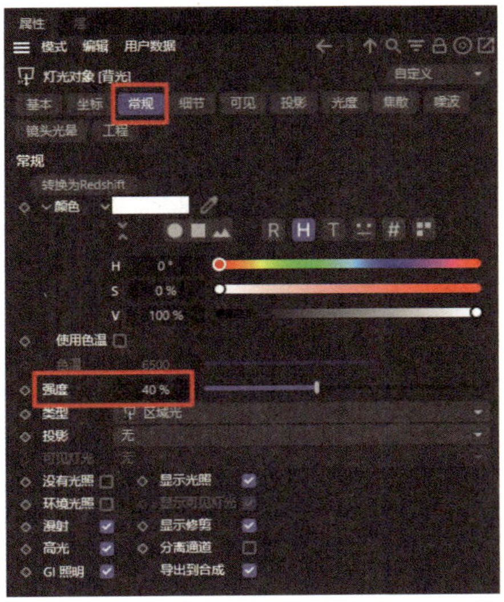

图 5-36　“背光”对象的属性参数 1

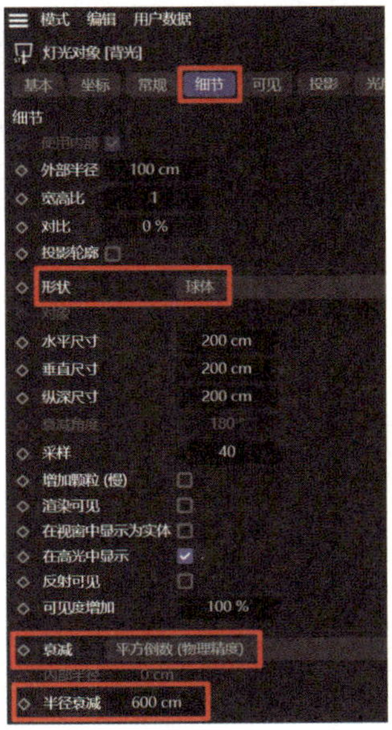

图 5-37　“背光”对象的属性参数 2

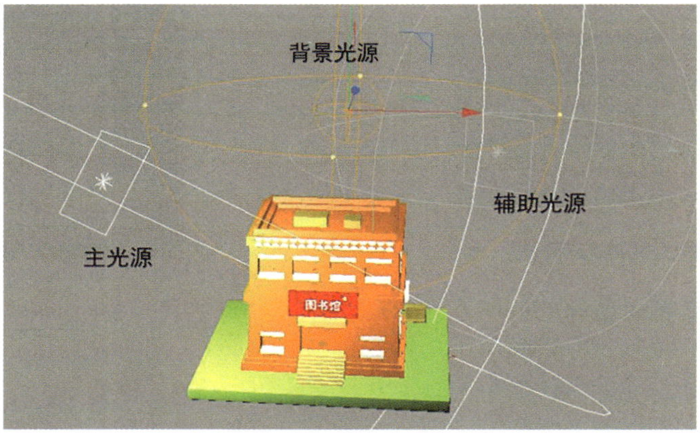

图 5-38　调整背景光源的位置

04 渲染输出

单击“天空”按钮，添加“天空”对象；长按“天空”按钮，在弹出的列表中单击“地板”按钮，添加“地板”对象，并将其命名为“地面”；单击工具栏中的“材质管理器”按钮，打开“材质管理器”窗口，将材质球“材质 1”添加到“地面”对象中；双击“材质管理器”窗口空白处，新建材质球“材质 7”，将该材质球添加到“天空”对象中，如图 5-39 所示。单击“渲染到图像查看器”按钮，在弹出的“图像查看器”对话框中，将文件另存为 JPG 格式。图书馆最终效果如图 5-40 所示。

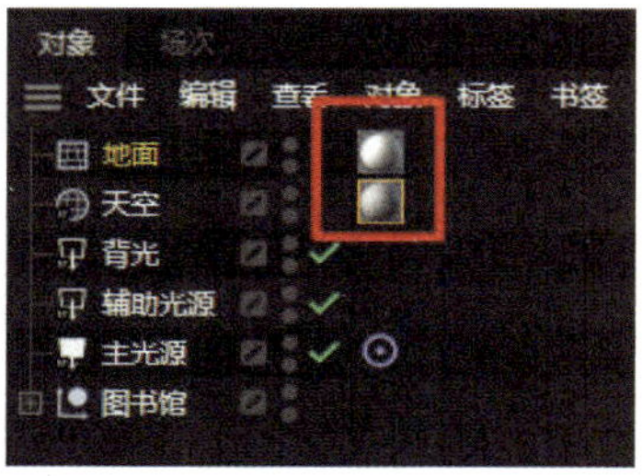

图 5-39　为“天空”和“地面”对象添加材质球

图 5-40　图书馆最终效果

任务小结

灯光不是越多越好，而是只需适量即可。

当物体表面较暗或较亮时，可通过调节材质的颜色或反射进行控制。

场景布光实际上是为了控制光的平衡，避免过暗或过亮的情况。画面中一般只需一个投影即可。

5.3　任务 2：场景布光——凉亭

任务情境

凉亭是中国传统文化中的重要建筑，集实用、文化、艺术于一体，具有多种功能。它常建在园林或风景优美的地方，不仅是人们休息和避暑的场所，也是文人墨客吟诗作画、交流思想的文化活动承载地。作为旅游景点的休息站，凉亭既可为游客提供服务，又可以美化环境。纪念性凉亭具有教育功能，其独特的建筑艺术和空间布局展示了传统美学。本任务为制作凉亭的三维模型。凉亭如图 5-41 所示。

图 5-41　凉亭

现实场景布光——凉亭

知识目标

能够简述凉亭的外形特点。

能够简述现实场景布光的方法。

技能目标

能够快速完成凉亭的建模。

能够实现现实场景布光。

素质目标

加深学生对古建筑的了解。

任务分析

运用“立方体”对象、造型工具制作凉亭的飞檐、屋顶；运用“管道”对象制作屋檐、基石；运用“圆柱体”对象、造型工具制作柱子；运用“立方体”对象制作座椅；运用“球体”对象制作宝顶；运用纹理贴图实现场景的背景效果；添加灯光，实现真实场景渲染效果。

任务实施

01 制作飞檐

打开 Cinema 4D，单击“立方体”按钮，新建“立方体”对象，在其属性面板中设置“尺寸.X”为 1000cm，“尺寸.Y”为 100cm，“尺寸.Z”为 100cm，“分段 X”为 6，如图 5-42 所示；按 C 键，将“立方体”对象转换为可编辑多边形，并将其命名为“飞檐”，效果如图 5-43 所示。

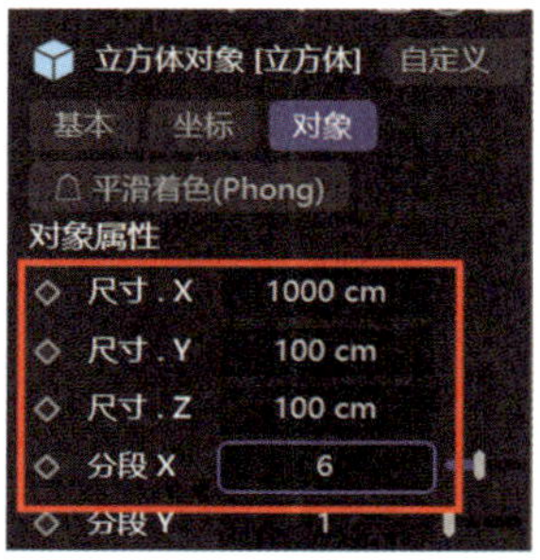

图 5-42　“立方体”对象的属性参数

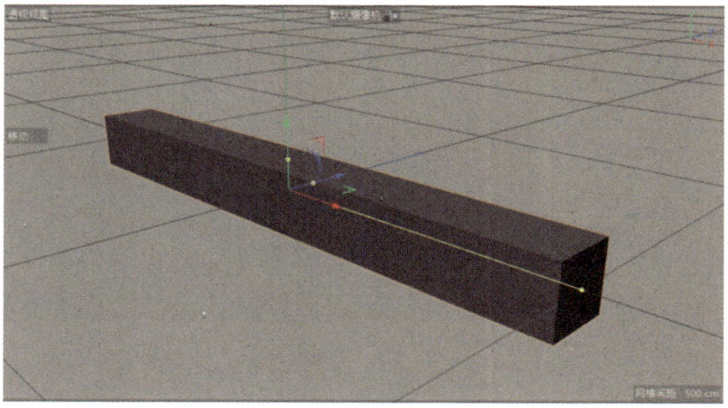

图 5-43　新建“立方体”对象后的效果

单击工具栏中的“点”按钮，切换到“点”模式；按 F2 键，切换到“顶视图”窗口；按 0 键，切换到框选工具，分别框选“飞檐”对象每列的点；按 T 键，切换到缩放工具，并拖动 *Z* 轴，以调节节点的位置，调整后如图 5-44 所示。按 F4 键，切换到“正视图”窗口，分别框选“飞檐”对象每列的点，按 T 键，切换到缩放工具，拖动 *Y* 轴；按 E 键，切换到移动工具，并拖动 *Y* 轴，以调整每列节点的位置（见图 5-45），完成一个飞檐的制作，效果如图 5-46 所示。

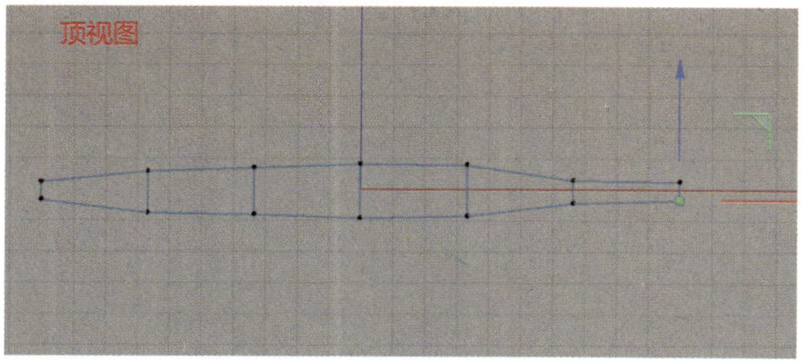

图 5-44　在顶视图中调整节点后的位置

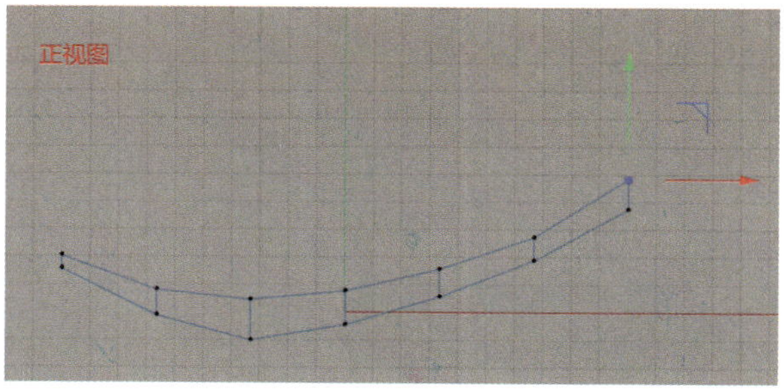

图 5-45　在正视图中调整节点的位置

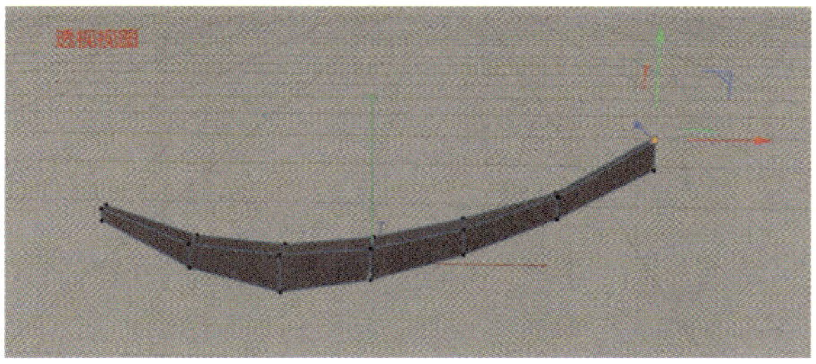

图 5-46　飞檐效果

按 F1 键，切换到“透视视图”窗口，单击工具栏中的“模型”按钮，切换到“模型”模式，单击工具栏中的“启用轴心”按钮，切换到四视图，分别拖动 X、Y、Z 轴，将“飞檐”对象的轴心移动到右侧的最高点，如图 5-47 所示。

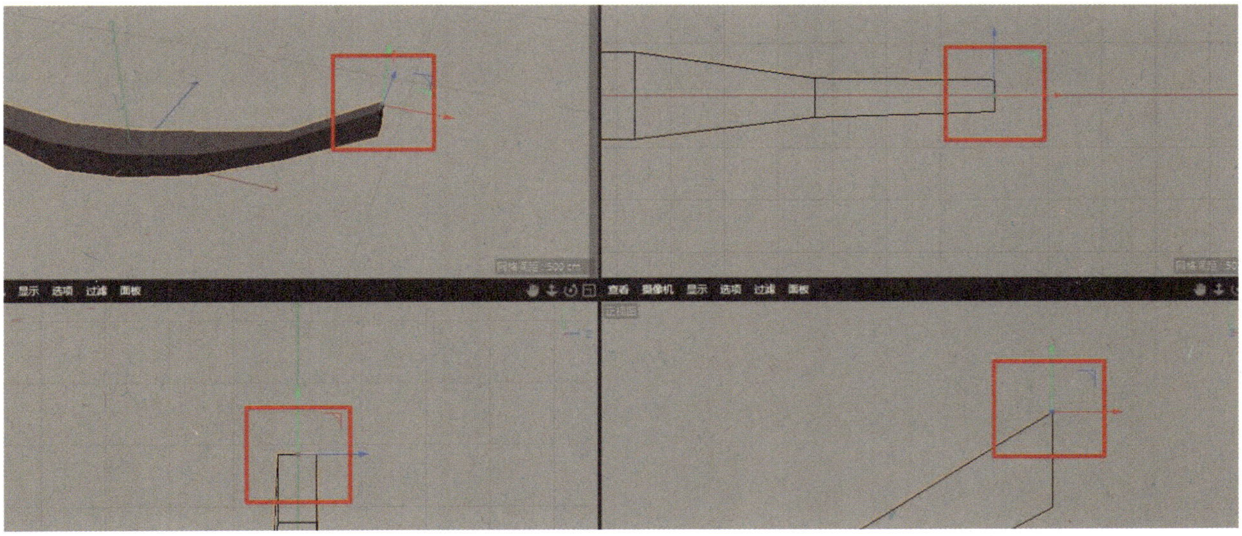

图 5-47　移动轴心 1

按住 Alt 键，同时长按“细分曲面”按钮，在弹出的列表中单击“阵列”按钮，添加阵列造型工具（“阵列”对象），将“飞檐”对象作为“阵列”对象的子级；在“阵列”对象的属性面板中，设置“半径”为 0cm，“副本”为 5（见图 5-48），效果如图 5-49 所示。

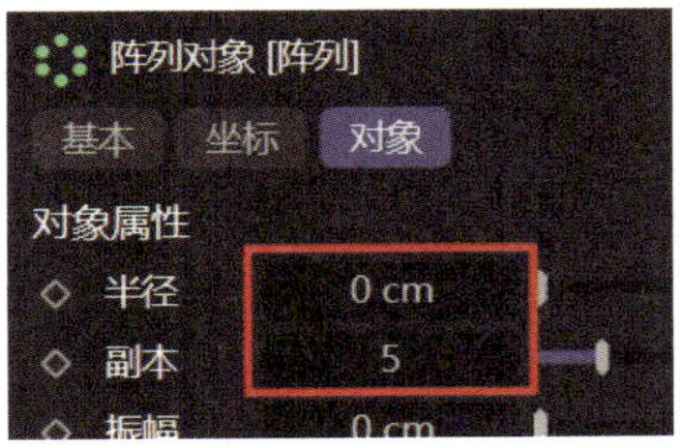

图 5-48　“阵列”对象的属性参数

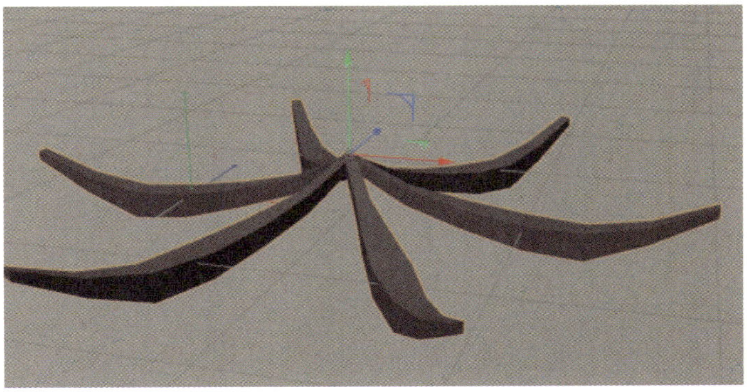

图 5-49　阵列效果

02 制作屋顶

长按“立方体”按钮，在弹出的列表中单击“多边形”按钮，新建“多边形”对象，在其属性面板中设置“分段”为 1，勾选“三角形”复选框，如图 5-50 所示。按 C 键，将“多边形”对象转换为可编辑对象；单击工具栏中的“点”按钮，切换到“点”模式，分别选择多边形的 3 个顶点，切换到“顶视图”“正视图”“透视视图”窗口，并拖动 *X*、*Y*、*Z* 轴，以调整这 3 个顶点的位置，如图 5-51、图 5-52 和图 5-53 所示。

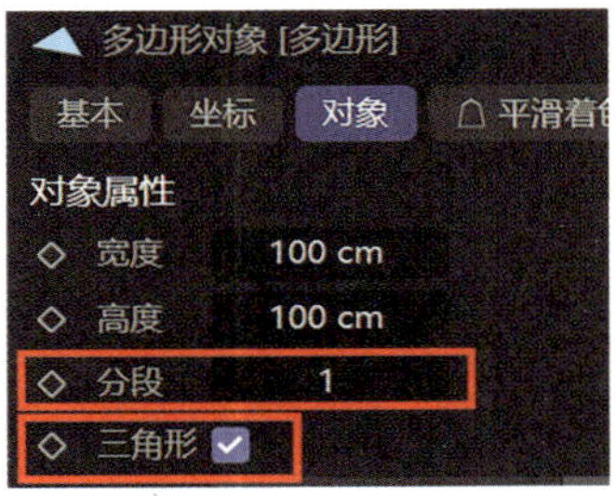

图 5-50 “多边形”对象的属性参数

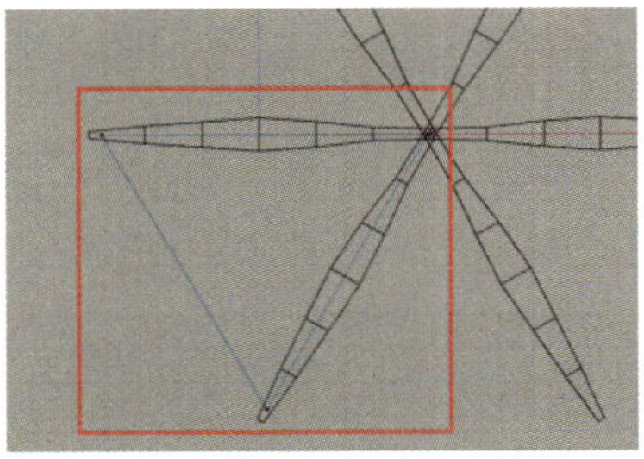

图 5-51 在顶视图中调整顶点的位置

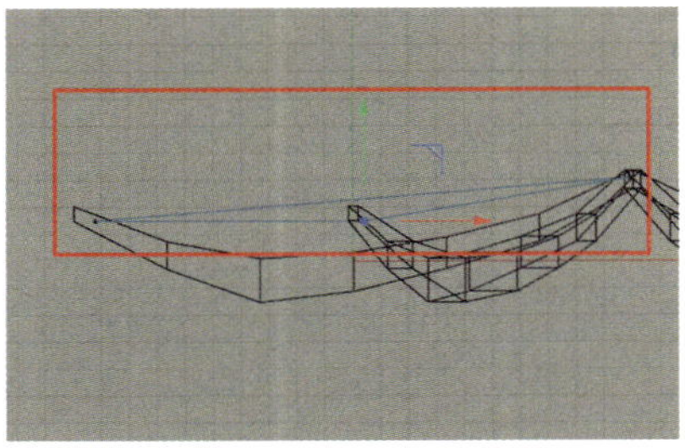

图 5-52 在正视图中调整顶点的位置

图 5-53 在透视图中调整顶点的位置

按 F2 键，切换到“顶视图”窗口，按快捷键 M+J，执行“平面切割”命令；按 F2 键，切换到“顶视图”窗口，在其中进行切割；在“多边形”对象中添加 5 条切割线，如图 5-54 所示；按 E 键，切换到移动工具；按 F1 键，切换到“透视视图”窗口；按快捷键 N+B，切换到“光影着色（线条）”模式；单击工具栏中的“边”按钮，切换到“边”模式，分别选择“多边形”对象的 6 条边，拖动 *X*、*Y*、*Z* 轴，将这 6 条边调整到如图 5-55 所示的位置，形成一面有弯度的屋顶。

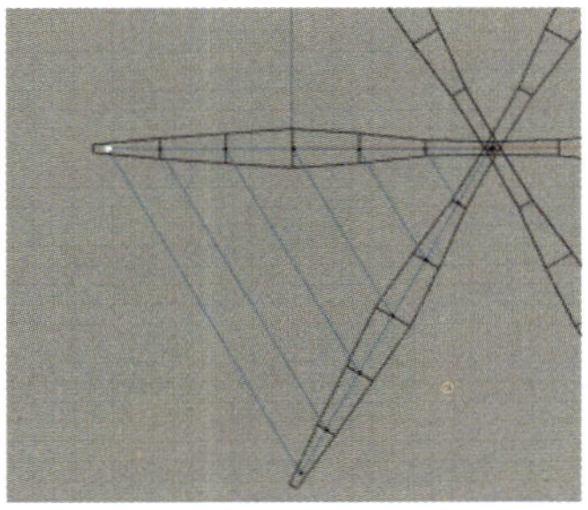

图 5-54 5 条切割线

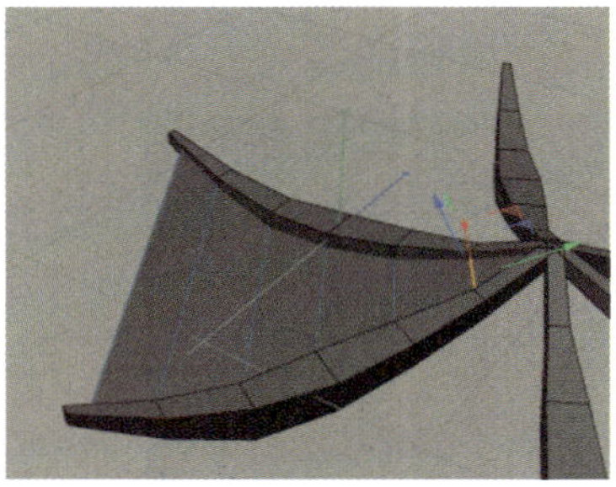

图 5-55 6 条边的位置

在“透视视图”窗口中，单击工具栏中的“模型”按钮，切换到“模型”模式，单击工具栏中的“启用轴心”按钮，切换到四视图，分别拖动 *X*、*Y*、*Z* 轴，将“多边形”对象的轴心移动到屋顶的最高点，如图 5-56 所示。

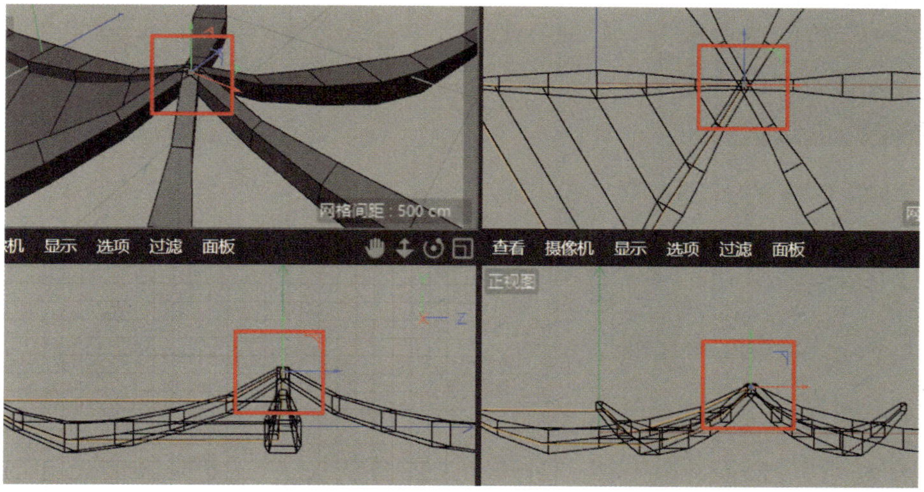

图 5-56　移动轴心 2

按住 Alt 键，同时长按“细分曲面”按钮，在弹出的列表中单击“阵列”按钮，添加阵列造型工具（“阵列 1”对象），将“多边形”对象作为“阵列 1”对象的子级，将“阵列 1”对象命名为“屋顶”；在“屋顶”对象的属性面板中，设置“半径”为 0cm，“副本”为 5（见图 5-57），效果如图 5-58 所示。

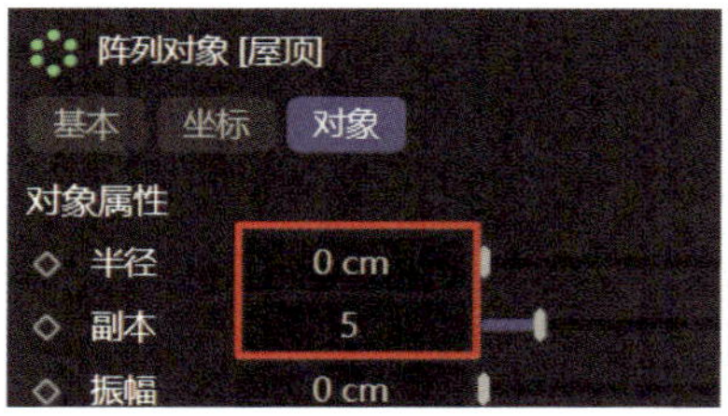

图 5-57　“屋顶”对象的属性参数

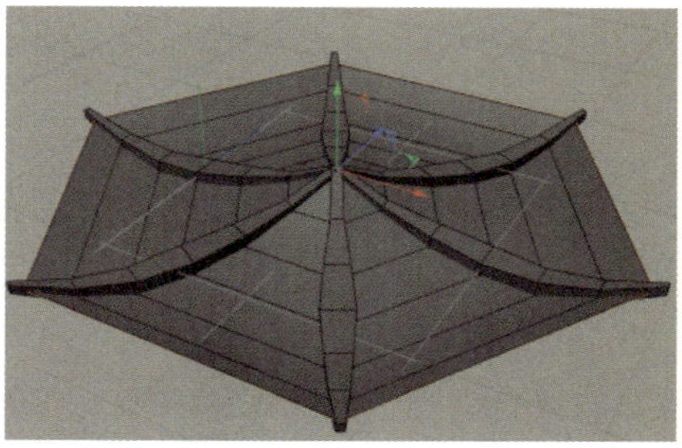

图 5-58　屋顶效果

03 制作屋檐

长按“立方体”按钮，在弹出的列表中单击“管道”按钮，新建“管道”对象，并将其命名为“屋檐”，在“屋檐”对象的属性面板中，设置“外部半径”为 600cm，“内部半径”为 500cm，“旋转分段”为 6，“高度”为 100cm，“高度分段”为 1，如图 5-59 所示；按 F2 键，切换到“顶视图”窗口，分别拖动 *X*、*Z* 轴，将“屋檐”对象的中心点与“屋顶”对象的中心点对齐，如图 5-60 所示；按 R 键，切换到旋转工具，拖动 *Y* 轴的线圈，旋转“屋檐”对象，将“屋檐”对象凸出的边与“飞檐”对象对齐，效果如图 5-61 和图 5-62 所示。

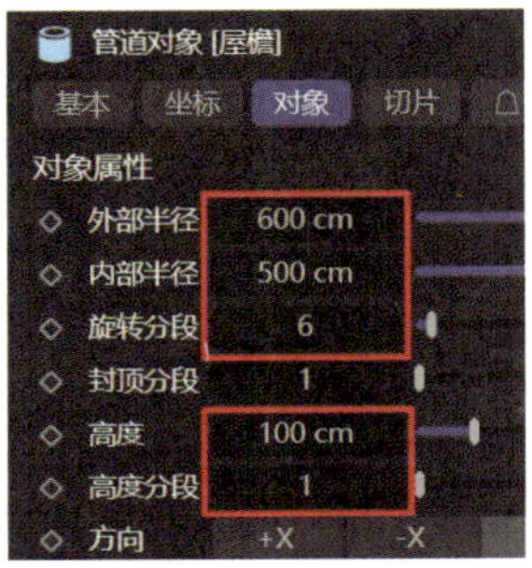

图 5-59 “屋檐”对象的属性参数

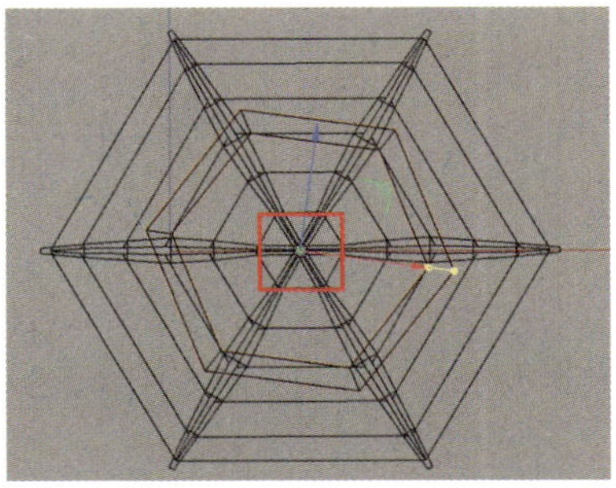

图 5-60 对齐中心点 1

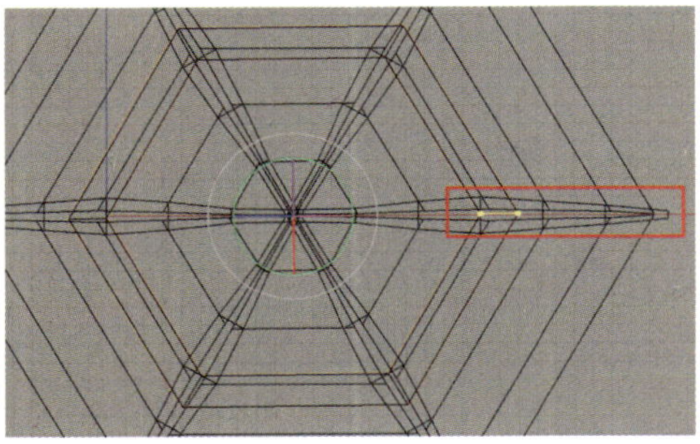

图 5-61 对齐效果 1

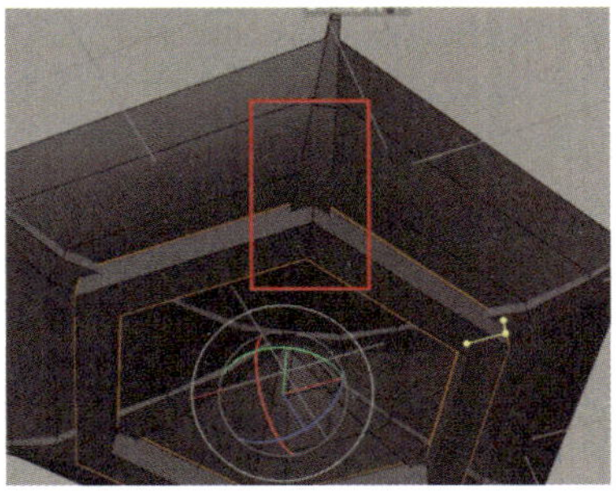

图 5-62 对齐效果 2

按 F1 键，切换到“透视视图”窗口；按 E 键，切换到选择工具；按住 Ctrl 键，同时按住鼠标左键并沿着 *Y* 轴拖动“屋檐”对象，复制生成“屋檐 1”对象；按 T 键，缩小“屋檐 1”对象，效果如图 5-63 所示。

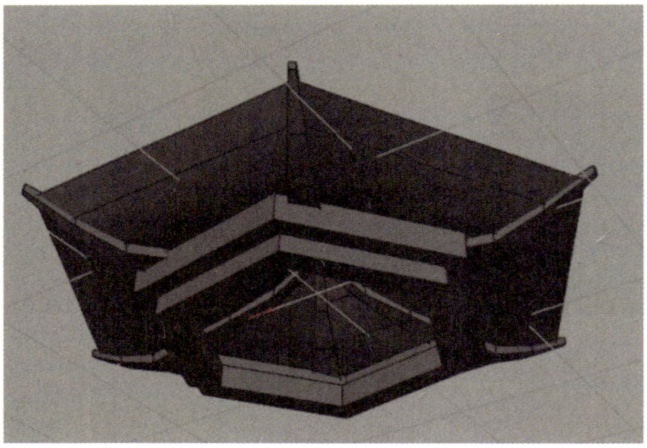

图 5-63 双层屋檐效果

04 制作柱子

长按“立方体”按钮，在弹出的列表中单击“圆柱体”按钮，新建“圆柱体”对象，并将其命名为“柱子”；在“柱子”对象的属性面板中，设置“半径”为 28cm，“高度”为 1000cm，“旋转分段”为 30，如图 5-64 所示；按住 Alt 键，同时单击“克隆”按钮，新建“克隆”对象，将“柱子”对象作为“克隆”对象的子级；在“克隆”对象的属性面板中，设置“模式”为“放射”，“数量”为 6，“半径”为 475cm，如图 5-65 所示；按 F2 键，切换到“顶视图”窗口，分别拖动 *X*、*Z* 轴，将“克隆”对象的中心点与“屋顶”对象的中心点对齐，如图 5-66 所示；按 R 键，切换到旋转工具，拖动 *Y* 轴的线圈，旋转“克隆”对象，使“柱子”对象与“飞檐”对象对齐，效果如图 5-67，添加柱子后的效果图 5-68 所示。

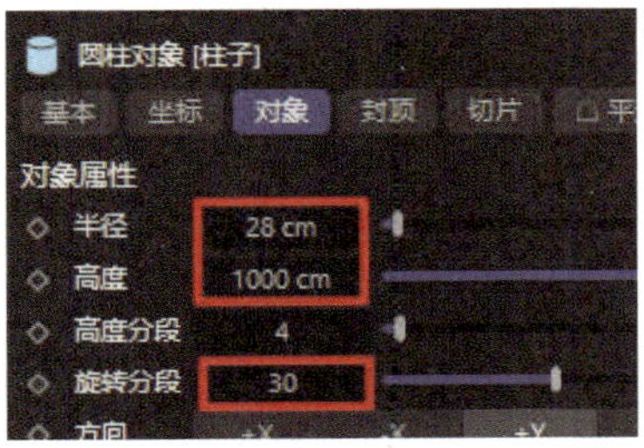

图 5-64 “柱子”对象的属性参数

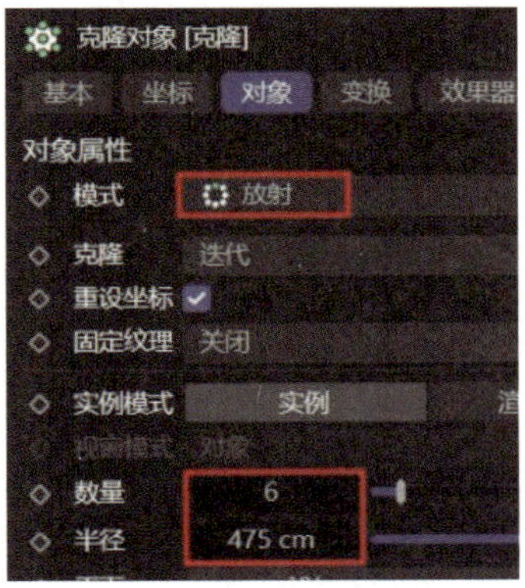

图 5-65 “克隆”对象的属性参数

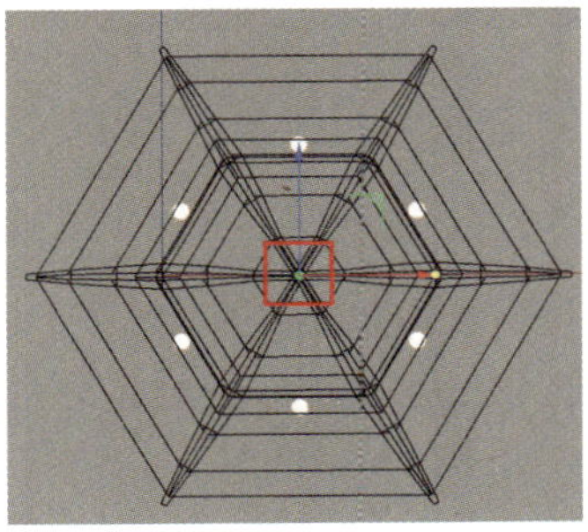

图 5-66 对齐中心点 2

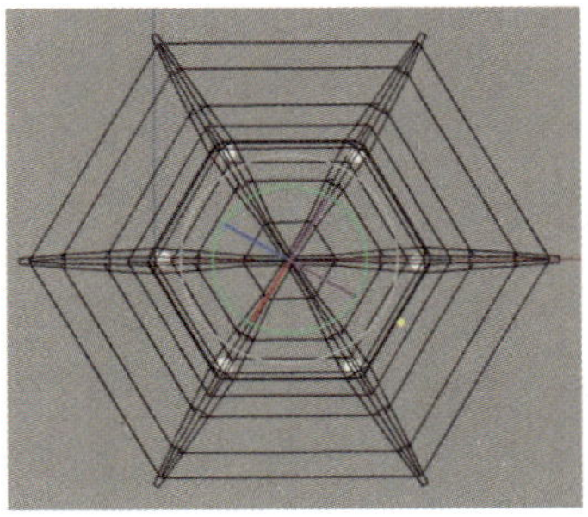

图 5-67 对齐效果 3

图 5-68 添加柱子后的效果

05 制作基石及座椅

按 E 键，切换到选择工具，在“透视视图”窗口中，按住 Ctrl 键，同时按住鼠标左键并沿着 *Y* 轴拖动“屋檐 1”对象，复制生成“屋檐 2”对象，并将其命名为“基石”；在“基石”对象的属性面板中，设置“外部半径”为 630cm，“内部半径”为 0cm，如图 5-69 所示；按住 Ctrl 键，同时按住鼠标左键并沿着 *Y* 轴拖动“基石”对象，复制生成“基石 1”对象；在“基石 1”对象的属性面板中，设置“外部半径”为 800cm，如图 5-70 所示；将“基石”和“基石 1”对象调整到“柱子”对象的底部，效果如图 5-71 所示。此时，“对象”窗口如图 5-72 所示。

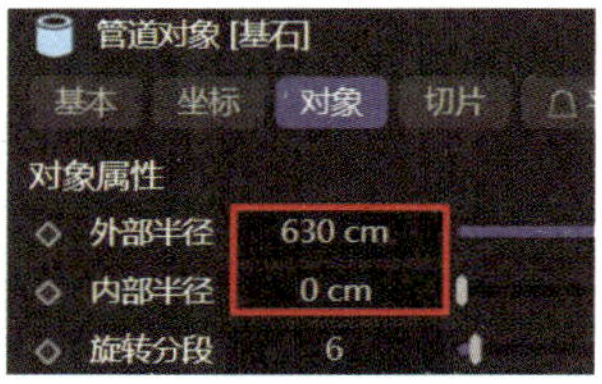

图 5-69　“基石”对象的属性参数

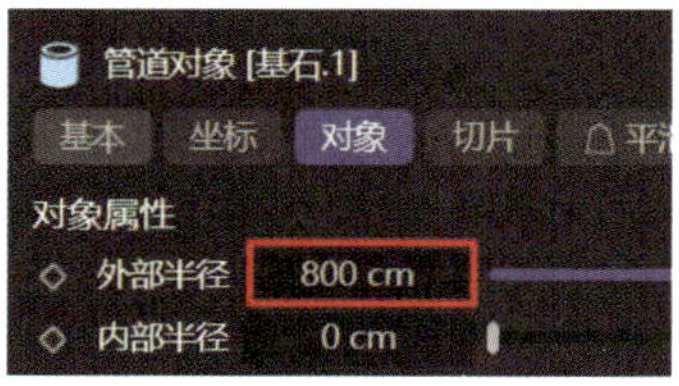

图 5-70　“基石 1”对象的属性参数

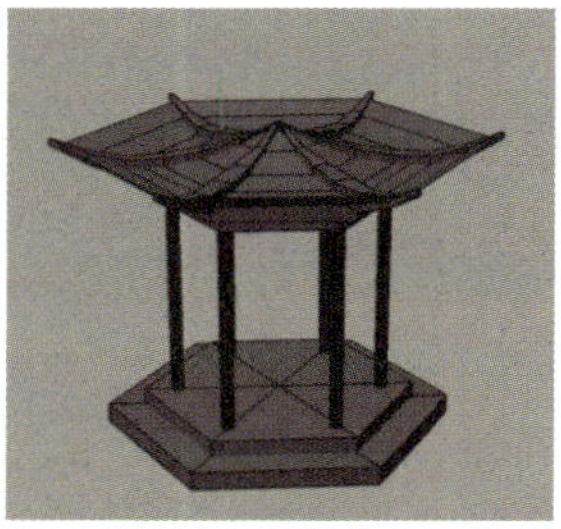

图 5-71　基石效果

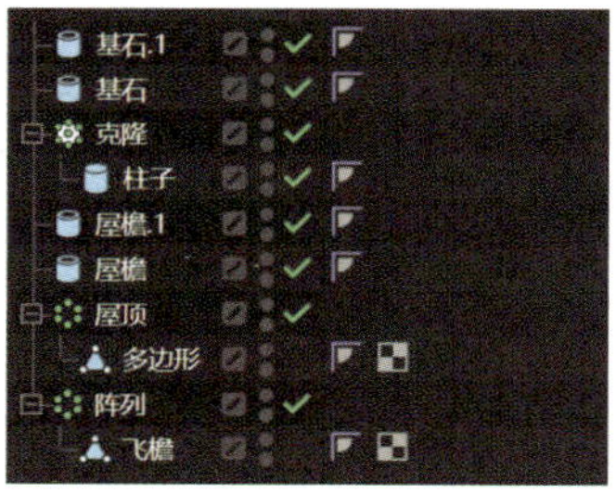

图 5-72　“对象”窗口 1

在“对象”窗口中，按住 Ctrl 键，同时按住鼠标左键并沿着 Y 轴拖动“屋檐 1”对象，复制生成“屋檐 2”对象，并将其命名为“座椅”；在“座椅”对象的属性面板中，设置“高度”为 50cm，如图 5-73 所示；拖动 Y 轴，将“座椅”对象移动到“基石”对象的上方，如图 5-74 所示。

按 C 键，将“座椅”对象转换为可编辑多边形，单击工具栏中的“多边形”按钮，进入“面”模式，选择一个“座椅”对象中的 4 个面，按 Delete 键将其删除，效果如图 5-75 所示。

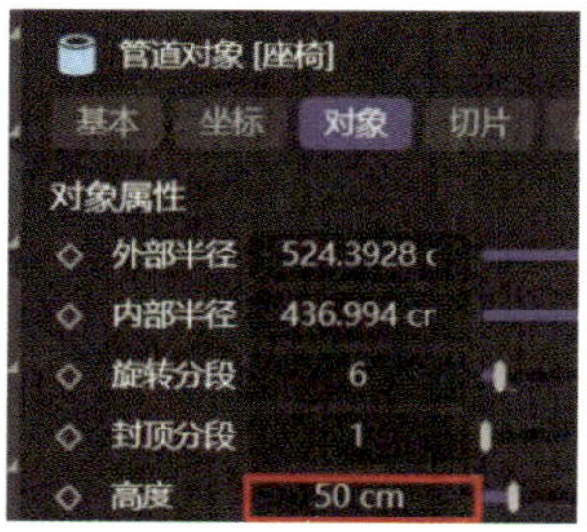

图 5-73　“座椅”对象的属性参数

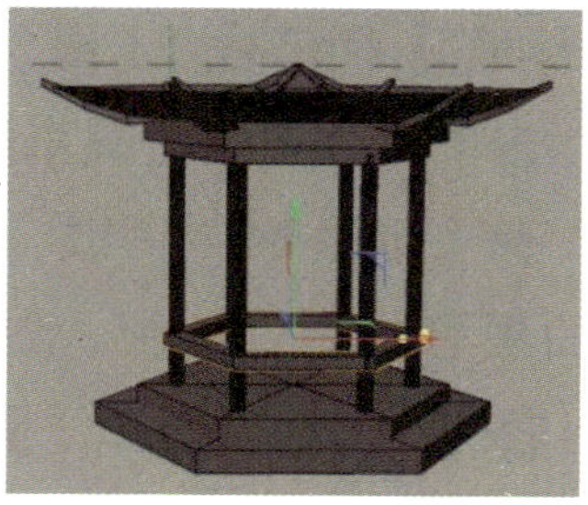

图 5-74　“座椅”对象的位置

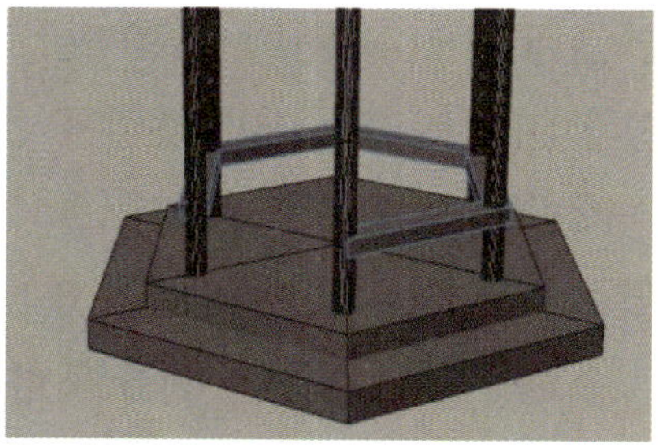

图 5-75　删除一张座椅后的效果

06 制作宝顶

长按“立方体”按钮，在弹出的对话框中单击“球体”按钮，新建“球体”对象，将其命名为“宝顶”，并将“宝顶”对象移动到屋顶顶端的位置；在“宝顶”对象的属性面板中，设置“半径”为 90cm，“分段”为 10，如图 5-76 所示。按 C 键，将“宝顶”对象转换为可编辑对象，单击工具栏中的“点”按钮，切换到“点”模式；按 F4 键，切换到“正视图”窗口；按 0 键，切换到框选工具，框选如图 5-77 所示的节点；按 T 键，切换到缩放工具，将所选节点向球心拖动，如图 5-78 所示。参照相同的方法，完成其他节点的调整，最终效果如图 5-79 所示。

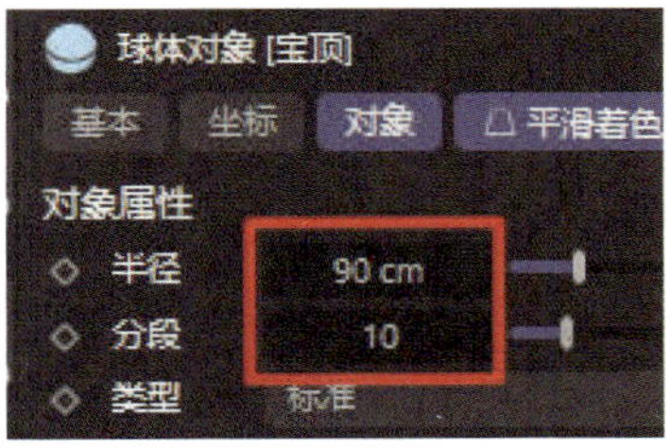

图 5-76　“宝顶”对象的属性参数

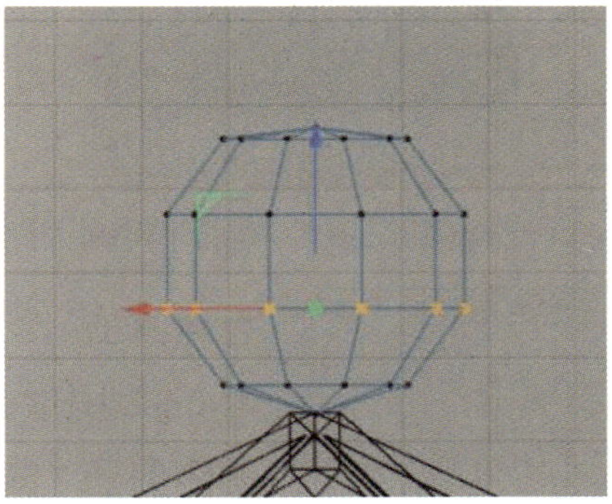

图 5-77　框选节点

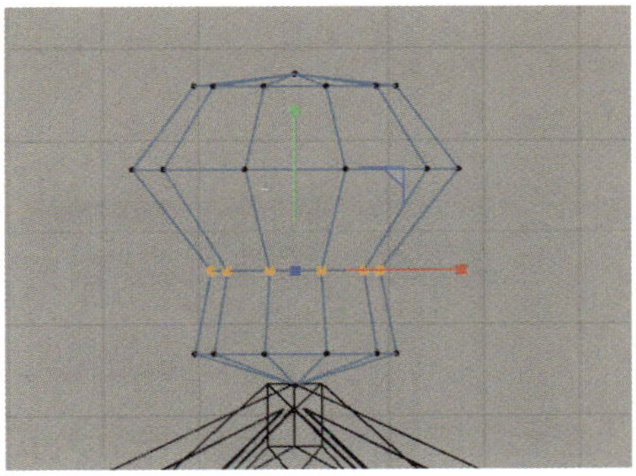

图 5-78　在正视图中调整节点

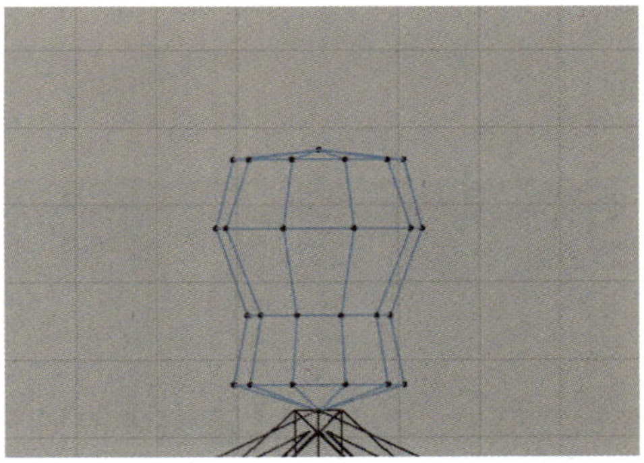

图 5-79　在正视图中调整节点后的最终效果

长按“立方体”按钮，在弹出的列表中单击“管道”按钮，新建“管道”对象，在其属性面板中设置“外部半径”为 30cm，“内部半径”为 20cm，“高度”为 30cm，“高度分段”为 1，如图 5-80 所示；将“管道”对象移动到如图 5-81 所示的位置。此时，“对象”窗口如图 5-82 所示，凉亭效果如图 5-83 所示。

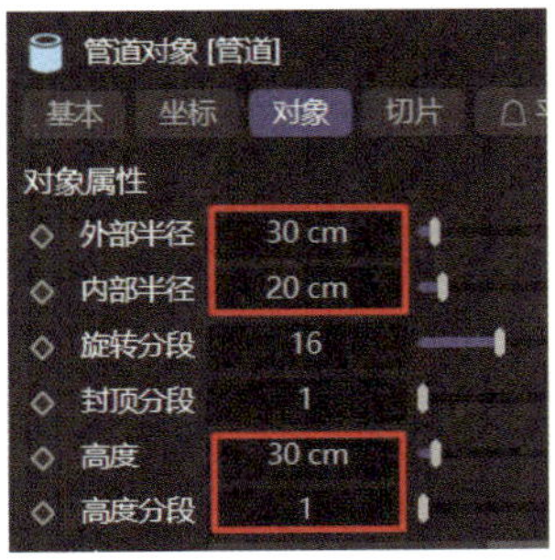

图 5-80　“管道”对象的属性参数

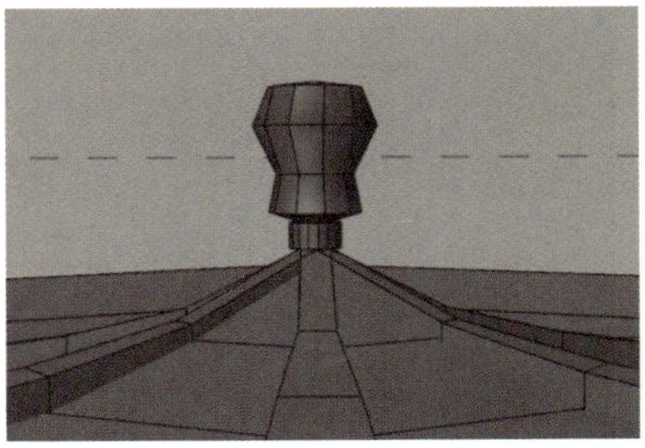

图 5-81　“管道”对象的位置

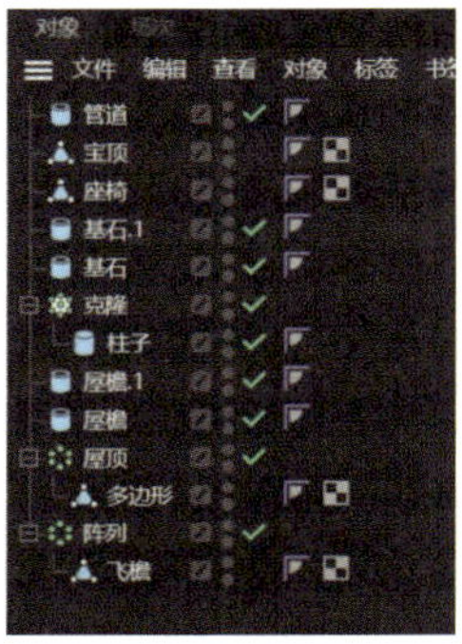

图 5-82　“对象”窗口 2

图 5-83　凉亭效果

07 赋予材质

单击工具栏中的“材质管理器”按钮，打开“材质管理器”窗口，将“木纹.png”图片拖动到“材质管理器”窗口中，自动生成一个材质球，将其命名为“木纹”；将“木纹”材质球添加到“管道”、“宝顶”、“座椅”、“屋檐”、“屋檐 1”和“飞檐”对象中。参照相同的方法，新建“木纹 2”、“大理石”和“砖瓦”材质球，将“木纹 2”材质球添加到“柱子”对象中，将“大理石”材质球添加到“基石 1”和“基石”对象中，将“砖瓦”材质球添加到“屋顶”对象中，如图 5-84 所示，效果如图 5-85 所示。

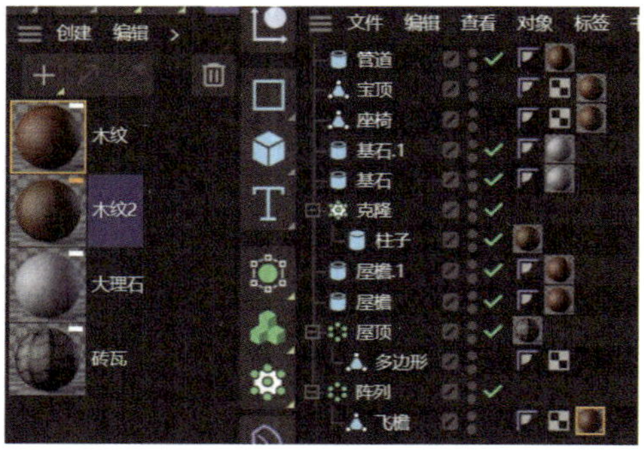

图 5-84　新建并添加材质球

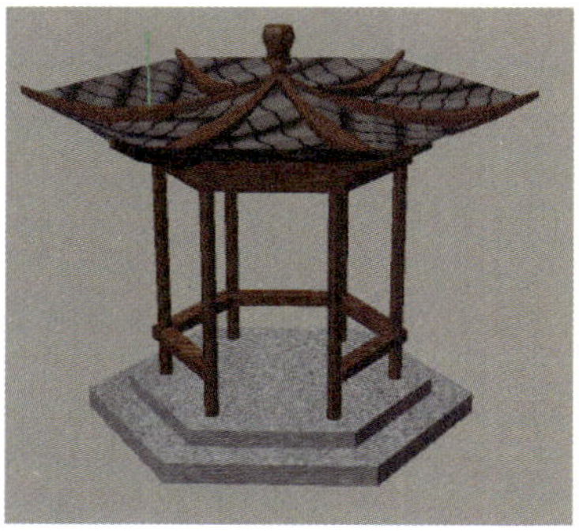

图 5-85　添加材质球后的效果

08 添加背景

选择“对象”窗口中的所有对象，按快捷键 Alt+G 进行编组，并将编组对象命名为“凉亭”；长按“立方体”按钮，在弹出的列表中单击“平面”按钮，新建“平面”对象，在其属性面板中设置“宽度”为 1280cm，“高度”为 720cm，“方向”为“-Z”。将“草坪.jpg”图片拖动到“材质管理器”窗口中，自动生成一个材质球，将其命名为“草坪”，并添加到“平面”对象中。在“对象”窗口中，选择“凉亭”对象，在“透视视图”窗口中，按 T 键，切换到缩放工具，将“凉亭”对象缩小；按 E 键，切换到移动工具，调整“凉亭”对象的位置，如图 5-86 所示。在“对象”窗口中，按住 Ctrl 键，同时按住鼠标左键并沿着

Y 轴拖动“平面”对象，复制生成“平面 1”对象；在“平面 1”对象的属性面板中，设置“方向”为“+Y”，并调整“平面 1”对象的位置，效果如图 5-87 所示。

图 5-86　调整“凉亭”对象的大小及位置

图 5-87　调整“平面 1”对象位置后的效果

在“对象”窗口中，同时选择“平面”和“平面 1”对象的材质球，在“材质”属性面板中，选择“标签”选项卡，设置“投射”为“前沿”，让两个平面的贴图更加融合，使贴图朝向正向，效果如图 5-88 所示。

图 5-88　调整材质球属性后的效果

09 实现投影效果

单击“灯光”按钮，添加“灯光”对象，并将其命名为“主光源”；通过切换四视图，将“主光源”对象调整到“凉亭”对象的右上方；在“主光源”对象的属性面板中，选择“细节”选项卡，设置“衰减”为“平方倒数（物理精度）”，如图 5-89 所示；选择“常规”选项卡，设置“投影”为“区域”，如图 5-90 所示。

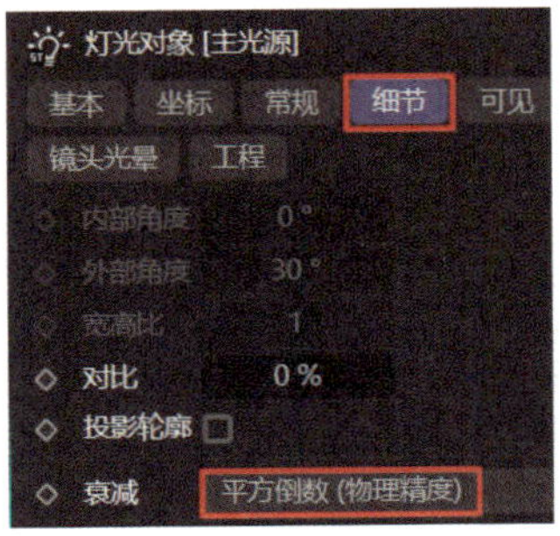

图 5-89　“主光源”对象的属性参数 1

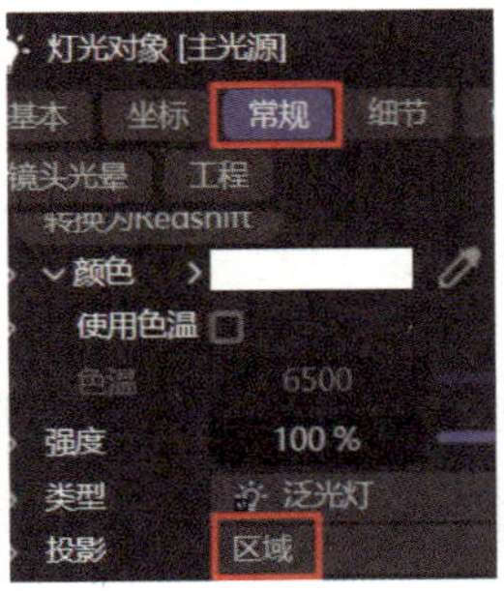

图 5-90　“主光源”对象的属性参数 2

在“透视视图”窗口中，选择“主光源”对象，按住 Ctrl 键，同时按住鼠标左键并沿着 *X* 轴拖动鼠标，复制生成“主光源 1”对象，并将其命名为“次光源”；在“次光源”对象的属性面板中，选择“常规”选项卡，设置“强度”为 30%，如图 5-91 所示；将“次光源”对象调整到“凉亭”对象的左下方，确保“凉亭”对象的阴影不要过深。“主光源”和“次光源”对象的位置如图 5-92 所示。

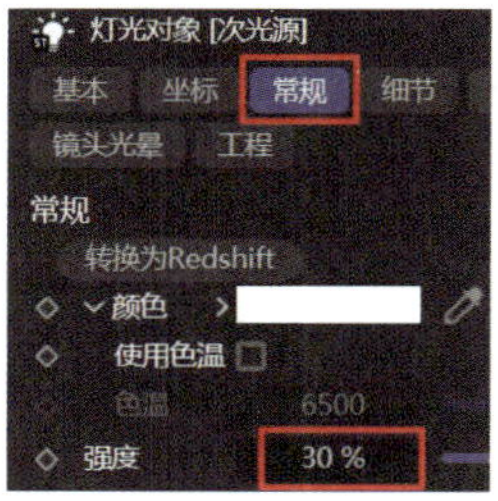

图 5-91　“次光源”对象的属性参数

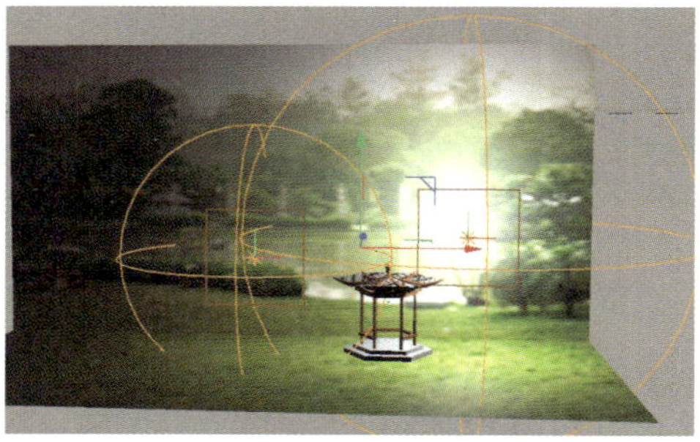

图 5-92　“主光源”和“次光源”对象的位置

单击工具栏中的“编辑渲染设置”按钮，在弹出的“渲染设置”对话框中单击“效果”按钮 效果... ，在弹出的列表中选择“全局光照”命令；再次单击“效果”按钮 效果... ，在弹出的列表中选择“环境吸收”命令；单击“渲染到图像查看器”按钮，在弹出的“图像查看器”对话框中查看渲染效果，如图 5-93 所示。

图 5-93　渲染效果

在“对象”窗口中，框选“平面”和“平面 1”对象并右击，在弹出的快捷菜单中选择“渲染标签”→“合成”命令，如图 5-94 所示。单击“渲染到图像查看器”按钮，在弹出的“图像查看器”对话框中将文件另存为 JPG 格式。凉亭最终效果如图 5-95 所示。

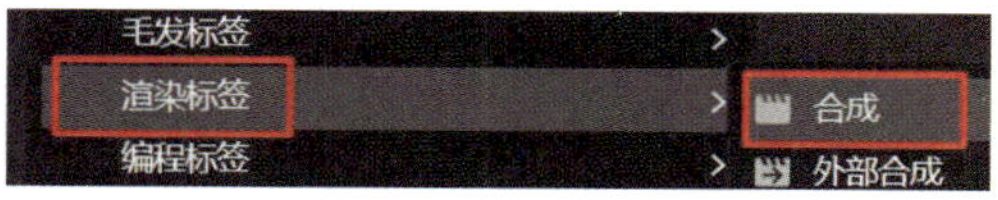

图 5-94　选择“合成”命令

图 5-95　凉亭最终效果

任务小结

应用网格参数对象制作凉亭模型。

布置主光源和次光源。次光源的强度应比主光源的强度低。

需要为“平面”和“平面 1”对象设置“渲染标签”→“合成”命令。

模块拓展

一、理论题

1. 如果想要模拟室内灯光效果，则应使用（　　）。
   A. 点光源　　B. 聚光灯　　C. 平行灯　　D. 区域光
2. 在 Cinema 4D 中，使用（　　）可以模拟现实世界中的光源，如窗户或门口透进的光。
   A. 点光源　　B. 聚光灯　　C. 平行灯　　D. 区域光
3. 在 Cinema 4D 中，使用（　　）可以产生阴影边缘柔和的效果。
   A. 点光源　　B. 聚光灯　　C. 平行灯　　D. 区域光
4. 在 Cinema 4D 中，如果想让光线部分照亮一个物体，则应使用（　　）。
   A. 点光源　　B. 聚光灯　　C. 平行灯　　D. 区域光
5. 在 Cinema 4D 中，（　　）不支持调整灯光的形状和尺寸。
   A. 点光源　　B. 聚光灯　　C. 平行灯　　D. 区域光
6. 在 Cinema 4D 中，如果想模拟夜晚的路灯效果，则应选择使用（　　）。
   A. 点光源　　B. 聚光灯　　C. 平行灯　　D. 区域光
7. 在 Cinema 4D 中，使用（　　）可以创建逼真的面积阴影。
   A. 点光源　　B. 聚光灯　　C. 平行灯　　D. 区域光

二、实践创新

完成花朵灯光效果，如图 5-96 所示。

图 5-96　花朵灯光效果

模块 6　动画应用

模块导读

动画模块一直是 Cinema 4D 的独特之处，其强大的运动图形模块可以帮助用户快速制作复杂的动态效果。Cinema 4D 拥有多达 17 种效果器，包括群组、简易、COFFEE、延迟、公式、继承、推散、Python、随机、重置、着色、声音、样条、步幅、目标、时间和体积。效果器可以改变运动图形的位置、尺寸和旋转等属性，不同的效果器可以使运动图形的各个部分产生不同程度的变化。这些效果器可以单独使用，也可以组合使用，从而为运动图形创造无限可能的变化。在 Cinema 4D 中，每个运动图形的对象属性面板都有一个“效果器”菜单栏。用户可以通过将需要作用于某个运动图形的效果器拖动到属性面板的链接窗口中，使其生效。一个更快捷的方式是先选择运动图形对象，再直接添加效果器，这样可以自动将效果器添加到运动图形对象上，从而产生影响。

模块目标

知识目标

能够简述运动图形的创建和编辑方法。

能够简述运动图形的基本概念。

能够简述图形模块在行业中的应用场景和发展趋势。

技术目标

能够设置各种效果器。

能够根据主题需求设置效果器，从而制作运动图形的动画效果。

素质目标

培养学生对新技术的学习兴趣。

6.1　动画基础

6.1.1　关键帧

电影、电视和数字视频等可以随时间连续变换许多画面，而“帧”是指每一张画面。

帧率用于测量显示器每秒显示的帧数，测量单位为 fps 或 Hz。一般来说，帧率用于描述视频或游戏每秒播放的帧数。在 Cinema 4D 的默认设置下创建的工程，其帧率均默认为 30fps。

关键帧是指在制作动画或电影的过程中，定义平滑变换的起点和终点的必要元素。关键帧动画是指在一定时间内对象状态发生变化的动画形式。关键帧动画中的每一帧指一幅画面，通常每秒播放 30 帧，进而形成连续的动画画面。这类动画是动画技术中较为简单的类型，其工作原理与许多非线性后期软件（如 After Effects、Premiere）类似。

6.1.2　动画窗口

在 Cinema 4D 中，用于制作关键帧动画的工具基本都位于动画窗口（见图 6-1），其中包括关键帧工具、播放工具、时间设置工具、时间轴和其他动画工具。

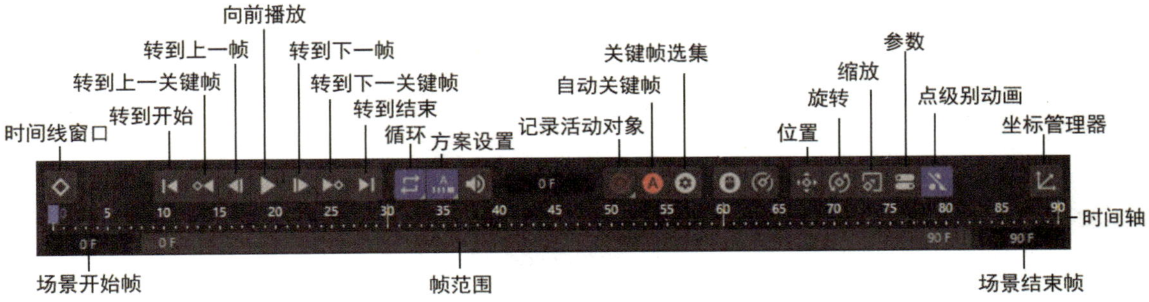

图 6-1　动画窗口

自动关键帧（快捷键为 Ctrl+F9）：单击该按钮，激活该状态，表示此时可以记录关键帧。在该状态下，可以记录模型、材质、灯光、摄像机等在不同时间点的动画设置。

记录活动对象（快捷键为 F9）：拖动时间轴，并单击该按钮，可以添加关键帧。长按该按钮，在弹出的列表中可以选择“记录活动对象”、“记录动画”、“记录层级”或“删除关键帧”命令。

6.1.3 运动图形

运动图形模块是 Cinema 4D 中较为高效的一个模块，能够帮助用户快速搭建场景，并创建许多富有创意的动画。通过组合几个简单的效果，可以得到近乎无限的可能性。

查看运动图形工具的方法：在菜单栏中，单击“运动图形”菜单，在弹出的列表中进行查看，如图 6-2 所示；在右侧工具栏中长按“克隆”按钮，在弹出的列表中进行查看，如图 6-3 所示。其中，除运动挤压工具和多边形 FX 工具外，其他图标为绿色的工具都是运动图形工具。

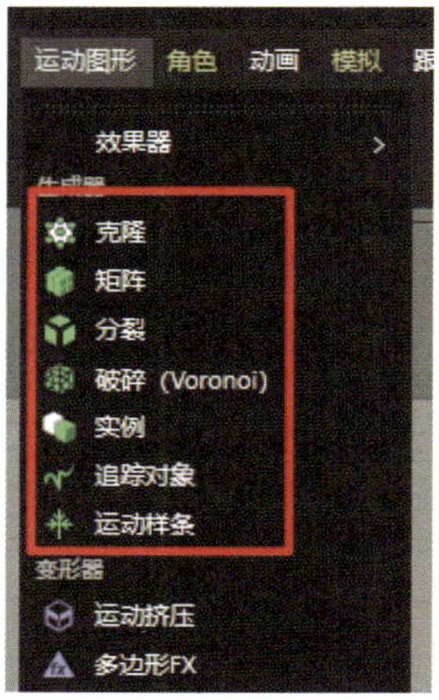

图 6-2 运动图形工具 1

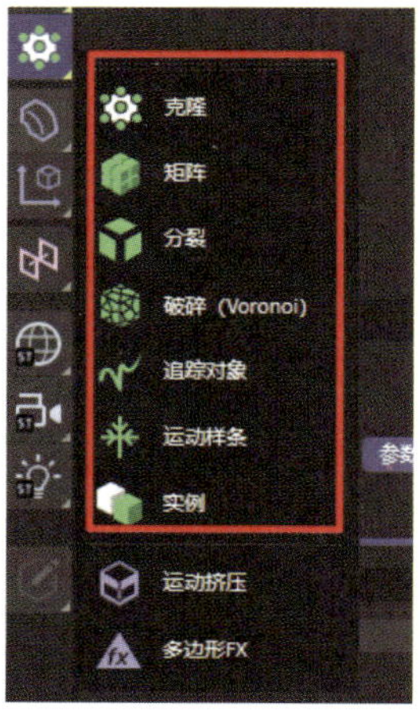

图 6-3 运动图形工具 2

下面重点介绍几个常用的运动图形工具，包括克隆工具、矩阵工具、追踪对象工具、实例工具、破碎工具和运动样条工具。

1. 克隆工具

克隆工具用于将单个对象克隆出多份，并按照设定的规则排列这些对象。在“克隆”对象属性面板的“对象”选项卡中，“模式”属性共包含 5 种，如图 6-4 所示。

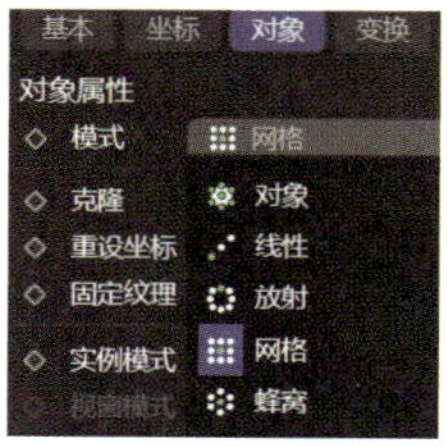

图 6-4 克隆模式

（1）对象克隆模式，其属性如图 6-5 所示，效果如图 6-6 所示。

对象：将样条拖动到“对象”属性中，可以沿着样条复制模型。

排列克隆：在勾选该复选框后，克隆的物体将随着样条的路径进行旋转。

导轨：用于设置克隆物体的导轨。

分布：用于设置克隆物体的分布方式，包括“数量”、“步幅”、“平均”、“顶点”和“轴心”5 种。

每段：在勾选该复选框后，将改变克隆物体之间的距离。

偏移、偏移变化：用于设置克隆物体的偏移及偏移变化比例。

开始、结束：用于设置克隆物体的开始与结束位置。

循环：在勾选该复选框后，克隆物体将出现循环效果。

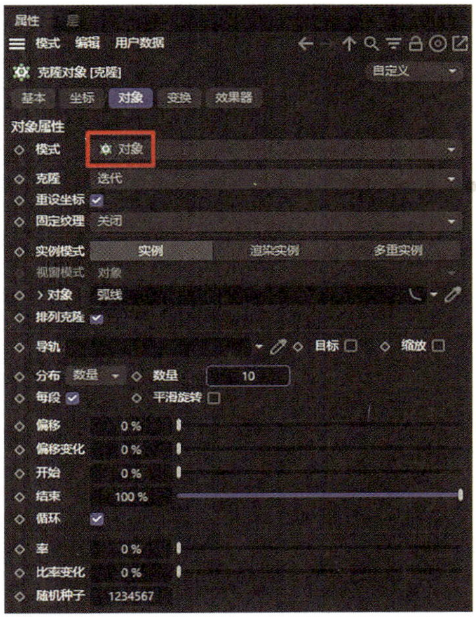

图 6-5　对象克隆模式的属性

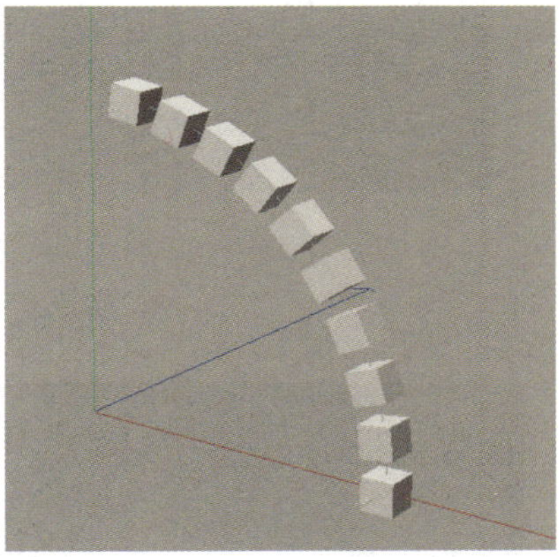

图 6-6　对象克隆模式效果

（2）线性克隆模式，其属性如图 6-7 所示，效果如图 6-8 所示。

数量：用于设置克隆物体的数量。

偏移：用于设置克隆物体的偏移数值。

模式：用于设置克隆物体之间的距离，分为“每步”和“终点”两种方式。当采用每步方式时，可以设置每个克隆物体之间的距离；当采用终点方式时，第一个克隆物体与最后一个克隆物体之间的距离是固定的，只在该范围内进行克隆。

总计：用于设置当前数值的百分比。

位置.X、位置.Y、位置.Z：用于设置克隆物体在不同轴上的距离。该数值越大，克隆物体之间的距离越大。

缩放.X、缩放.Y、缩放.Z：用于设置克隆物体的缩放效果。根据不同轴向上的缩放比例，可以使克隆物体呈现出递增或递减效果。当 3 个缩放数值相同时，可以进行等比缩放。

步幅模式：分为“单一值”和“累积”两种模式。单一值是指对克隆物体之间的变化进行平均处理，累积是指先克隆前一个物体的效果，再进行变化。步幅模式通常与步幅尺寸、步幅旋转.H、步幅旋转.P 和步幅旋转.B 结合使用。

步幅尺寸：用于设置克隆物体之间的步幅尺寸，只影响克隆物体之间的距离，不影响克隆物体的其他属性。

步幅旋转.H、步幅旋转.P、步幅旋转.B：用于设置克隆物体的旋转角度。

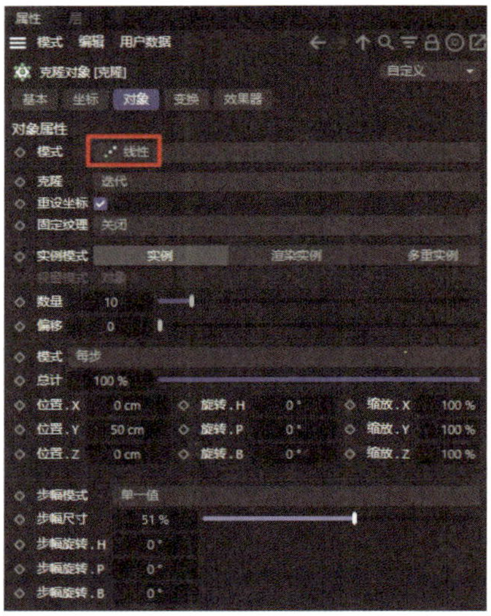

图 6-7　线性克隆模式的属性

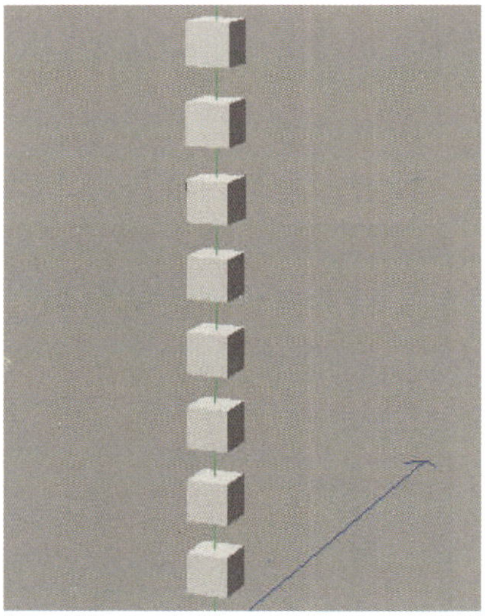

图 6-8　线性克隆模式效果

（3）放射克隆模式，其属性如图 6-9 所示，效果如图 6-10 所示。

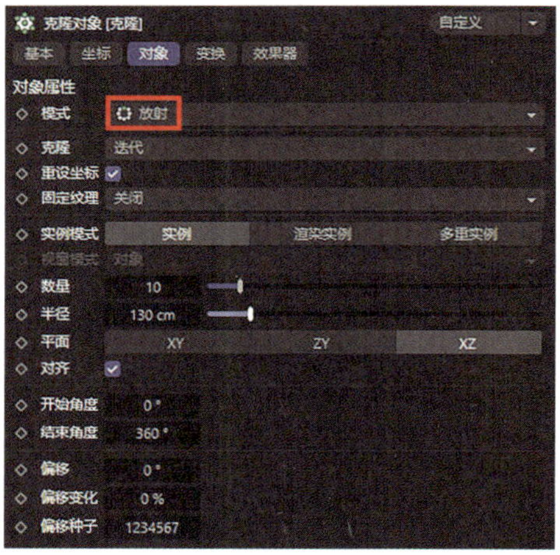

图 6-9　放射克隆模式的属性

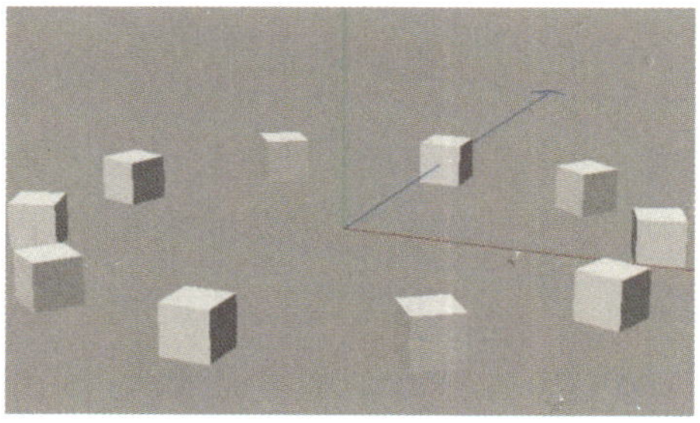

图 6-10　放射克隆模式效果

数量：用于设置克隆物体的数量。

半径：用于设置放射模式的范围大小。

平面：用于设置克隆物体沿着“XY”、“ZY”或“XZ”方向进行复制。

对齐：在勾选该复选框后，克隆物体将沿着克隆中心进行排列。

开始角度、结束角度：用于设置克隆物体的起始与终点位置。

偏移：用于设置克隆物体的偏移数值。

偏移变化：用于设置偏移变化的程度。

偏移种子：用于设置偏移距离的随机性。

（4）网格克隆模式，其属性如图 6-11 所示，效果如图 6-12 所示。

数量：用于设置克隆对象在 *X*、*Y* 或 *Z* 轴上的数量。

模式：分为每步和端点两种模式。

尺寸：用于设置克隆物体之间的距离。

填充：用于设置模型中心的填充程度。

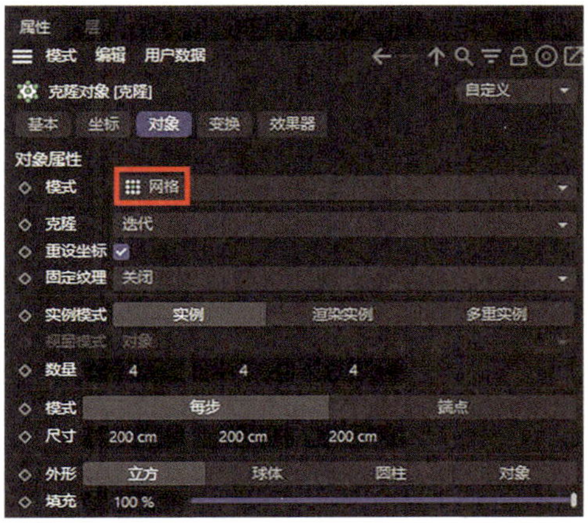

图 6-11　网格克隆模式的属性

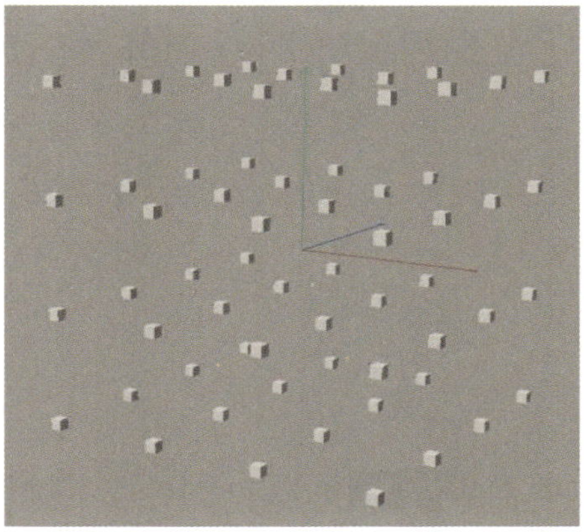

图 6-12　网格克隆模式效果

（5）蜂窝克隆模式，其属性如图 6-13 所示，效果如图 6-14 所示。

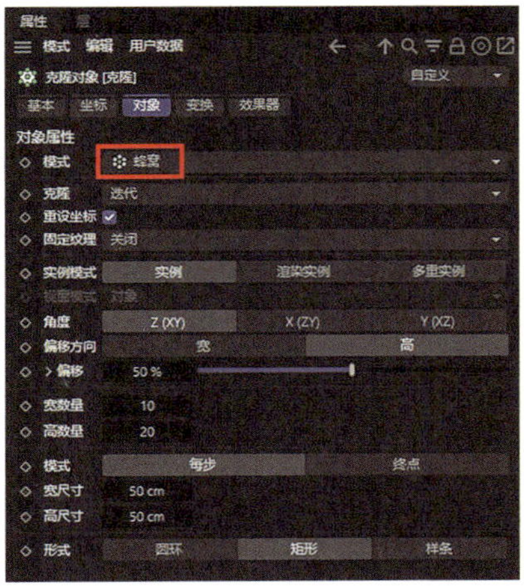

图 6-13　蜂窝克隆模式的属性

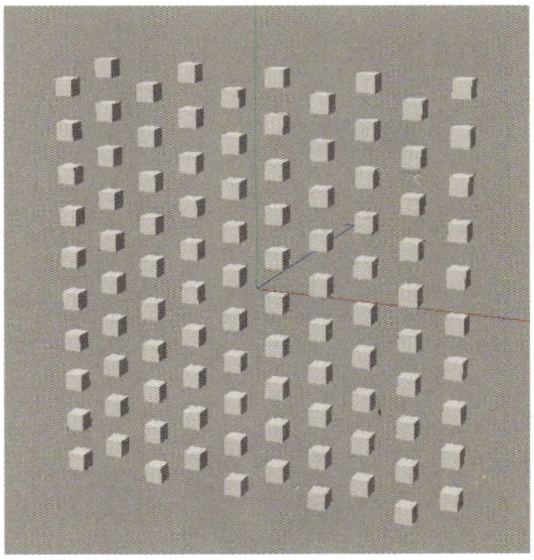

图 6-14　蜂窝克隆模式效果

角度：用于设置克隆物体沿着“Z（XY）”、“X（ZY）”或“Y（XZ）”方向进行复制。

偏移方向：用于设置克隆物体的偏移方向，分为“高”和“宽”两种方式。

宽数量、高数量：用于设置克隆的蜂窝阵列大小。

形式：用于设置克隆物体的排列形状。

2. 矩阵工具

矩阵工具与前面介绍的克隆工具类似，也可以复制对象。矩阵可以在场景中独立使用，但无法在场景中直接渲染，可以被理解为占位符。

矩阵工具和克隆工具的属性面板类似，通常用于为其他对象提供位置信息，以避免设置的效果受到其他第三方效果的影响。因此，矩阵工具一般需要与其他对象结合使用。此外，矩阵工具可以作为破碎对象的来源，用于制作一些比较规则化的物体破碎效果。

3. 追踪对象工具

追踪对象工具可以将物体的运动轨迹转化为样条，以便后续进行动画创作。

追踪连接：用于设置对象追踪的链接对象。在追踪对象的参数选项中，用户可以指定需要追踪的对象，如模型、运动图形、样条和粒子等。这些对象会被添加到跟踪链接中，并且在播放动画时，会记录它们的运动轨迹并转化成样条。

追踪模式：用于设置追踪对象的模式，包括追踪路径、连接对象和连接所有对象 3 个默认选项。

4. 实例工具

实例工具可以复制一个与源对象完全一样的新对象，并且在修改源对象的属性后，复制的对象会同步修改属性。实例工具与单纯的复制操作不同，因为复制出来的对象是完全独立的，对任何一个对象的修改都不会影响其他对象，而实例工具创建的是相互关联的副本，这使得修改更加高效。

5. 破碎工具

破碎工具可以模拟物体破碎的过程，并展现逼真的破坏效果和碎片飞溅效果。

6. 运动样条工具

运动样条工具可以创建动态的线条和复杂的图形结构。

6.2 任务 1：小球弹跳

任务情境

在物理学中，弹性碰撞是一种理想化的碰撞过程。它假设两个物体在碰撞时不发生永久变形，并且在碰撞过程中没有能量以内能（如热、声或物体内部能量）的形式损失。这意味着在弹性碰撞中，系统的总动能在碰撞前后保持不变。重力是由于地球的吸引而使物体受到的力，因此施力物体是地球。在现实世界中，球体会自由落地，落地会产生弹性碰撞，这会产生什么样的运动效果呢？本任务为制作小球弹跳动画效果，如图 6-15 所示。

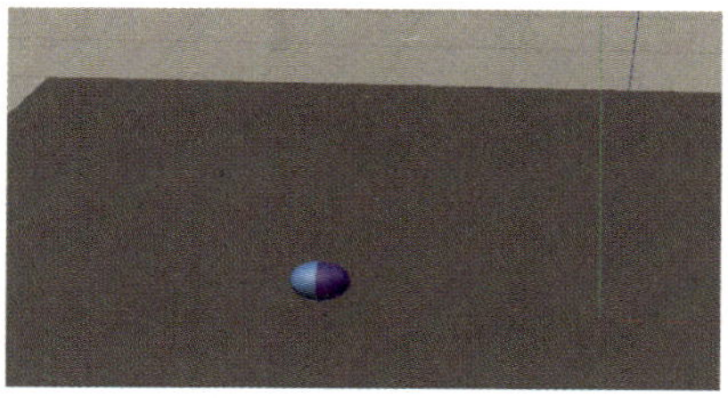

图 6-15　小球弹跳动画效果

小球弹跳

知识目标

能够简述创建、移动和复制关键帧的方法。

能够分析弹性碰撞的物理原理，包括动能、势能及它们在碰撞中的相互转换。

技能目标

能够利用关键帧制作简单的位移、旋转和缩放动画。

素质目标

培养学生热爱科普学习与实践的精神。

培养学生良好的沟通与交流意识。

任务分析

关键帧是动画制作中的一个核心概念，它指的是在构成一段动画的若干帧中起到决定性作用的帧。关键帧不仅可以定义动画的主要动作，还可以影响动画的流畅度和真实感。在理解重力对下落小球的影响之后，通过调整关键帧的时间和位置，可以使小球弹跳动作更加自然流畅。

任务实施

01 添加球体

打开 Cinema 4D，长按“立方体”按钮，在弹出的列表中单击“球体”按钮，新建“球体”对象，在其属性面板中设置“半径”设置为 6cm，如图 6-16 所示。长按“立方体”按钮，在弹出的列表中单击“平面”按钮，新建“平面”对象，在其属性面板中设置“宽度”为600cm，效果如图6-17所示。在“透视视图”窗口中，选择“球体”对象，按住鼠标左键并沿着 Y 轴向上拖动鼠标，将“球体”对象移动到“平面”对象的左上方，如图6-18所示。

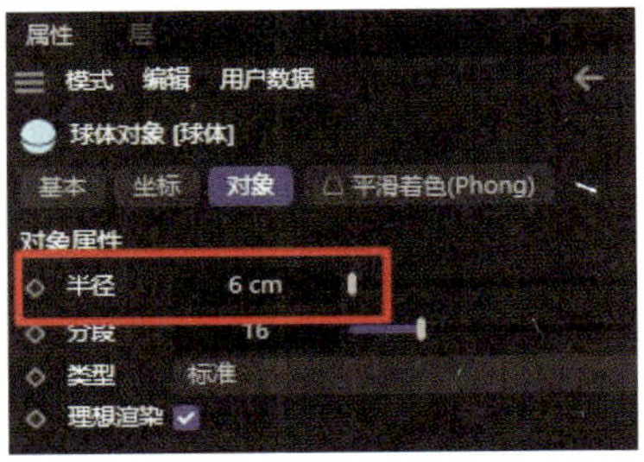

图 6-16 “球体”对象的属性参数 1

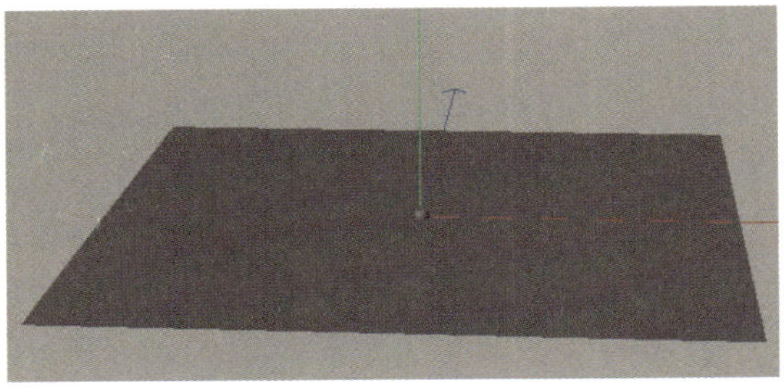

图 6-17 添加“平面”对象后的效果

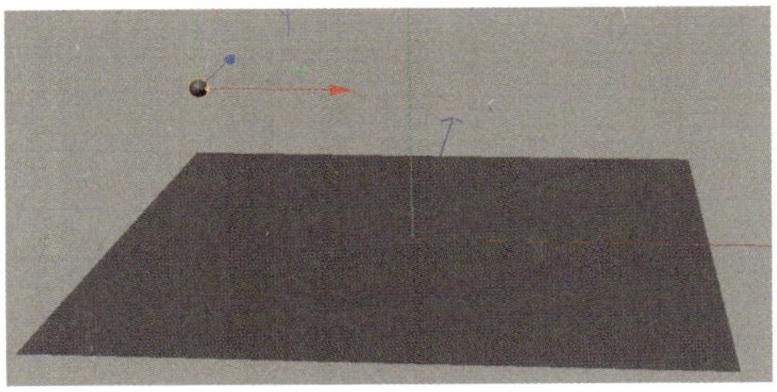

图 6-18 移动“球体”对象的位置

02 赋予材质

新建“材质”材质球，双击该材质球，打开“材质编辑器”窗口勾选“颜色”复选框，在“颜色”通道属性面板中单击“纹理”下拉按钮，在弹出的下拉列表中选择“渐变”命令（见图6-19），单击纹理右边的渐变框，选择“着色器”选项卡，如图6-20所示。

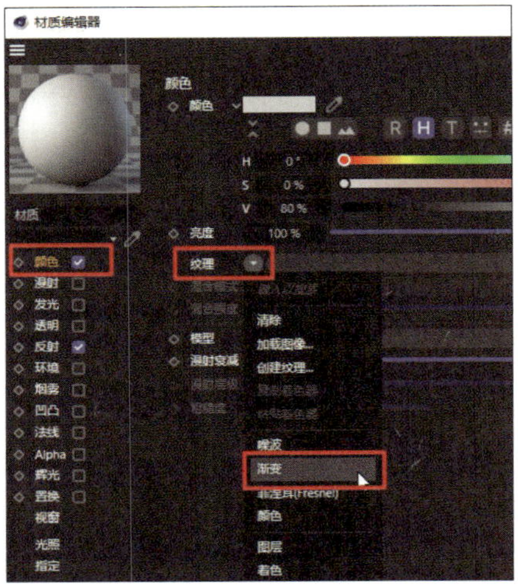

图 6-19 选择“渐变”命令

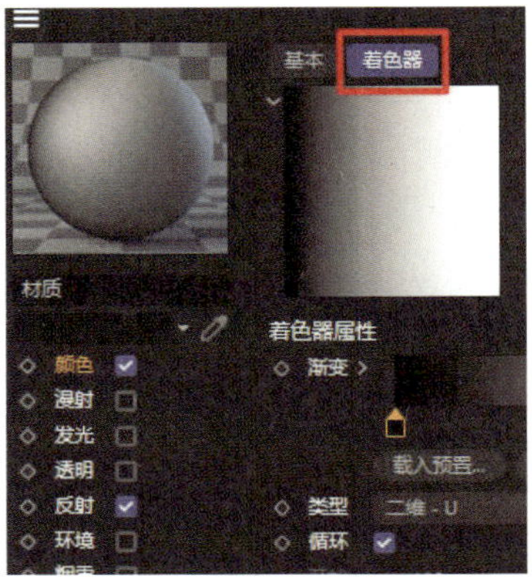

图 6-20 选择“着色器”选项卡

双击“渐变”选区中的第 1 个色标，在弹出的“渐变色标设置”对话框中设置“H”为 249°，“S”为 100%，“V”为 100%（见图 6-21），单击“确定”按钮 确定 ；双击“渐变”选区中的第 2 个色标，在弹出的“渐变色标设置”对话框中设置“H”为 197°，“S”为 100%，“V”为 100%（见图 6-22），单击“确定”按钮 确定 。将第 1 个色标往右移动一些，如图 6-23 所示；将“材质”材质球添加到“球体”对象中，选择旋转工具（快捷键为 R），选择 *Y* 轴方向的线圈，将“球体”对象旋转-90°，效果如图 6-24 所示。

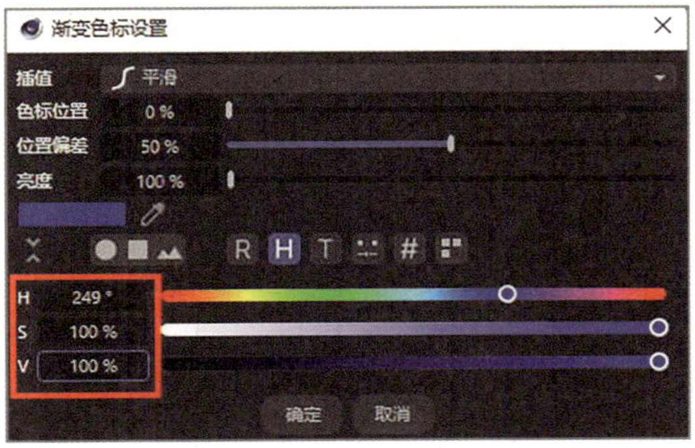

图 6-21　渐变颜色 1

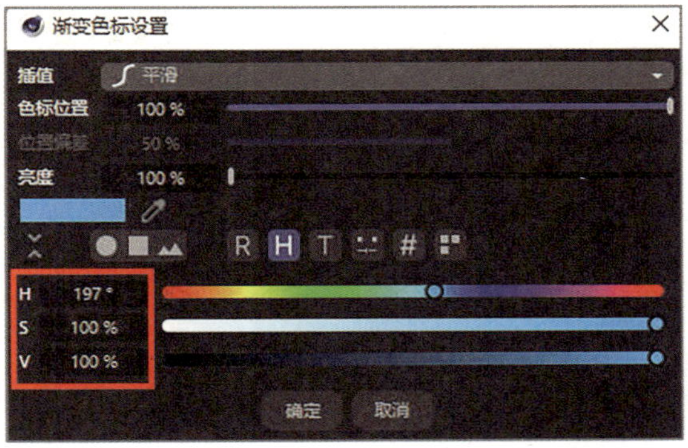

图 6-22　渐变颜色 2

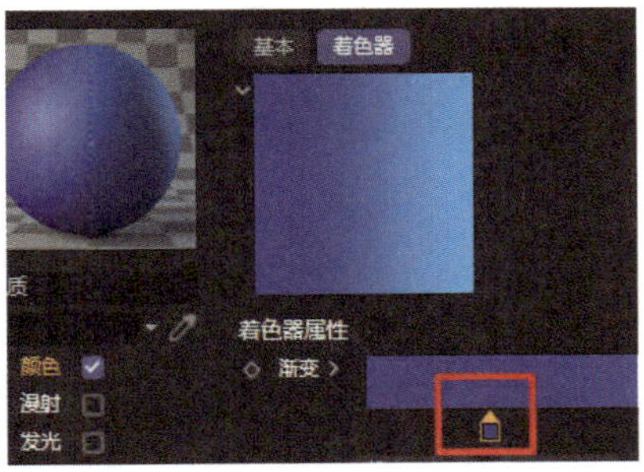

图 6-23　调整第 1 个色标的位置

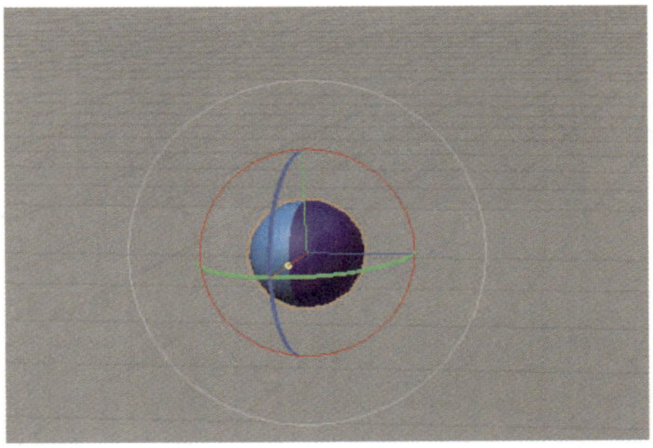

图 6-24　旋转-90°后的效果

03 制作小球弹跳效果

在“对象”窗口中，选择“球体”对象，按 E 键，切换到移动工具；在“动画”窗口中，将“场景结束帧”设置为 210 帧，如图 6-25 所示。将时间线指针移动到第 0 帧处，单击“动画”窗口中的“记录活动对象”按钮，记录第 1 个关键帧；将时间线指针移动到第 10 帧处，分别沿着 *Y* 轴和 *Z* 轴方向拖动“球体”对象，将“球体”对象移动到“平面”对象上（见图 6-26），单击“记录活动对象”按钮，记录第 2 个关键帧，如图 6-27 所示。将时间线指针移动到第 20 帧处，分别沿着 *Y* 轴和 *Z* 轴方向向上拖动“球体”对象（见图 6-28），单击“记录活动对象”按钮，记录第 3 个关键帧。将时间线指针移动到第 30 帧处，分别沿着 *Y* 轴和 *Z* 轴方向拖动“球体”对象，将“球体”对象移动到“平面”对象上（见图 6-29），单击“记录活动对象”按钮，记录第 4 个关键帧。参照相同的方法，记录第 40 帧、第 50 帧……第 140 帧处小球的位置，如图 6-30 所示。将时间线指针移动到第 200 帧处，沿着 Z 轴拖动“球体”对象（见图 6-31），单击“记录活动对象”按钮，记录最后一个关键帧。学生可以通过单击“动画”窗口中的“播放”按钮来预览小球的运动效果。

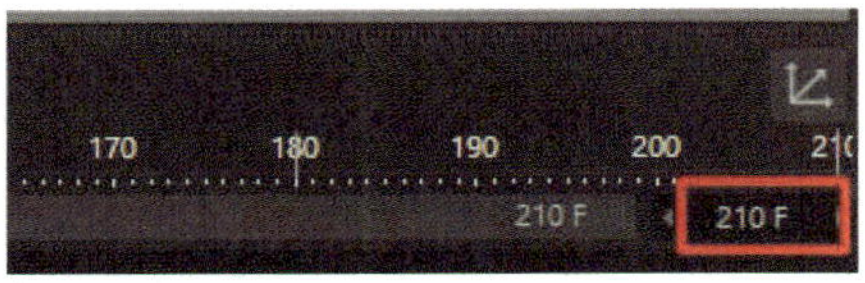

图 6-25　场景结束帧

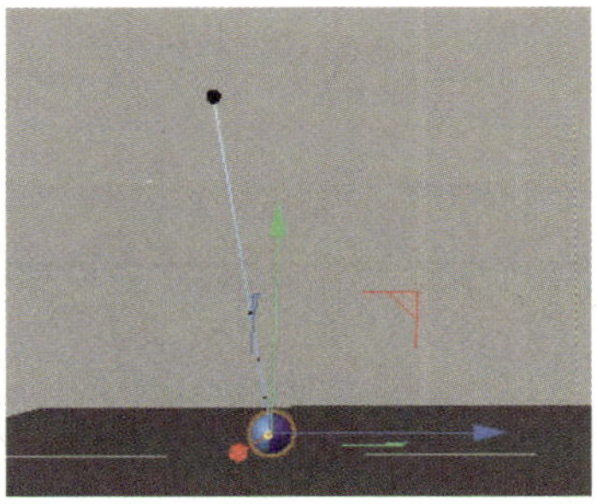

图 6-26　第 10 帧处小球的位置

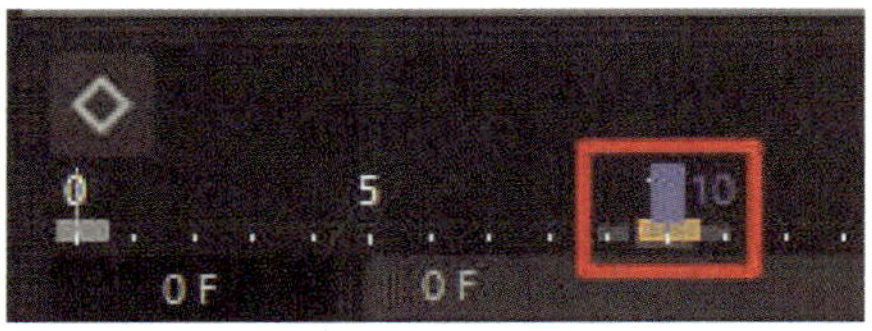

图 6-27　记录第 2 个关键帧

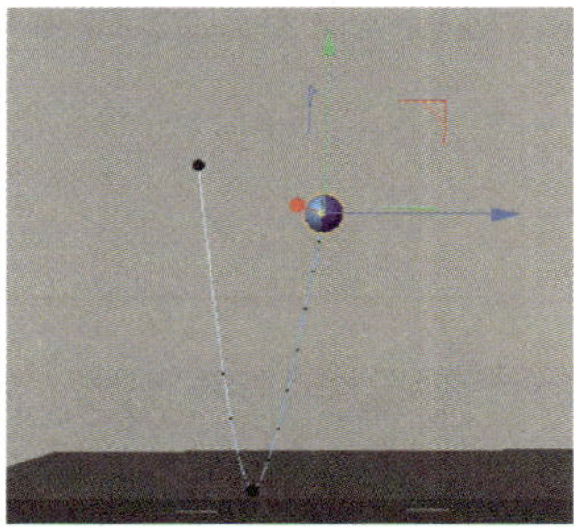

图 6-28　第 20 帧处小球的位置

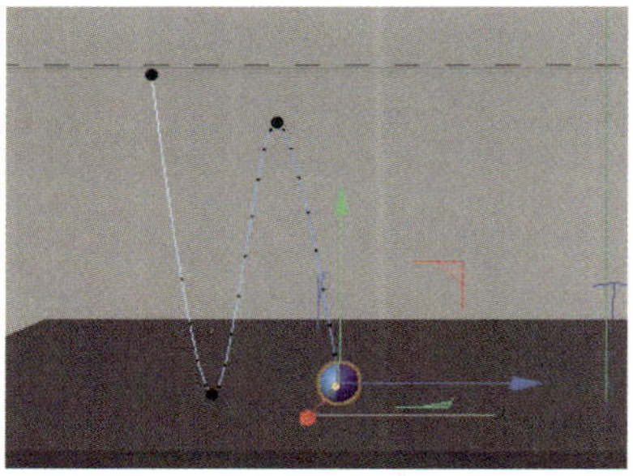

图 6-29　第 30 帧处小球的位置

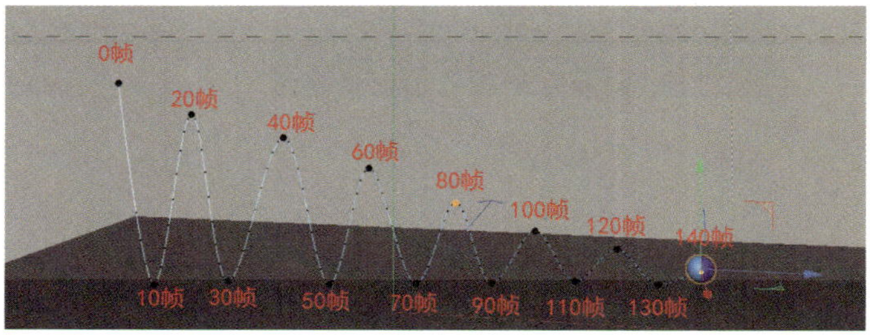

图 6-30　从第 40 帧处到第 140 帧处小球的位置

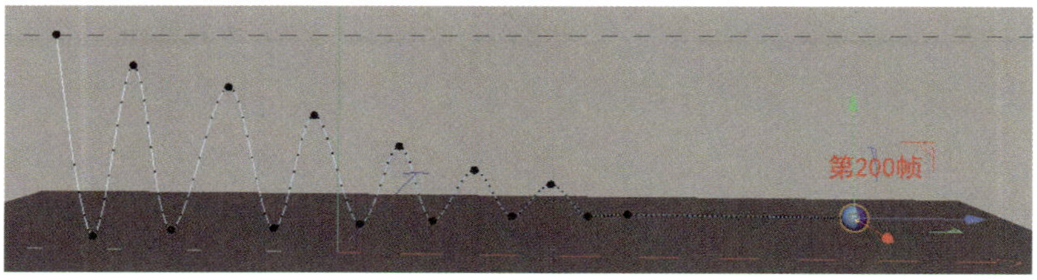

图 6-31　第 200 帧处小球的位置

04 修改小球的比例

在“对象”窗口中，选择“球体”对象，在“动画”窗口中，将时间线指针移动到第 5 帧处，在“球体”对象的属性面板中，选择“坐标”选项卡，设置“S.Y”为 1.5，并依次单击“S.X”、“S.Y”和“S.Z”属性左边的“关键”按钮（见图 6-32），效果如图 6-33 所示。

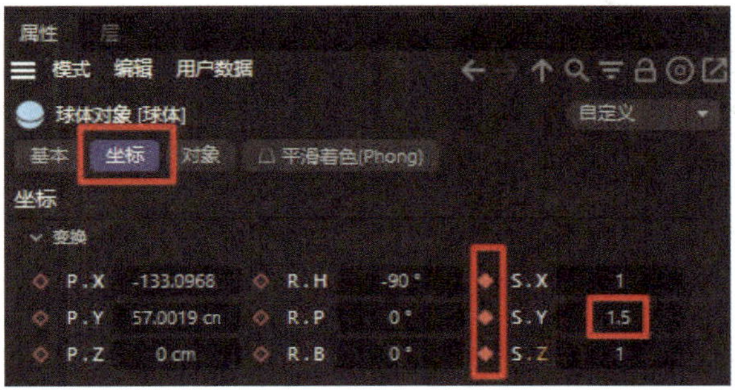

图 6-32　“球体”对象的属性参数 2

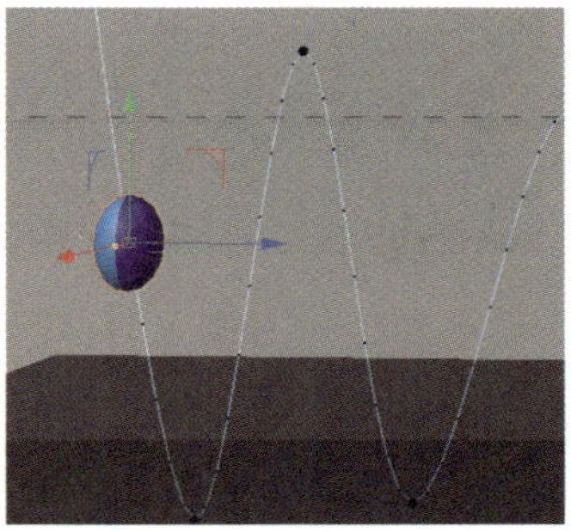

图 6-33　修改“S.Y”属性后的效果

在时间线上，选择第 5 帧上的关键帧，按住 Ctrl 键，同时按住鼠标左键并分别将关键帧拖动到第 15 帧、第 25 帧、第 35 帧、第 45 帧、第 55 帧、第 65 帧、第 75 帧、第 85 帧、第 95 帧和第 105 帧处，以复制关键帧。将时间线指针分别移动到第 95 帧和 105 帧处，在“球体”对象的属性面板中选择“坐标”选项卡，设置“S.Y”为 1.2，并单击“S.Y”属性左边的“关键”按钮。

将时间线指针移动到第 10 帧处，在“球体”对象的属性面板中选择“坐标”选项卡，设置“S.Z”为 1.5，并单击“S.Z”属性左边的“关键”按钮（见图 6-34），效果如图 6-35 所示。参照相同的方法，分别将时间线指针移动到第 30 帧和第 50 帧处，在“球体”对象的属性面板中选择“坐标”选项卡的，设置“S.Z”为 1.5，并单击“S.Z”属性左边的“关键”按钮。

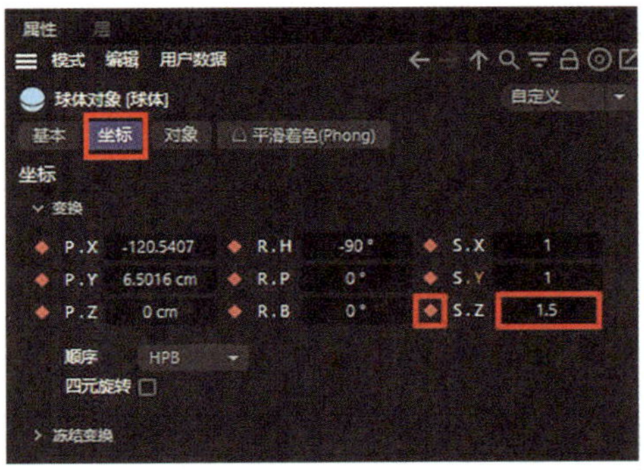

图 6-34　“球体”对象的属性参数 3

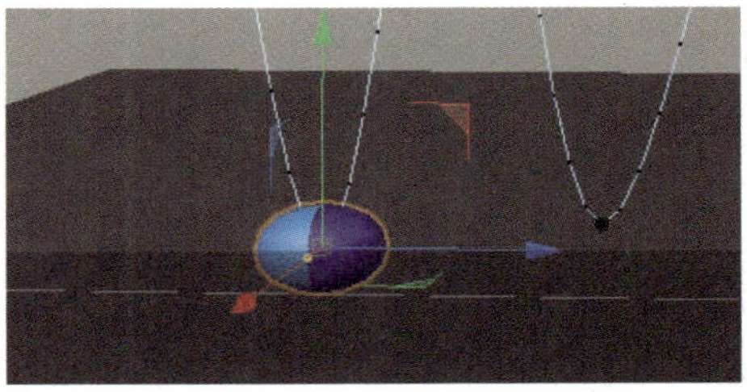

图 6-35　修改“S.Z”属性后的效果

分别将时间线指针移动到第 70 帧和第 90 帧处，在“球体”对象的属性面板中选择“坐标”选项卡，设置“S.Z”为 1.3，并单击“S.Z”属性左边的“关键”按钮。将时间线指针移动到第 200 帧处，在“球体”对象的属性面板中选择“坐标”选项卡，设置“R.P”为 -180°，并单击“R.P”属性左边的“关键”按钮（见图 6-36），效果如图 6-37 所示。学生可以通过单击“动画”窗口中的“播放”按钮▶来预览小球的运动效果。

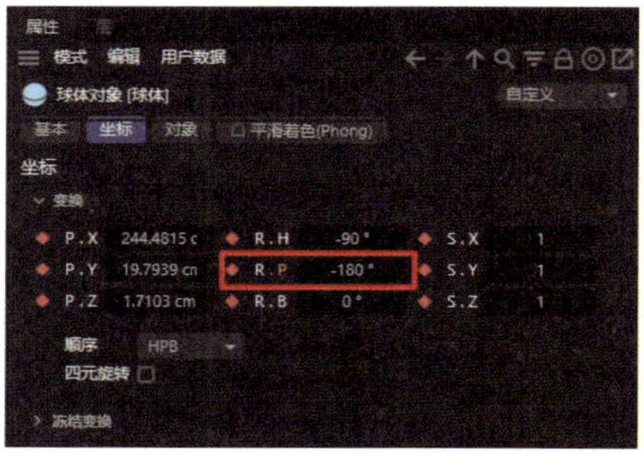

图 6-36　“球体”对象的属性参数 4

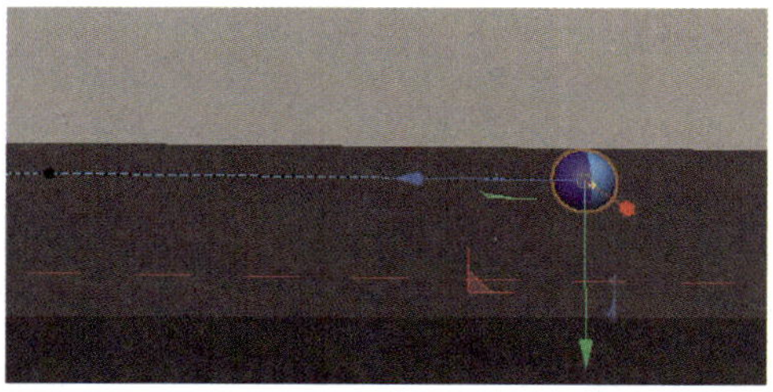

图 6-37　旋转-180°后的效果

05 渲染输出

单击“编辑渲染设置”按钮，在弹出的“渲染设置”对话框中设置“格式”为 MP4，选择“输出”选项，设置“帧范围”为“全部帧”；单击“渲染到图像查看器”按钮，在弹出的“图像查看器”对话框中完成导出。小球弹跳动画最终效果如图 6-38 所示。

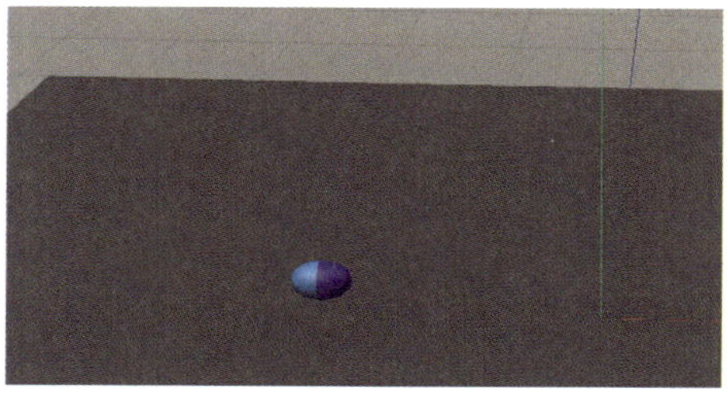

图 6-38　小球弹跳动画最终效果

任务小结

通过关键帧精确控制小球的弹跳时间点和运动轨迹。

通过复制关键帧快速实现小球的运动效果。

6.3　任务 2：“预防溺水”文字动画

任务情境

夏天，许多孩子都喜欢到游泳池游泳。为了提醒更多家长及孩子注意安全，我们需要设计一个用于户外广告牌的文字动画，以吸引过往行人的注意，传播溺水预防信息，参考标语为“预防溺水”和“安全第一”等。本任务为制作“预防溺水”文字动画，如图 6-39 所示。

图 6-39　“预防溺水”文字动画

“预防溺水”文字动画

知识目标

能够简述运动样条的属性组成及调整方法。

技能目标

能够掌握修改文本对象属性的方法。

能够自主创建文本对象，并进行必要的编辑，如选择字体、调整大小等。

能够运用运动样条完成动画效果。

素质目标

提高学生的问题解决能力与调试技能。

提升学生的安全意识。

任务分析

运动样条是一个工具，其可以生成各种形态的样条，只需修改“样条”选项卡中的“源样条”参数即可实现。通过调整运动样条的参数，可以生成各种复杂的路径。这些路径可以用于控制物体的运动轨迹，从而创造出多样化的动画效果。运动样条提供了 3 种模式：样条模式、简单模式、海龟（Turtle）模式，用户可以根据不同的使用需求选择合适的模式，以达到预期的效果。

任务实施

01 制作文字

打开 Cinema 4D，单击“文本样条”按钮，新建“文本样条”对象，在其属性面板中设置“文本样条”为“预防溺水”，如图 6-40 所示。长按“矩形”按钮，在弹出的列表中单击“圆环”按钮，新建“圆环”对象，在其属性面板中设置“半径”为 4cm，如图 6-41 所示。按住 Alt 键，同时长按“细分曲面”按钮，在弹出的列表中单击“扫描”按钮，新建“扫描”对象，将“圆环”对象作为“扫描”对象的子级，如图 6-42 所示。在“对象”窗口中，将“文本样条”对象拖动到最上层，如图 6-43 所示。

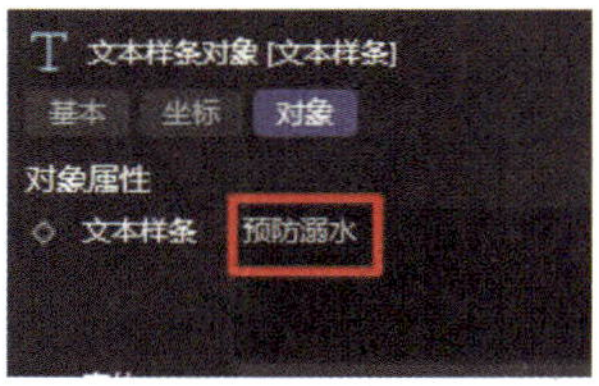

图 6-40 “文本样条”对象的属性参数

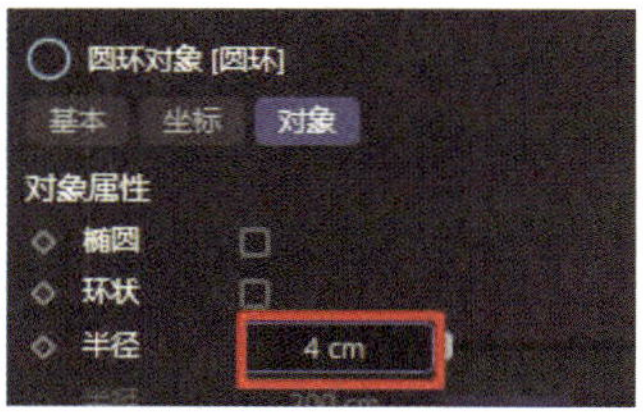

图 6-41 “圆环”对象的属性参数

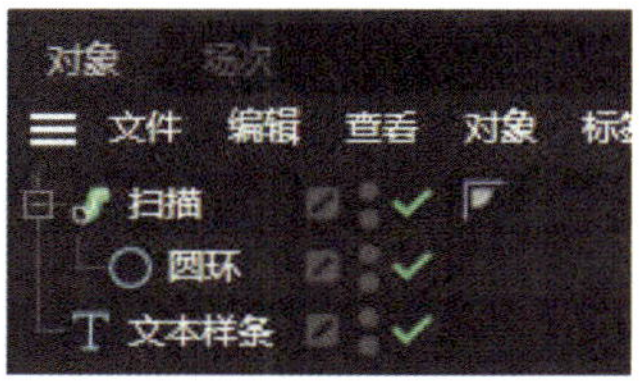

图 6-42 添加子级 1

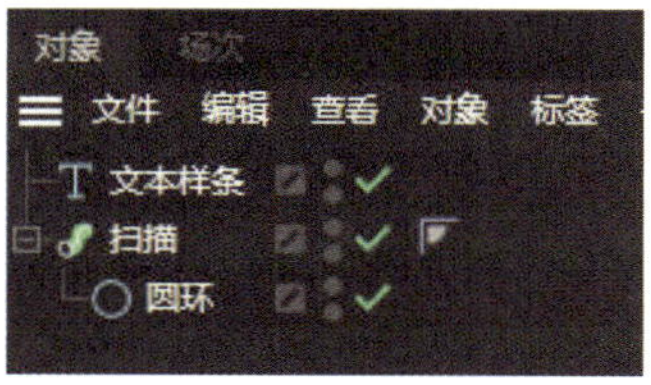

图 6-43 调整图层顺序

02 添加“运动样条”对象

长按“克隆”按钮，在弹出的列表中单击“运动样条”按钮，新建“运动样条”对象，在“对象”窗口中，将“运动样条”对象拖动到最下层，作为“扫描”对象的第 2 个子级，如图 6-44 所示。单击“运动样条”对象，在其属性面板中选择“样条”选项卡，单击“源样条”属性后方的“吸取”按钮，单击“对象”窗口中的“文本样条”对象，将“源样条”设置为文本样条，如图 6-45 所示。

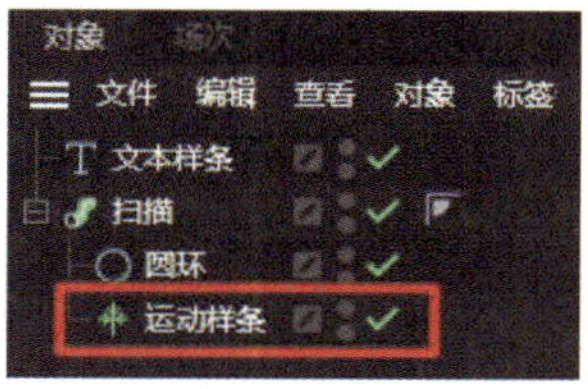

图 6-44 添加子级 2

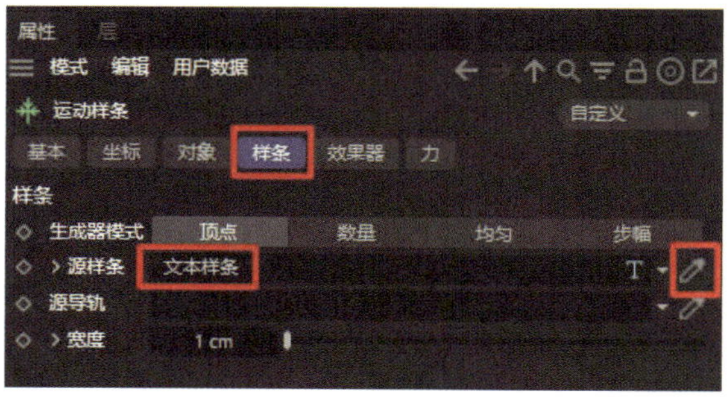

图 6-45 设置文本样条

单击“对象”窗口中的“运动样条”对象，在其属性面板中选择“对象”选项卡，设置“模式”为“样条”，“生长模式”为“独立的分段”，“终点”为 99.9%（见图 6-46），效果如图 6-47 所示。

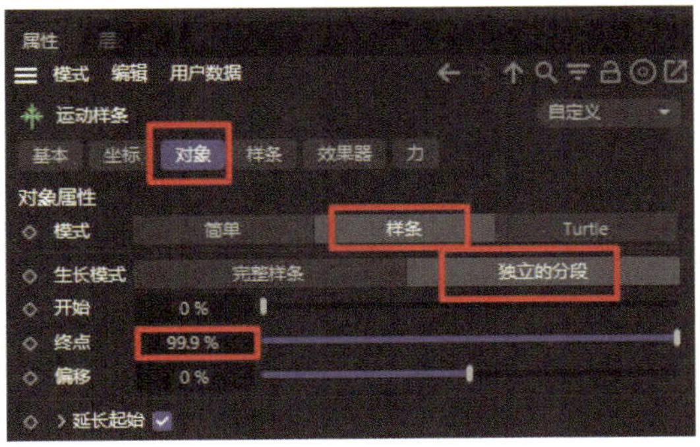

图 6-46　“运动样条”对象的属性参数 1

图 6-47　运动样条效果

03 赋予材质

单击“材质管理器”按钮，打开“材质管理器”窗口，双击“材质管理器”窗口空白处，新建材质球“材质”；双击该材质球，在打开的“材质编辑器”窗口中勾选“颜色”复选框，在“颜色”通道属性面板中，单击“纹理”下拉按钮，在弹出的下拉列表中选择“渐变”命令（见图 6-48），单击纹理右边的渐变框，选择“着色器”选项卡，如图 6-49 所示。

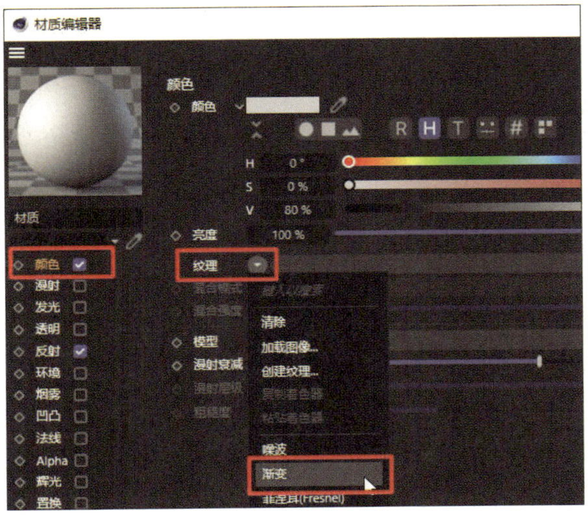

图 6-48　选择“渐变”命令

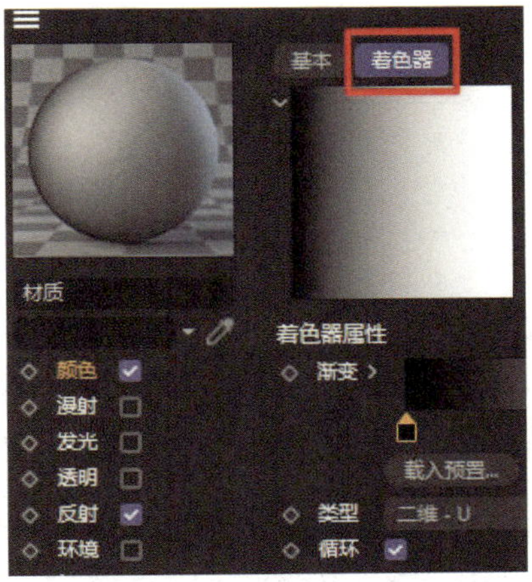

图 6-49　选择“着色器”选项卡

在“着色器”选项卡中，双击“渐变”选区中的第 1 个色标，在弹出的“渐变色标设置”对话框中，设置“H”为 235°，“S”为 97%，“V”为 98%（见图 6-50），单击“确定”按钮；双击“渐变”选区中的第 2 个色标，在弹出的“渐变色标设置”对话框中设置“H”为 203°，“S”为 100%，“V”为 100%（见图 6-51），单击“确定”按钮。将第 1 个色标往右移动一些，如图 6-52 所示。将“材质”材质球添加到“文本样条”、“圆环”、“运动样条”和“扫描”对象中，如图 6-53 所示。“预防溺水”效果如图 6-54 所示。

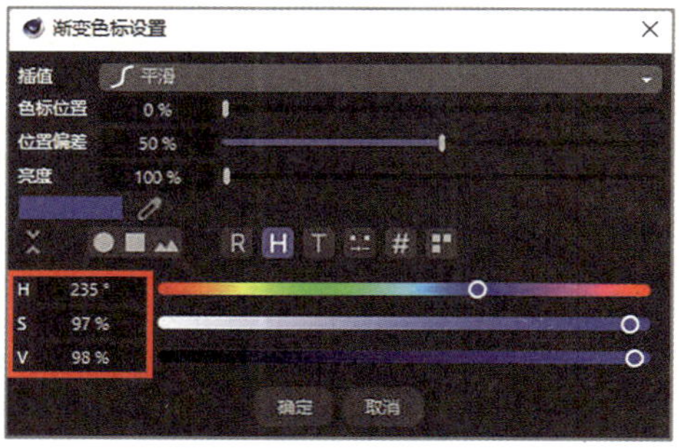

图 6-50　渐变颜色 1

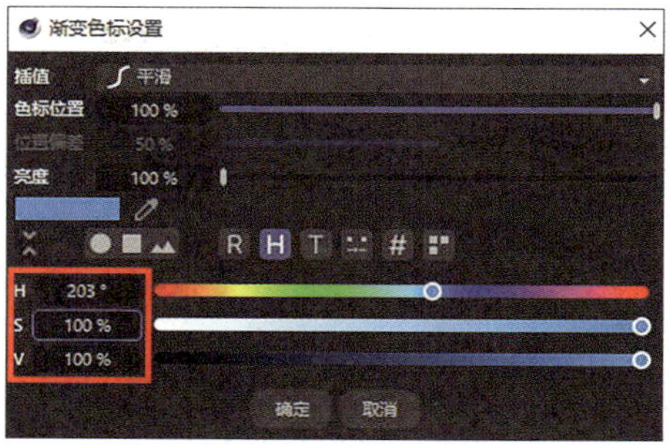

图 6-51　渐变颜色 2

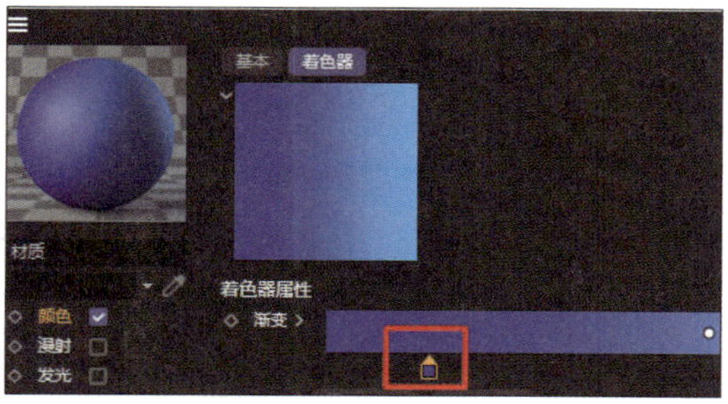

图 6-52　调整第 1 个色标的位置

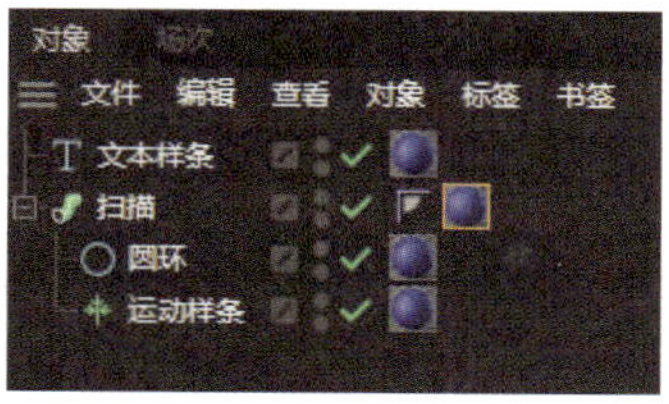

图 6-53　添加材质球

图 6-54　“预防溺水”效果

为了让文字轮廓更加饱满，需要调整运动样条的宽度。在“对象”窗口中，选择“运动样条”对象，在其属性面板中选择“样条”选项卡，设置“宽度”为 4cm，如图 6-55 所示。“预防溺水”加宽效果如图 6-56 所示。

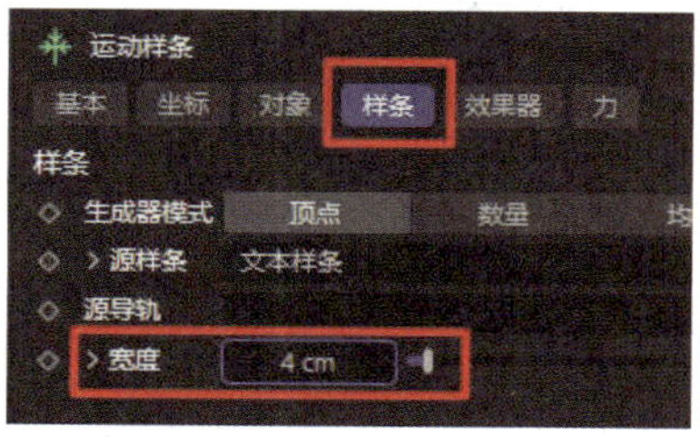

图 6-55　“运动样条”对象的属性参数 2

图 6-56　“预防溺水”加宽效果

04 添加动画效果

在“对象”窗口中，选择“运动样条”对象，按 E 键，切换到移动工具；在“动画”窗口中，设置“场景结束帧”为 200 帧，如图 6-57 所示。将时间线指针移动到第 180 帧处，在“运动样条”对象的属性面板中选择“对象”选项卡，单击“终点”属性左边的“关键”按钮，记录第 1 个关键帧，如图 6-58 所示。将时间线指针移动到第 0 帧处，在“运动样条”对象的属性面板中设置“终点”为 0%，单击“终点”属性左边的“关键”按钮，记录第 2 个关键帧，如图 6-59 所示。“预防溺水”动画效果如图 6-60 所示。学生可以通过单击“动画”窗口中的“播放”按钮来预览文字的运动效果。

图 6-57　场景结束帧

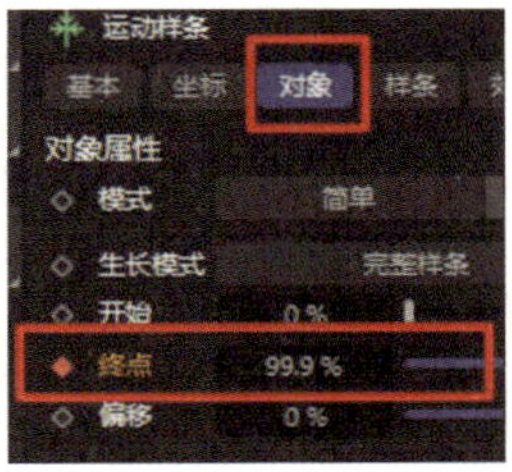

图 6-58　记录第 1 个关键帧

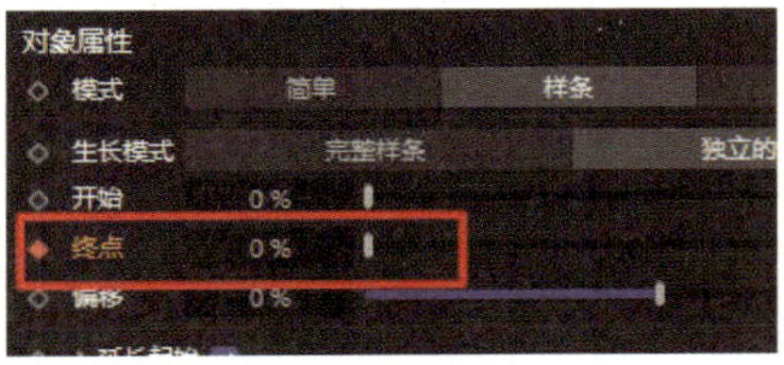

图 6-59　记录第 2 个关键帧

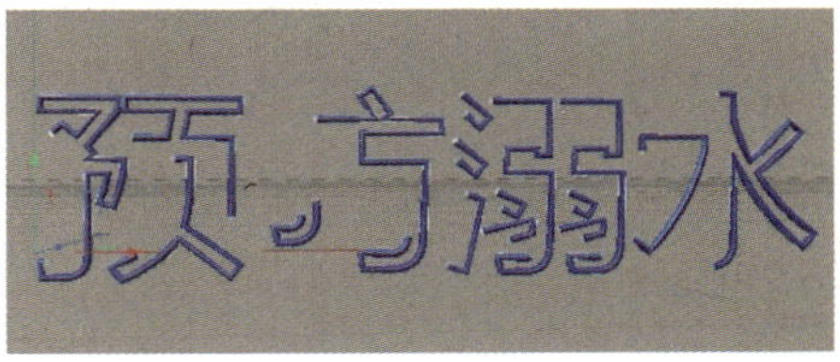

图 6-60　“预防溺水”动画效果

05 渲染输出

长按“灯光”按钮，在弹出的列表中单击“物理天空”按钮，新建“物理天空”对象。单击“编辑渲染设置”按钮，在弹出的“渲染设置”对话框中，设置“格式”为 MP4，选择“输出”选项，设置“帧范围”为“全部帧”。单击“渲染到图像查看器”按钮，在弹出的“图像查看器”对话框中完成导出。“预防溺水”文字动画最终效果如图 6-61 所示。

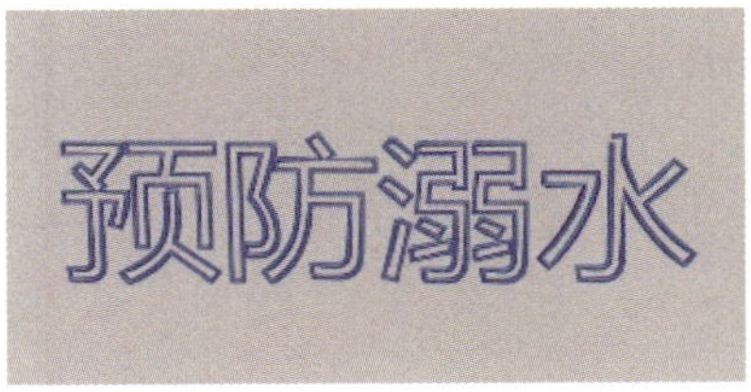

图 6-61　“预防溺水”文字动画最终效果

任务小结

通过运动样条实现文字的动画效果。

运用扫描工具实现文字效果。

6.4 任务 3：“我爱你中国”音乐律动动画

任务情境

《我爱你，中国》是一首红色经典歌曲，于 1979 年 1 月 1 日在央视文艺晚会上由叶佩英演唱。这首歌曲由瞿琮作词，郑秋枫作曲，叶佩英原唱。这首歌曲充满了对祖国和生活的热爱，歌词真挚，旋律优美，是一首非常感人的歌曲。本任务将运用这首歌曲来制作音乐律动动画。“我爱你中国”音乐律动动画如图 6-62 所示。

图 6-62　“我爱你中国”音乐律动动画

“我爱你中国”音乐律动动画

知识目标

能够简述着色效果器属性的作用与使用方法。
能够简述声音效果器属性的作用与使用方法。

技能目标

能够运用着色和声音效果器完成文字动画效果。
能够运用效果器制作动画效果。
能够灵活运用工具或命令制作“我爱你中国”音乐律动动画。

素质目标

培养学生的自主学习能力与持续改进意识。
培养学生的爱国情怀。

任务分析

Cinema 4D 的声音效果器是一种功能强大的工具，它允许用户根据音频文件的不同属性（如频率和振幅等）来控制对象的动作，从而创建与音乐同步的动画。使用声音效果器可以制作出节奏感强烈的视觉效果，这种效果特别适合用于制作音乐视频或其他与音乐相关的视觉展示作品。

任务实施

01 制作文字

打开 Cinema 4D，单击“文本样条”按钮，新建“文本样条”对象，在其属性面板中设置“文本样条”为“我爱你中国”，效果如图 6-63 所示。长按“立方体”按钮，在弹出的列表中单击“圆柱体”按钮，新建“圆柱体”对象，在其属性面板中选择“对象”选项卡，设置“半径”为 6cm，“高度”为 80cm，“高度分段”为 1，“旋转分段”为 20，如图 6-64 所示。按住 Alt 键，同时单击“克隆”按钮，新建“克隆”对象，将“圆柱体”对象作为“克隆”对象的子级；在“克隆”对象的属性面板中选择“对象”选项卡，设置“模式”为“对象”，“对象”为文本样条（将“对象”窗口中的“文本样条”对象拖动到“对象”属性中），“分布”为“步幅”，“步幅”为 10cm（见图 6-65），效果如图 6-66 所示。

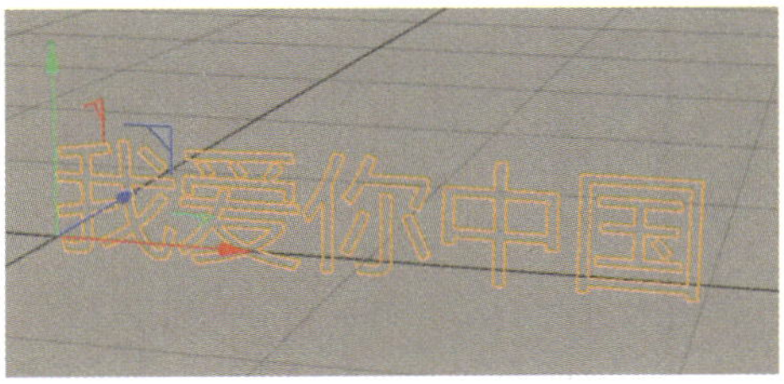

图 6-63　添加文字后的效果

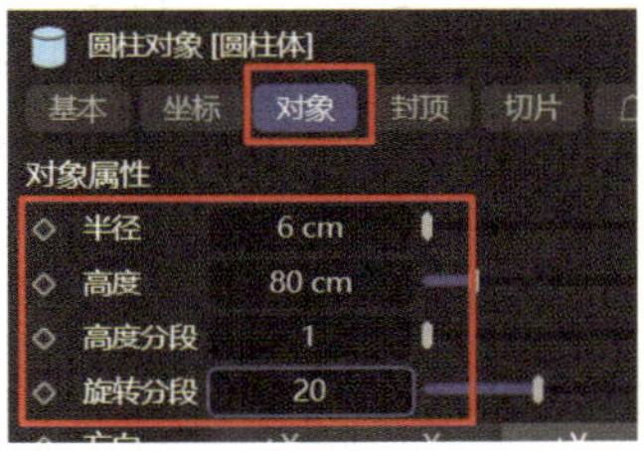

图 6-64　“圆柱体”对象的属性参数

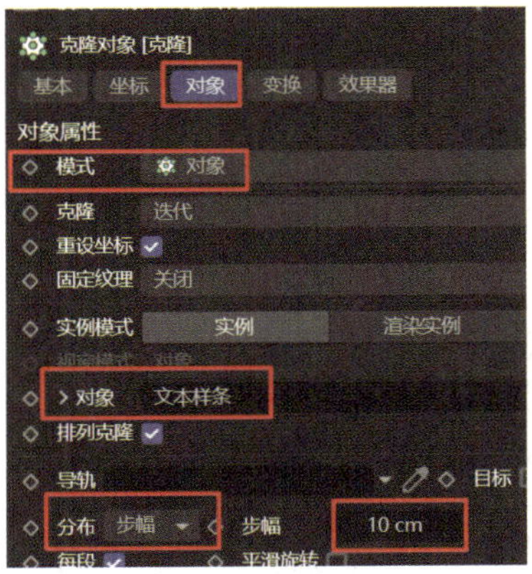

图 6-65　“克隆”对象的属性参数

图 6-66　添加克隆后的效果

02 添加效果器

在“对象”窗口中，选择“克隆”对象，长按“简易”按钮，在弹出的列表中单击“着色”按钮，新建“着色”对象；在“着色”对象的属性面板中，选择“着色”选项卡，设置“着色器”为“噪波”，如图 6-67 所示；单击着色器右边的噪波框，选择“着色器”选项卡，设置“全局缩放”为 1000%，“高度修剪”为 66%，“亮度”为-48%，“对比”为 37%（见图 6-68），效果如图 6-69 所示。

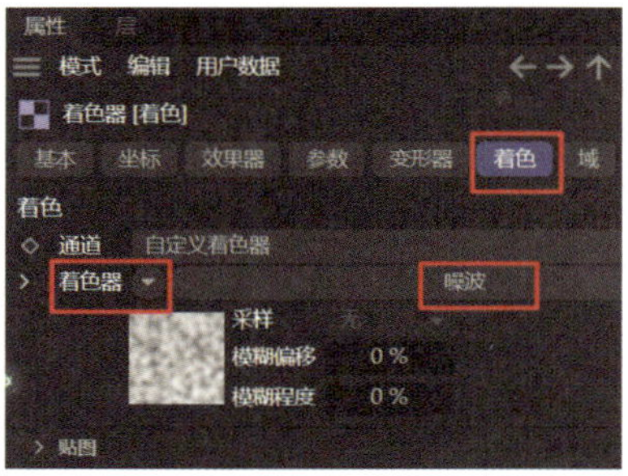

图 6-67 “着色”对象的属性参数 1

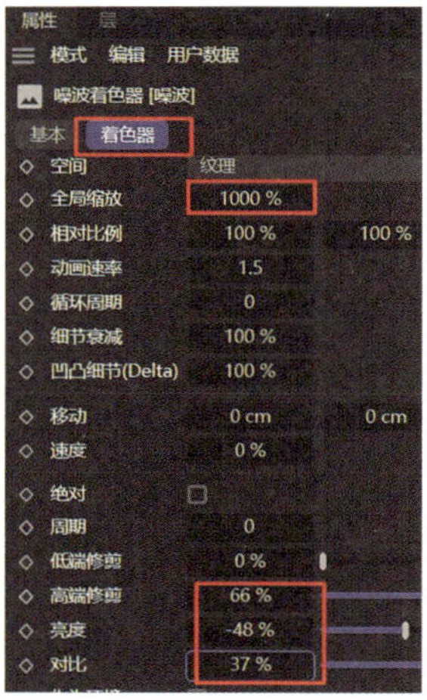

图 6-68 “着色”对象的属性参数 2

图 6-69 添加噪波后的效果

在“对象”窗口中，选择“克隆”对象，长按“简易”按钮，在弹出的列表中单击“声音”按钮，新建“声音”对象；在“声音”对象的属性面板中，选择“效果器”选项卡，单击“音频”下拉按钮，在弹出的下拉列表中选择“载入声音”命令，在弹出的对话框中选择“我爱你中国.mp3”文件，单击“打开”按钮，设置“放大”为如图 6-70 所示的探针范围，“强度”为 300%，如图 6-71 所示；选择“参数”选项卡，取消勾选“位置”复选框（见图 6-72），效果如图 6-73 所示。

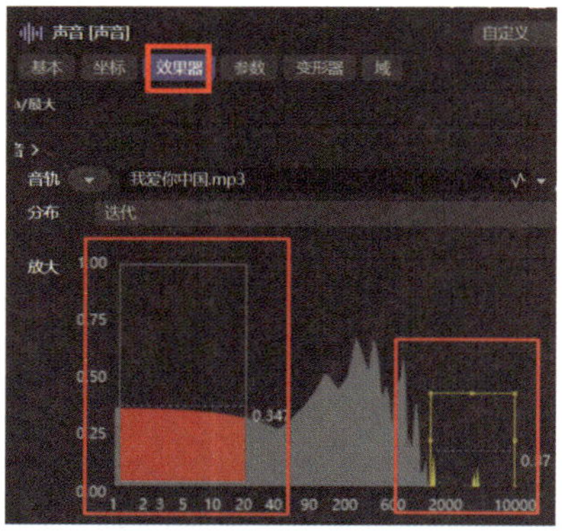

图 6-70 探针范围

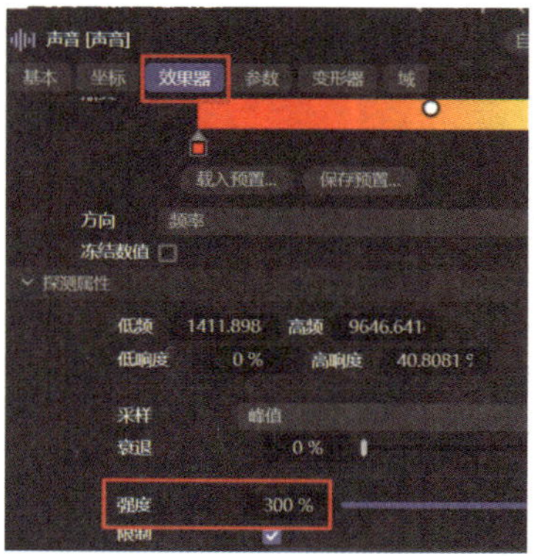

图 6-71 “声音”对象的属性参数 1

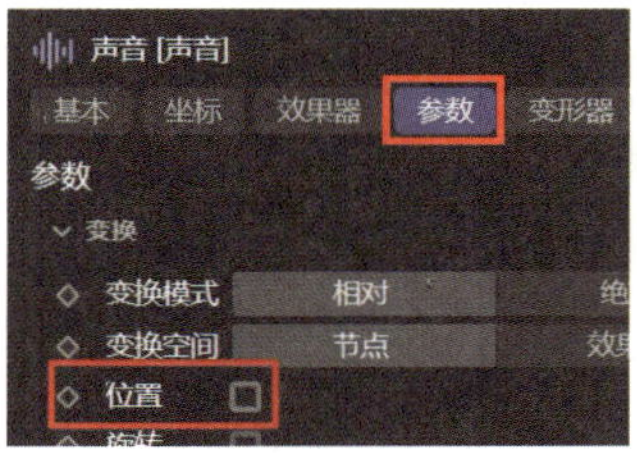

图 6-72　“声音”对象的属性参数 2

图 6-73　添加声音效果器后的效果

03 赋予材质

新建“材质”材质球，在“材质编辑器”窗口中勾选“颜色”复选框，在“颜色”通道属性面板中，单击“纹理”下拉按钮，在弹出的下拉列表中选择“着色”命令（见图 6-74），单击纹理右边的着色框（见图 6-75），选择“着色器”选项卡，单击“纹理”下拉按钮，在弹出的下拉列表中选择“MoGraph”→“颜色着色器”命令，如图 6-76 所示。

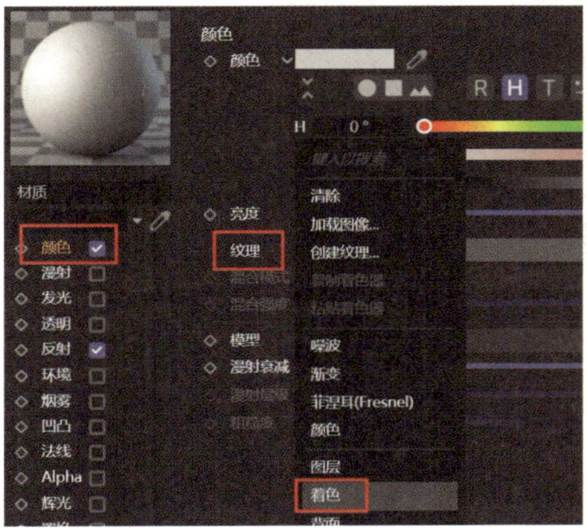

图 6-74　选择“着色”命令

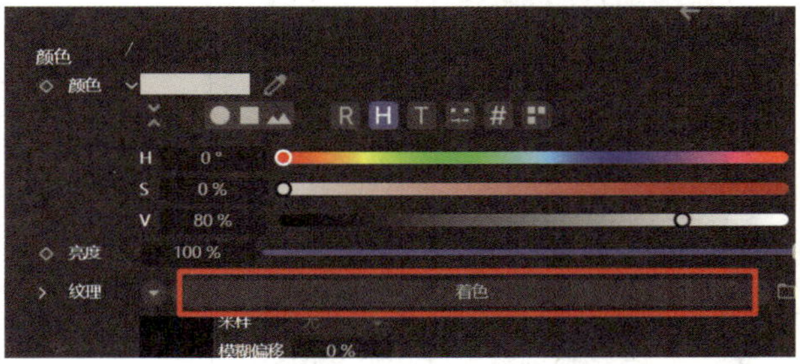

图 6-75　单击着色框

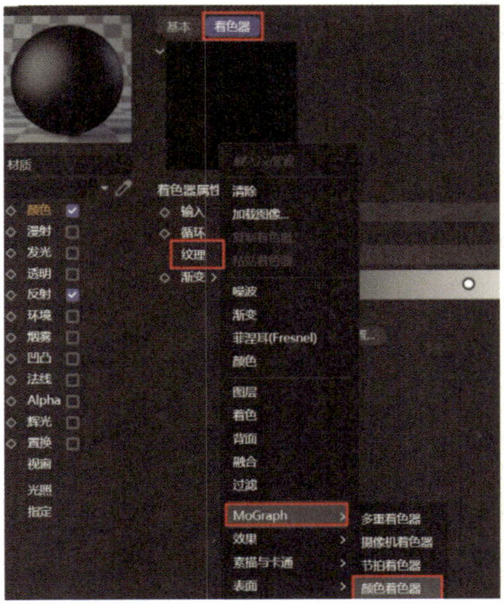

图 6-76　选择“颜色着色器”命令

在“着色器”选项卡中，双击“渐变”选区中的第 1 个色标，在弹出的“渐变色标设置”对话框中设置“H”为 0°，“S”为 100%，“V”为 100%（见图 6-77），单击“确定”按钮；双击“渐变”选区中的第 2 个色标，在弹出的“渐变色标设置”对话框中设置“H”为 24°，“S”为 100%，“V”为 100%（见图 6-78），单击“确定”按钮。在两个色标中间单击，添加一个新的色标；双击该色标，在弹出的“渐变色标设置”对话框中设置 H 为 71°，S 为 100%，V 为 100%（见图 6-79），单击“确定”按钮。将第 1 个色标和中间色标向右移动一些，如图 6-80 所示。

为“克隆”对象添加材质球，“我爱你中国”音乐律动动画效果如图 6-81 所示。

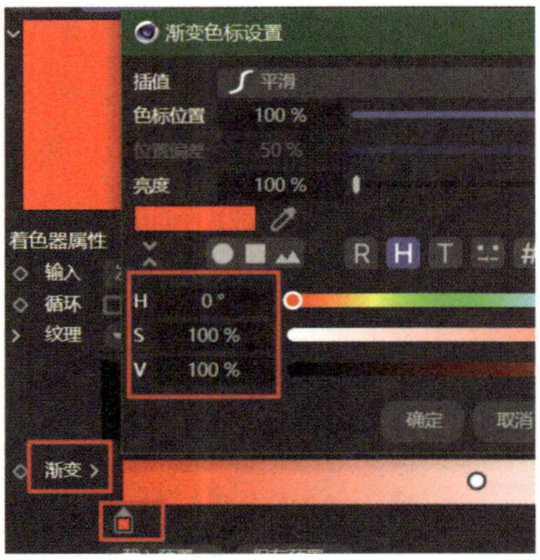

图 6-77　渐变颜色 1

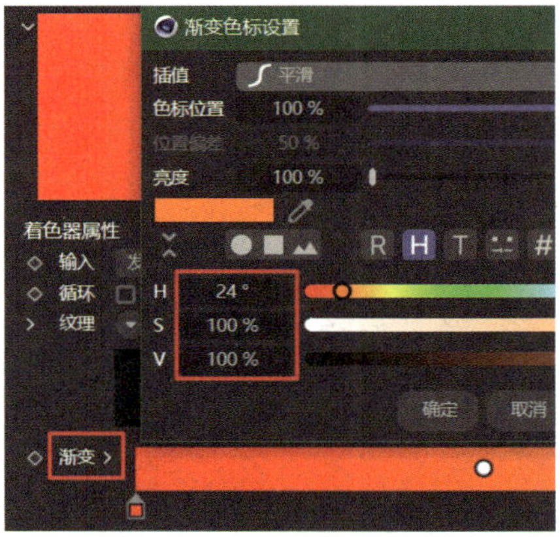

图 6-78　渐变颜色 2

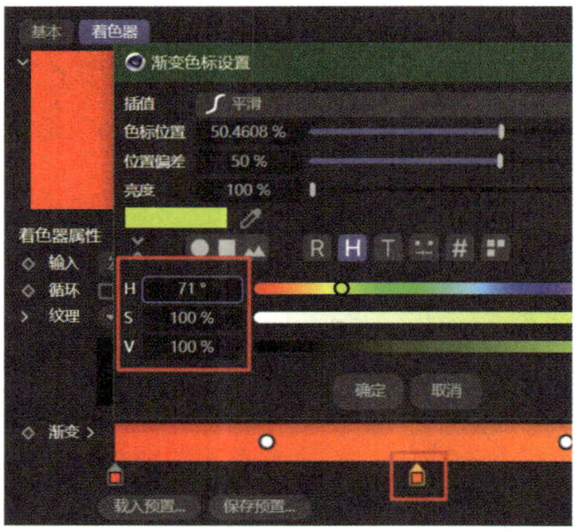

图 6-79　渐变颜色 3

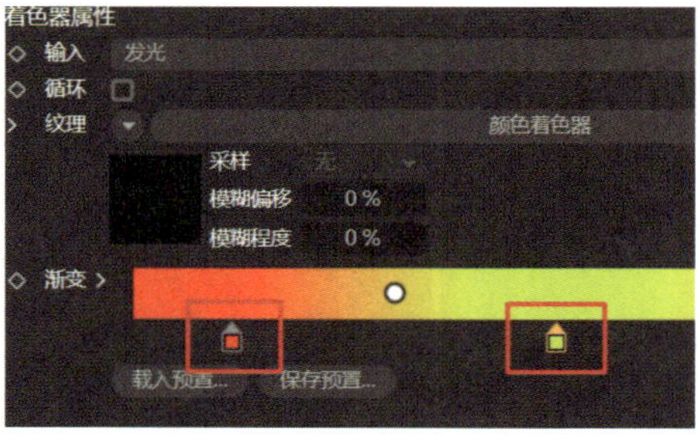

图 6-80　移动第 1 个色标和中间色标的位置

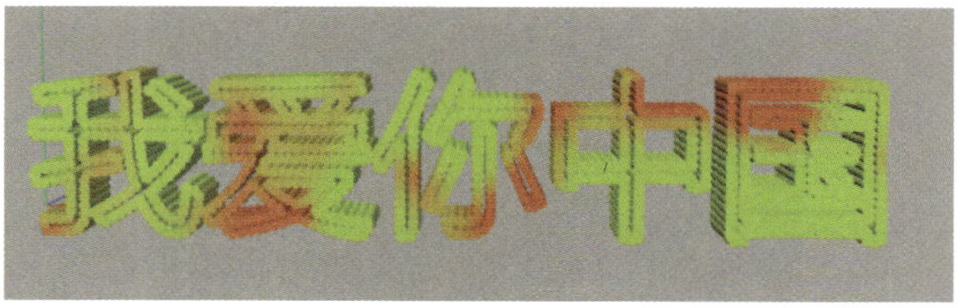

图 6-81　“我爱你中国”音乐律动动画效果

04 渲染输出

长按“灯光”按钮，在弹出的列表中单击“物理天空”按钮，新建“物理天空”对象。单击“编辑渲染设置”按钮，在弹出的“渲染设置”对话框中设置“格式”为 MP4，选择“输出”选项，设置“帧范围”为“全部帧”。单击“渲染到图像查看器”按钮，在弹出的“图像查看器”对话框中完成导出。“我爱你中国”音乐律动动画最终效果如图 6-82 所示。

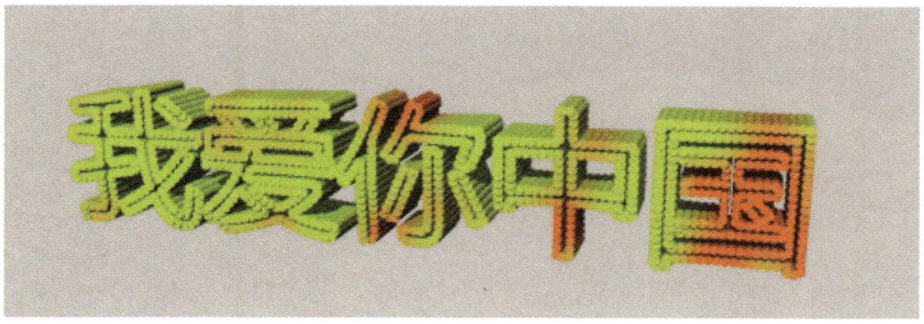

图 6-82　“我爱你中国”音乐律动动画最终效果

任务小结

运用声音效果器完成文字动画效果。

运用声音效果器，可以根据声音的变化来改变对象的材质属性，如颜色、透明度等，从而创造出随音乐变化的视觉效果。

模块拓展

一、理论题

1. 在 Cinema 4D 中，使用（　　）工具可以将单个对象克隆出多份，并按照设定的规则排列这些对象。

A．克隆　　B 矩阵　　C．分裂　　D．破碎

2. 在 Cinema 4D 中，如果想快速对一个对象进行复制操作，并沿着一条路径排列副本，则应该使用（　　）工具。

A．克隆　　B．矩阵　　C．分裂　　D．运动样条

3. 在 Cinema 4D 中，使用（　　）工具可以将一个对象分割成多个部分。

A．克隆　　B．矩阵　　C．分裂　　D．破碎

4. Cinema 4D 中，使用（　　）工具可以模拟物体受到冲击后的碎片飞散效果。

A．克隆　　B．矩阵　　C．分裂　　D．破碎

5. 在 Cinema 4D 中，如果想让多个对象具有相同属性且占用较少的资源，则应该使用（　　）工具。

A. 克隆　　B. 矩阵　　C. 分裂　　D. 实例

6. 在 Cinema 4D 中，使用（　　）工具可以追踪场景中运动的粒子或物体的运动轨迹。

A. 追踪对象　　B. 克隆　　C. 矩阵　　D. 分裂

7. 在 Cinema 4D 中，使用（　　）可以创建复杂的运动路径，如螺旋形或自定义形状的轨迹。

A. 运动样条　　B. 克隆工具　　C. 矩阵工具　　D. 追踪对象工具

8. 在 Cinema 4D 中，使用（　　）可以沿着特定路径对对象进行变形。

A. 效果器　　B. 运动样条　　C. 矩阵工具　　D. 追踪对象工具

9. 在 Cinema 4D 中，如果想为物体添加特殊效果，如扭曲或弯曲等，则应使用（　　）。

A. 效果器　　B. 克隆工具　　C. 矩阵工具　　D. 分裂工具

10. 在 Cinema 4D 中，使用（　　）可以随机化或改变一组对象的位置、旋转或缩放。

A. 效果器　　B. 克隆工具　　C. 矩阵工具　　D. 破碎工具

二、实践创新

完成“壮族三月三”文字效果，如图 6-83 所示。

图 6-83　“壮族三月三”文字效果

模块 7　综合实战

模块导读

在 Cinema 4D 的综合实战模块中，梦想之家——卡通房屋、“热爱劳动”主题美陈和海上灯塔的建模都是具有挑战性的任务。学生不仅需要灵活运用 Cinema 4D 的各种工具和技巧，还需要发挥创意，提升审美能力。

模块目标

知识目标

能够简述 Cinema 4D 建模的工作原理。

能够简述模型制作的基本知识。

能够简述灯光的基本知识。

技能目标

能够分析平面设计与三维建模的结合案例的特点。

能够完成梦想之家——卡通房屋的建模。

能够完成“热爱劳动”主题美陈的建模。

能够完成海上灯塔的建模。

素养目标

通过视觉设计传递对劳动的尊重，培养学生热爱劳动的精神。

提升学生的审美能力，培养学生追求卓越的精神。

7.1 任务 1：梦想之家——卡通房屋

任务情境

梦想可以鼓舞青少年树立信心，使其提高对生活的追求，同时能激发他们思考和创造的能力，培养其社会创造精神。当我们拥有梦想时，能够激发强大的动力，使自己充满信心，体会成功带来的温暖的幸福。让我们共同创建梦想之家，探索和积累梦想的点滴，并逐步实现它们。本任务将使用 Cinema 4D 制作卡通房屋，如图 7-1 所示。

图 7-1　卡通房屋

卡通房屋（1 房屋）　　卡通房屋（2 树）　　卡通房屋（3 修饰+材质）

知识目标

能够简述多边形建模的方法和原理。

能够分析卡通房屋的结构。

技能目标

能够通过多边形建模方法来扩展新模型。

能够灵活运用锥化工具制作锥化模型。

能够运用工具或命令创建玻璃模型及材质。

素质目标

提升学生的创新思维能力。

培养学生脚踏实地、注重积累的品质。

任务分析

综合运用样条到网格建模制作模型，运用嵌入和挤压工具制作房子，运用锥化工具制作树木，创建玻璃、木纹等材质球。

任务实施

01 创建院子及公路

打开 Cinema 4D，单击“立方体”按钮，新建“立方体”对象，在其属性面板中设置“尺寸.X”为 700cm，“尺寸.Y”为 30cm，“尺寸.Z”为 700cm（见图 7-2），效果如图 7-3 所示。

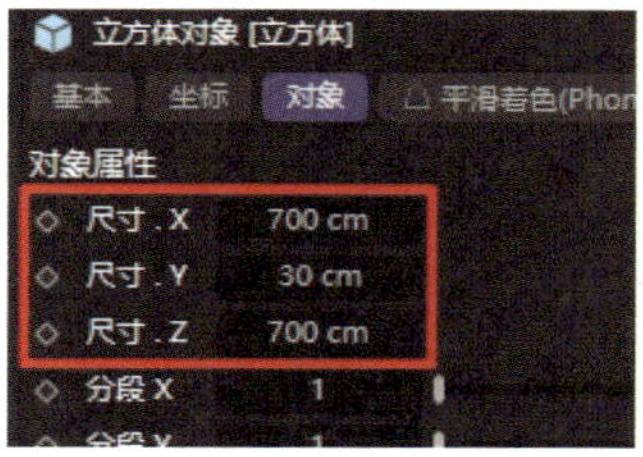

图 7-2　“立方体”对象的属性参数

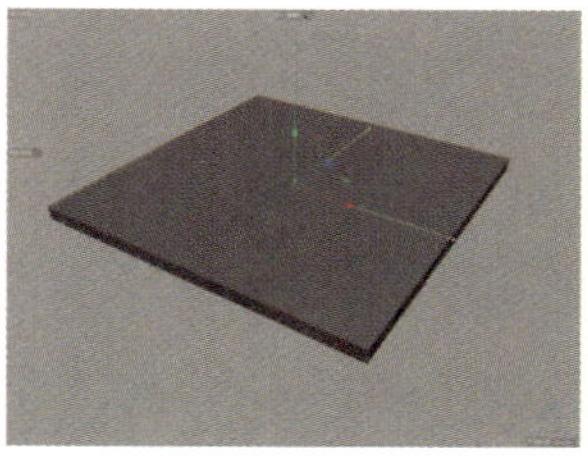

图 7-3　新建“立方体”对象后的效果 1

按 C 键，将“立方体”对象转换为可编辑对象，单击工具栏中的“边”按钮，切换到“边”模式，按住 Shift 键，同时选择“立方体”对象外围的 4 条边（见图 7-4），右击“透视视图”窗口空白处，在弹出的快捷菜单中选择“倒角”命令，在“倒角”属性面板中，设置“倒角模式”为“倒棱”，“偏移模式”为“固定距离”，“偏移”为 60cm，“细分”为 3，“深度”为 100%，勾选“限制”复选框，设置“外形”为“圆角”，“张力”为 100%（见图 7-5），效果如图 7-6 所示，将“立方体”对象重命名为“公路”。

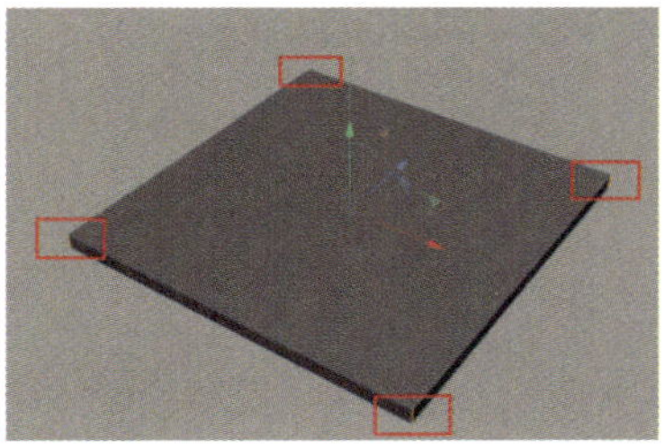

图 7-4　选择 4 条边

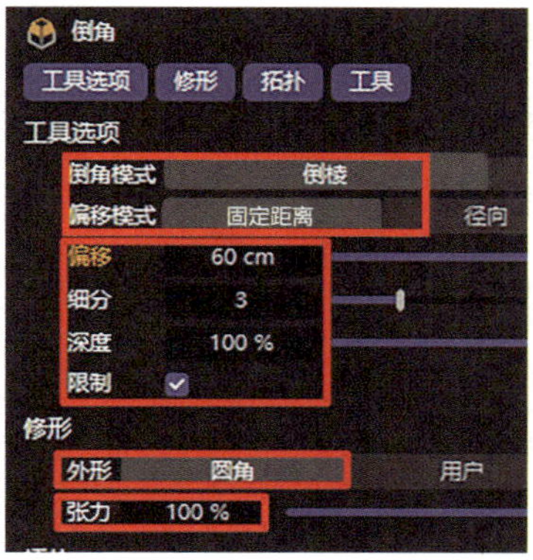

图 7-5　倒角参数 1

图 7-6　倒角后的效果 1

在“对象”窗口中，按住 Ctrl 键，同时拖动“公路”对象，复制生成“院子”对象；选择“院子”对象，在其属性面板中选择“坐标”选项卡，设置“S.X”为 0.68，“S.Z”为 0.68，如图 7-7 所示；将“院子”对象移动到如图 7-8 所示的位置。

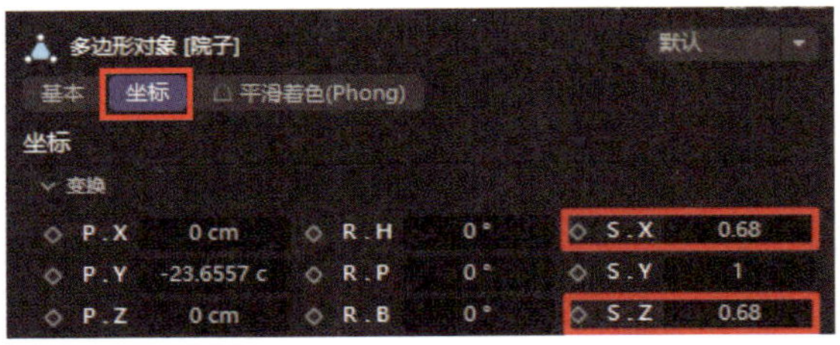

图 7-7　“院子”对象的属性参数

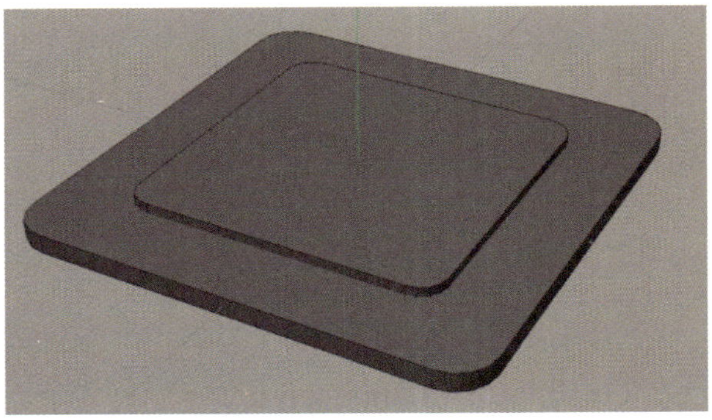

图 7-8　对象的位置

框选“院子”和“公路”对象，按快捷键 Alt+G 进行编组，并将编组对象命名为“地基”；选择“地基”对象，按住 Shift 键，同时长按“弯曲”按钮，在弹出的列表中单击“倒角”按钮，添加“倒角”对象（倒角变形器），将“倒角”对象作为“地基”对象的子级，如图 7-9 所示；在“倒角”对象的属性面板中，选择“选项”选项卡，设置“偏移”为 1cm，“细分”为 2，如图 7-10 所示。

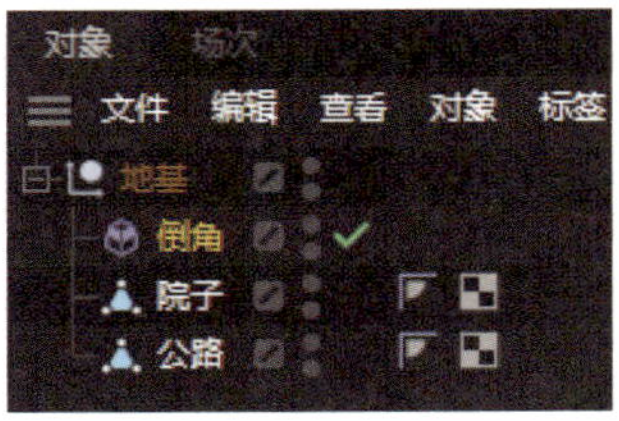

图 7-9　添加子级 1

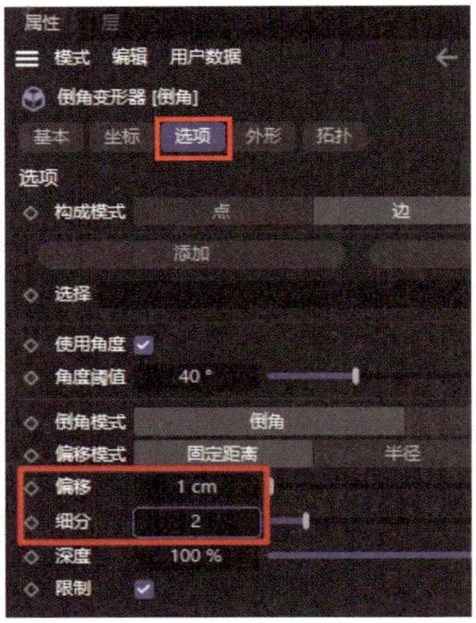

图 7-10　倒角参数 2

02 创建房子

单击“立方体”按钮，新建“立方体”对象，并将其命名为“房子”，在其属性面板中设置“尺寸.X”为 240cm，“尺寸.Y”为 10cm，“尺寸.Z”为 240cm（见图 7-11），将“房子”对象移动至合适位置，如图 7-12 所示。

按 C 键，将“房子”对象转换为可编辑对象，单击工具栏中的“边”按钮，切换到“边”模式，选择外围的一条边（见图 7-13），右击“透视视图”窗口空白处，在弹出的快捷菜单中选择“倒角”命令，在“倒角”属性面板中设置“倒角模式”为“倒棱”，“偏移模式”为“固定距离”，“偏移”为 105cm，“细分”为 0（见图 7-14），效果如图 7-15 所示。

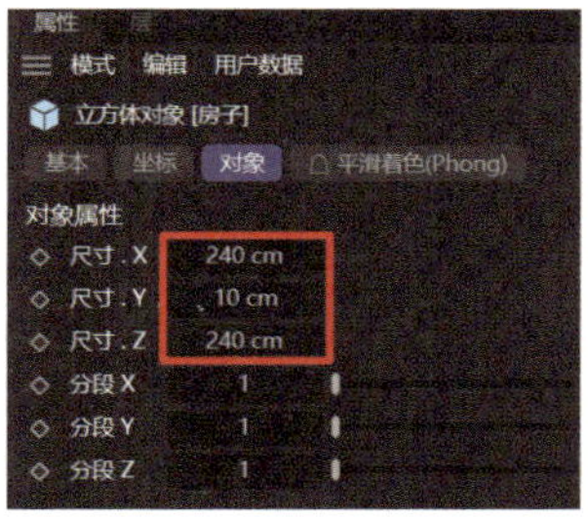

图 7-11　“房子”对象的属性参数

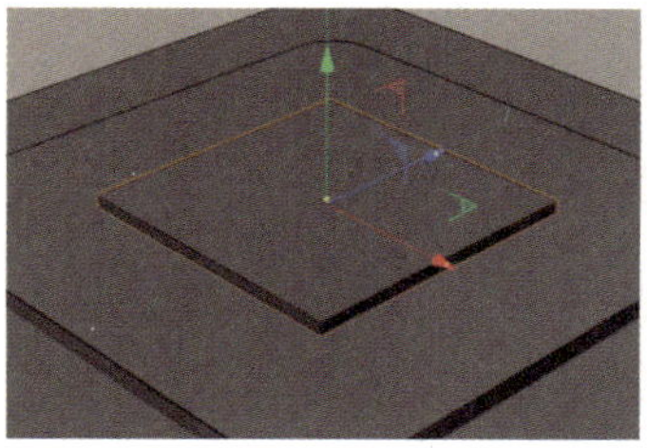

图 7-12　“房子”对象的位置

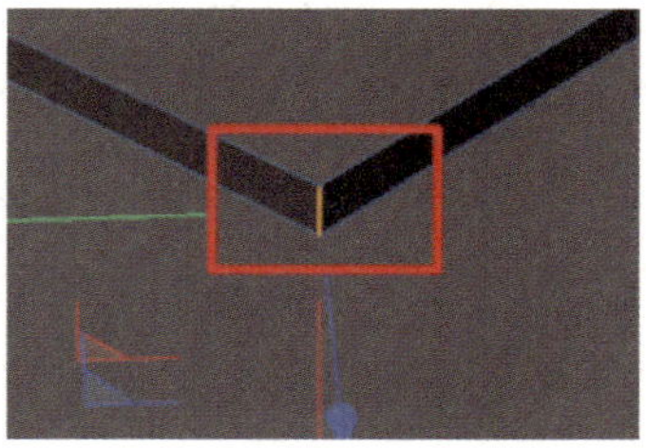

图 7-13　选择一条边

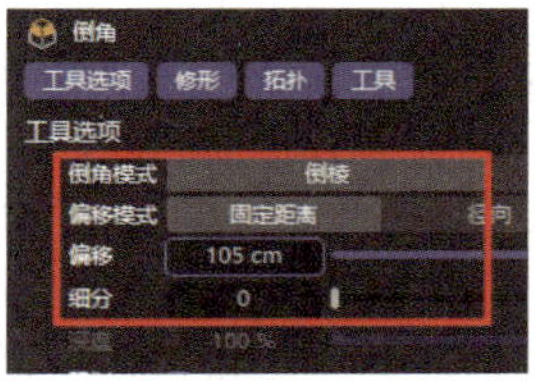

图 7-14　倒角参数 3

图 7-15　倒角后的效果 2

单击工具栏中的“多边形”按钮，切换到“面”模式，选择“房子”对象的顶面，右击“视图”窗口空白处，在弹出的快捷菜单中选择“嵌入”命令，在属性面板中设置“偏移”为 20cm，效果如图 7-16 所示；右击“透视视图”窗口空白处，在弹出的快捷菜单中选择“挤压”命令，在其属性面板中设置“偏移”为 150cm，效果如图 7-17 所示。

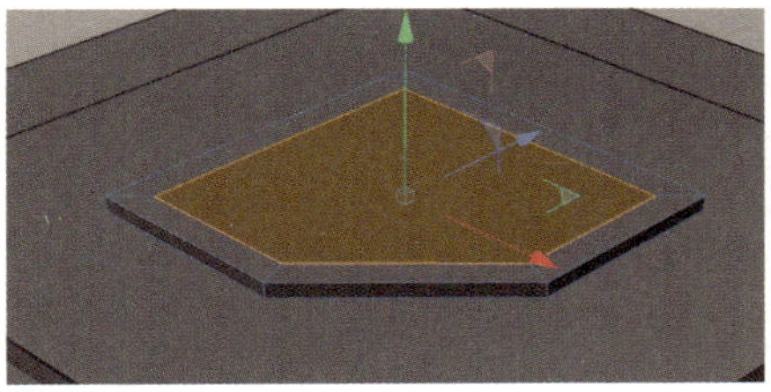

图 7-16　嵌入后的效果 1

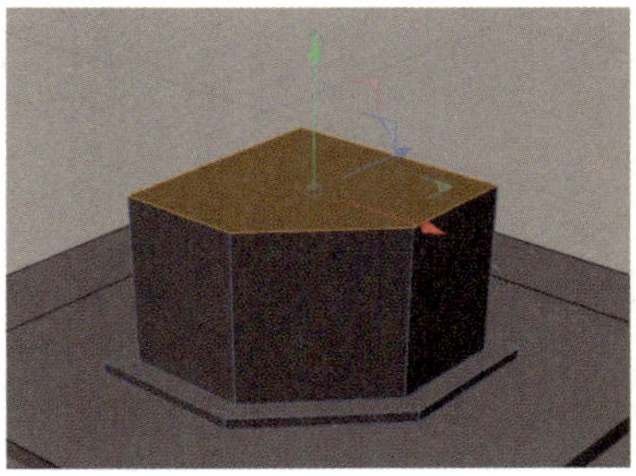

图 7-17　挤压后的效果 1

参照相同的方法，选择其他两个侧面，右击“透视视图”窗口空白处，在弹出的快捷菜单中选择“嵌入”命令，在属性面板中设置“偏移”为 20cm，效果如图 7-18 所示。单击“缩放”按钮，对两个面进行缩放，效果如图 7-19 所示。

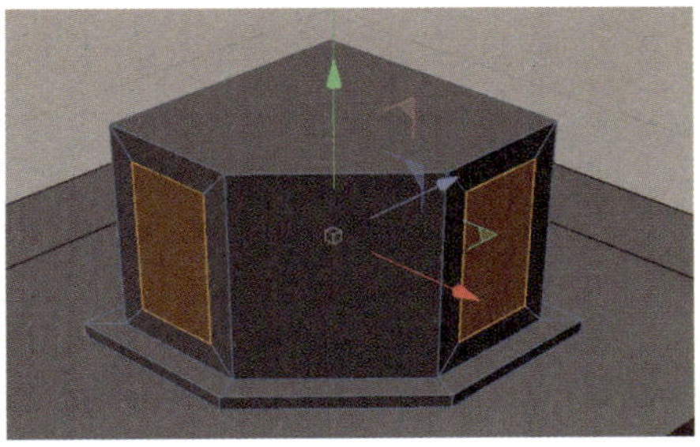

图 7-18　嵌入后的效果 2

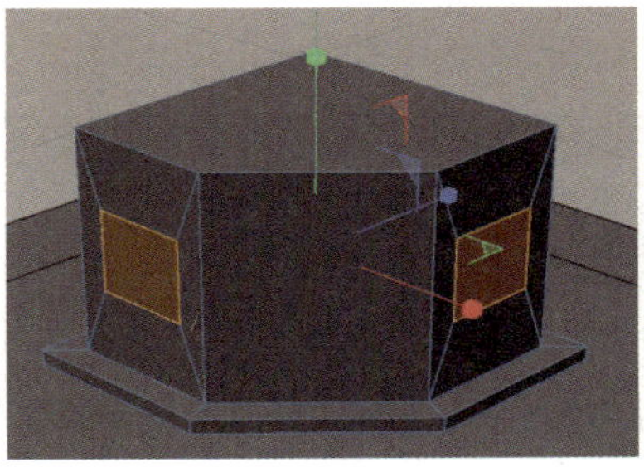

图 7-19　缩放后的效果

右击“透视视图”窗口空白处，在弹出的快捷菜单中选择“挤压”命令，在属性面板中设置“偏移”为 5cm，效果如图 7-20 所示；右击“透视视图”窗口空白处，在弹出的快捷菜单中选择“嵌入”命令，在属性面板中设置“偏移”为 5cm，效果如图 7-21 所示；右击“透视视图”窗口空白处，在弹出的快捷菜单中选择“挤压”命令，在属性面板中设置“偏移”为-5cm，效果如图 7-22 所示，完成窗户的制作。

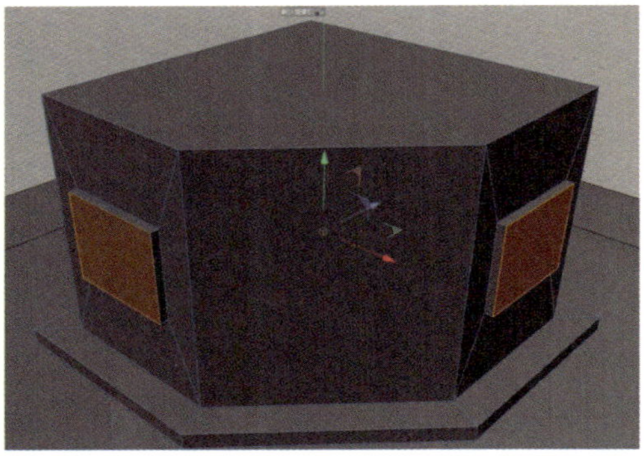

图 7-20　挤压后的效果 2

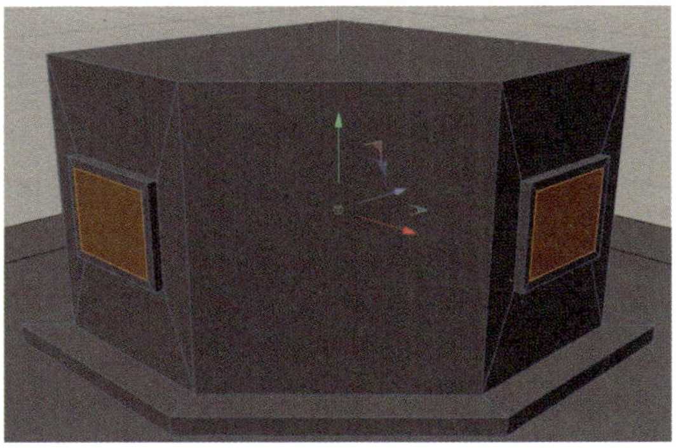

图 7-21　嵌入后的效果 3

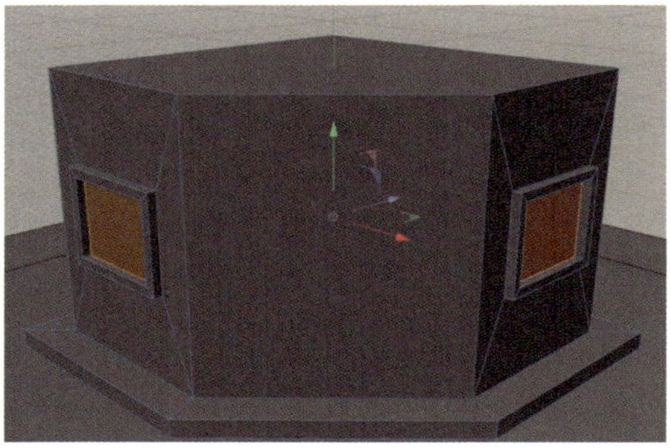

图 7-22　挤压后的效果 3

在“材质管理器”窗口中，新建“窗户玻璃”材质球，双击该材质球，在打开的“材质编辑器”窗口中，勾选“颜色”复选框，在“颜色”通道属性面板中，设置“H”为 230°，“S”为 50%，“V”为 80%，如图 7-23 所示；勾选“透明”复选框，在“透明”通道属性面板中设置“H”为 180°，“S”为 100%，“V”为 85%，如图 7-24 所示；将“窗户玻璃”材质球添加到窗户对象中，效果如图 7-25 所示。

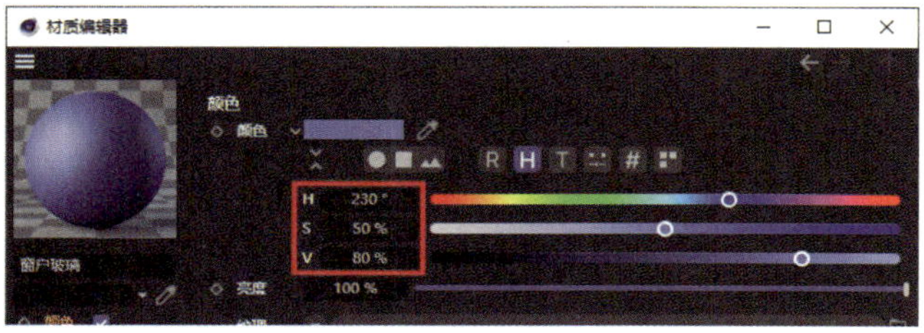

图 7-23　“窗户玻璃”材质球的属性参数 1

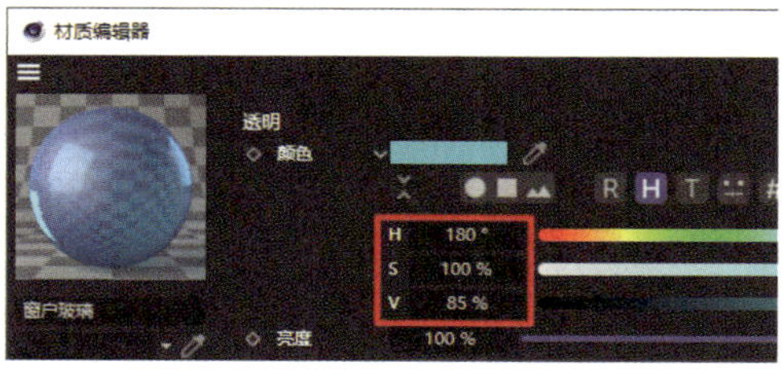

图 7-24　“窗户玻璃”材质球的属性参数 2

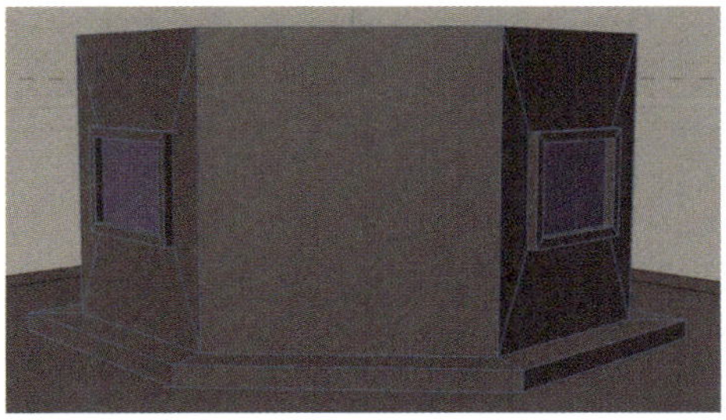

图 7-25　添加“窗户玻璃”材质球后的效果

选择“房子”对象中间的面（见图 7-26），右击“透视视图”窗口空白处，在弹出的快捷菜单中选择“嵌入”命令，在属性面板中设置“偏移”为 35cm，效果如图 7-27 所示；分别使用缩放工具和移动工具，将中间的面调整至合适大小和位置，效果如图 7-28 所示。右击“透视视图”窗口空白处，在弹出的快捷菜单中选择“挤压”命令，在属性面板中设置“偏移”为 5cm，效果如图 7-29 所示，完成门框的制作。

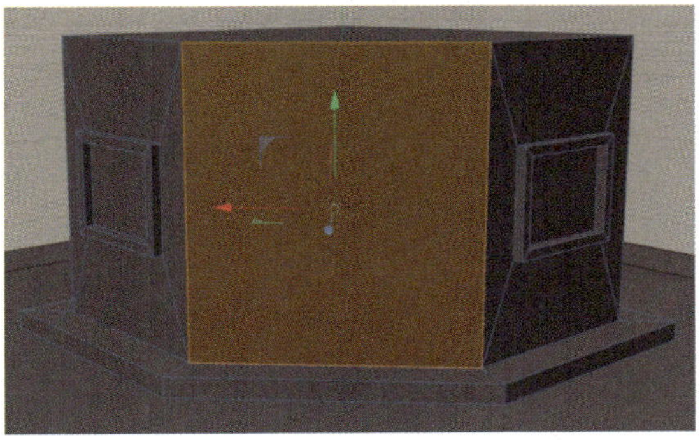

图 7-26　选择中间的面

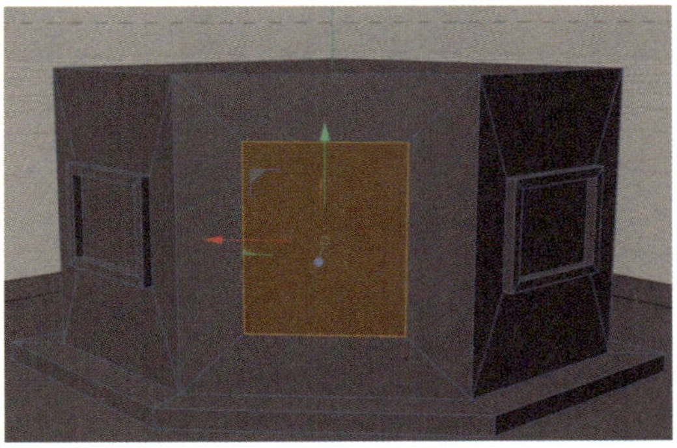

图 7-27　嵌入后的效果 4

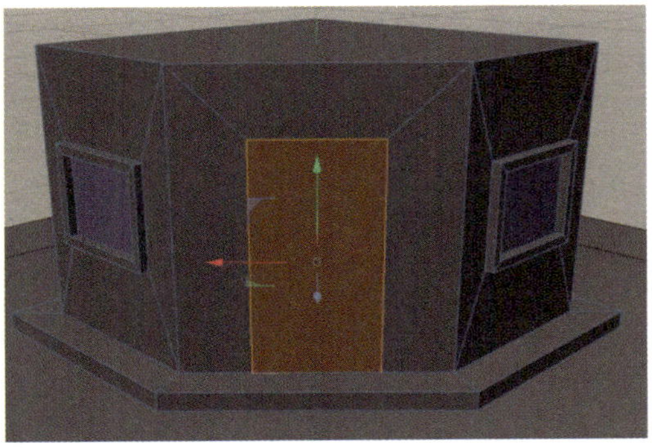

图 7-28　移动和缩放后的效果

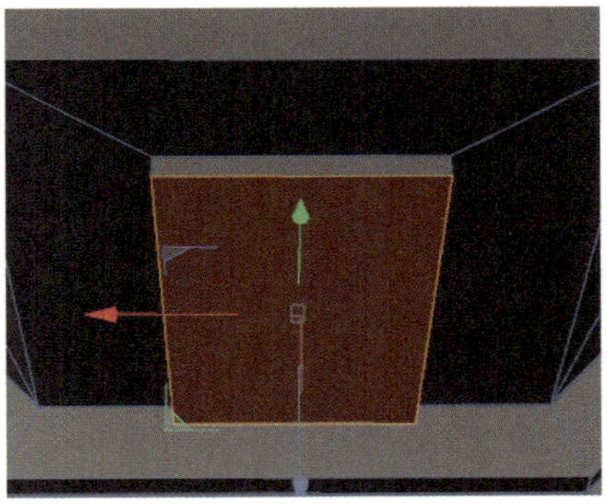

图 7-29　挤压后的效果 4

单击工具栏中的“边”按钮，切换到“边”模式，选择门框的两条顶边（见图 7-30），右击“透视视图”窗口空白处，在弹出的快捷菜单中选择“倒角”命令，在属性面板中设置“倒角模式”为“倒棱”，“偏移模式”为“固定距离”，“偏移”为 28cm，“细分”为 5（见图 7-31），效果如图 7-32 所示。

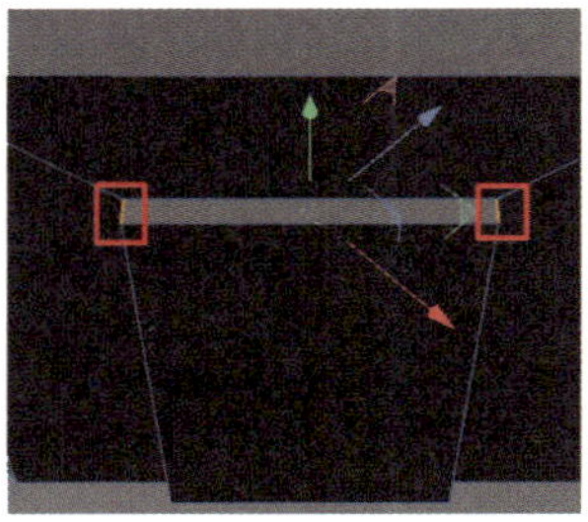

图 7-30　选择两条顶边

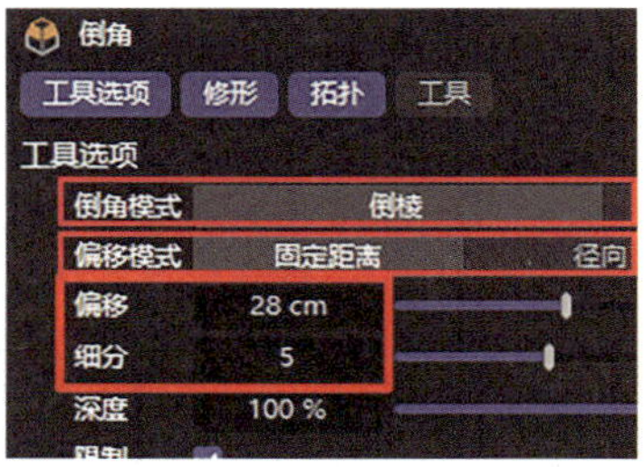

图 7-31　倒角参数 4

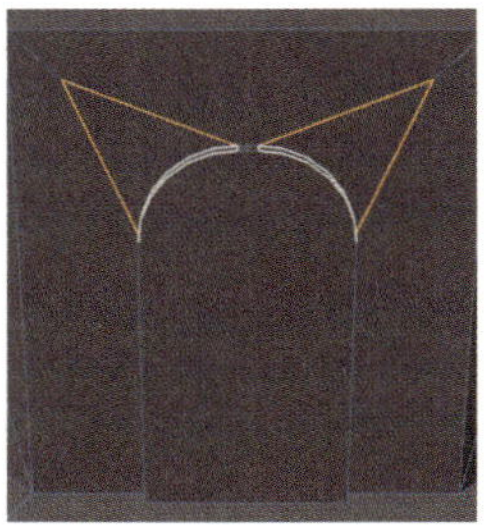

图 7-32　倒角后的效果 3

选择门框，执行“嵌入”命令，在属性面板中设置“偏移”为 5cm，效果如图 7-33 所示；执行“挤压”命令，在属性面板中设置“偏移”为-5cm，效果如图 7-34 所示，完成拱门的制作。

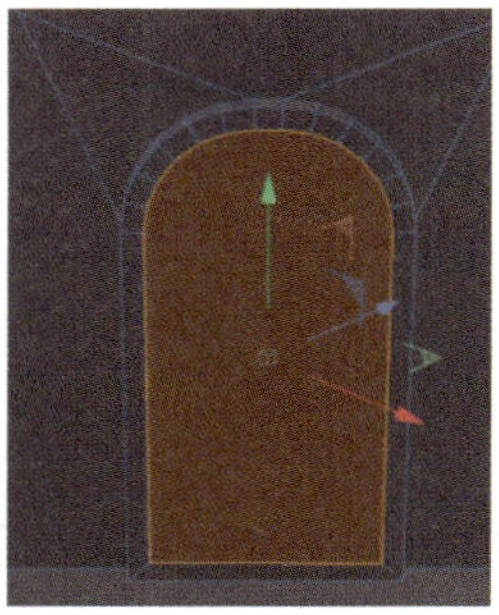

图 7-33　嵌入后的效果 5

图 7-34　挤压后的效果 5

选择“房子”对象的顶面（见图 7-35），执行“嵌入”命令，在属性面板中设置“偏移”为-10cm，效果如图 7-36 所示；执行“挤压”命令，在属性面板中设置“偏移”为 10cm，效果如图 7-37 所示。

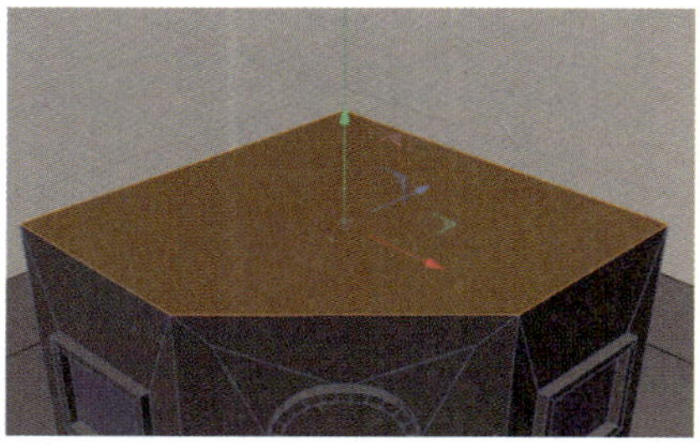

图 7-35　选择顶面

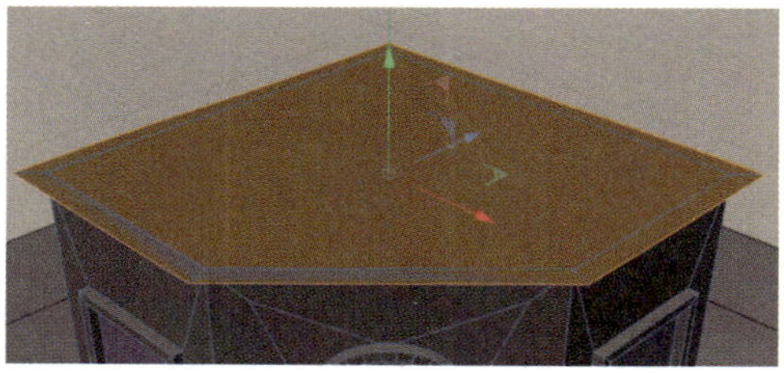

图 7-36　嵌入后的效果 6

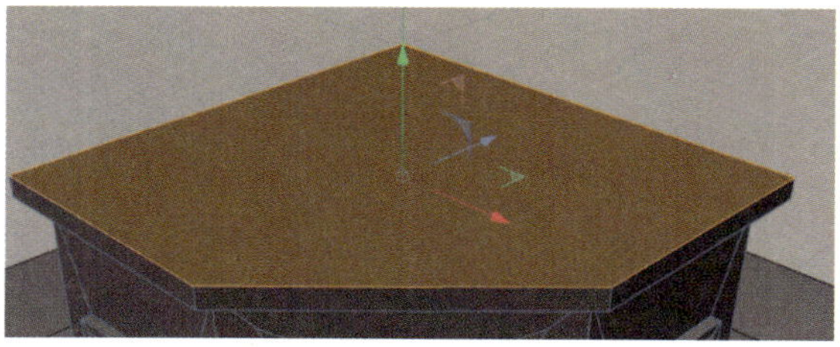

图 7-37　挤压后的效果 6

执行“嵌入”命令，在属性面板中设置“偏移”为 10cm，效果如图 7-38 所示；执行“挤压”命令，在属性面板中设置“偏移”为 140cm，效果如图 7-39 所示。

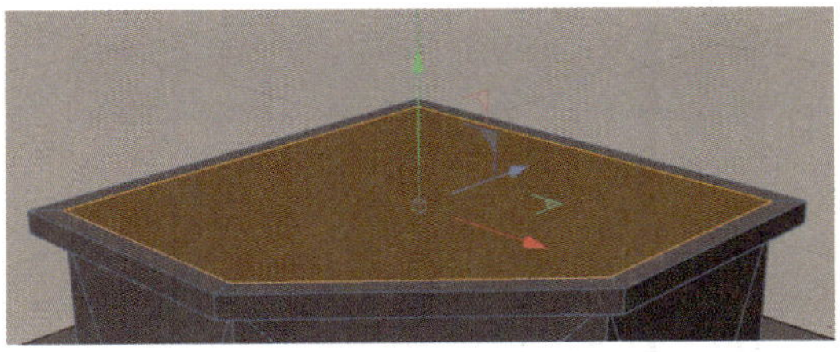

图 7-38　嵌入后的效果 7

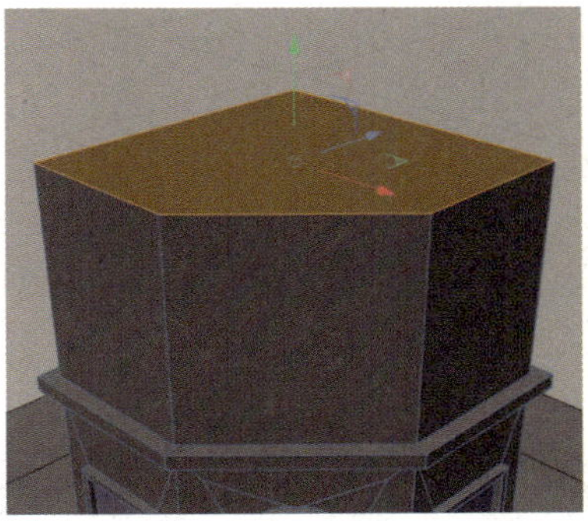

图 7-39　挤压后的效果 7

执行“嵌入”命令，在属性面板中设置“偏移”为-10cm，效果如图 7-40 所示；执行“挤压”命令，在属性面板中设置“偏移”为 10cm，如图 7-41 所示。

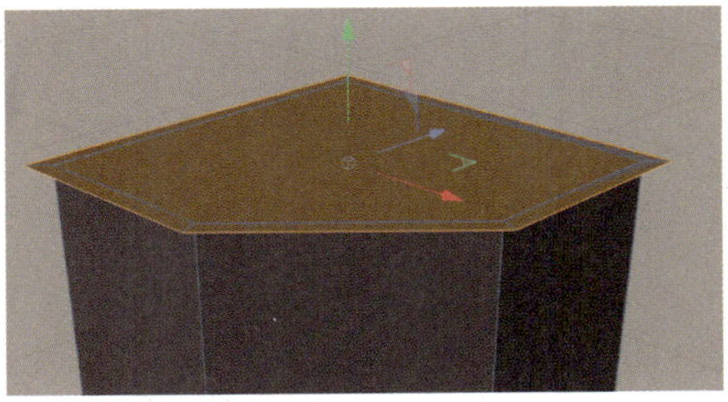

图 7-40　嵌入后的效果 8

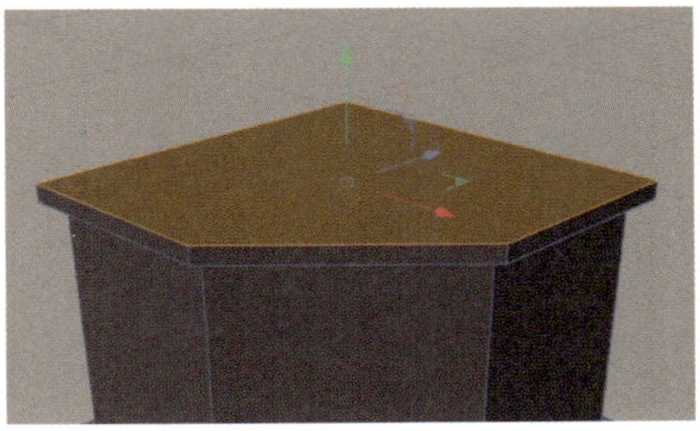

图 7-41　挤压后的效果 8

执行“嵌入”命令，在属性面板中设置“偏移”为 10cm，效果如图 7-42 所示；执行“挤压”命令，在属性面板中设置“偏移”为-10cm，效果如图 7-43 所示。

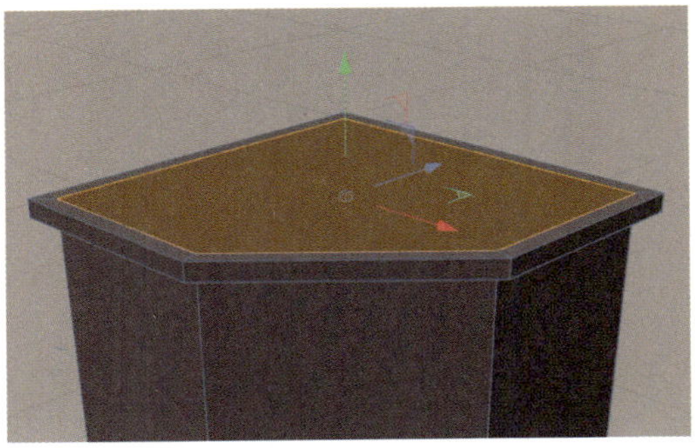

图 7-42　嵌入后的效果 9

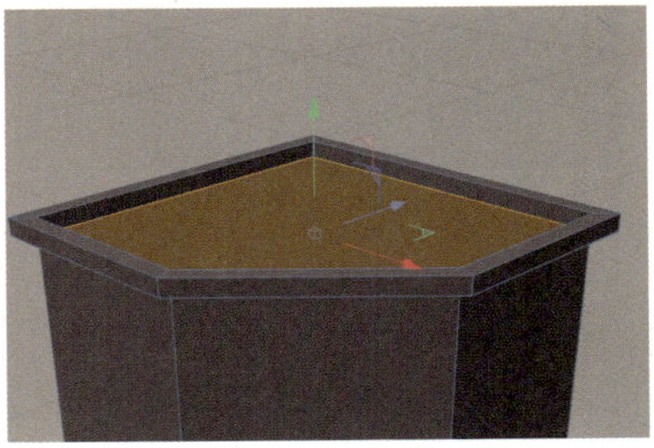

图 7-43　挤压后的效果 9

单击工具栏中的“多边形”按钮，切换到“面”模式，选择“房子”对象二楼的正面及两个侧面（见图 7-44），执行“嵌入”命令，在属性面板中设置“偏移”为 40cm，效果如图 7-45 所示；执行“挤压”命令，在属性面板中设置“偏移”为 5cm，效果如图 7-46 所示；执行“嵌入”命令，在属性面板中设置“偏移”为 5cm，效果如图 7-47 所示。

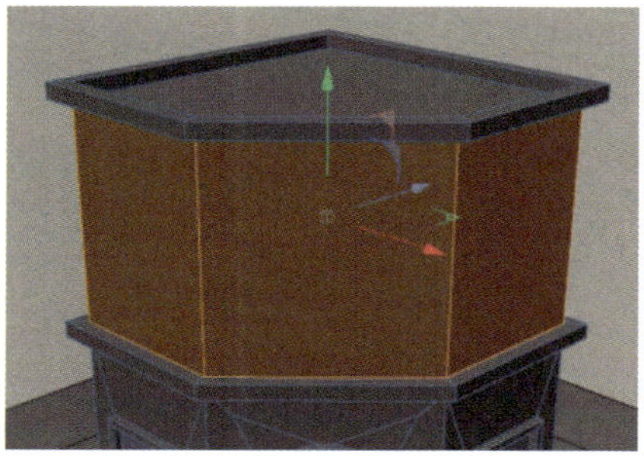

图 7-44　选择三个面

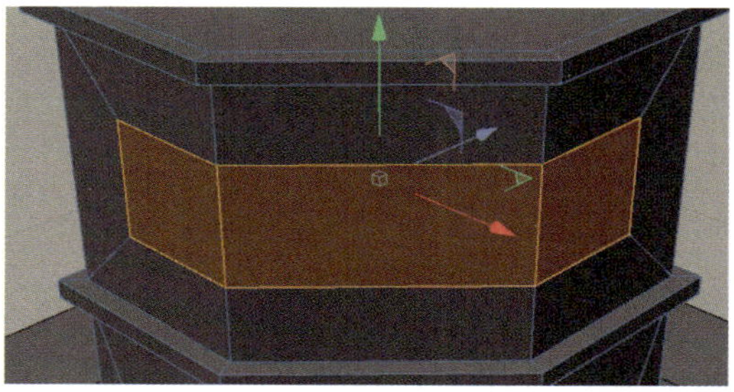

图 7-45　嵌入后的效果 10

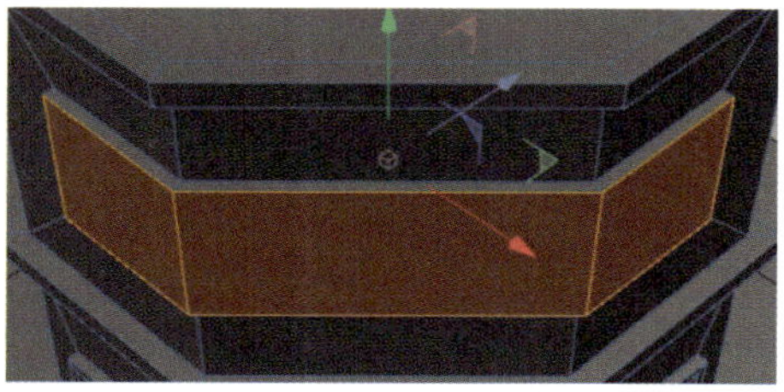

图 7-46　挤压后的效果 10

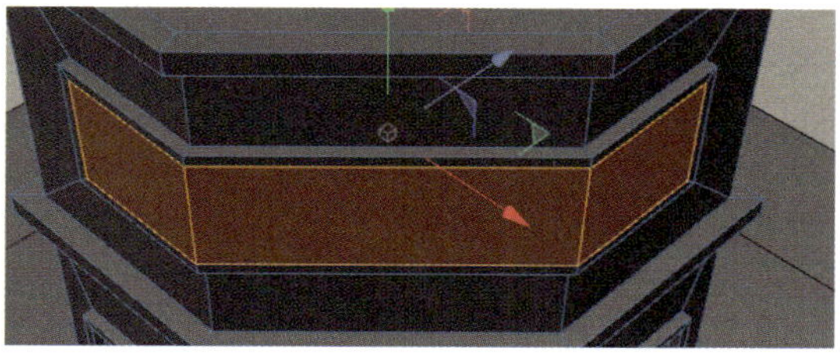

图 7-47　嵌入后的效果 11

执行“挤压”命令，在属性面板中设置“偏移”为 5cm，效果如图 7-48 所示；将“窗户玻璃”材质球添加到“房子”对象二楼的窗户中，完成房子的制作，效果如图 7-49 所示。

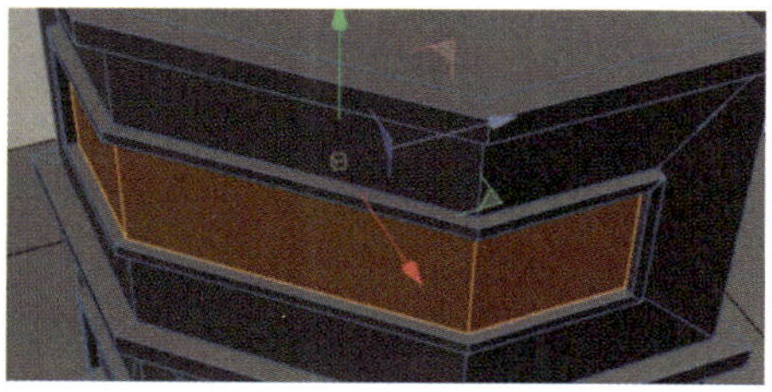

图 7-48　挤压后的效果 11

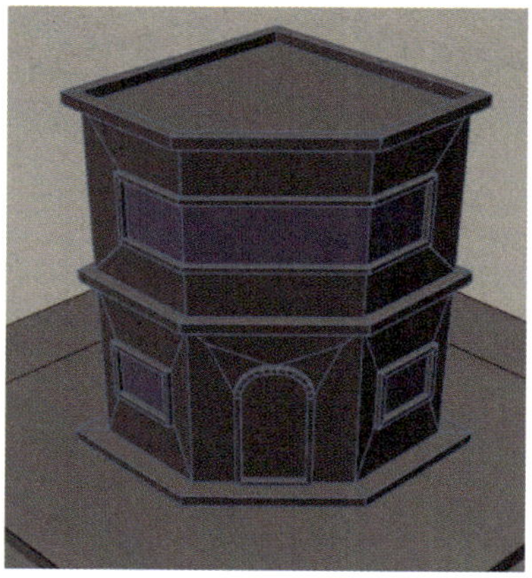

图 7-49　房子效果

03 制作装饰物体

单击“立方体”按钮，新建“立方体”对象，并将其命名为“牌匾”，在其属性面板中设置“尺寸.X”为 6cm，“尺寸.Y”为 50cm，“尺寸.Z”为 150cm。分别使用移动工具和旋转工具将牌匾放置到屋顶上，如图 7-50 所示。按 C 键，将“立方体”对象转换为可编辑对象，单击工具栏中的“多边形”按钮，切换到“面”模式，选择正面（见图 7-51），执行“嵌入”命令，在属性面板中设置“偏移”为 3cm，效果如图 7-52 所示；执行“挤压”命令，在属性面板中设置“偏移”为-2cm，效果如图 7-53 所示。

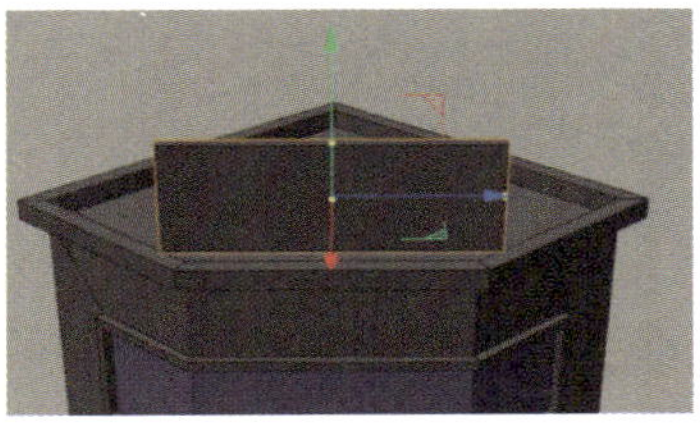

图 7-50　牌匾的位置

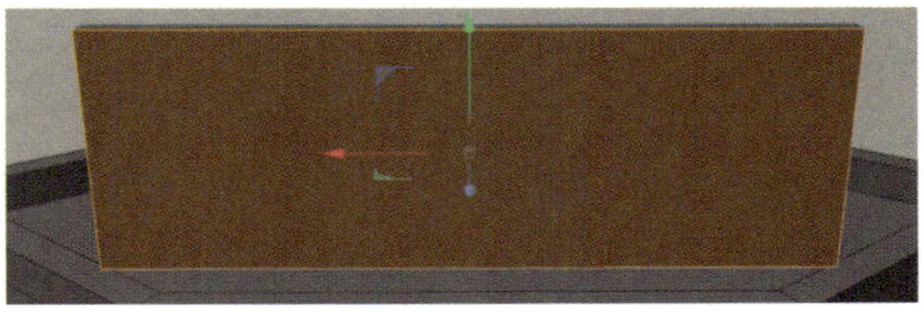

图 7-51　选择正面

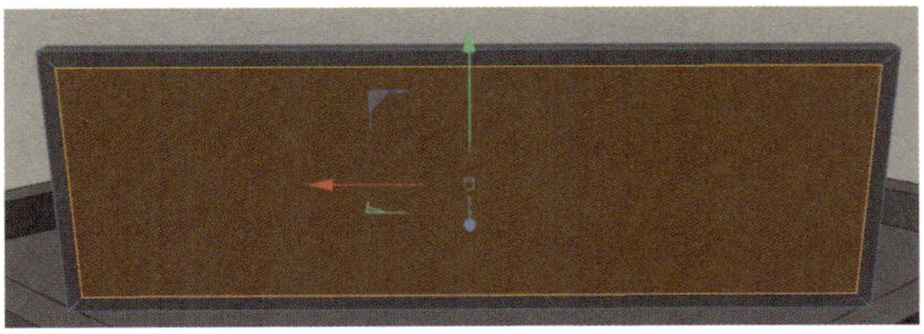

图 7-52　嵌入后的效果 12

图 7-53　挤压后的效果 12

通过单击“立方体”按钮新建两个“立方体”对象，并将其命名为“牌匾脚撑”，并在它们的属性面板中设置“尺寸.X”为 3cm，“尺寸.Y”为 10cm，“尺寸.Z”为 3cm。分别使用移动工具和旋转工具完成牌匾脚撑的制作，效果如图 7-54 所示。

长按“文本样条”按钮，在弹出的列表中单击“文本”按钮，新建“文本”对象，并将其命名为“梦想之家”；在“梦想之家”对象的属性面板中，设置“深度”为 5cm，“文本样条”为“梦想之家”，“高度”为 30cm；分别使用移动工具和旋转工具将文字调整到牌匾内部，效果如图 7-55 所示。

图 7-54　制作牌匾脚撑后的效果

图 7-55　添加文字后的效果

单击“立方体”按钮，新建“立方体”对象，在其属性面板中设置“尺寸.X”为 30cm，“尺寸.Y”为 1.3cm，“尺寸.Z”为 55cm，效果如图 7-56 所示。单击“立方体”按钮，新建“立方体 1”对象，在其属性面板中设置“尺寸.X”为 2cm，“尺寸.Y”为 17cm，“尺寸.Z”为 2cm。在“对象”窗口中，按住 Ctrl 键，同时按住鼠标左键并拖动“立方体 1”对象，复制生成“立方体 2”、“立方体 3”和“立方体 4”对象；通过切换四视图，调整“立方体 1”、“立方体 2”、“立方体 3”和“立方体 4”对象到桌面底部，如图 7-57 所示。参照相同的方法，新建“立方体 5”对象，在其属性面板中设置“尺寸.X”为 20cm，“尺寸.Y”为 1cm，“尺寸.Z”

为 1cm；在“对象”窗口中，按住 Ctrl 键，同时按住鼠标左键并拖动“立方体 5”对象，复制生成“立方体 6”、“立方体 7”和“立方体 8”对象；通过切换四视图，调整“立方体 6”、“立方体 7”和“立方体 8”对象到桌面底部，如图 7-58 所示。在“对象”窗口中，选择所有立方体对象，按快捷键 Alt+G 进行编组，并将编组对象命名为“桌子”，如图 7-59 所示。

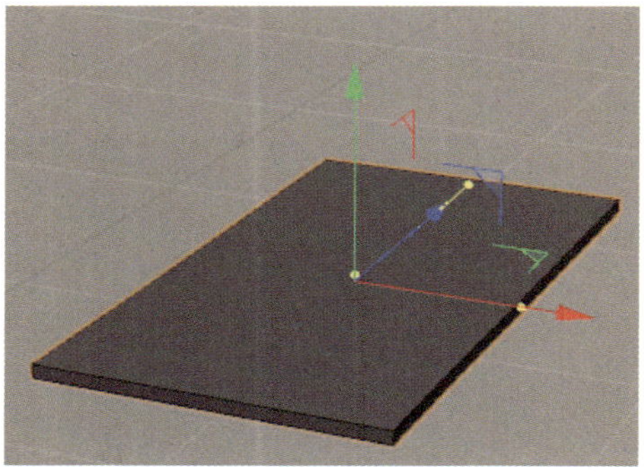

图 7-56 新建“立方体”对象后的效果 2

图 7-57 调整对象位置 1

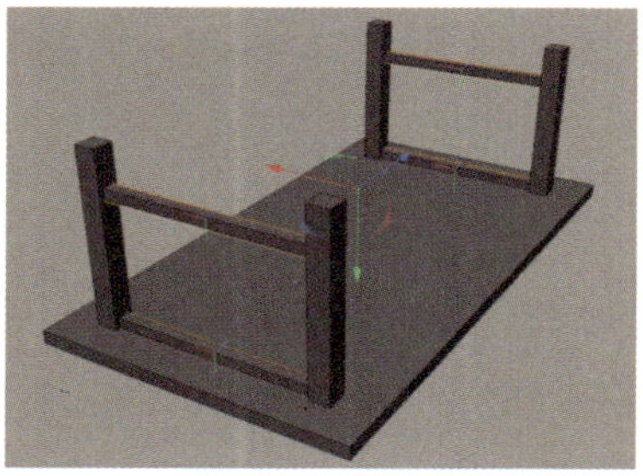

图 7-58 调整对象位置 2

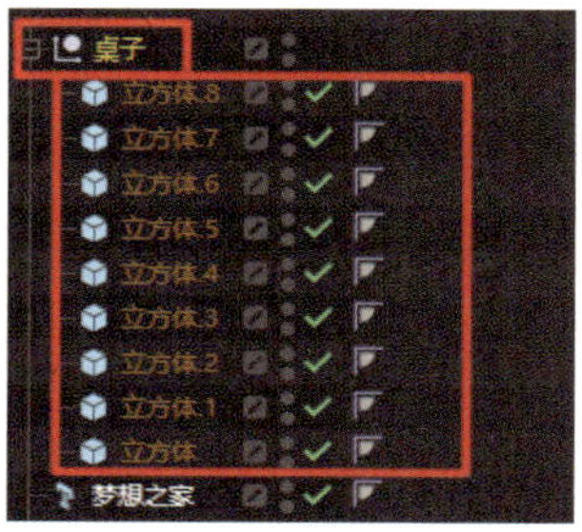

图 7-59 “桌子”组

参照制作桌子的方法，制作两张长椅，名称分别为“长椅”和“长椅 1”，并调整它们的位置；新建 5 个立方体对象，调整它们的大小和位置，并对其进行编组，编组名称为“货物”，效果如图 7-60 所示。

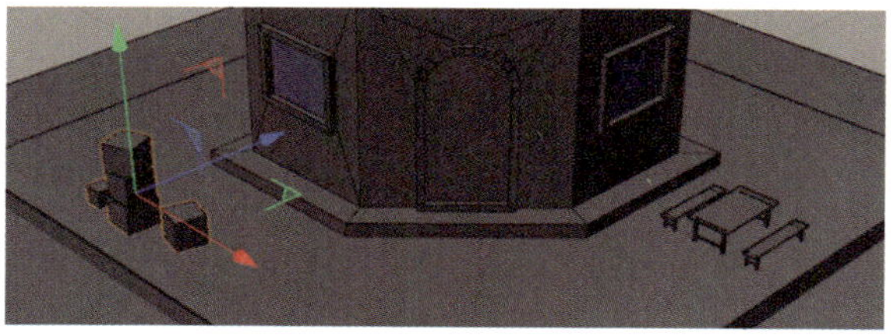

图 7-60 制作长椅和货物后的效果

长按“立方体”按钮，在弹出的列表中单击“圆锥体”按钮，新建“圆锥体”对象，在其属性面板中设置“顶部半径”为 2cm，“底部半径”为 20cm，“高度”为 85cm；单击“圆柱体”按钮，新建“圆柱体”对象，在其属性面板中设置“半径”为 3.5cm，“高度”为 40cm；框选“圆锥体”和“圆柱体”对象，按快捷键 Alt+G 进行编组，并将编组对象命名为“圆锥树”（见图 7-61），效果如图 7-62 所示。

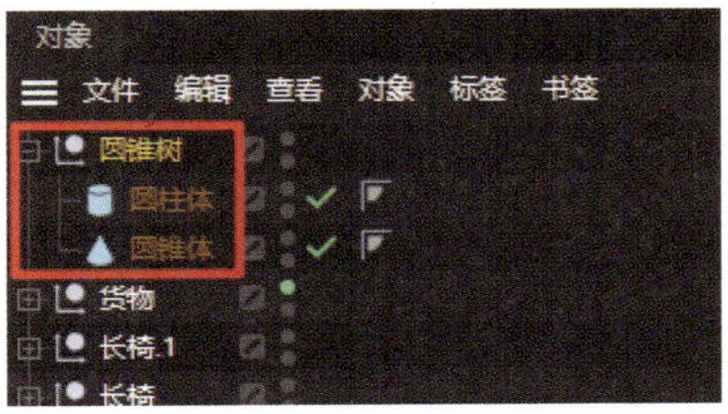

图 7-61　“圆锥树”组

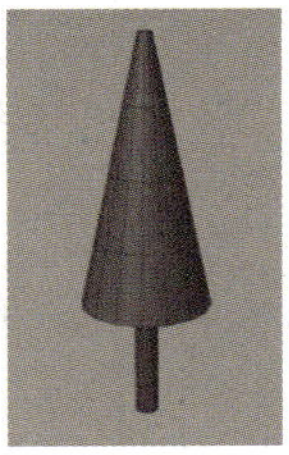

图 7-62　制作圆锥树后的效果

单击“胶囊”按钮，新建“胶囊”对象，在其属性面板中设置“半径”为 13cm，“高度”为 62cm；新建“圆柱体”对象，在其属性面板中设置“半径”为 2.5cm，“高度”为 40cm；框选“胶囊”和“圆柱体”对象，按快捷键 Alt+G 进行编组，并将编组对象命名为“胶囊树”（见图 7-63），效果如图 7-64 所示。

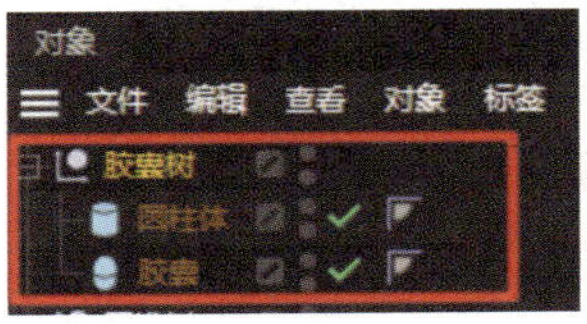

图 7-63　“胶囊树”组

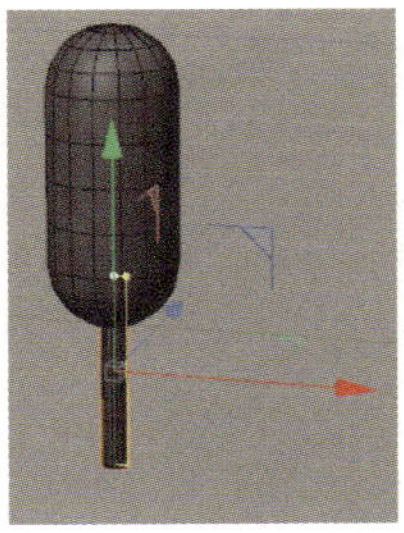

图 7-64　制作胶囊树后的效果

参照相同的方法，新建“立方体”对象，在其属性面板中设置“尺寸.X”为 40cm，“尺寸.Y”为 50cm，“尺寸.Z”为 40cm；新建“立方体 1”对象，在其属性面板中设置“尺寸.X”为 30cm，“尺寸.Y”为 40cm，“尺寸.Z”为 30cm；新建“圆柱体”对象，在其属性面板中设置“半径”为 2.5cm，“高度”为 40cm，效果如图 7-65 所示。

框选“立方体”、“立方体 1”和“圆柱体”对象，按快捷键 Alt+G 进行编组，并将编组对象命名为“立方体树”。选择“立方体树”组，按住 Shift 键，同时长按“弯曲”按钮，在弹出的列表中单击“锥化”按钮，添加“锥化”变形器（“锥化”对象）；将“锥化”对象作为“立方体树”组的子级，如图 7-66 所示；在“锥化”对象的属性面板中，设置“强度”为 100%，“弯曲度”为 90%（见图 7-67），效果如图 7-68 所示。

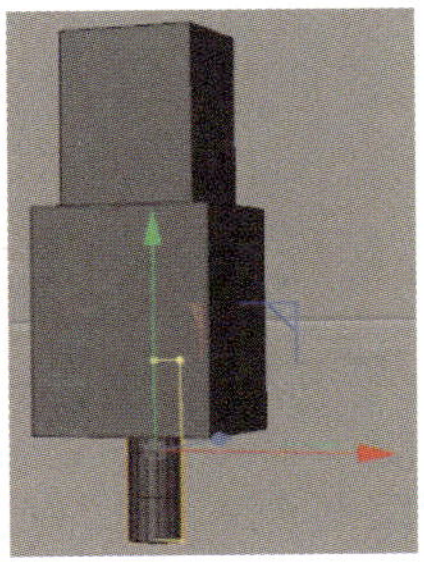

图 7-65　新建立方体和圆柱体后的效果

图 7-66　添加子级 2

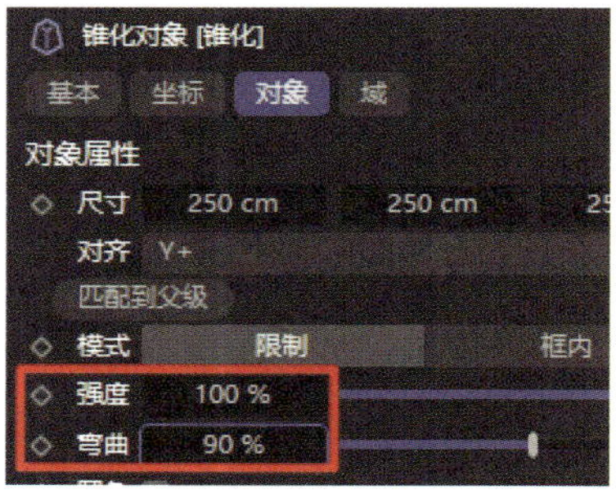

图 7-67 “锥化”对象的属性参数

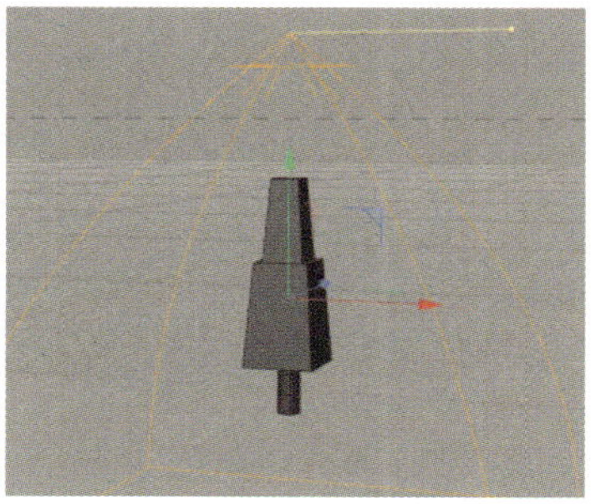

图 7-68 锥化后的效果

复制生成多个“圆锥树”、“胶囊树”和“立方体树”组，调整它们的大小和位置，并将其排列到房屋后方两侧，如图 7-69 所示。框选所有“圆锥树”、“胶囊树”和“立方体树”组，按快捷键 Alt+G 进行编组，并将编组对象命名为“树”，如图 7-70 所示。

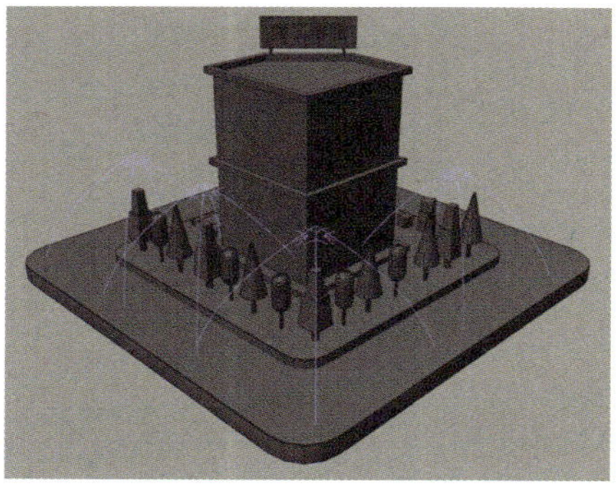

图 7-69 树的位置

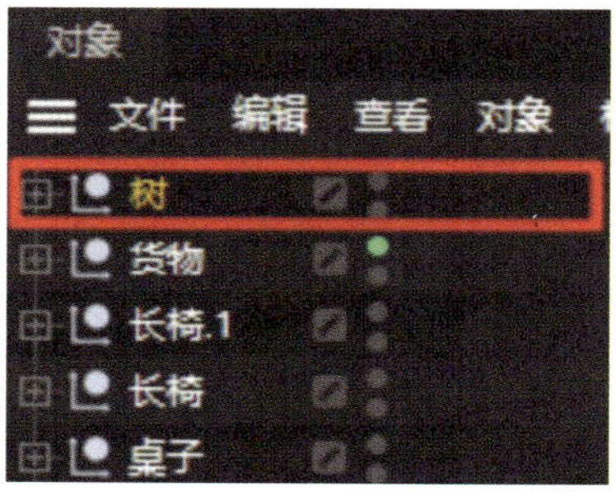

图 7-70 “树”组

新建“圆盘”对象，在其属性面板中设置“外部半径”为 50cm，效果如图 7-71 所示。新建“立方体”对象，在其属性面板中设置“尺寸.X”为 5cm，“尺寸.Y”为 0.5cm，“尺寸.Z”为 80cm 的，效果如图 7-72 所示。复制生成多个“立方体”对象，并将其放置在公路上，作为虚线条。“顶视图”窗口中公路的效果如图 7-73 所示。框选所有“立方体”对象，按快捷键 Alt+G 进行编组，并将编组对象命名为“公路虚线条”。

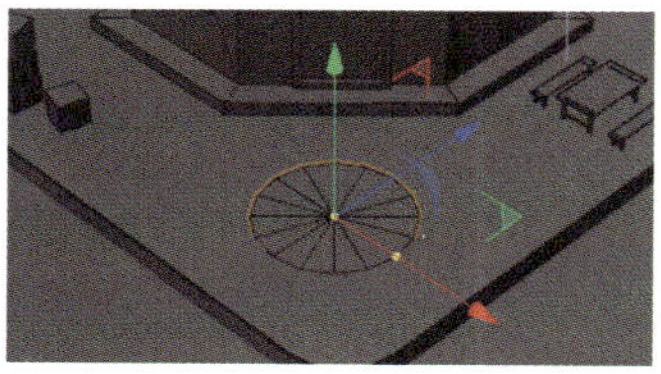

图 7-71 新建“圆盘”对象后的效果

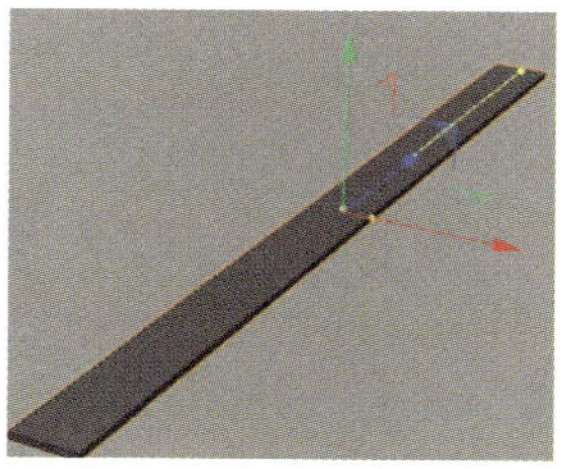

图 7-72 新建“立方体”对象后的效果 3

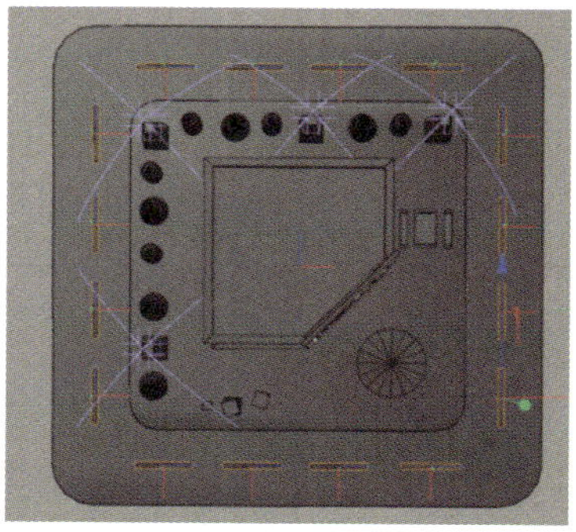

图 7-73 “顶视图”窗口中公路的效果

新建“圆柱体”对象，在其属性面板中设置“半径”为 1.5cm，“高度”为 115cm；新建“圆柱体 1”对象，在其属性面板中设置“半径”为 20cm，“高度”为 4cm；调整两个圆柱体对象的位置，如图 7-74 所示。

新建“文本 1”对象，在其属性面板中设置“深度”为 3.5cm，“文本样条”为“→”，“高度”为 35cm（见图 7-75），并调整该对象的位置；选择“圆柱体”、“圆柱体 1”和“文本”对象，按快捷键 Alt+G 进行编组，并将编组对象命名为“路牌”。路牌效果如图 7-76 所示，房屋效果如图 7-77 所示。

图 7-74　圆柱体对象的位置

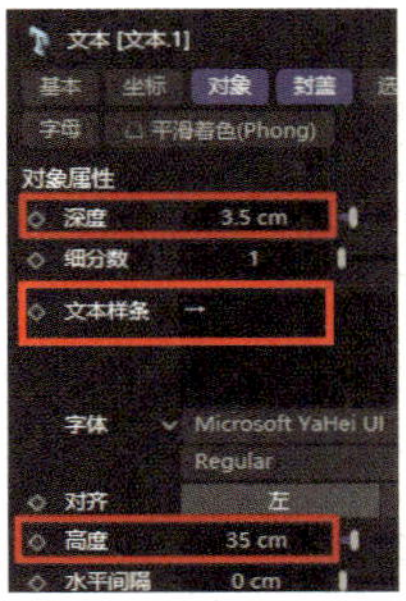

图 7-75　“文本”对象的属性参数

图 7-76　路牌效果

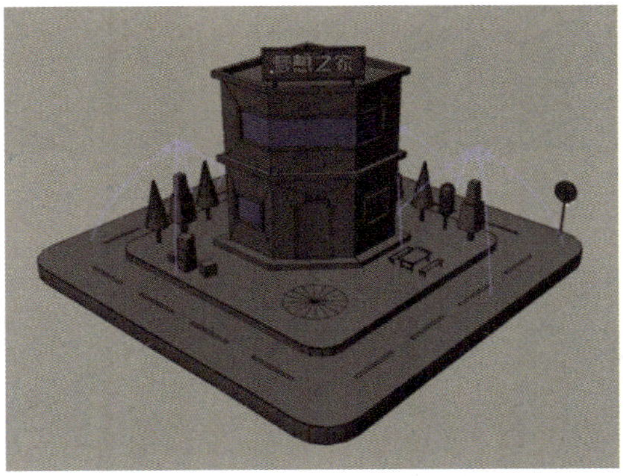

图 7-77　房屋效果

04 赋予材质

新建“公路”材质球，双击该材质球，在打开的“材质编辑器”窗口中勾选“颜色”复选框，在“颜色”通道属性面板中设置“H”为 205°，“S”为 75%，“V”为 45%，如图 7-78 所示。新建“院子”材质球，双击该材质球，在打开的“材质编辑器”窗口中勾选“颜色”复选框，在“颜色”通道属性面板中设置“H”为 150°，“S”为 23%，“V”为 80%，如图 7-79 所示。新建“房子”材质球，双击该材质球，在打开的“材质编辑器”窗口中勾选“颜色”复选框，在“颜色”通道属性面板中设置“H”为 76°，“S”为 13%，“V”为 96%，如图 7-80 所示。新建“房子隔层”材质球，双击该材质球，在打开的“材质编辑器”窗口中勾选“颜色”复选框，在“颜色”通道属性面板中设置“H”为 183°，“S”为 66%，“V”为 85%，如图 7-81 所示。新建“树”材质球，双击该材质球，在打开的“材质编辑器”窗口中勾选“颜色”复选框，在“颜色”通道面板中设置“H”为 102°，“S”为 61%，“V”为“53%”，如图 7-82 所示。新建“货物”材质球，双击该材质球，在打开的“材质编辑器”窗口中勾选“颜色”复选框，在“颜色”通道面板中设置“H”为 33°，“S”为 63%，“V”为 86%，如图 7-83 所示。

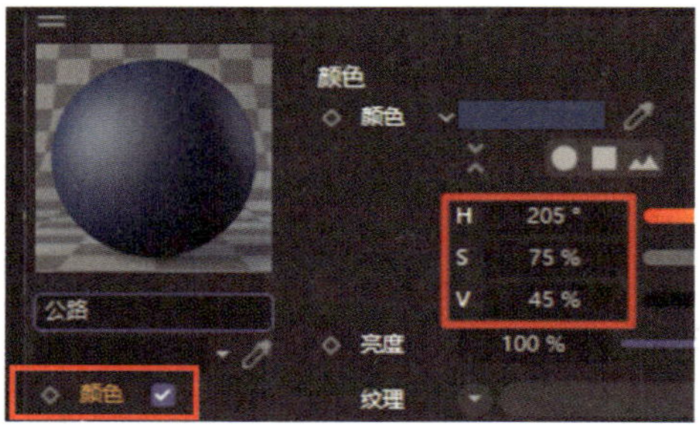

图 7-78　“公路”材质球的属性参数

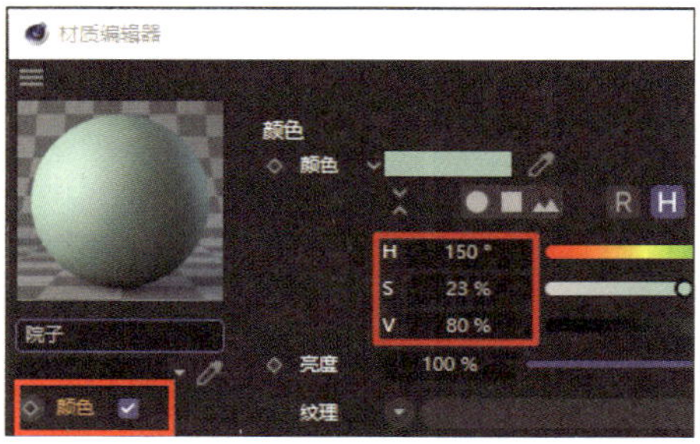

图 7-79　“院子”材质球的属性参数

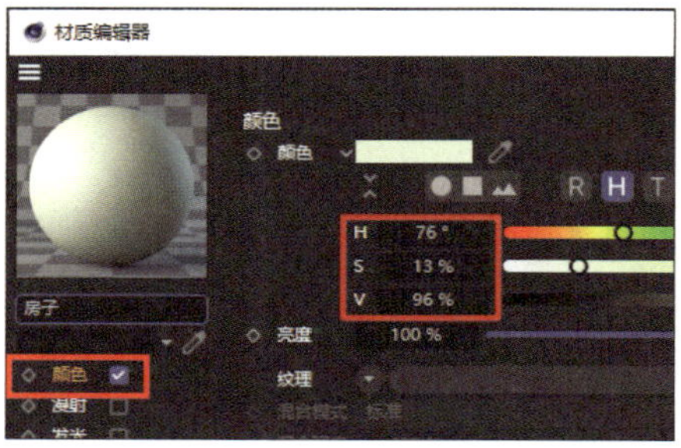

图 7-80　“房子”材质球的属性参数

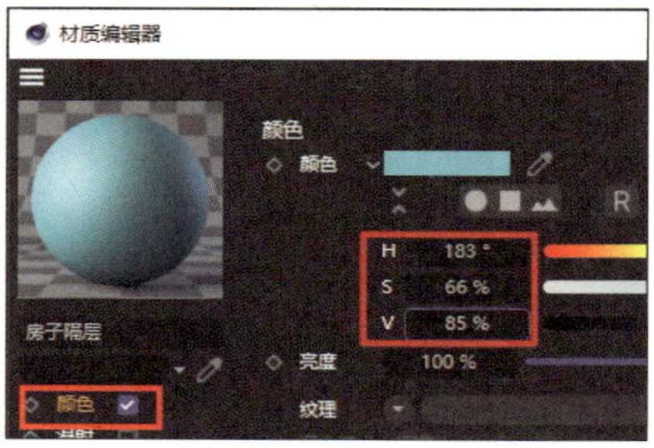

图 7-81　“房子隔层”材质球的属性参数

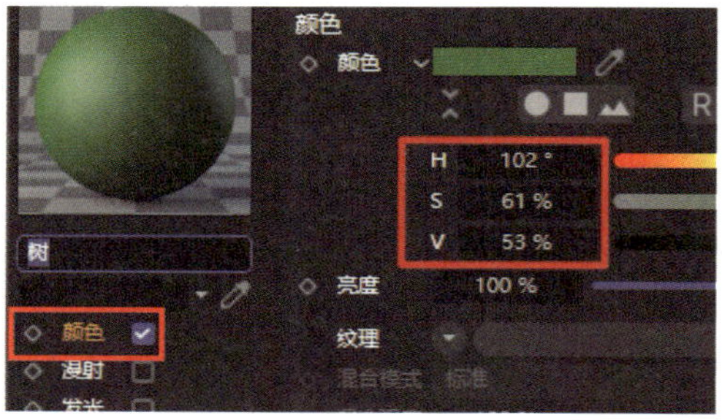

图 7-82　“树”材质球的属性参数

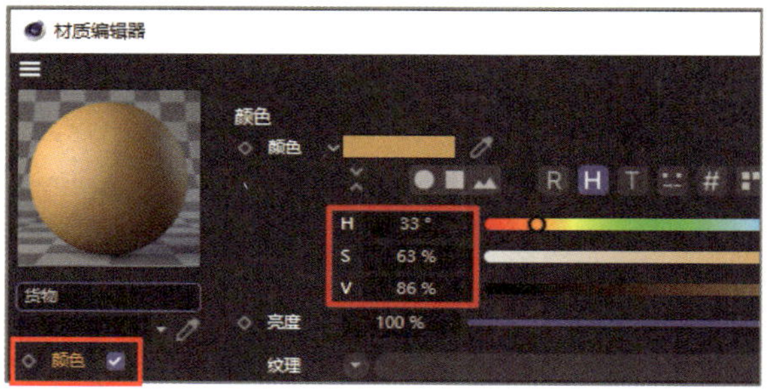

图 7-83　“货物”材质球的属性参数

新建“门框”材质球，双击该材质球，在打开的“材质编辑器”窗口中勾选“颜色”复选框，在“颜色”通道面板中设置“H”为 7°，“S”为 68%，“V”为 46%，如图 7-84 所示。新建“蓝色”材质球，勾选“颜色”复选框，在“颜色”通道面板中设置“H”为 191°，“S”为 94%，“V”为 80%，如图 7-85 所示。新建“路牌”材质球，双击该材质球，在打开的“材质编辑器”窗口中勾选“颜色”复选框，在“颜色”通道面板中设置“H”为 213°，“S”为 82%，“V”为 78%，如图 7-86 所示。新建“白色”材质球，双击该材质球，在打开的“材质编辑器”窗口中勾选“颜色”复选框，在“颜色”通道面板中设置“H”为 0°，“S”为 0%，“V”为 100%，如图 7-87 所示。

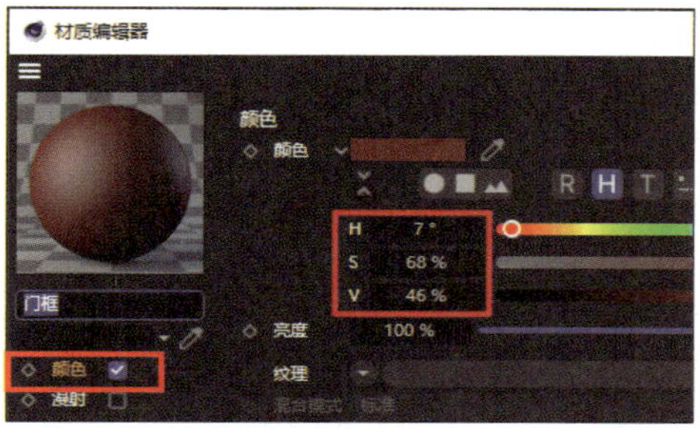

图 7-84　“门框”材质球的属性参数

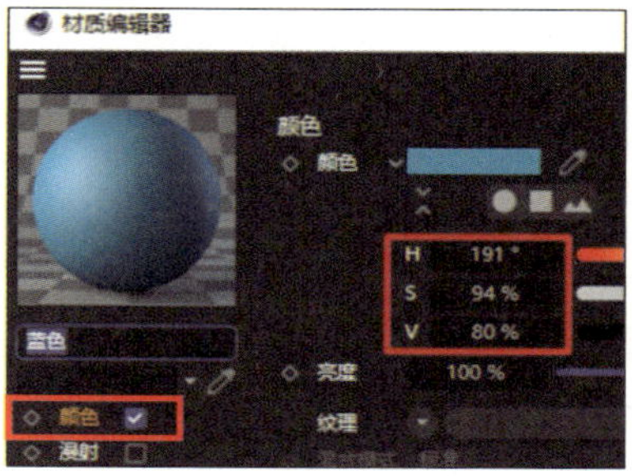

图 7-85　“蓝色”材质球的属性参数

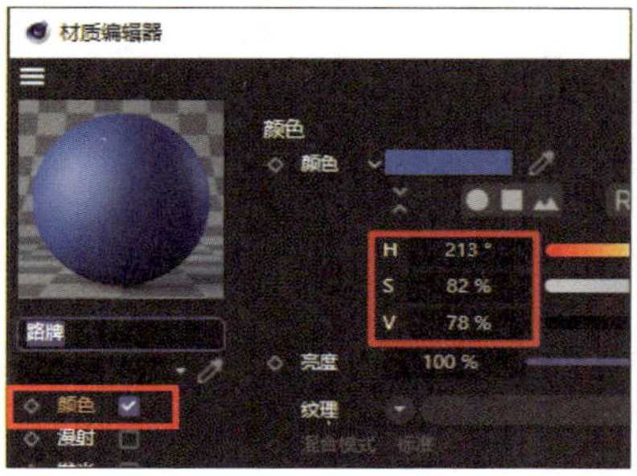

图 7-86　“路牌”材质球的属性参数

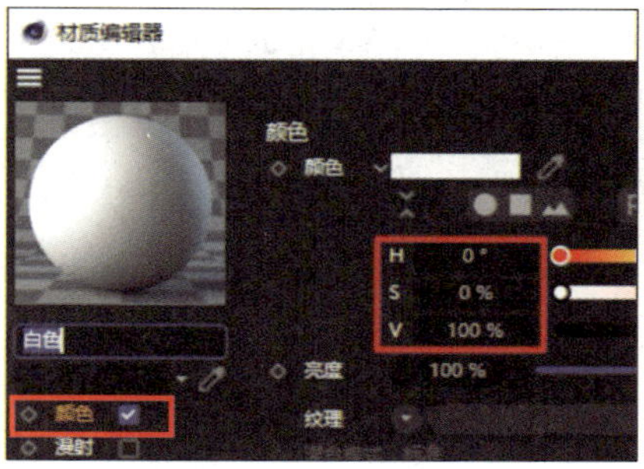

图 7-87　“白色”材质球的属性参数

新建“木制”材质球，双击该材质球，在打开的“材质编辑器”窗口中单击“颜色”通道面板中的“纹理”下拉按钮，在弹出的下拉列表中选择“表面”→“木材”命令，如图 7-88 所示。新建“天空”材质球，双击该材质球，在打开的“材质编辑器”窗口中勾选“颜色”复选框，在“颜色”通道面板中设置“H”为 0°，“S”为 0%，“V”为 95%。

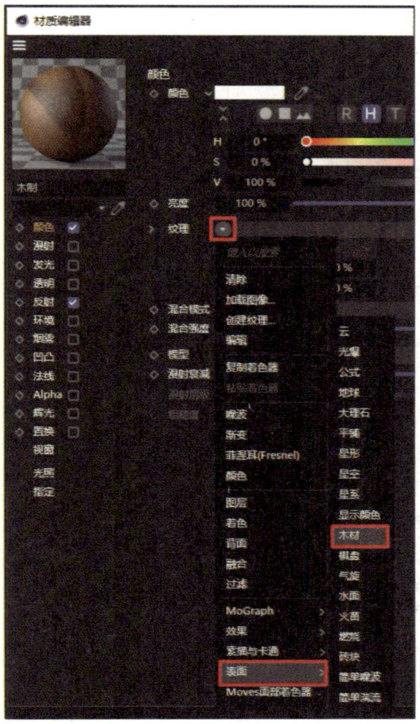

图 7-88　选择“木材”命令

单击工具栏中的“多边形”按钮，切换到“面”模式，按快捷键 U+L，切换到循环选择工具，按住 Shift 键，选择“房子”对象底部的面（见图 7-89），将“房子隔层”材质球添加到所选的面中，如图 7-90 所示。参照相同的方法，为隔层、门和门框添加相应的材质球，效果如图 7-91 所示。

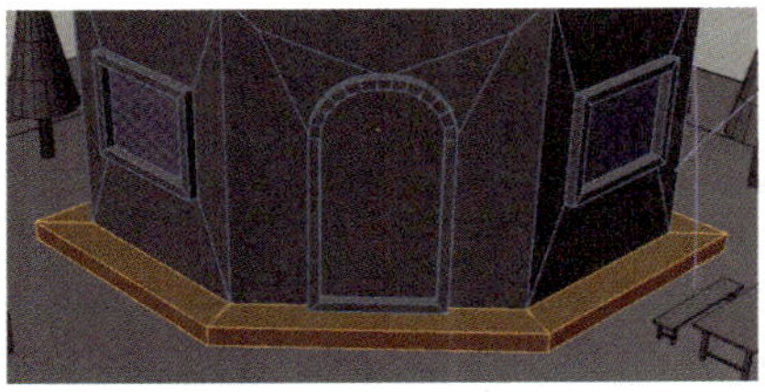

图 7-89　选择底部的面

图 7-90　为底部的面添加材质球

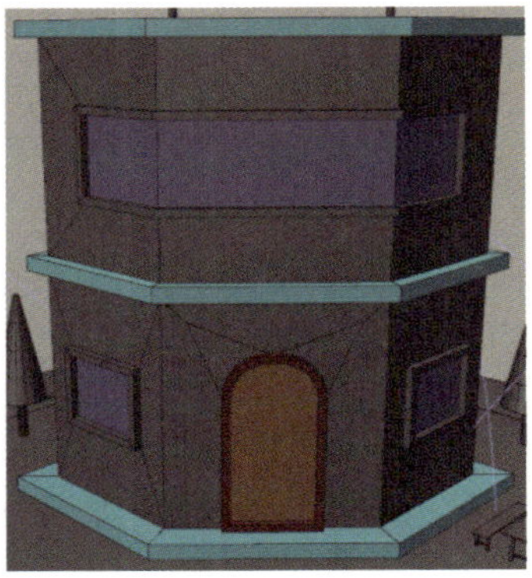

图 7-91　为隔层、门和门框添加材质球后的效果

为“房子”对象添加“房子”材质球，并在“对象”窗口中将“房子”材质球移动到最前面（见图 7-92），效果如图 7-93 所示。为剩余的对象添加相应的材质球（见图 7-94），整体效果如图 7-95 所示。

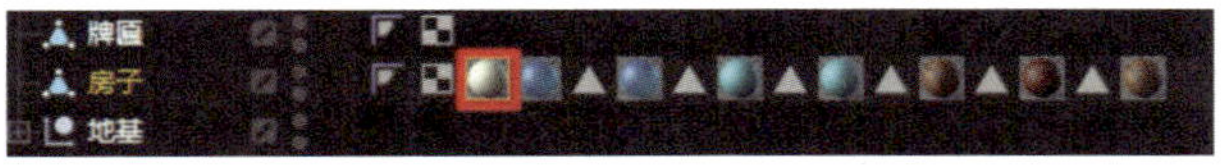

图 7-92　调整“房子”材质球的顺序

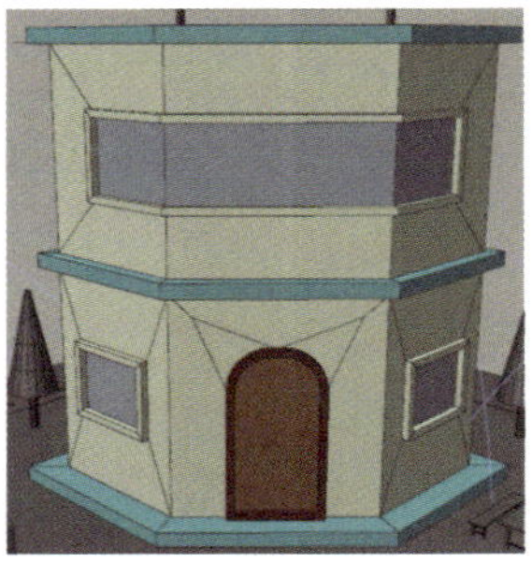

图 7-93　调整“房子”材质球顺序后的效果

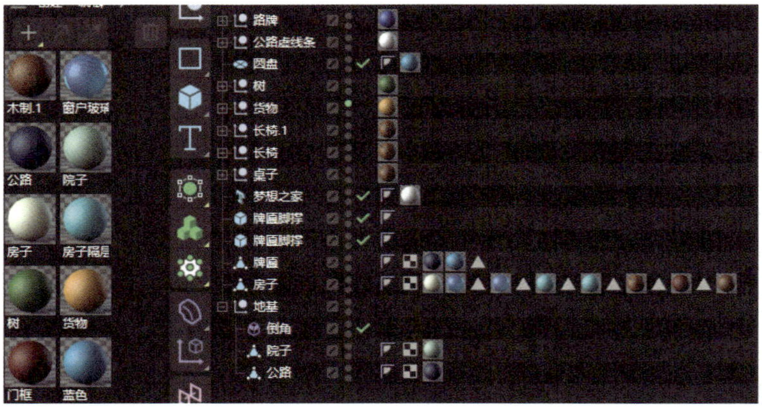

图 7-94　添加材质球

图 7-95　整体效果

05 添加渲染环境

单击“天空”按钮，添加“天空”对象，并为其添加“天空”材质球。

单击“灯光”按钮，添加“灯光”对象，在其属性面板中设置“类型”为“区域光”，“投影”为“区域”，如图 7-96 所示；将“灯光”对象放置在“房子”对象的左上方合适位置，如图 7-97 所示。

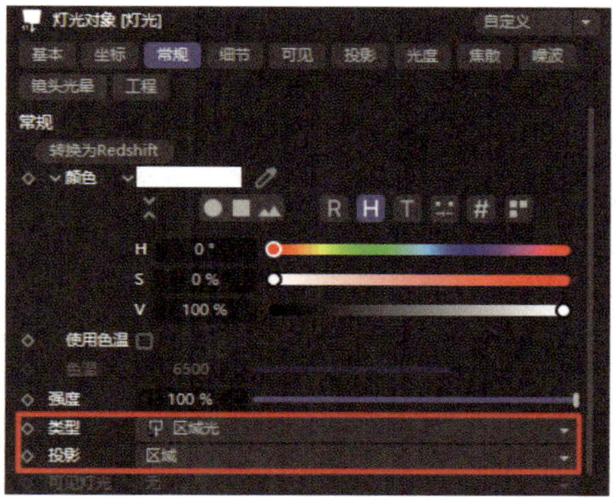

图 7-96　“灯光”对象的属性参数

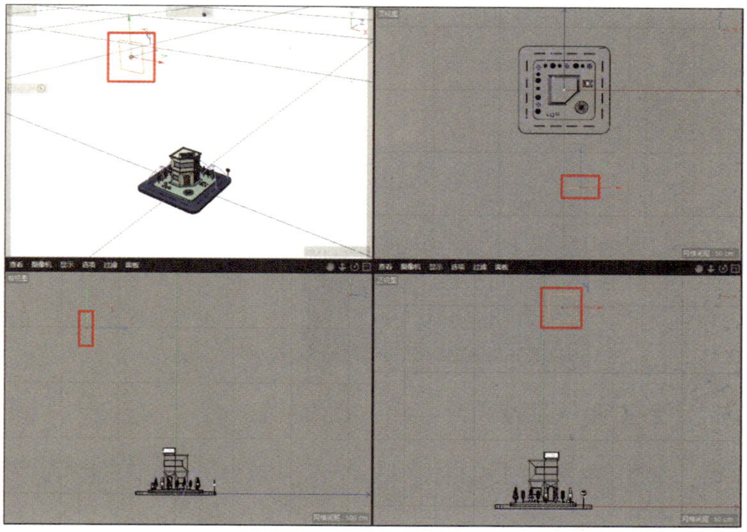

图 7-97　灯光位置

单击工具栏中的“编辑渲染设置”按钮，在弹出的“渲染设置”对话框中单击“效果”按钮，在弹出的列表中选择“全局光照”命令；再次单击“效果”按钮，在弹出的列表中选择“环境吸收”命令。单击“渲染到图像查看器”按钮，在弹出的“图像查看器”对话框中，将文件另存为 JPG 格式。卡通房屋最终效果如图 7-98 所示。

图 7-98　卡通房屋最终效果

任务小结

在通过嵌入和挤压工具实现多边形建模时，需要注意模型之间大小比例等问题。

运用倒角工具创建圆形拱门。

运用锥化工具制作锥化模型。
在“面”模式下选择不同的区域添加不同的材质。

7.2 任务 2：“热爱劳动”主题美陈

任务情境

美陈设计也被称为美术陈列，是商业空间美化设计中的一种形式。它巧妙地融合了空间美学、商业活动与艺术表现元素。社区即将举办一场以“热爱劳动”为主题的活动，旨在弘扬劳动的意义和价值。计划制作一个三维视觉美陈来装点现场，力求参与者留下深刻的印象。本任务将通过 Cinema 4D 制作“热爱劳动”主题美陈，如图 7-99 所示。

图 7-99 “热爱劳动”主题美陈设计

“热爱劳动”主题美陈制作（1）

“热爱劳动”主题美陈制作（2）

“热爱劳动”主题美陈制作（3）

学习目标

能够简述造型工具的使用方法和技巧。
能够简述贴图技巧。

技能目标

能够根据主题需求调整对象的属性参数。
能够灵活运用所学知识完成本任务的设计与制作。

技能目标

培养学生的职业规范意识。
培养学生热爱劳动的意识，发扬工匠精神。

任务分析

在美陈设计中，通过使用不同的光线、颜色和材料等元素可以营造出独特的空间氛围。例如，在特定的主题下，设计师可以运用冷暖色调、灯光效果及不同质地的物品来传达相关的情感和信息。本任务以“热爱劳动”为主题进行美陈设计，运用生成器来建模，通过点、线、面来调整模型的细节，通过添加“平面”对象和设置材质球的相关属性实现贴图。其中，人物贴图是难点。

任务实施

01 制作舞台

打开 Cinema 4D，在菜单栏中选择“文件”→“保存项目”命令，在弹出的对话框中选择保存的路径，将项目保存为“热爱劳动主题美陈设计.c4d”。长按“立方体”按钮，在弹出的列表中单击“圆柱体”按钮，新建“圆柱体”对象，在其属性面板中设置“半径”为 200cm，“高度”为 10cm，“高度分段”为 1，“旋转分段”为 20，如图 7-100 所示。按快捷键 N+B，切换到“光影着色（线条）”模式。在右侧工具栏中，单击“转为可编辑对象”按钮，将“圆柱体”对象转换为可编辑对象（快捷键为 C）。单击工具栏中的“多边形”按钮，切换到“面”模式，按 9 键，切换到实时选择工具，选择“圆柱体”对象上方的一个面，按住鼠标左键并沿着所有的面进行旋转；选择“圆柱体”对象上方的所有面（见图 7-101），右击“透视视图”窗口空白处，在弹出的快捷菜单中选择“嵌入”命令（见图 7-102），在属性面板中设置“偏移”为 20cm（见图 7-103），效果如图 7-104 所示。右击“透视视图”窗口空白处，在弹出的快捷菜单中选择“挤压”命令（见图 7-105），在属性面板中设置“偏移”为 7cm（见图 7-106），效果如图 7-107 所示。

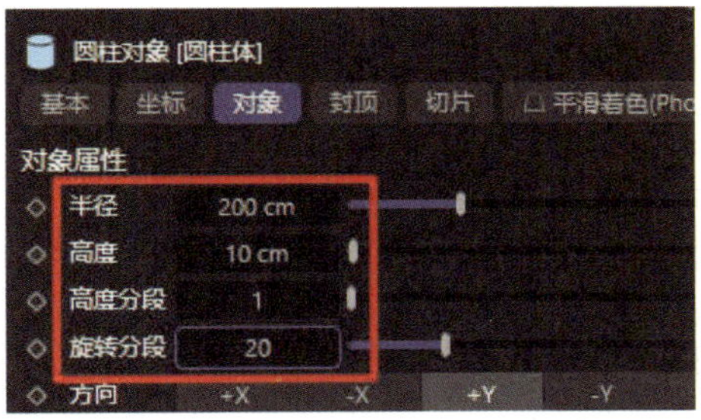

图 7-100　“圆柱体”对象的属性参数 1

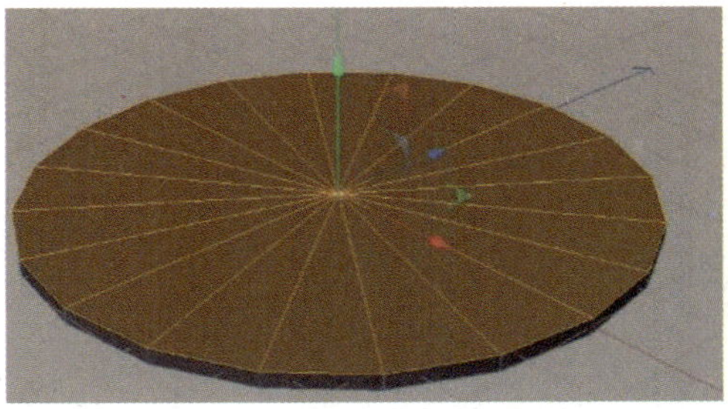

图 7-101　选择“圆柱体”对象上方的所有面

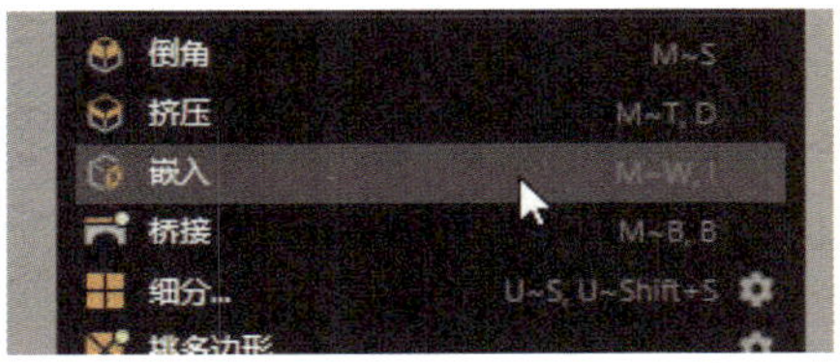

图 7-102　选择“嵌入”命令

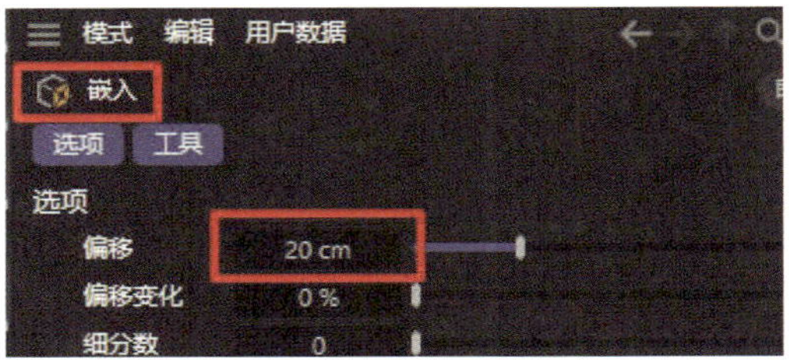

图 7-103　嵌入参数

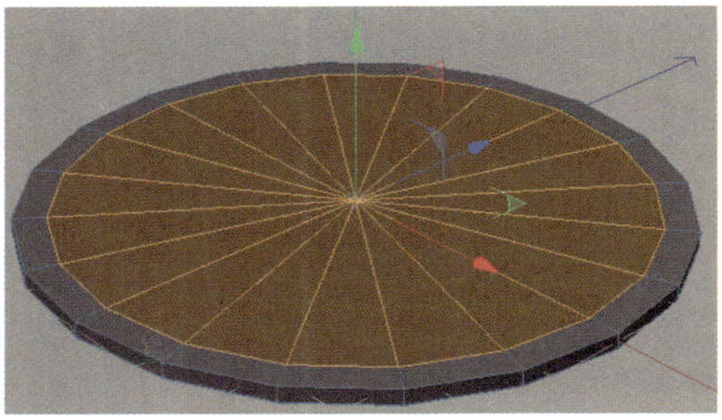

图 7-104　嵌入后的效果

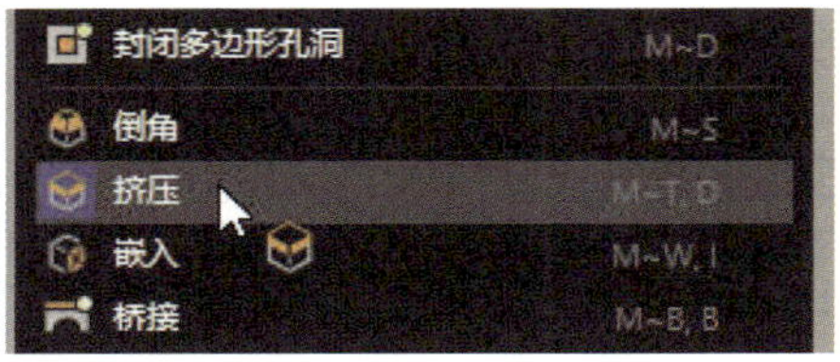

图 7-105　选择“挤压”命令

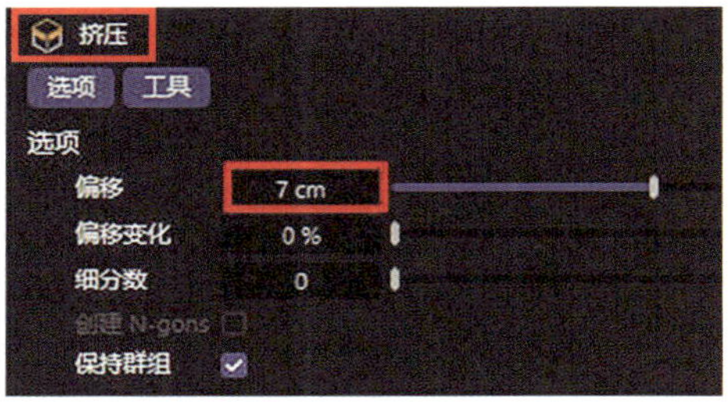

图 7-106　挤压参数

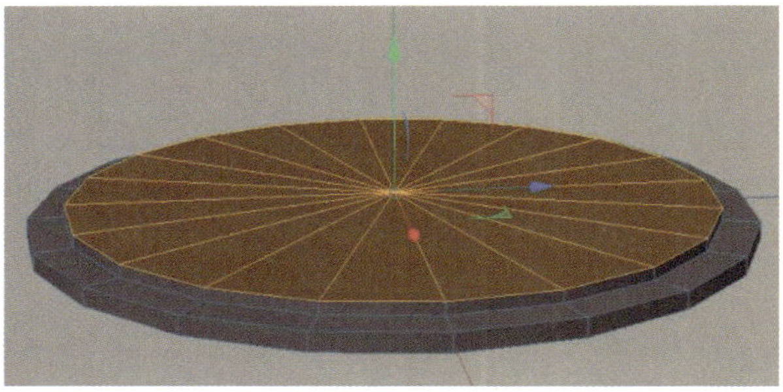

图 7-107　挤压后的效果 1

参照相同的方法，执行“嵌入”命令，在属性面板中设置“偏移”为 12cm；执行“挤压”命令，在属性面板中设置“偏移”为 16cm，效果如图 7-108 所示。按 9 键，切换到实时选择工具，选择“圆柱体”对象最上方后半部分的 10 个面（见图 7-109），执行“挤压”命令，在属性面板中设置“偏移”为 20cm，效果如图 7-110 所示。

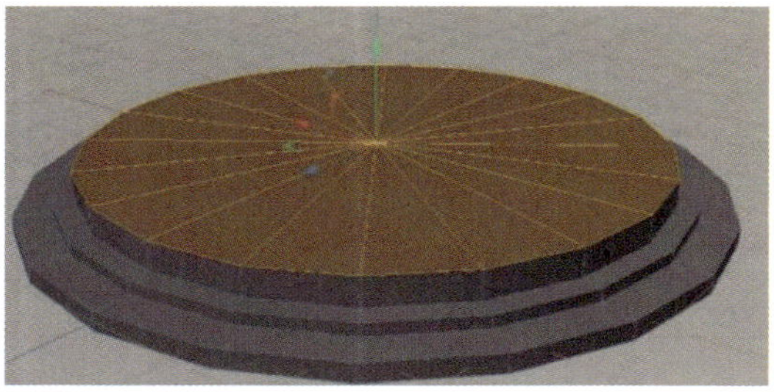

图 7-108　嵌入和挤压后的效果

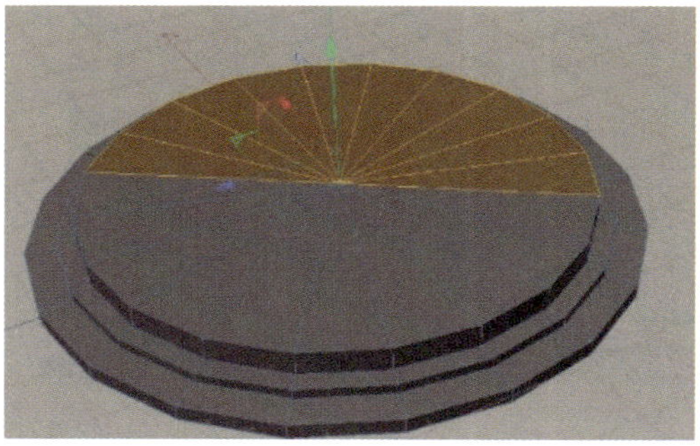

图 7-109　选择后半部分的 10 个面

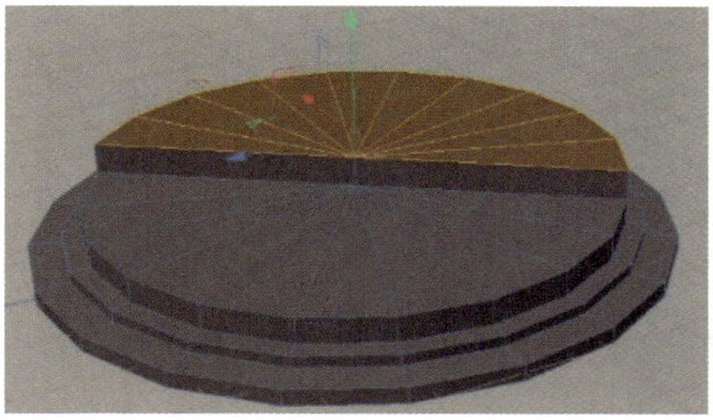

图 7-110　挤压后的效果 2

按 E 键，切换到移动工具，长按“立方体”按钮，在弹出的列表中单击“球体”按钮，新建“球体”对象，在其属性面板中设置“半径”为 7cm，并将“球体”对象调整到“圆柱体”对象外边缘的位置，如图 7-111 所示。按住 Alt 键，同时单击“克隆”按钮，新建“克隆”对象，将“球体”对象作为“克隆”对象的子级（见图 7-112），在“克隆”对象的属性面板中设置“模式”为“放射”，数量为 20，“半径”为 199cm，如图 7-113 所示。通过透视图、顶视图、右视图和正视图，调整“球体”对象的位置，如图 7-114 所示。在“对象”窗口中，按住 Ctrl 键，同时按住鼠标左键并沿着 Y 轴拖动“克隆”对象，复制生成“克隆 1”对象；在“克隆 1”对象的属性面板中，设置“半径”为 170cm，并调整“克隆 1”对象的位置，如图 7-115 所示。

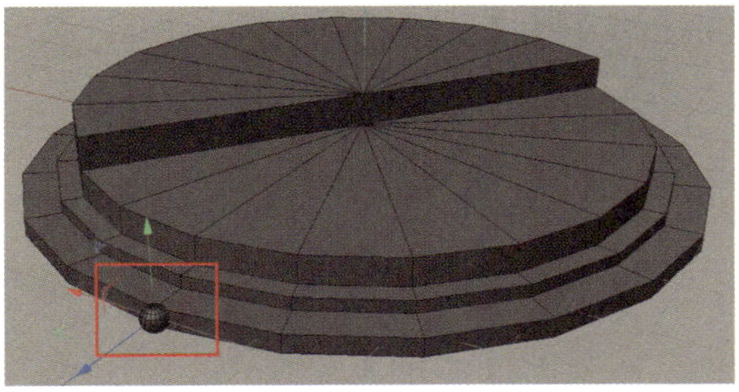

图 7-111　“球体”对象的位置

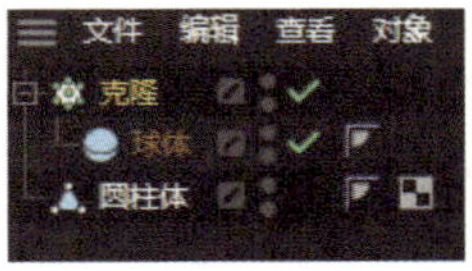

图 7-112　添加子级

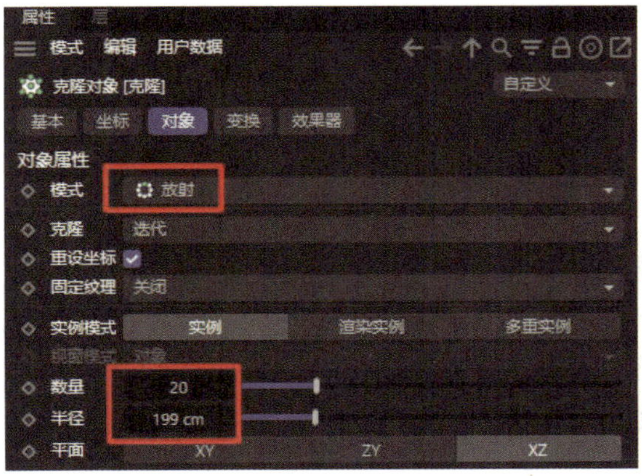

图 7-113　“克隆”对象的属性参数

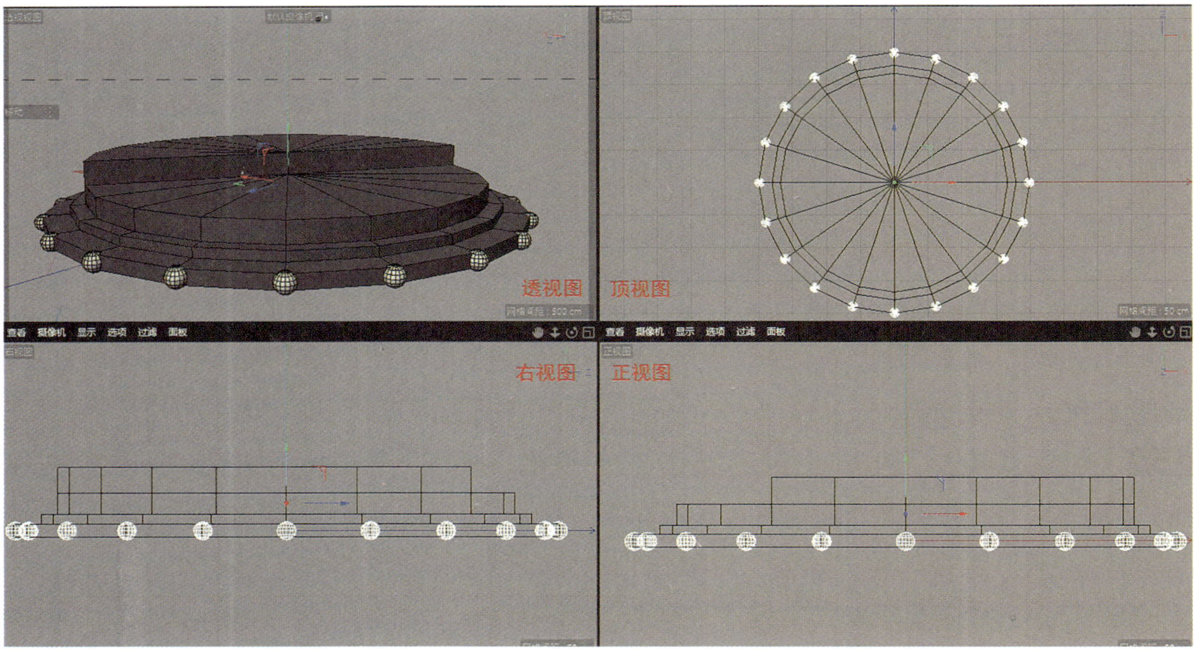

图 7-114　“球体”对象在四视图中的位置

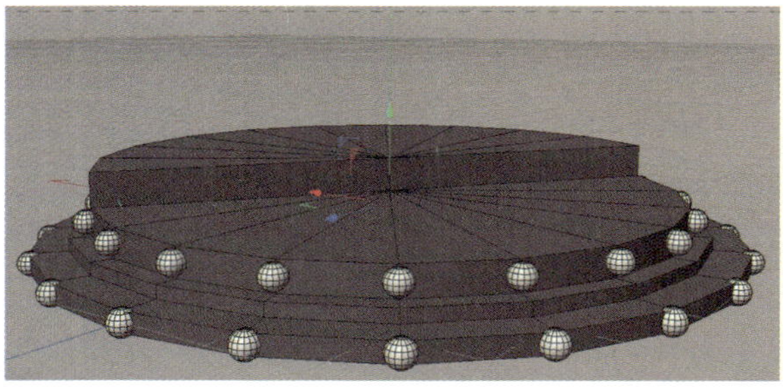

图 7-115　“克隆 1”对象的位置

单击“立方体”按钮，新建“立方体”对象，在其属性面板中设置“尺寸.X”为 150cm，“尺寸.Y”为 40cm，“尺寸.Z”为 5cm，如图 7-116 所示；通过四视图，对“立方体”对象进行旋转，并调整到合适的位置，如图 7-117 所示；单击工具栏中的“独显”按钮，按 C 键，将“立方体”对象转换成可编辑对象；单击工具栏中的“边”按钮，切换到“边”模式，右击“透视视图”窗口空白处，在弹出的快捷菜单中选择“循环/路径切割”命令（见图 7-118），对“立方体”对象两侧进行切割，如图 7-119 所示。

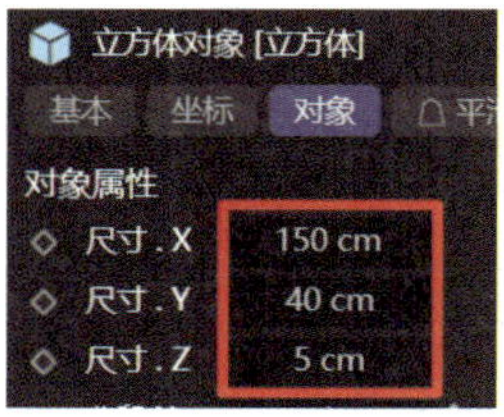

图 7-116　“立方体”对象的属性参数

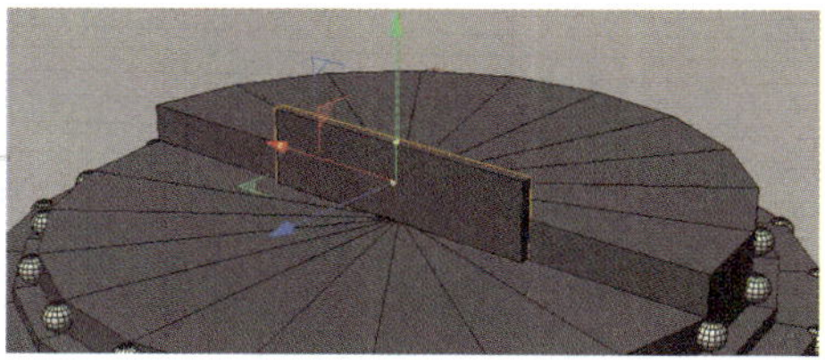

图 7-117　“立方体”对象的位置

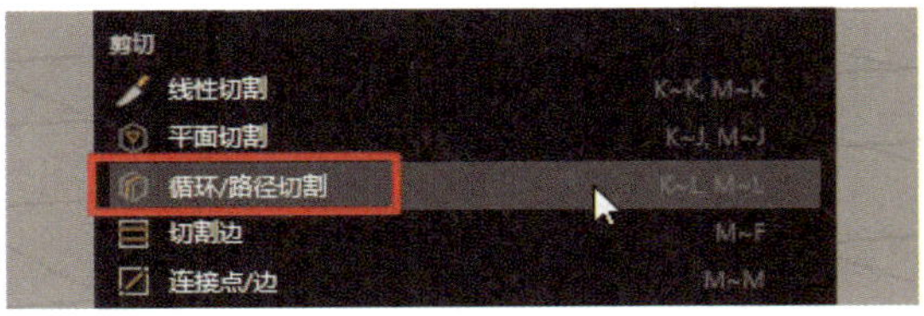

图 7-118 选择“循环/路径切割”命令

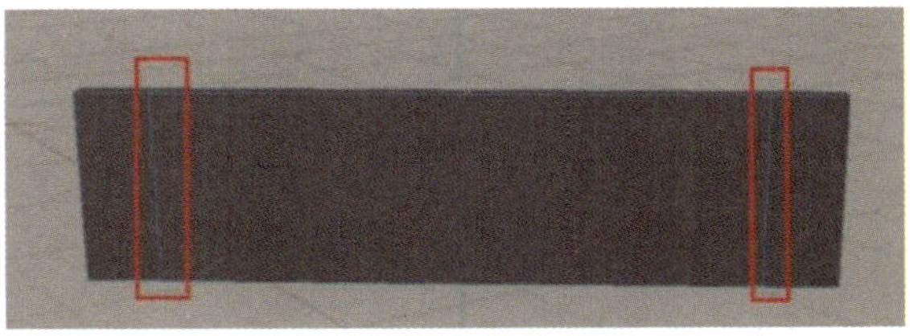

图 7-119 对“立方体”对象两侧进行切割

按快捷键 U+L，切换到循环选择工具，选择“立方体”对象右侧的线框（见图 7-120），按 E 键，切换到选择工具；拖动 X、Z 轴，将该线框移动到后方，如图 7-121 所示。单击工具栏中的“多边形”按钮，切换到“面”模式，选择右侧后方的面，右击“透视视图”窗口空白处，在弹出的快捷菜单中选择“挤压”命令，在属性面板中设置“偏移”为 40cm，效果如图 7-122 所示。参照相同的方法，在“挤压”属性面板中设置“偏移”为-40cm，效果如图 7-123 所示，完成“立方体”对象左侧的制作。

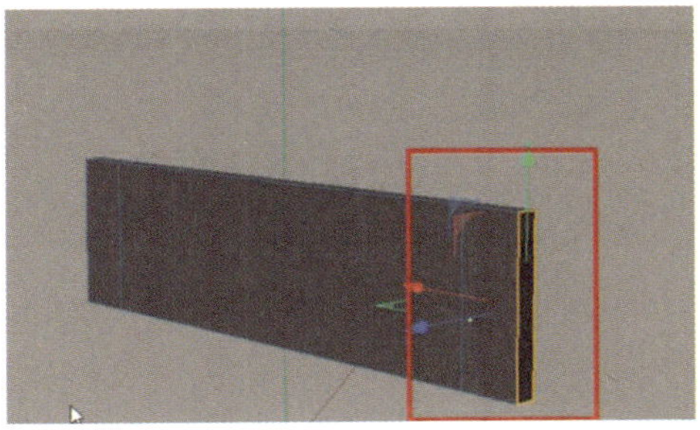

图 7-120 选择右侧的线框

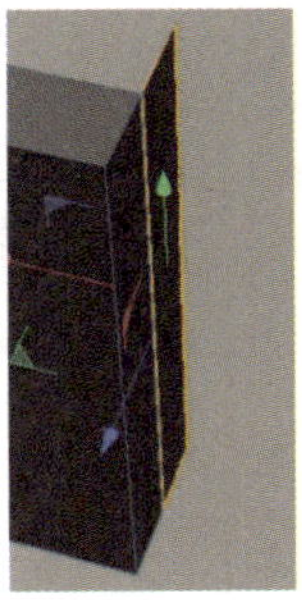

图 7-121 移动线框到后方

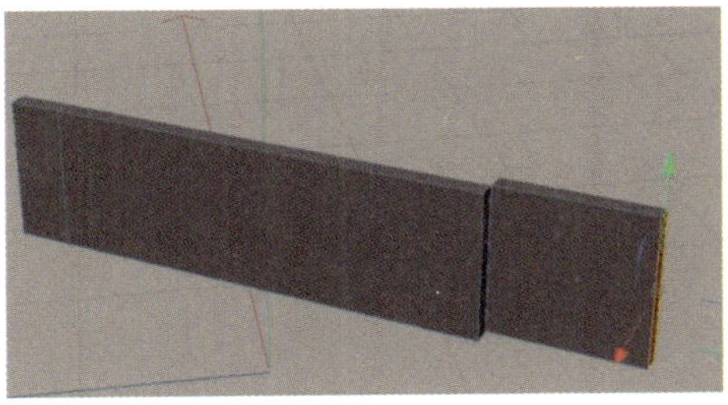

图 7-122 挤压后的效果 3

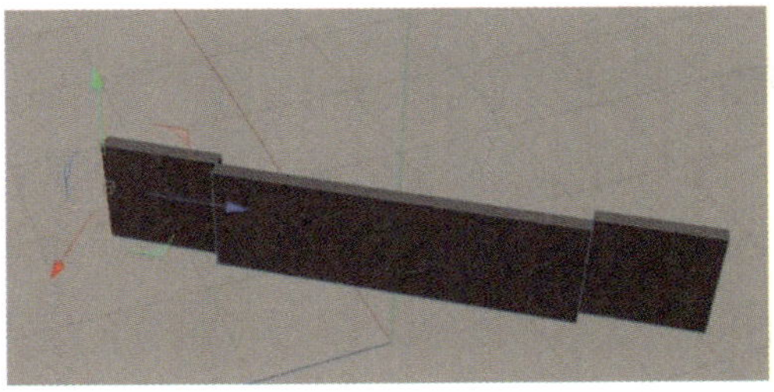

图 7-123 挤压后的效果 4

右击“透视视图”窗口空白处，在弹出的快捷菜单中选择“循环/路径切割”命令，对“立方体”对象进行水平切割；在“循环/路径切割”属性面板中设置“偏移”为 50%（见图 7-124），效果如图 7-125 所示。单击工具栏中的“点”按钮，切换到“点”模式，按 0 键，切换到框选工具，如图 7-126 所示；框选“立方体”对象右侧中间的点，拖动 X 轴，将该点调整到如图 7-127 所示的位置；框选“立方体”对象右侧上、下方的点，拖动 X 轴，将这两个点调整到如图 7-128 所示的位置。参照相同的方法，制作“立方体”对象的左侧，效果如图 7-129 所示。

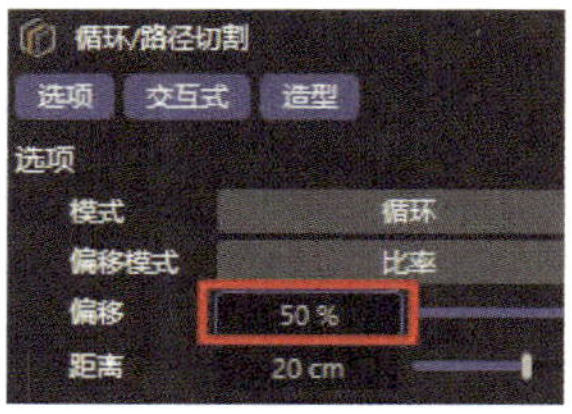

图 7-124　设置“偏移”为 50%

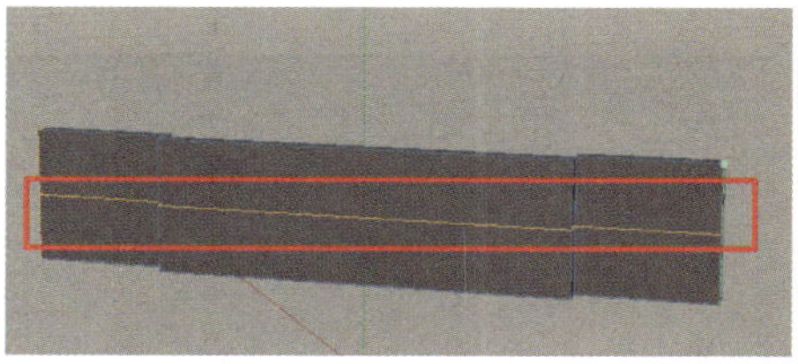

图 7-125　切割后的效果

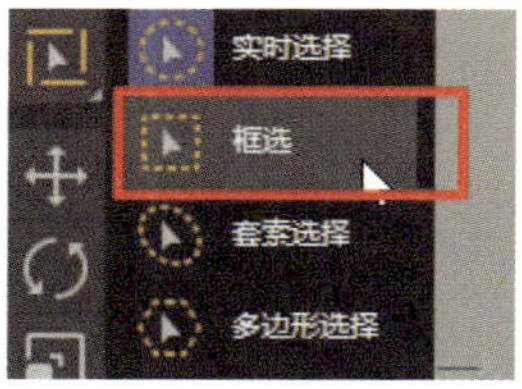

图 7-126　框选工具

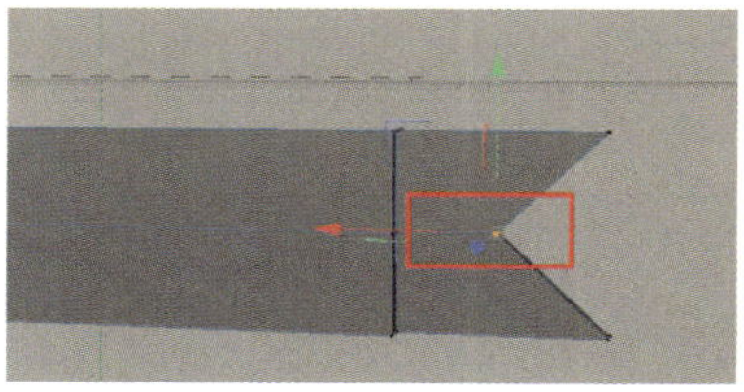

图 7-127　中间点的位置

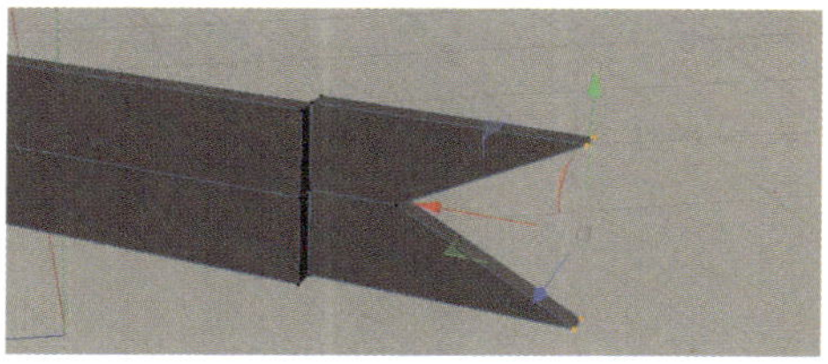

图 7-128　右侧上、下方点的位置

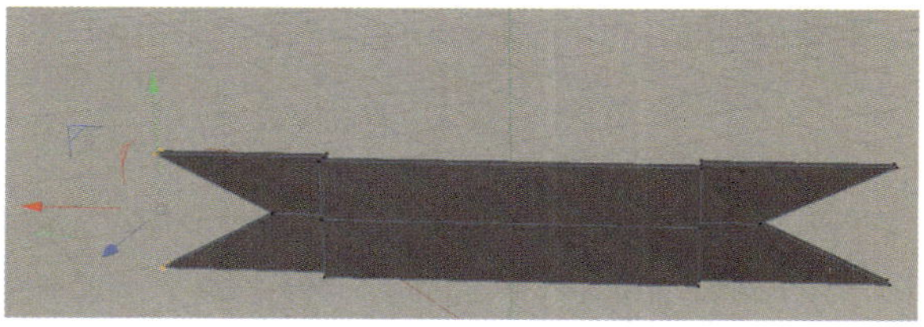

图 7-129　“立方体”对象左侧效果

单击工具栏中的“独显”按钮，取消独显。单击工具栏中的“模型”按钮，切换到“模型”模式，拖动“立方体”对象的 *Y* 轴，将“立方体”对象调整到如图 7-130 所示的位置。按 E 键，切换到移动工具，长按“文本样条”按钮，在弹出的列表中单击“文本”按钮，新建“文本”对象；在“文本”对象的属性面板中，选择“对象”选项卡，设置“深度”为 10cm，“文本样条”为“热爱劳动”，“对齐”为“中对齐”，“高度”为 25cm，如图 7-131 所示；将“文本”对象旋转并移到如图 7-132 所示的位置。选择“对象”窗口中的所有对象，按快捷键 Alt+G 进行编组，并将编组对象命名为“舞台”（见图 7-133），舞台效果如图 7-134 所示。

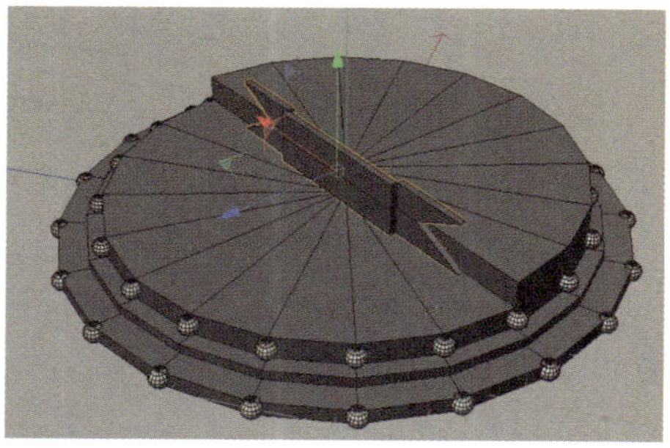

图 7-130　“立方体”对象的位置

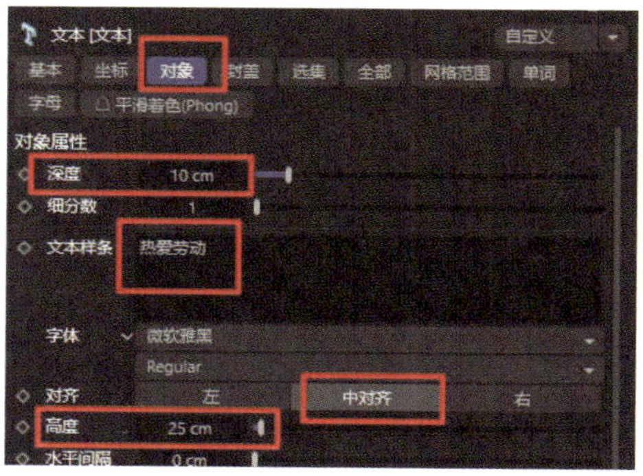

图 7-131　“文本”对象的属性参数

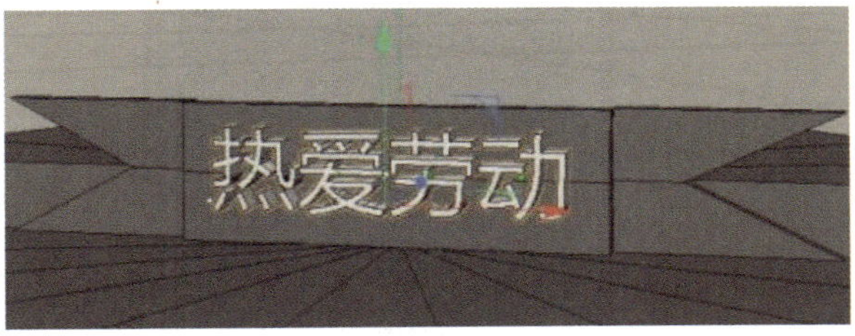

图 7-132　“文本”对象的位置

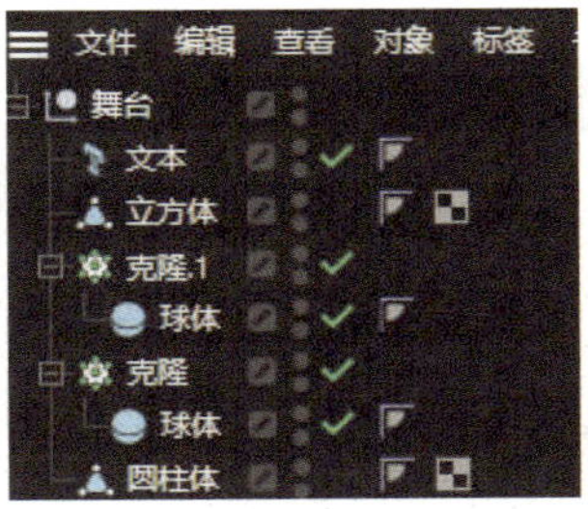

图 7-133　“舞台”组

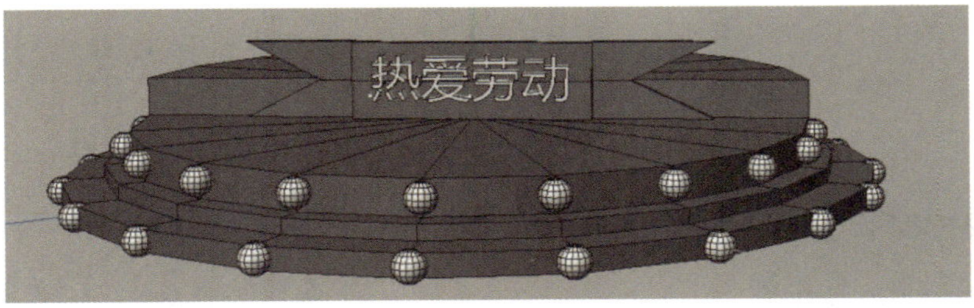

图 7-134　舞台效果

02 制作装饰建模

新建“球体”对象，在其属性面板中设置“半径”为 10cm，“分段”为 20（见图 7-135），将“球体”对象移动到“舞台”对象的左侧。长按“立方体”按钮，在弹出的列表中单击“圆柱体”按钮，新建“圆柱体”对象，在其属性面板中设置“半径”为 3cm，“高度”为 150cm，“高度分段”为 1，“旋转分段”为 20，如图 7-136 所示；将“圆柱体”对象移动到“舞台”对象的左侧，分别切换到四视图，调整“球体”和“圆柱体”对象的位置，如图 7-137 所示。选择“对象”窗口中的“球体”和“圆柱体”对象并右击，在弹出的快捷菜单中选择“连接对象+删除”命令（见图 7-138），将“球体”和“圆柱体”对象合并为“圆柱体”对象，如图 7-139 所示。在“透视视图”窗口中，选择“圆柱体”对象，按住 Ctrl 键，同时按住鼠标左键并沿着 X 轴拖动鼠标，复制生成 5 个“圆柱体”对象；通过四视图，调整它们的位置，如图 7-140 所示。

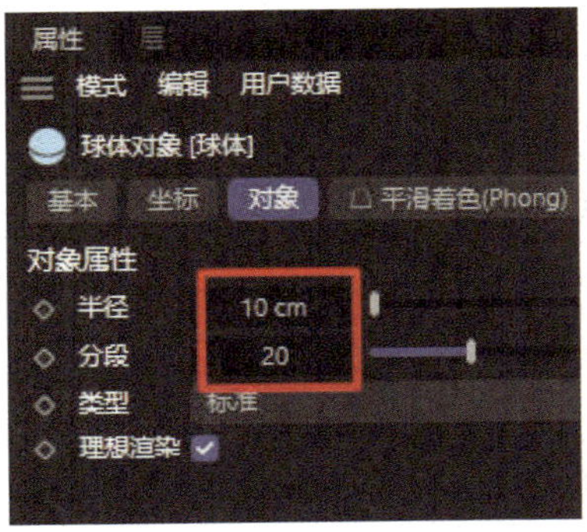

图 7-135　“球体”对象的属性参数

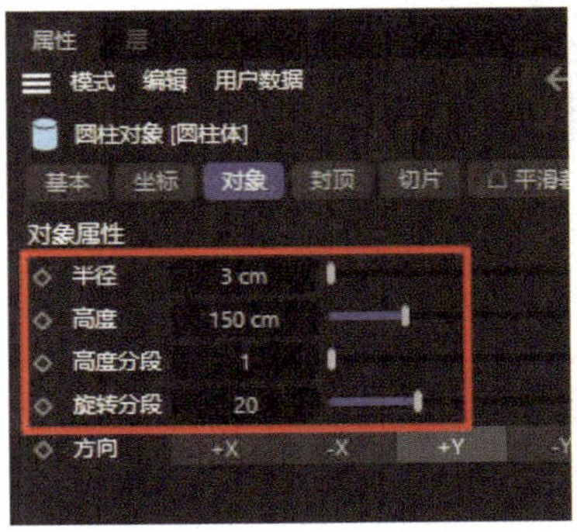

图 7-136　“圆柱体”对象的属性参数 2

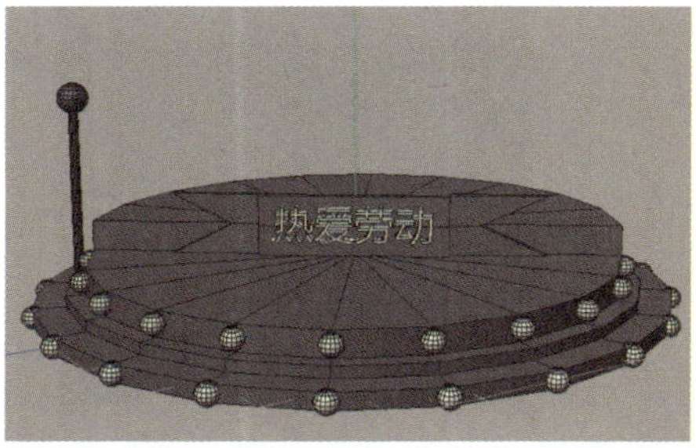

图 7-137 “球体”和“圆柱体”对象的位置

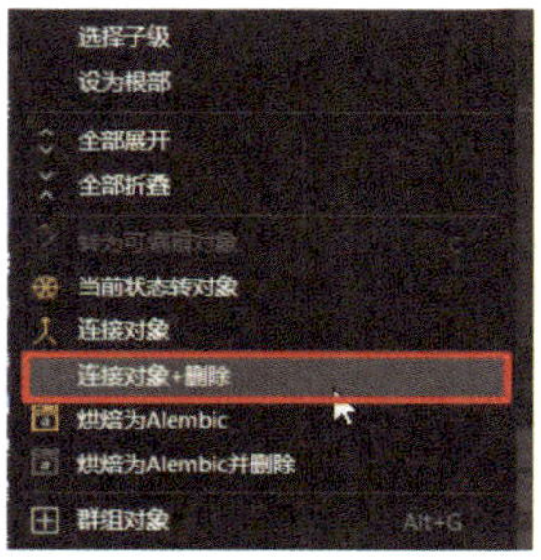

图 7-138 选择“连接对象+删除”命令

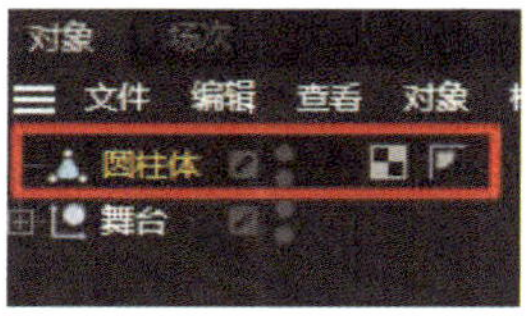

图 7-139 “圆柱体”对象

图 7-140 “圆柱体”对象的位置

长按“矩形”按钮，在弹出的列表中单击“齿轮”按钮，新建“齿轮”对象，在其属性面板中设置“根半径”为 72cm，“附加半径”为 90cm，“压力角度”为 10°，如图 7-141 所示；选择“嵌体”选项卡，设置“半径”为 35cm，如图 7-142 所示。将“齿轮”对象移动到舞台的后方，如图 7-143 所示。按住 Alt 键，同时长按“细分曲面”按钮，在弹出的列表中单击“挤压”按钮，新建“挤压”对象，将“齿轮”对象作为“挤压”对象的子级；在“挤压”对象的属性面板中，设置“偏移”为 20cm（见图 7-144），效果如图 7-145 所示。在“透视视图”窗口中，按住 Ctrl 键，同时按住鼠标左键并沿着 *X* 轴拖动“挤压”对象，复制生成“挤压 1”对象；按 T 键，切换到缩放工具，缩小“挤压 1”对象；按 E 键，切换到移动工具，将“挤压 1”对象移动到“挤压”对象的旁边，如图 7-146 所示。

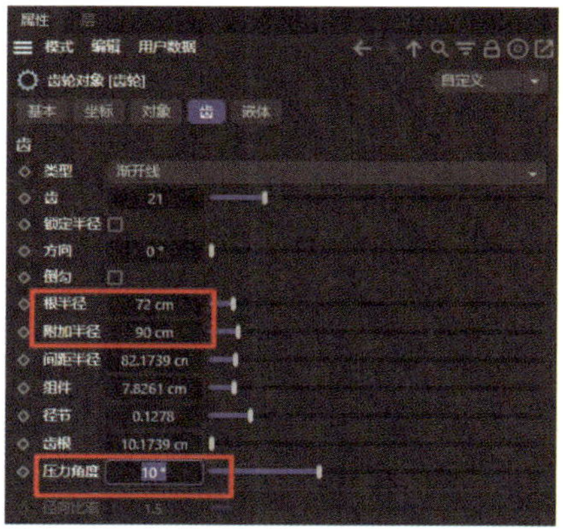

图 7-141 “齿轮”对象的属性参数 1

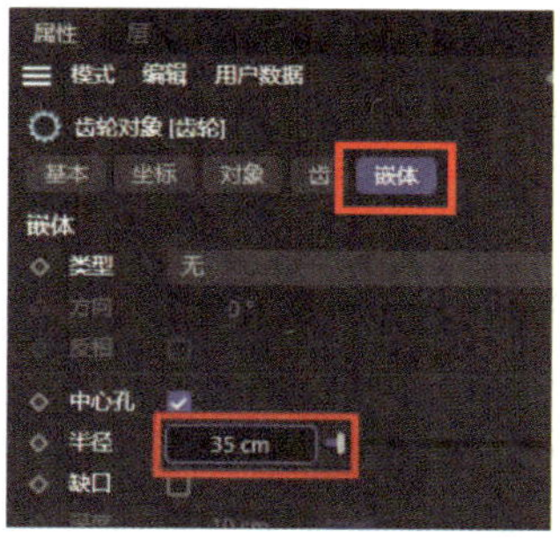

图 7-142 “齿轮”对象的属性参数 2

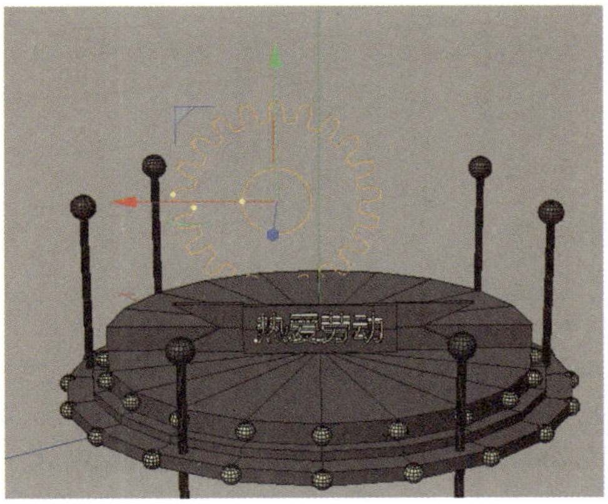

图 7-143　“齿轮”对象的位置

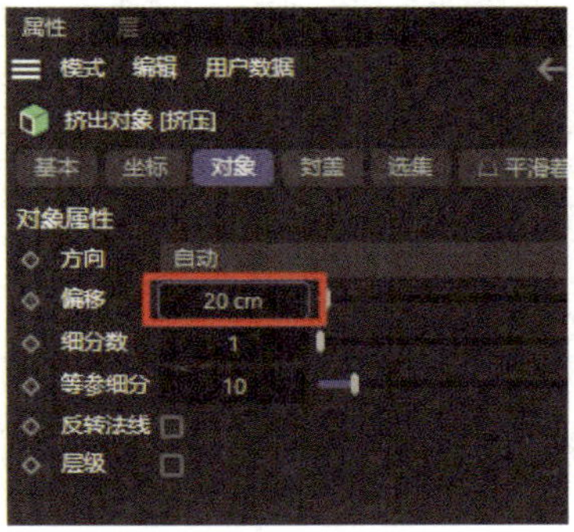

图 7-144　“挤压”对象的属性参数

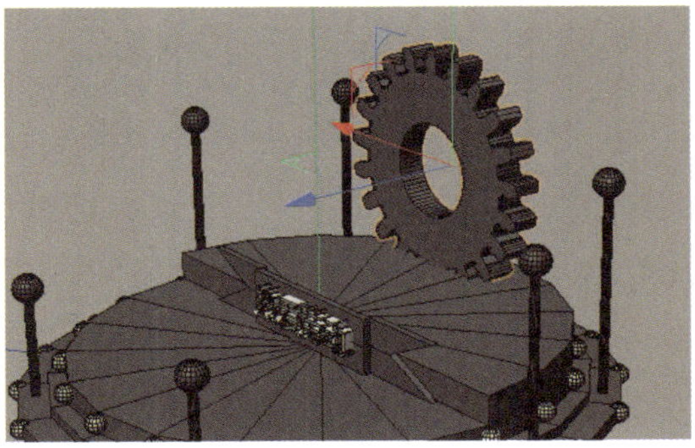

图 7-145　“齿轮”对象挤压后的效果

图 7-146　“挤压 1”对象的位置

长按“矩形”按钮，在弹出的列表中单击“星形”按钮，新建“星形”对象；在“星形”对象的属性面板中，选择“对象”选项卡，设置“内部半径”为 80cm，“外部半径”为 165cm，如图 7-147 所示；将“星形”对象调整到如图 7-148 所示的位置。按住 Alt 键，同时长按“细分曲面”按钮，在弹出的列表中单击“挤压”按钮，新建“挤压 2”对象，将“星形”对象作为“挤压 2”对象的子级；在“挤压 2”对象的属性面板中，选择“封盖”选项卡，取消勾选“起点封盖”和“终点封盖”复选框（见图 7-149），效果如图 7-150 所示。

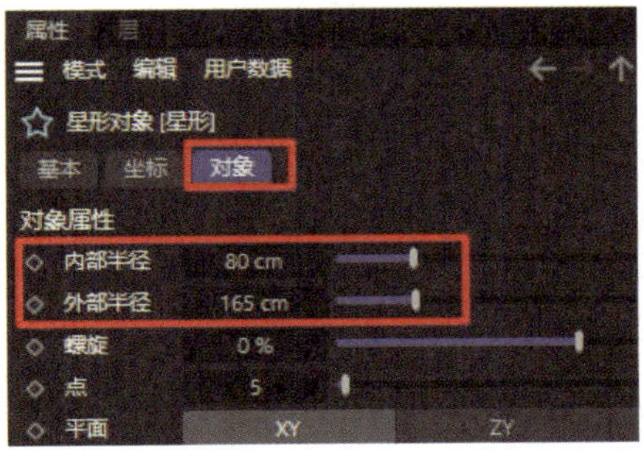

图 7-147　“星形”对象的属性参数

图 7-148　“星形”对象的位置

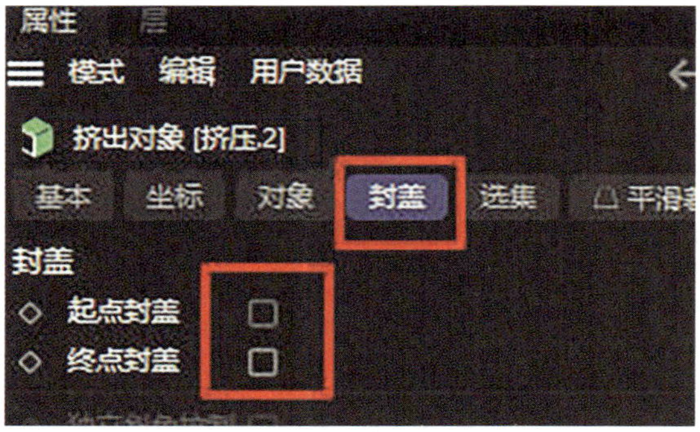

图 7-149 “挤压 2”对象的属性参数

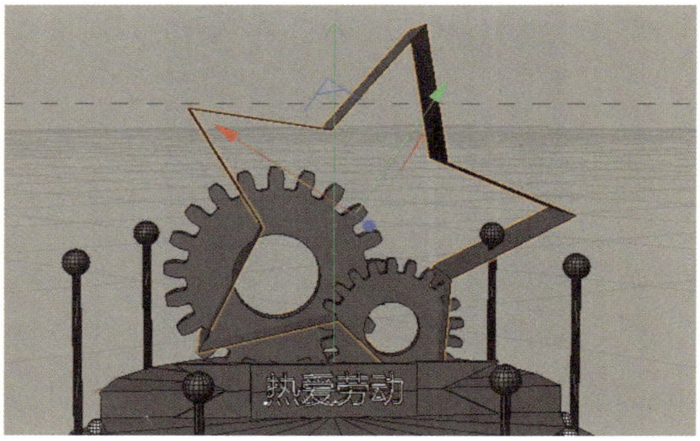

图 7-150 取消封盖效果

按 C 键，将“挤压 2”对象转换成可编辑对象，单击工具栏中的“边”按钮，切换到“边”模式，按快捷键 U+L，切换到循环选择工具，选择如图 7-151 所示的线框，按 T 键，切换到缩放工具，按住 Ctrl 键，同时按住鼠标左键并向星形中心拖动鼠标，形成如图 7-152 所示的效果。单击工具栏中的“模型”按钮，切换到“模型”模式，选择“挤压 2”对象，同时按住鼠标左键并沿着 *Y* 轴拖动鼠标，缩小“挤压 2”对象，效果如图 7-153 所示。按住 Ctrl 键，同时按住鼠标左键并沿着 *X* 轴拖动“挤压 2”对象，复制生成“挤压 3”对象，并调整“挤压 2”和“挤压 3”对象的位置，效果如图 7-154 所示。

图 7-151 选择线框

图 7-152 缩放后的效果

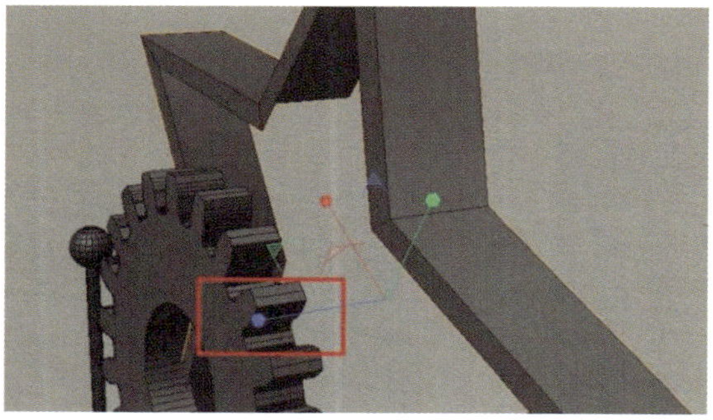

图 7-153 缩小“挤压 2”对象后的效果

图 7-154 调整“挤压 2”和“挤压 3”对象位置后的效果

在“对象”窗口中，选择除“舞台”对象外的其他对象，按快捷键 Alt+G 进行编组，并将编组对象命名为“装饰”（见图 7-155），舞台装饰效果如图 7-156 所示。

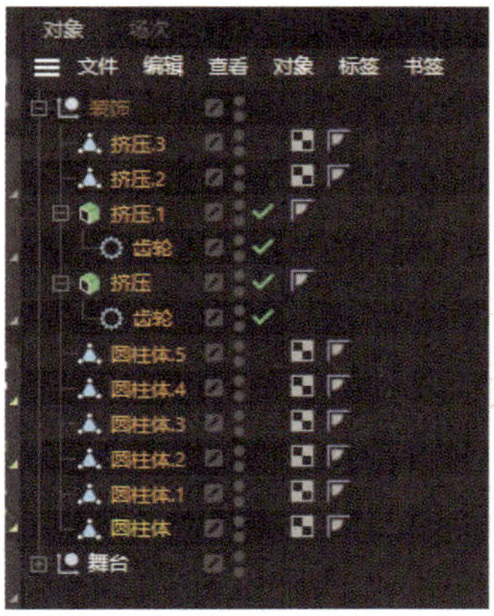

图 7-155　“装饰”组

图 7-156　舞台装饰效果

长按“立方体”按钮，在弹出的列表中单击“平面”按钮，新建“平面”对象，在其属性面板中设置“宽度”为 80cm，“高度”为 80cm，“宽度分段”为 1，“高度分段”为 1，如图 7-157 所示。按住 Ctrl 键，同时拖动“对象”窗口中的“平面”对象，复制生成“平面 1”和“平面 2”对象，如图 7-158 所示；在“透视视图”窗口中，拖动“平面”对象的 *X* 轴，调整平面位置，如图 7-159 所示。在“对象”窗口中，选择“平面”、“平面 1”和“平面 2”，按快捷键 Alt+G 进行编组，并将编组对象命名为“人物”，如图 7-160 所示。

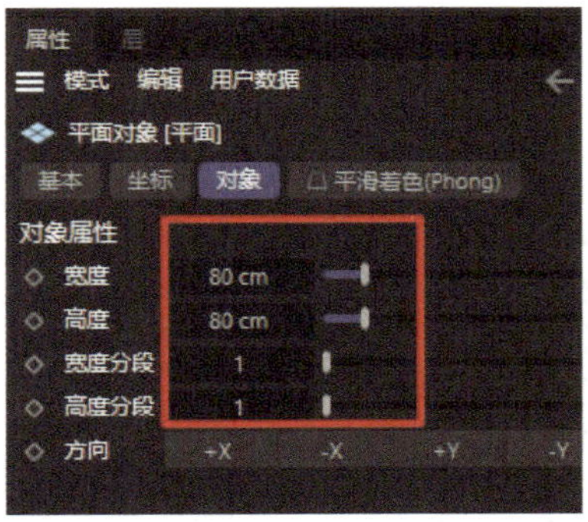

图 7-157　“平面”对象的属性参数

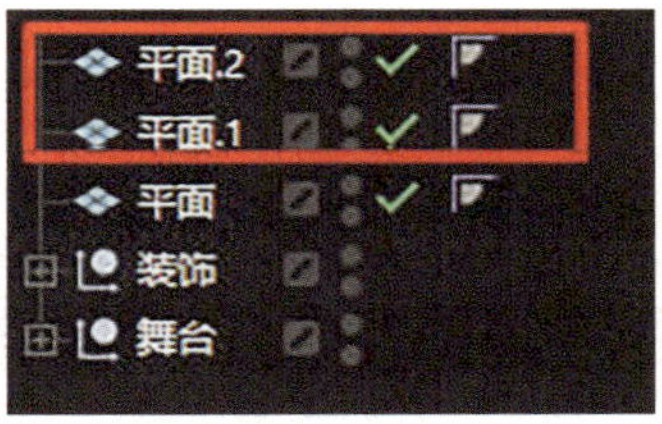

图 7-158　复制生成的对象

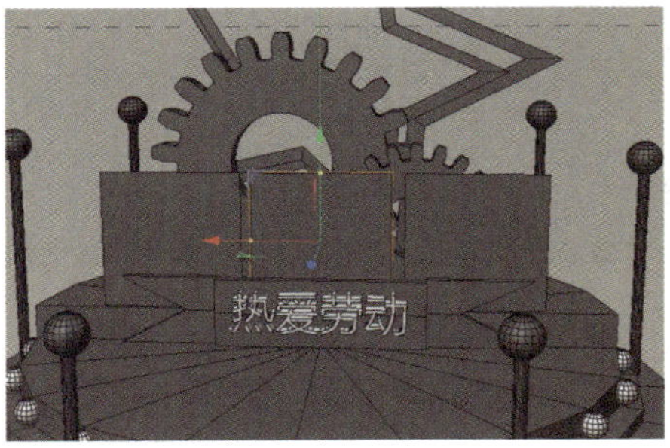

图 7-159　平面的位置

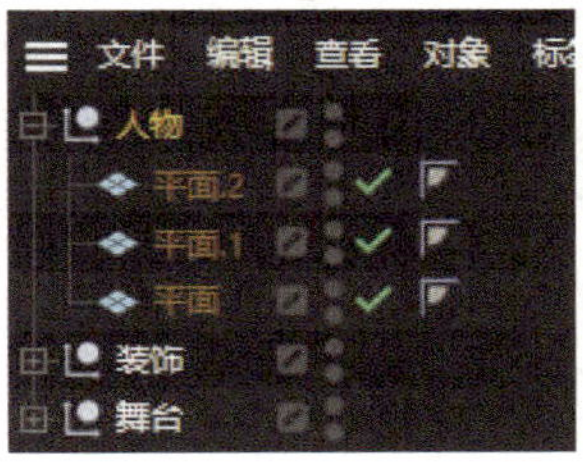

图 7-160　“人物”组

03 赋予材质

单击“材质管理器”按钮，打开“材质管理器”窗口，双击“材质管理器”窗口空白处，新建材质球“材质”，并将其命名为“白色发光”。双击“白色发光”材质球，在打开的“材质编辑器”窗口中，取消勾选“反射”复选框，勾选“发光”复选框，如图 7-161 所示。将“白色发光”材质球添加到所有克隆和圆柱体对象中（见图 7-162），效果如图 7-163 所示。

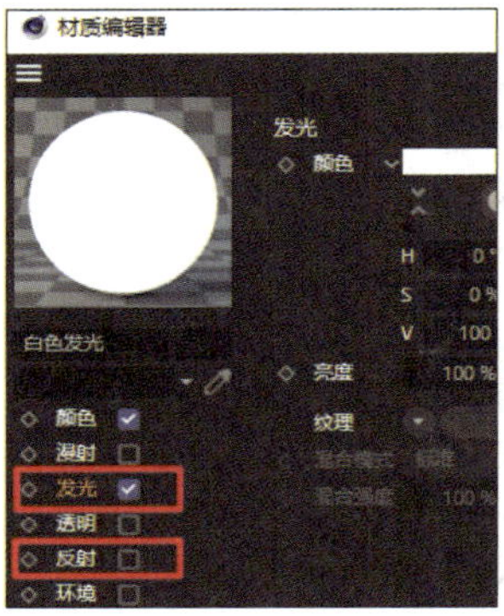

图 7-161　勾选“发光”复选框

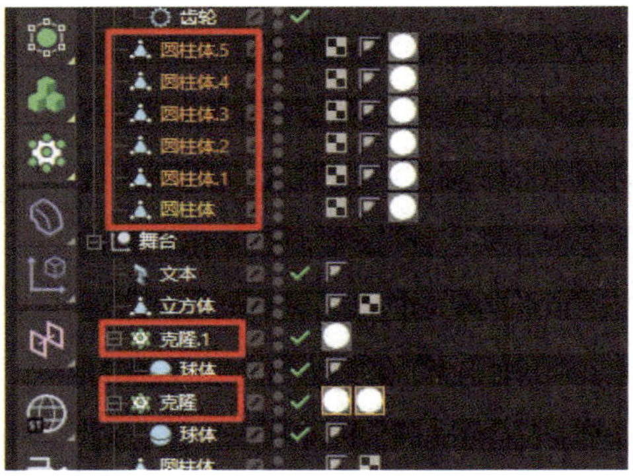

图 7-162　添加“白色发光”材质球

图 7-163　添加“白色发光”材质球后的效果

新建“白色”材质球，双击该材质球，在打开的“材质编辑器”窗口中勾选“颜色”复选框，在“颜色”通道属性面板中设置“颜色”为纯白色（RGB：255,255,255），如图 7-164 所示；勾选“反射”复选框，在“反射”通道属性面板中设置“宽度”为 64%，“高光强度”为 27%，如图 7-165 所示；将“白色”材质球添加到“文本”对象中。

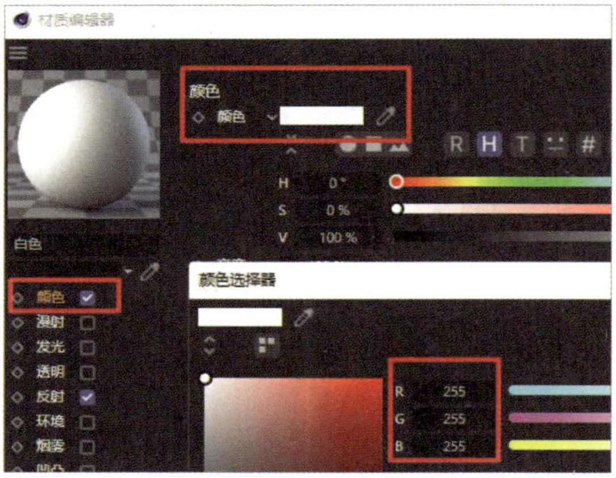

图 7-164　“白色”材质球的属性参数 1

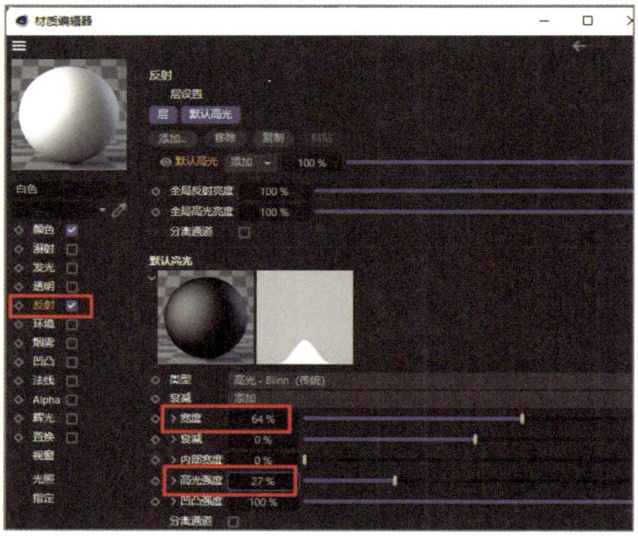

图 7-165　“白色”材质球的属性参数 2

新建“黄色”材质球，双击该材质球，在打开的“材质编辑器”窗口中勾选“颜色”复选框，在“颜色”通道属性面板中设置“H”为 58°，“S”为 100%，“V”为 100%，如

图 7-166 所示；勾选“反射”复选框，在“反射”通道属性面板中设置“宽度”为 54%，“高光强度”为 41%，如图 7-167 所示。将“黄色”材质球添加到“挤压 2”对象中。在“对象”窗口中，选择“舞台”对象的子对象“圆柱体”，单击工具栏中的“独显”按钮，单击工具栏中的“多边形”按钮，切换到“面”模式，将“黄色”材质球拖动到“圆柱体”对象上方的面中，效果如图 7-168 所示。按快捷键 U+L，切换到循环选择工具，选择“舞台”对象中间的两个面（上面和侧面），为其添加“黄色”材质球，效果如图 7-169 所示。

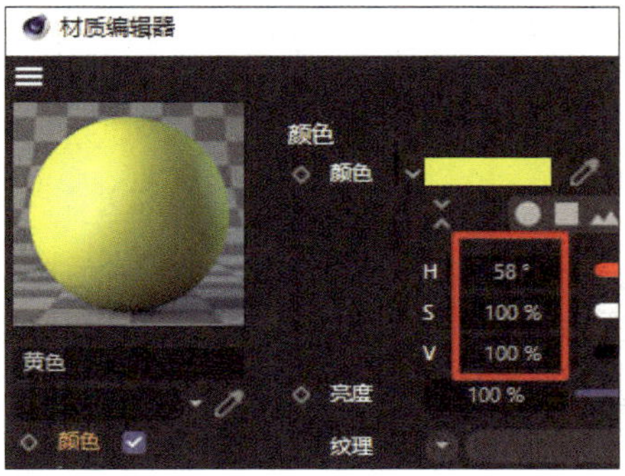

图 7-166　“黄色”材质球的属性参数 1

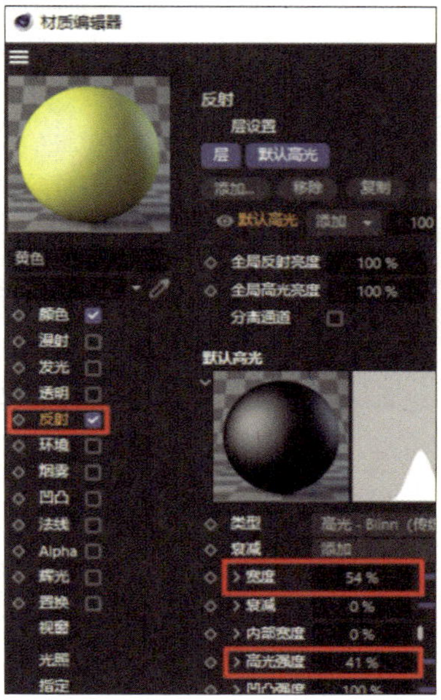

图 7-167　“黄色”材质球的属性参数 2

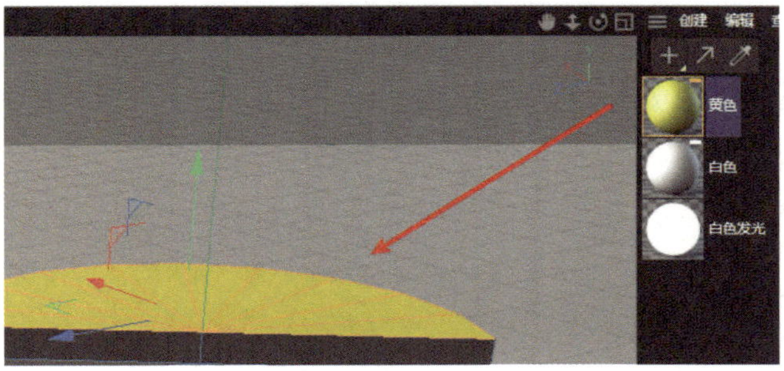

图 7-168　为“圆柱体”对象添加“黄色”材质球后的效果

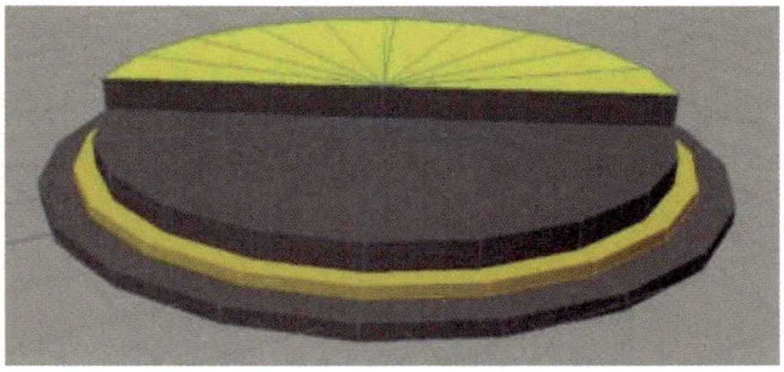

图 7-169　为“舞台”对象中间的两个面添加“黄色”材质球后的效果

新建“红色”材质球，双击该材质球，在打开的“材质编辑器”窗口中勾选“颜色”复选框，在“颜色”通道属性面板中设置“H”为 0°，“S”为 100%，“V”为 80%，如图 7-170 所示；勾选“反射”复选框，在“反射”通道属性面板中设置“宽度”为 47%，“高光强度”为 54%，如图 7-171 所示。单击工具栏中的“模型”按钮，切换到“模型”模式，将“红色”材质球添加到“圆柱体”对象中，将“红色”材质球拖动到最前面的位置

（见图 7-172），效果如图 7-173 所示。单击工具栏中的“独显”按钮，取消独显，将“红色”材质球添加到“挤压 3”和“立方体”对象中，效果如图 7-174 所示。

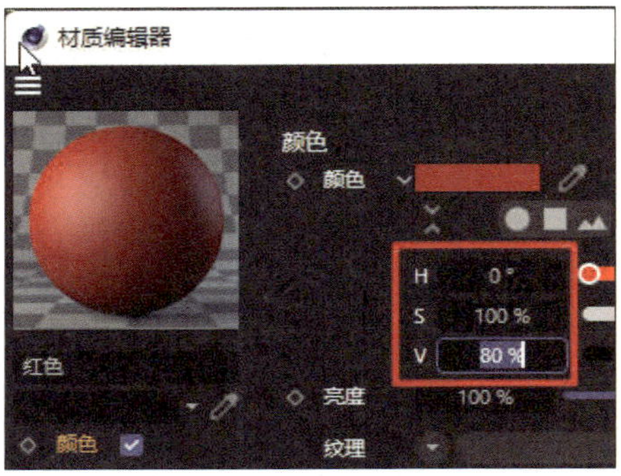

图 7-170　“红色”材质球的属性参数 1

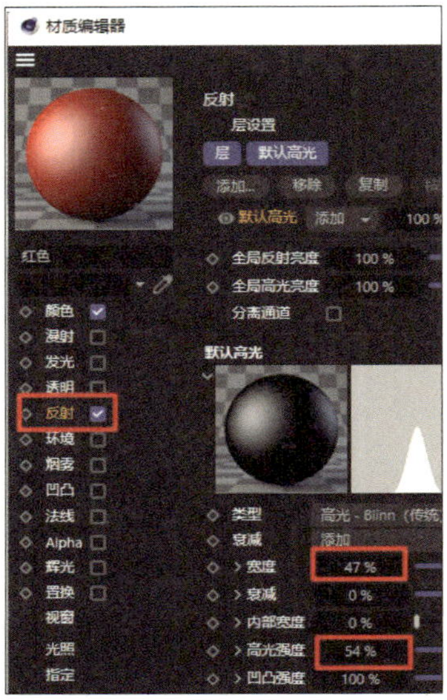

图 7-171　“红色”材质球的属性参数 2

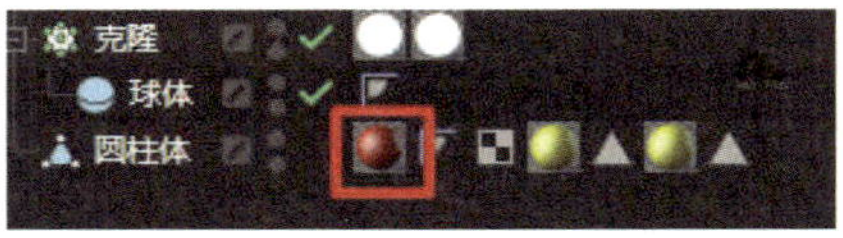

图 7-172　“红色”材质球的位置

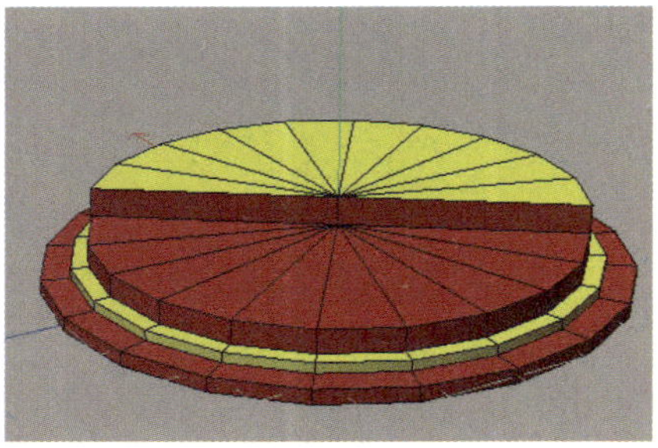

图 7-173　添加“红色”材质球后的效果 1

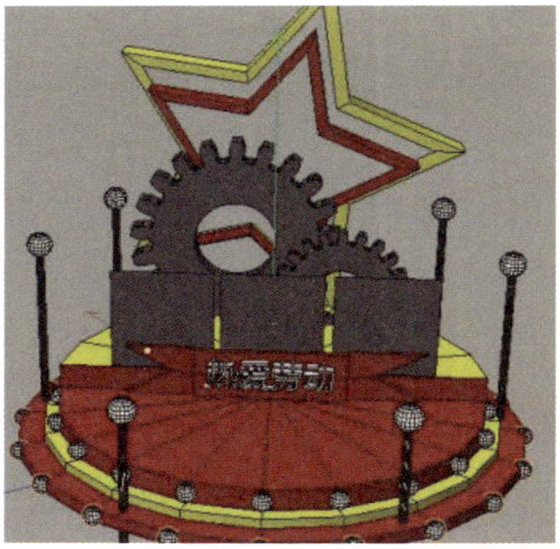

图 7-174　添加“红色”材质球后的效果 2

新建“齿轮”材质球，双击该材质球，在打开的“材质编辑器”窗口中勾选“颜色”复选框，在“颜色”通道属性面板中设置“H”为 0°，“S”为 5%，“V”为 29%，如图 7-175 所示；勾选“反射”复选框，在“反射”通道属性面板中，设置“宽度”为 27%，“高光强度”为 26%，如图 7-176 所示。将“齿轮”材质球添加到“挤压”和“挤压 1”对象中，效果如图 7-177 所示。

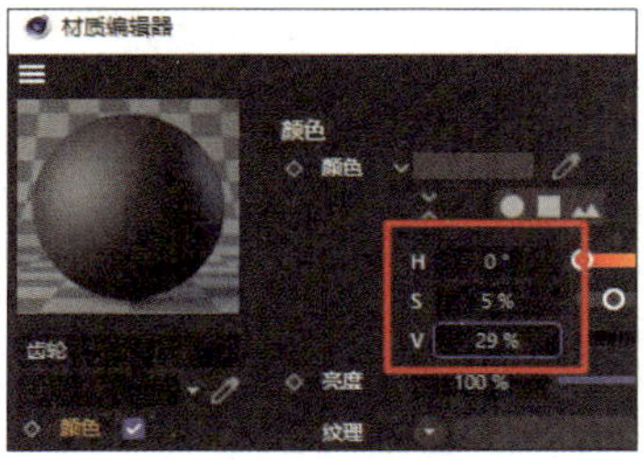

图 7-175 “齿轮”材质球的属性参数 1

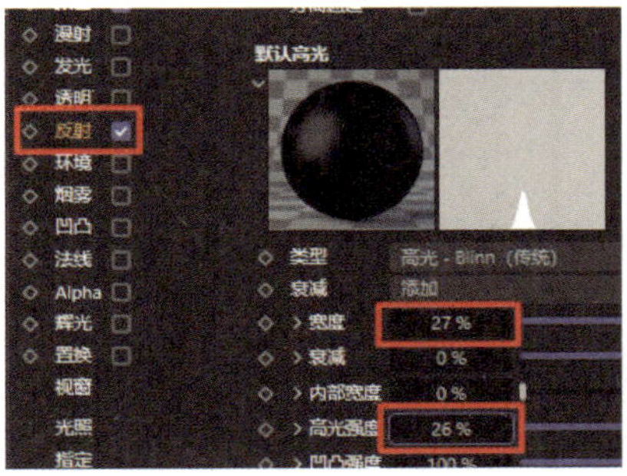

图 7-176 “齿轮”材质球的属性参数 2

图 7-177 添加“齿轮”材质球后的效果

新建“人物 1”材质球，双击该材质球，在打开的“材质编辑器”窗口中勾选“颜色”复选框，在“颜色”通道属性面板中单击“纹理”属性后的“工程”按钮，在弹出的“加载文件”对话框中选择图片“人物 1”（见图 7-178），单击“打开”按钮 打开(O)，加载纹理，如图 7-179 所示。勾选“Alpha”复选框，在“Alpha”通道属性面板中单击“纹理”属性后的“工程”按钮，在弹出的“加载文件”对话框中选择图片“人物 1”，单击“打开”按钮 打开(O)，加载纹理，如图 7-180 所示。将“人物 1”材质球添加到“平面”对象中，按 T 键，调整“平面”对象的大小。参照相同的方法，完成“人物 2”和“人物 3”材质球的添加，将“人物 2”材质球添加到“平面 1”对象中，将“人物 3”材质球添加到“平面 2”对象中，并调整它们的大小。“材质管理器”窗口如图 7-181 所示，最终效果如图 7-182 所示。

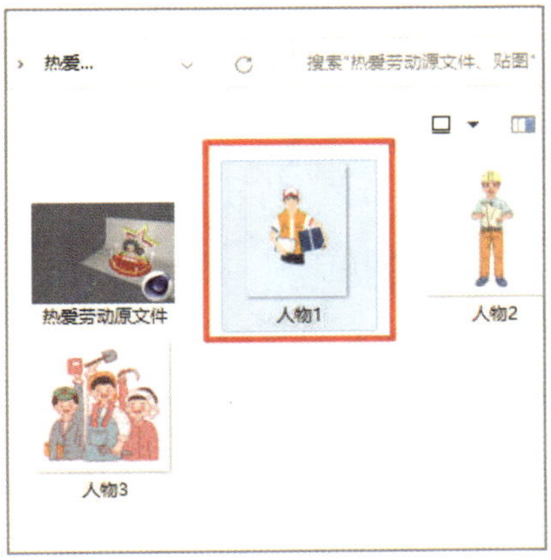

图 7-178 选择图片

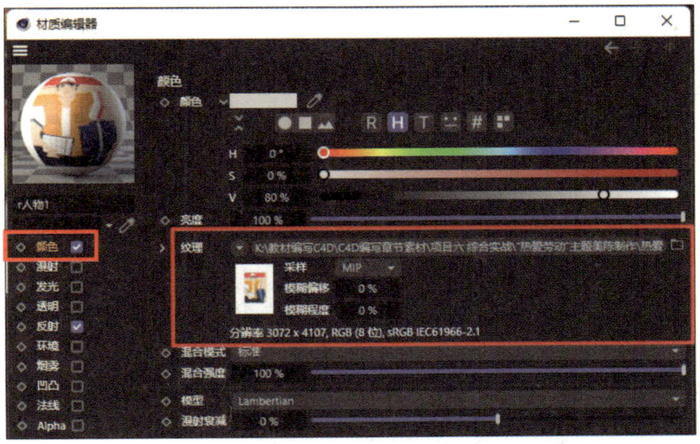

图 7-179 在“颜色”通道属性面板中加载纹理

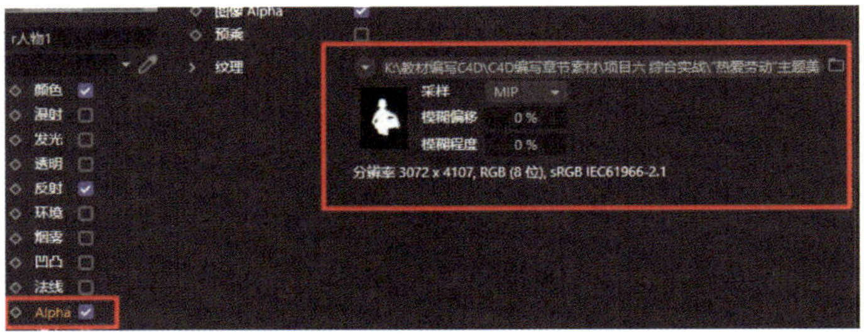

图 7-180　在“Alpha”通道属性面板中加载纹理

图 7-181　“材质管理器”窗口

图 7-182　最终效果

04 添加灯光

打开“灯光预设场景.c4d”项目，在“对象”窗口中复制“摄像机”和“L 形背景板”对象，粘贴到“热爱劳动主题美陈设计.c4d”项目的“对象”窗口中，将“白色”材质球添加到“L 形背景板”对象中，如图 7-183 所示。调整“人物”、“装饰”和“舞台”对象的位置和方向，按快捷键 N+A，切换到“光影着色”模式。在“透视视图”窗口中，将所有对象调整至如图 7-184 所示的位置；在“对象”窗口中，选择“摄像机”对象，在“对象”菜单中选择“标签”→“装配标签”→“保护”命令，如图 7-185 所示。添加“摄像机”和“L 形背景板”对象后的效果如图 7-186 所示。

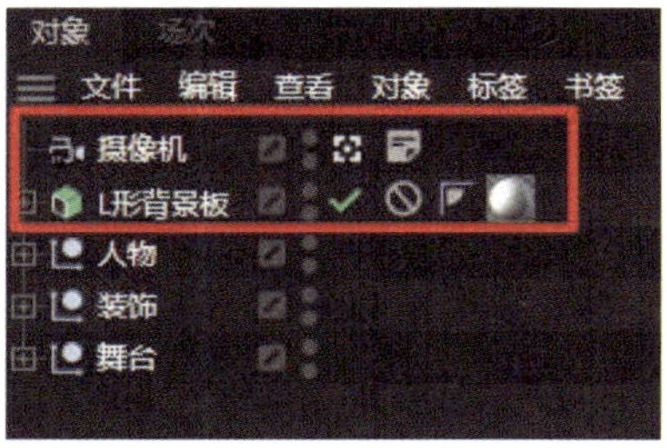

图 7-183　为“L 形背景板”对象添加“白色”材质球

图 7-184　对象的位置

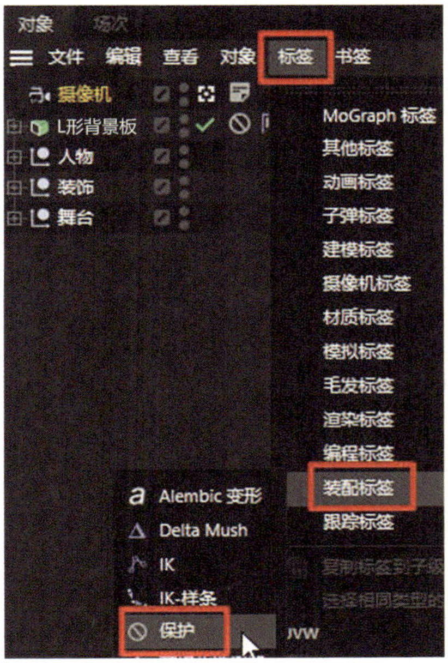

图 7-185　选择“保护”命令

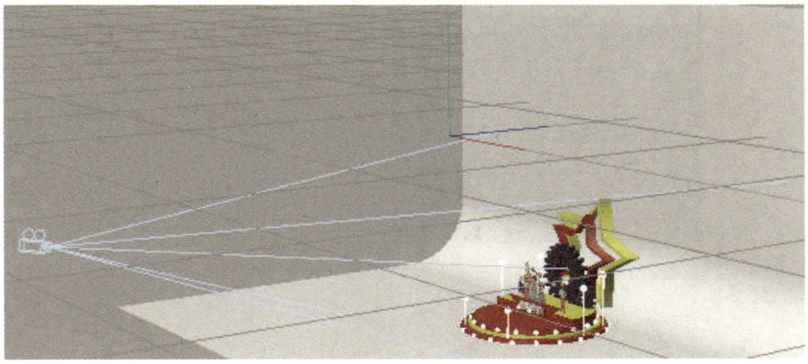

图 7-186　添加“摄像机”和“L 形背景板”对象后的效果

长按“天空”按钮，在弹出的列表中单击“环境”按钮，新建“环境”对象，在其属性面板中设置“环境强度”为 77%，如图 7-187 所示。长按“灯光”按钮，在弹出的列表中单击“聚光灯”按钮，新建“灯光”对象，调整“灯光”对象的位置和方向，如图 7-188 所示。在“对象”窗口中，选择“灯光”对象，在其属性面板中选择“常规”选项卡，设置“强度”为 60%，“投影”为“光线跟踪（强烈）”，如图 7-189 所示。单击“编辑渲染设置”按钮，在弹出的“渲染设置”对话框中设置渲染效果，如图 7-190 所示。

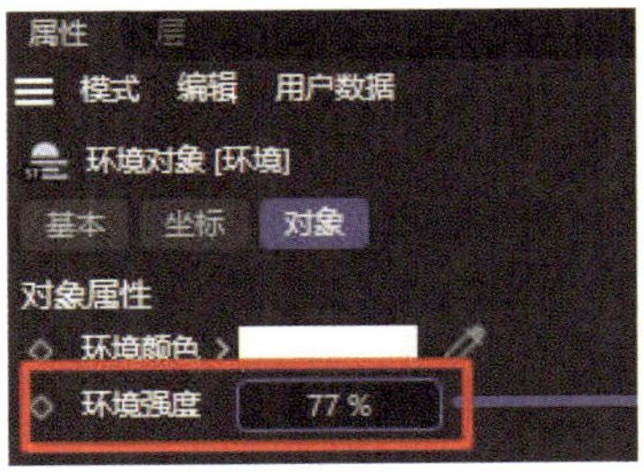

图 7-187　“环境”对象的属性参数

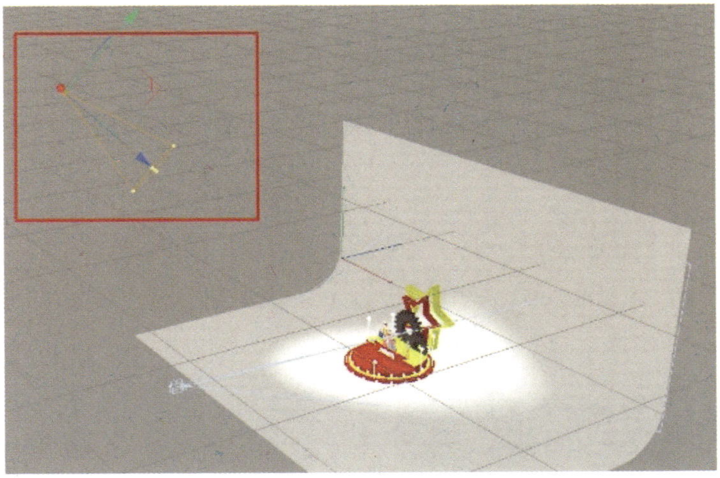

图 7-188　聚光灯的位置

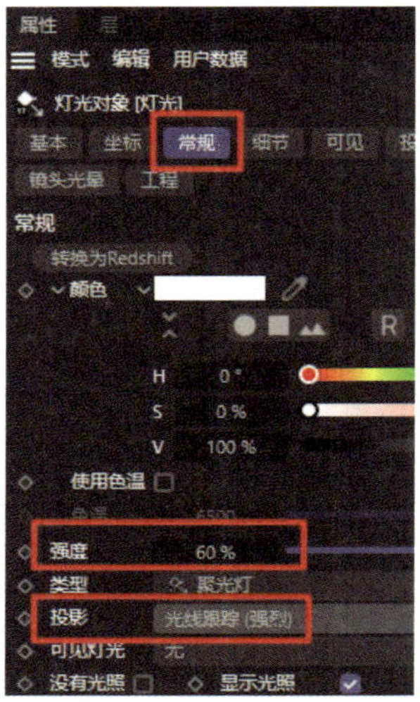

图 7-189 “灯光”对象的属性参数

图 7-190 渲染效果

长按“灯光”按钮，在弹出的列表中单击“区域光”按钮，新建“区域光”对象，在其属性面板中设置“强度”为 52%，调整“区域光”对象的位置和方向，效果如图 7-191 所示。

单击工具栏中的“编辑渲染设置”按钮，在弹出的“渲染设置”对话框中单击“效果”按钮，在弹出的下拉列表中选择“全局光照”命令。单击“渲染到图像查看器”按钮，在弹出的“图像查看器”对话框中，将文件另存为 JPG 格式。“热爱劳动”主题美陈设计最终效果如图 7-192 所示。

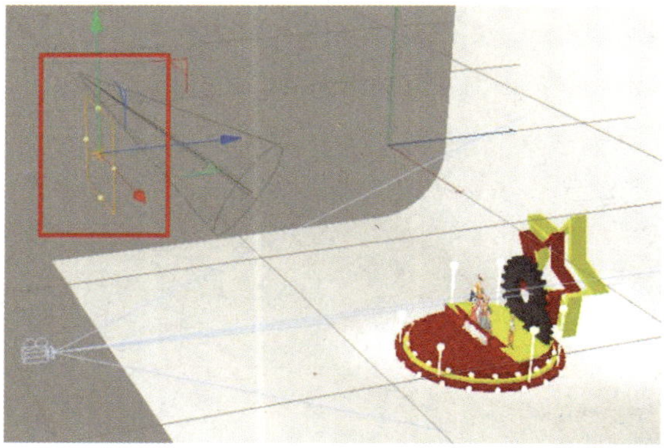

图 7-191 新建区域光后的效果

图 7-192 “热爱劳动”主题美陈设计最终效果

任务小结

通过调整点、线、面来设计舞台效果。

在“颜色”和“Alpha”通道属性面板中设置“纹理”属性，完成人物贴图。

在为舞台各层添加材质球时，应先选择面，再添加材质球。

7.3　任务 3：海上灯塔

任务情境

灯塔是一种固定的航标，用于引导船舶航行或指示危险区域。通常，灯塔被设置在重要航道附近的岛屿或海岸上，以及浅滩、礁石、沉船等危险区域。以前的灯塔由明火燃烧，照亮黑暗中航行的人，象征着希望和目标。现代大型灯塔的结构通常包含一个提供导航信号的光源和一个用于容纳人员和设备的塔楼。本任务为制作海上灯塔，如图 7-193 所示。

图 7-193　海上灯塔　　海上灯塔（1 主体）　海上灯塔（2 房子　岛屿）　海上灯塔（3 海平面+材质）

知识目标

能够简述多边形建模的方法和原理。

能够分析灯塔的结构。

技能目标

能够通过多边形建模方法来扩展新模型。

能够运用置换工具制作凹凸不平的海面。

能够运用柔和选择功能选择模型。

素质目标

提升学生的艺术鉴赏能力。

提高学生的爱国、爱岗、敬业精神。

任务分析

本任务综合运用样条到网格建模制作模型，运用嵌入和挤压工具制作灯塔，运用“球体”对象制作岛屿，运用置换工具制作凹凸不平的海面。

任务实施

01 制作灯塔

打开 Cinema 4D，长按“立方体”按钮，在弹出的列表中单击“圆柱体”按钮，新建“圆柱体”对象，并将其命名为“灯塔”，在其属性面板中设置“半径”为 170cm，“高度”为 80cm，“高度分段”为 1，“旋转分段”为 6（见图 7-194），效果如图 7-195 所示。

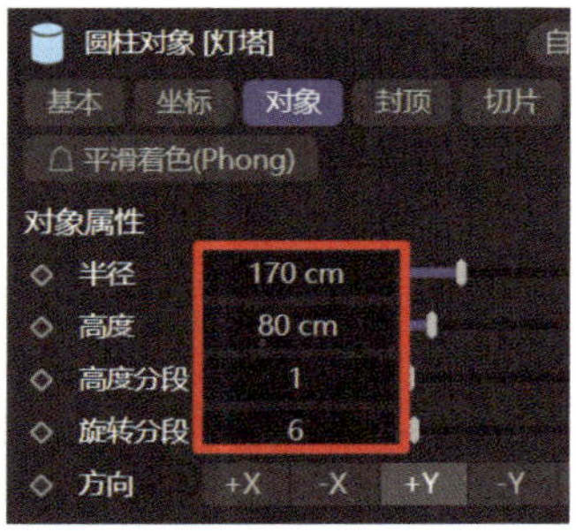

图 7-194　“灯塔”对象的属性参数

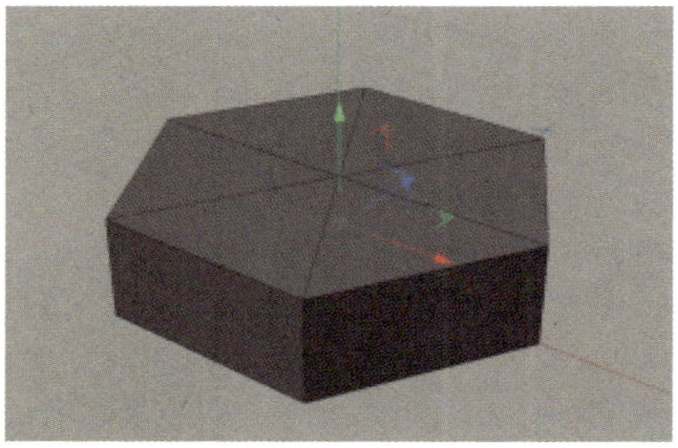

图 7-195　添加“灯塔”对象后的效果

按 C 键，将“灯塔”对象转换为可编辑对象；单击工具栏中的“多边形”按钮，切换到“面”模式，选择 6 个顶面（见图 7-196），右击“透视视图”窗口空白处，在弹出的快捷菜单中选择“嵌入”命令，在属性面板中设置“偏移”为 85cm；右击“透视视图”窗口空白处，在弹出的快捷菜单中选择“挤压”命令，在属性面板中设置“偏移”为 500cm，效果如图 7-197 所示。

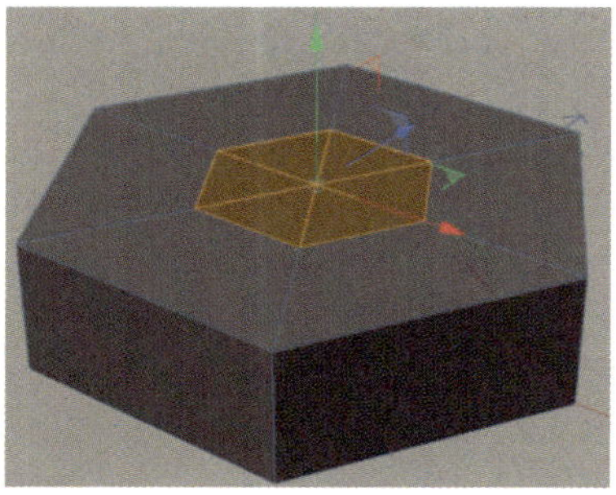

图 7-196　选择顶面

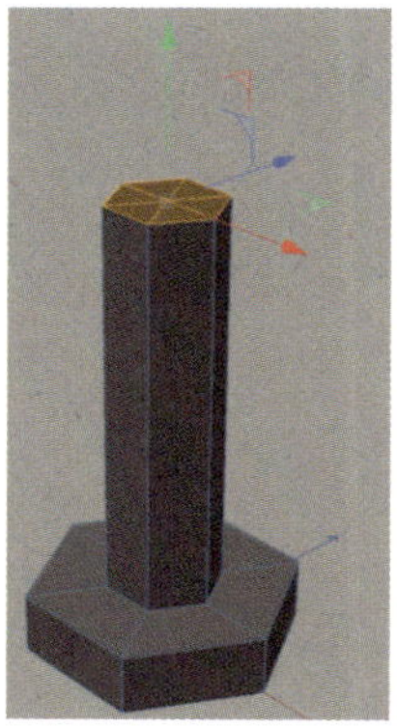

图 7-197　嵌入和挤压后的效果

按 T 键，转换为缩放工具，对顶面进行缩小，效果如图 7-198 所示；执行“嵌入”命令，在属性面板中设置“偏移”为 85cm，效果如图 7-199 所示；执行“挤压”命令，在属性面板中设置“偏移”为 50cm，效果如图 7-200 所示。

图 7-198　缩小顶面后的效果

图 7-199　嵌入后的效果 1

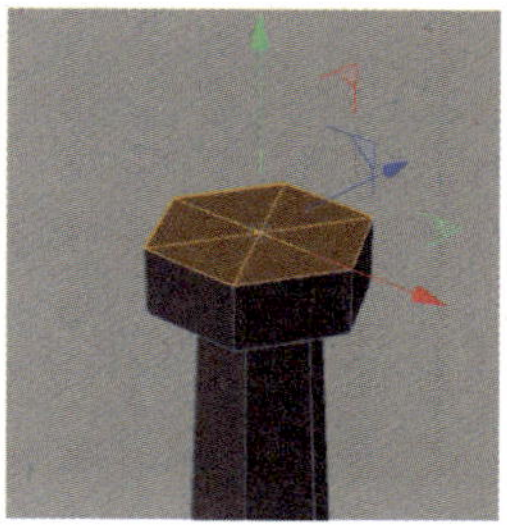

图 7-200　挤压后的效果 1

执行“嵌入”命令，在属性面板中设置“偏移”为 10cm，效果如图 7-201 所示；执行“挤压”命令，在属性面板中设置“偏移”为-45cm，效果如图 7-202 所示。执行“嵌入”命令，在属性面板中设置“偏移”为 27cm，效果如图 7-203 所示；执行“挤压”命令，在属性面板中设置“偏移”为 100cm，效果如图 7-204 所示。执行“嵌入”命令，在属性面板中设置“偏移”为-28cm，效果如图 7-205 所示；执行“挤压”命令，在属性面板中设置“偏移”为 5cm，效果如图 7-206 所示。

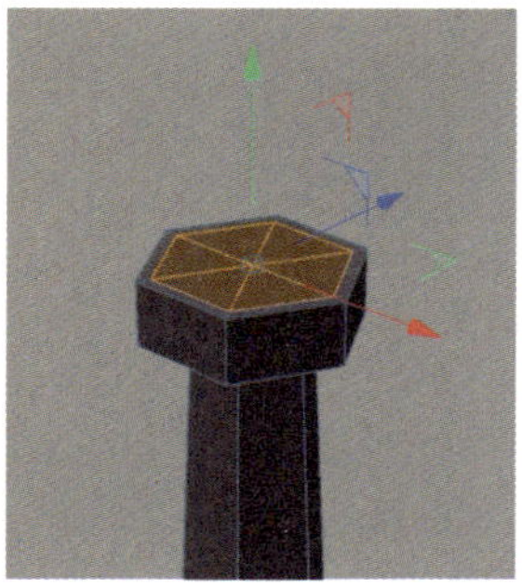

图 7-201　嵌入后的效果 2

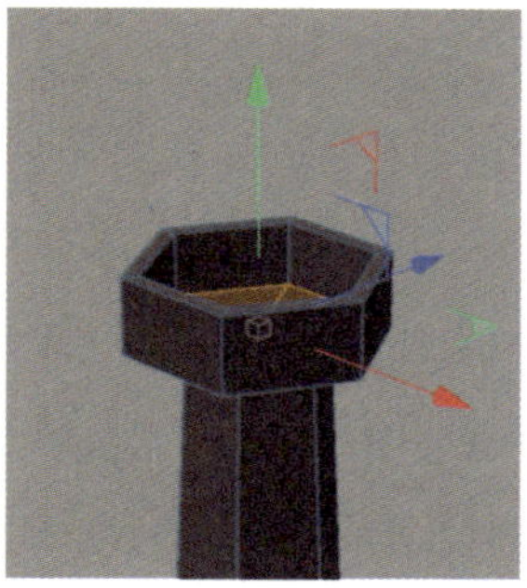

图 7-202　挤压后的效果 2

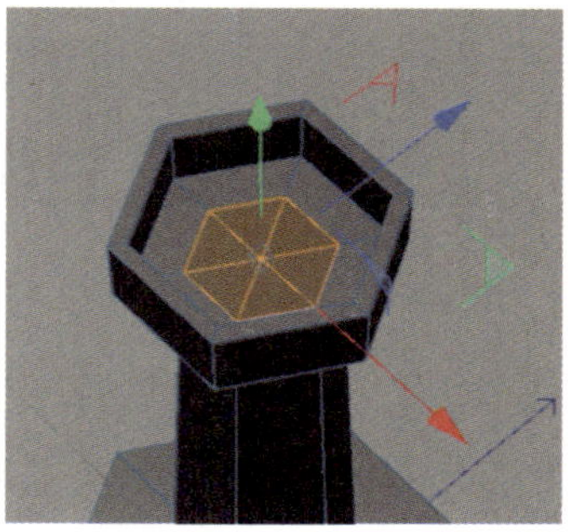

图 7-203　嵌入后的效果 3

图 7-204　挤压后的效果 3

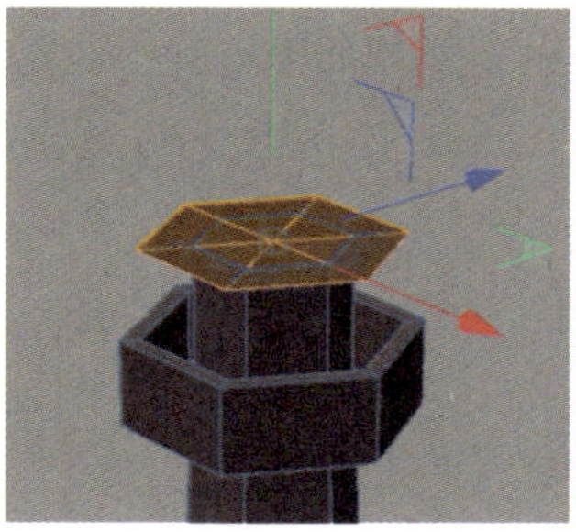

图 7-205　嵌入后的效果 4

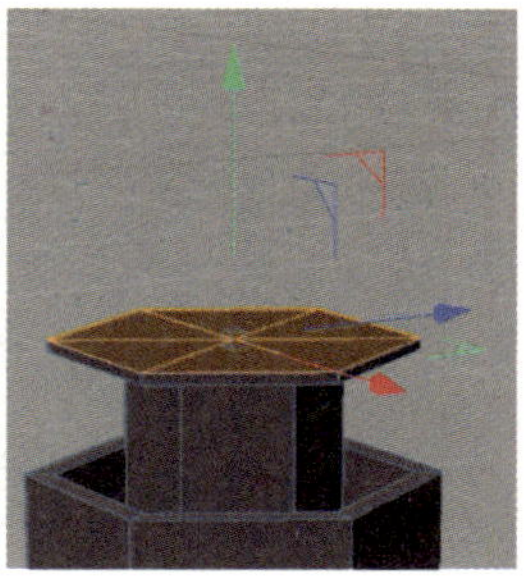

图 7-206　挤压后的效果 4

执行“嵌入”命令，在属性面板中设置“偏移”为 63cm，效果如图 7-207 所示；按 E 键，切换到移动工具，按住鼠标左键并沿着 *Y* 轴向上拖动鼠标至合适位置，释放鼠标左键，效果如图 7-208 所示。

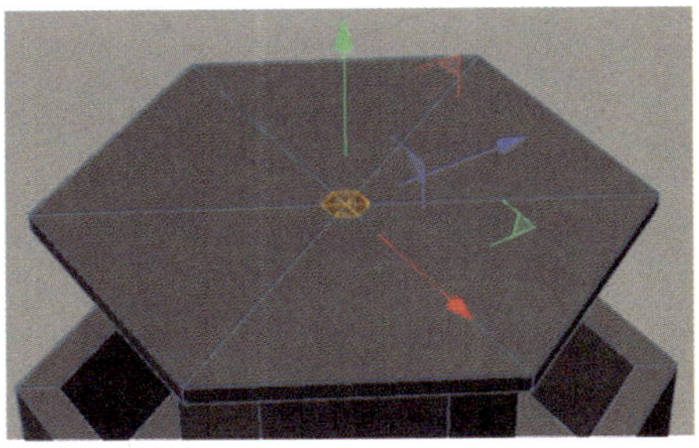

图 7-207　嵌入后的效果 5

图 7-208　移动后的效果

执行“嵌入”命令，在属性面板中设置“偏移”为 3cm，效果如图 7-209 所示；执行“挤压”命令，在属性面板中设置“偏移”为 10cm，效果如图 7-210 所示。

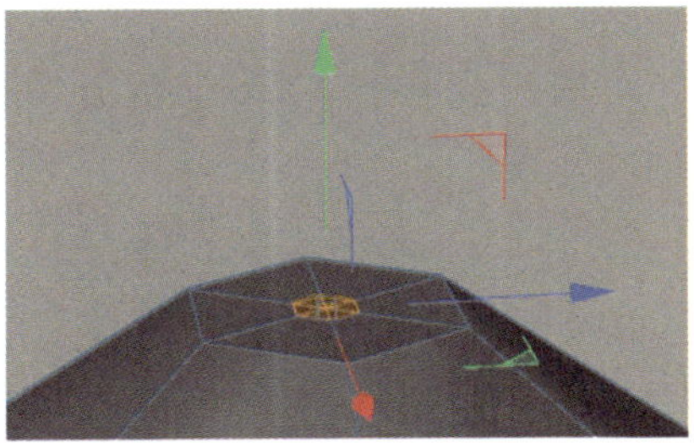

图 7-209　嵌入后的效果 6

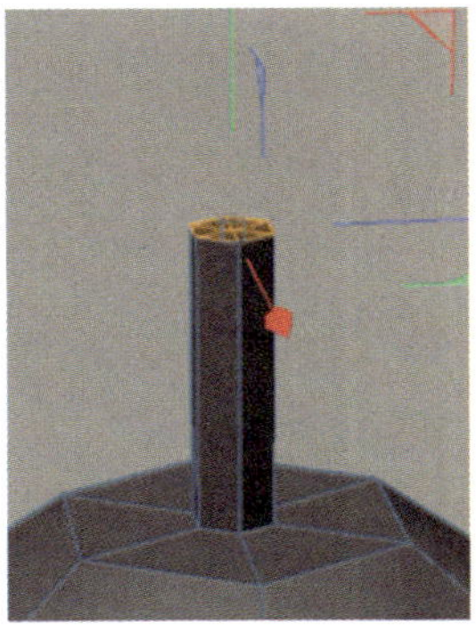

图 7-210　挤压后的效果 5

按 T 键，切换到缩放工具，适当缩放顶面，效果如图 7-211 所示；执行“挤压”命令，在属性面板中设置偏移为 6cm，效果如图 7-212 所示。

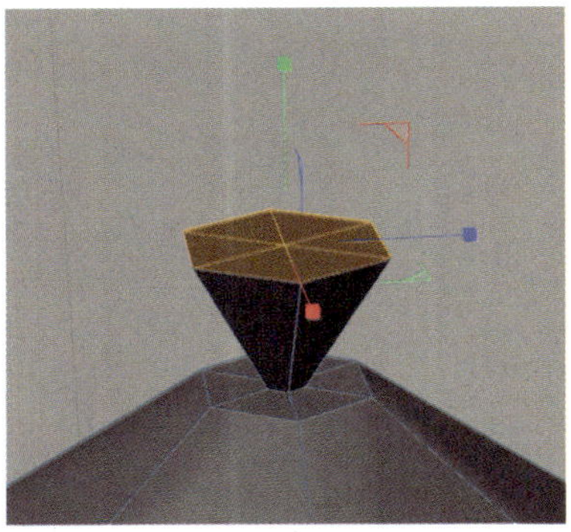

图 7-211　缩放后的效果 1

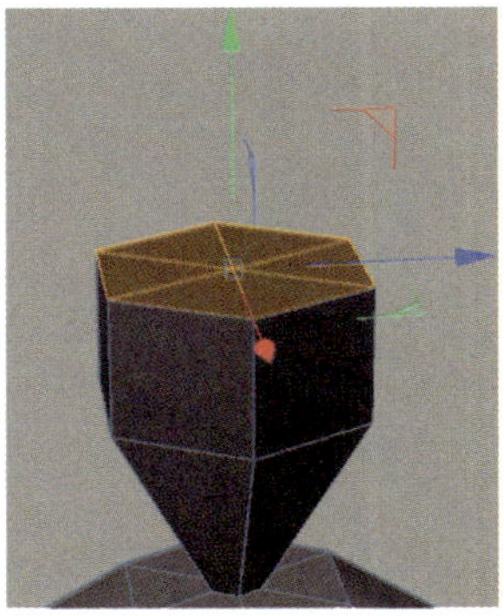

图 7-212　挤压后的效果 6

按 T 键，切换到缩放工具，适当缩放顶面，效果如图 7-213 所示，形成塔尖的宝石；执行“挤压”命令，在属性面板中设置“偏移”为 50cm，效果如图 7-214 所示；按 T 键，切换到缩放工具，再次适当缩放顶面，效果如图 7-215 所示。

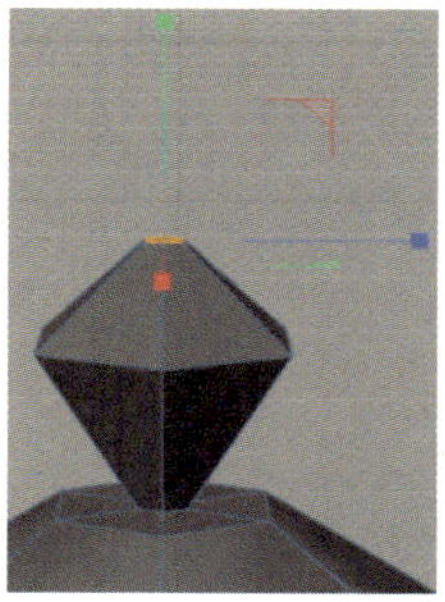

图 7-213　缩放后的效果 2

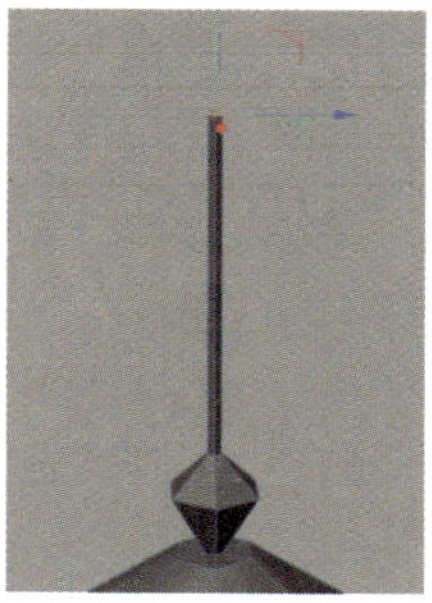

图 7-214　挤压后的效果 7

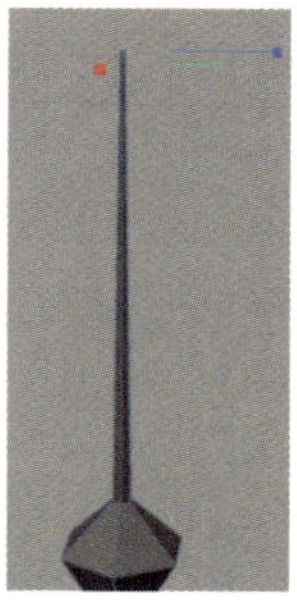

图 7-215　缩放后的效果 3

单击工具栏中的“多边形”按钮，切换到“面”模式，按快捷键 U+L，切换到循环选择工具，选择平台上的面（见图 7-216），执行“嵌入”命令，在属性面板中设置“偏移”为 3cm，取消勾选“保持群组”复选框，效果如图 7-217 所示；执行“挤压”命令，在属性面板中设置“偏移”为-3cm，效果如图 7-218 所示，形成塔顶的窗户。

图 7-216　选择面 1

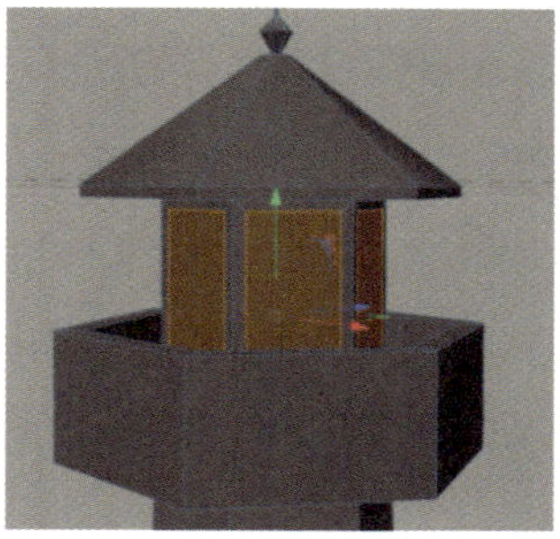

图 7-217　嵌入后的效果 7

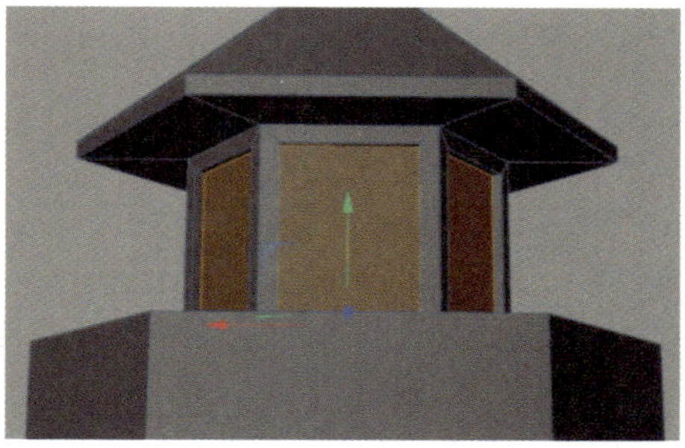

图 7-218　挤压后的效果 8

新建材质球“玻璃”，双击该材质球，在弹出的“材质球编辑器”中勾选“颜色”复选框，在“颜色”通道属性面板中设置“H”为 230°，“S”为 50%，“V”为 80%，如图 7-219 所示；勾选“透明”复选框，在“透明”通道属性面板中设置“H”为 180°，“S”为 100%，“V”为 85%，如图 7-220 所示；将“玻璃”材质球添加到窗户和塔尖的宝石部分，效果如图 7-221 所示。

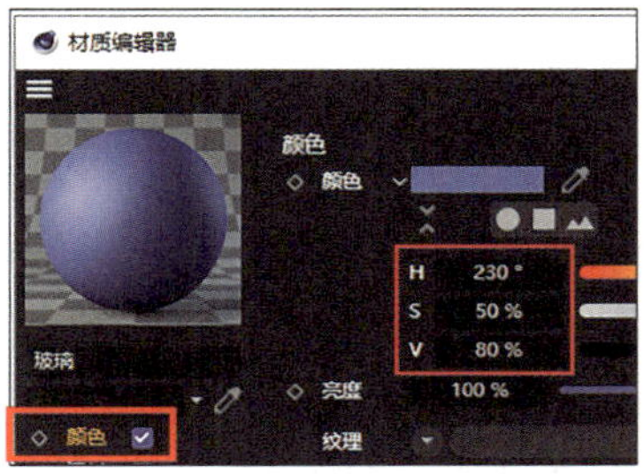

图 7-219　“玻璃”材质球的属性参数 1

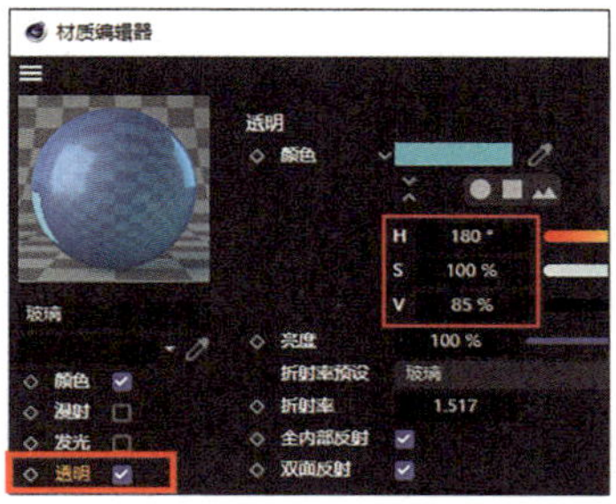

图 7-220　“玻璃”材质球的属性参数 2

图 7-221　添加“玻璃”材质球后的效果

在“边”模式下，右击“透视视图”窗口空白处，在弹出的快捷菜单中选择“循环/路径切割”命令，沿着塔身进行 3 次切割，使其变成由下到上越来越窄的 4 部分，如图 7-222

所示。新建“白色”材质球，双击该材质球，在弹出的“材质球编辑器”中勾选“颜色”复选框，在“颜色”通道属性面板中设置“H”为 0°，“S”为 0%，“V”为 90%；新建“红色”材质球，双击该材质球，在弹出的“材质球编辑器”中勾选“颜色”复选框，在“颜色”通道属性面板中设置“H”为 0°，“S”为 70%，“V”为 80%；在“面”模式下，将“白色”和“红色”材质球添加相应的面中，效果如图 7-223 所示。

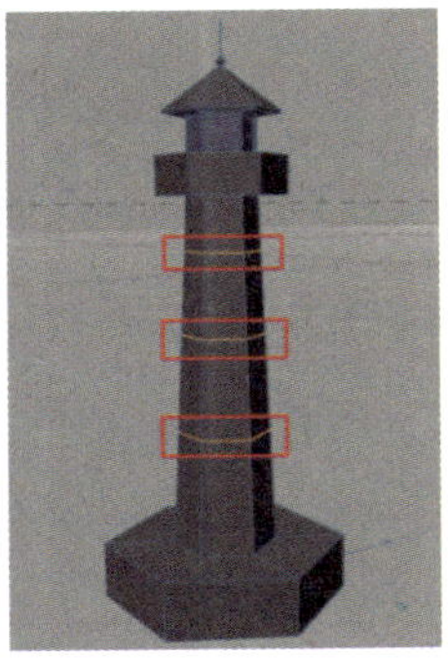

图 7-222　切割后的效果

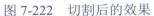

图 7-223　添加“白色”和“红色”材质球后的效果

单击工具栏中的“多边形”按钮，切换到“面”模式，选择塔身底部的一个面，右击“透视视图”窗口空白处，在弹出的快捷菜单中选择“嵌入”命令，在属性面板中设置“偏移”为 5cm，效果如图 7-224 所示；缩放该面并将其移动到如图 7-225 所示的位置，右击“透视视图”窗口空白处，在弹出的快捷菜单中选择“挤压”命令，在属性面板中设置“偏移”为 5cm，效果如图 7-226 所示。

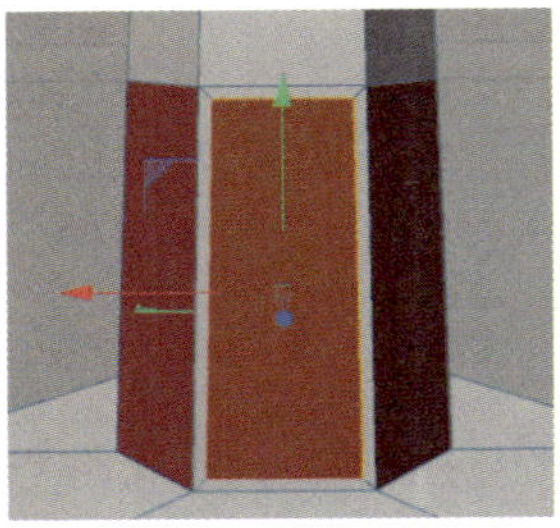

图 7-224　嵌入后的效果 8

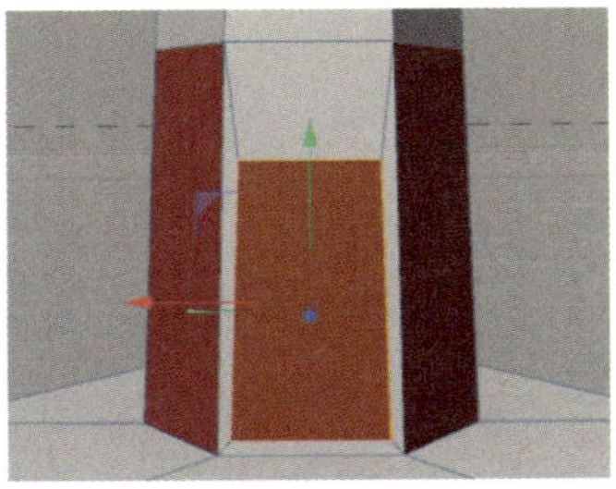

图 7-225　移动位置

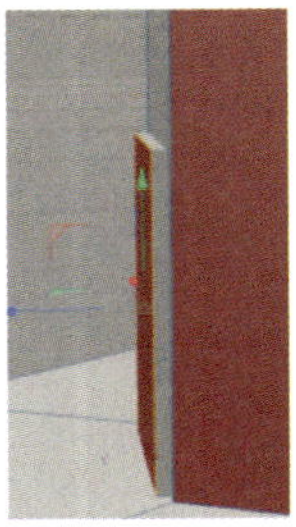

图 7-226　挤压后的效果 9

执行“嵌入”命令，在属性面板中设置“偏移”为 5cm，效果如图 7-227 所示；执行“挤压”命令，在属性面板中设置“偏移”为-5cm，效果如图 7-228 所示，形成灯塔的门。

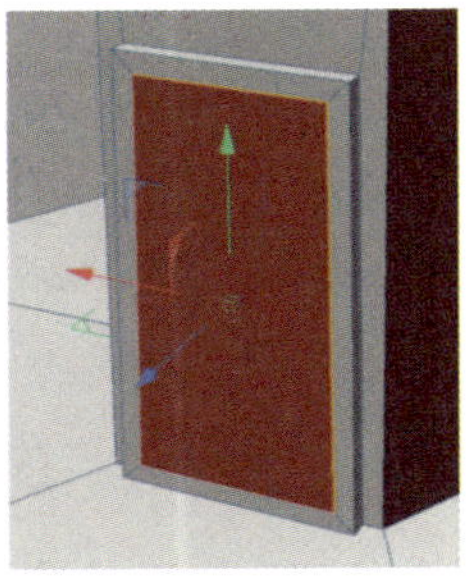

图 7-227　嵌入后的效果 9

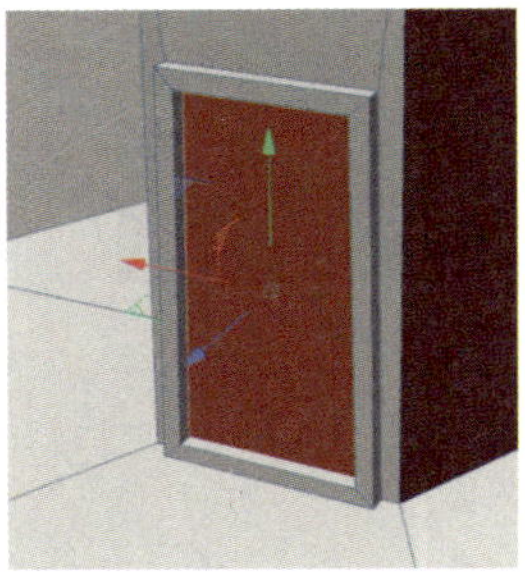

图 7-228　挤压后的效果 10

新建“木质”材质球，双击该材质球，在弹出的“材质球编辑器”中勾选“颜色”复选框，单击“颜色”通道属性面板中的“纹理”下拉按钮，在弹出的下拉列表中选择“表面”→“木材”命令，如图 7-229 所示；将该材质球添加到门中，效果如图 7-230 所示。

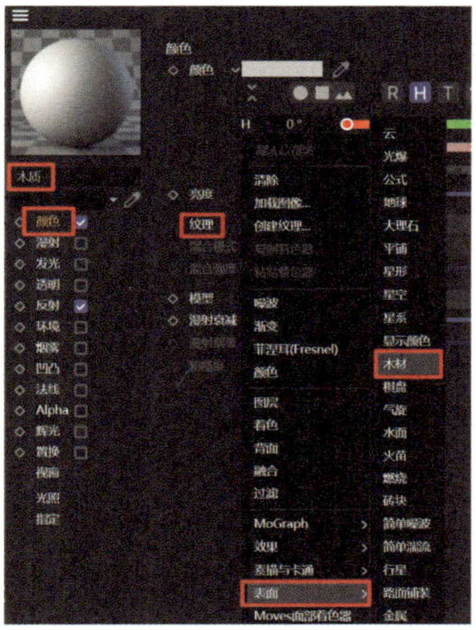

图 7-229　选择“木材”命令

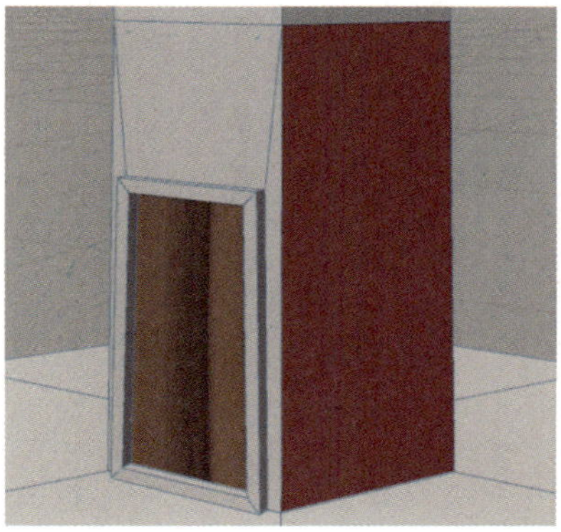

图 7-230　添加“木质”材质球后的效果

选择门框外圈的面（见图 7-231），将“红色”材质球添加到该面中，效果如图 7-232 所示，完成灯塔的制作，如图 7-233 所示。

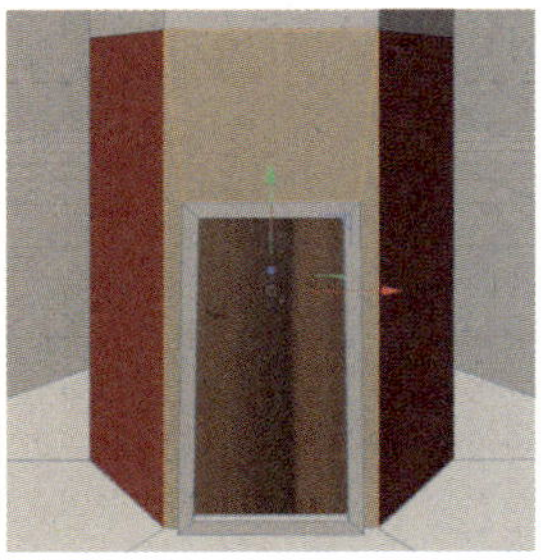

图 7-231　选择门框外圈的面

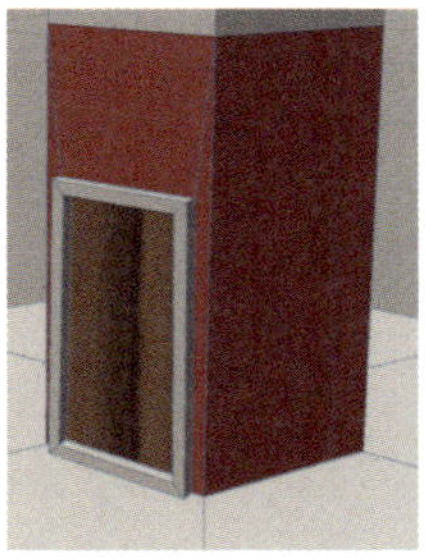

图 7-232　添加“红色”材质球后的效果

图 7-233　灯塔

02 制作房子

新建“立方体”对象，并将其命名为“房子”，在其属性面板中设置“尺寸.X”为 350cm，“尺寸.Y”为 30cm，“尺寸.Z”为 220cm，“分段 X”为 2（见图 7-234），效果如图 7-235 所示。

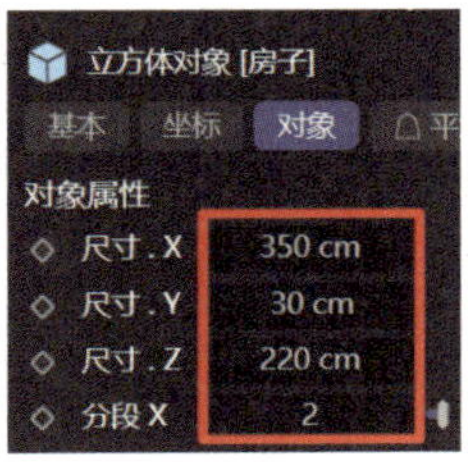

图 7-234　“房子”对象的属性参数

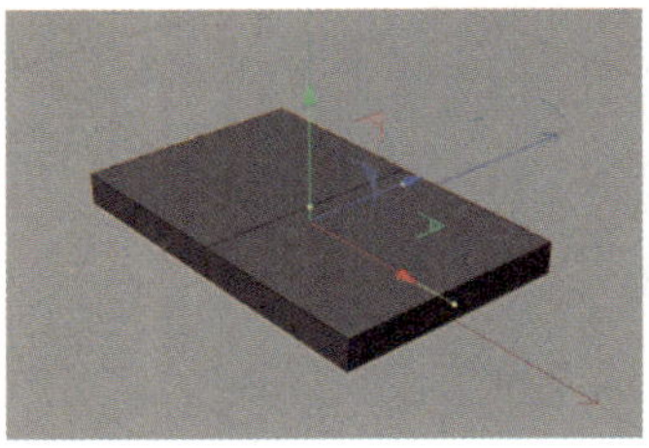

图 7-235　新建“房子”对象后的效果

按 C 键，将“房子”对象转换为可编辑对象，单击工具栏中的“多边形”按钮，切换到“面”模式，选择顶面，右击“透视视图”窗口空白处，在弹出的快捷菜单中选择“嵌入”命令，在属性面板中设置“偏移”为 20cm，勾选“保持群组”复选框，效果如图 7-236 所示；右击“透视视图”窗口空白处，在弹出的快捷菜单中选择“挤压”命令，在属性面板中设置“偏移”为 180cm，效果如图 7-237 所示。

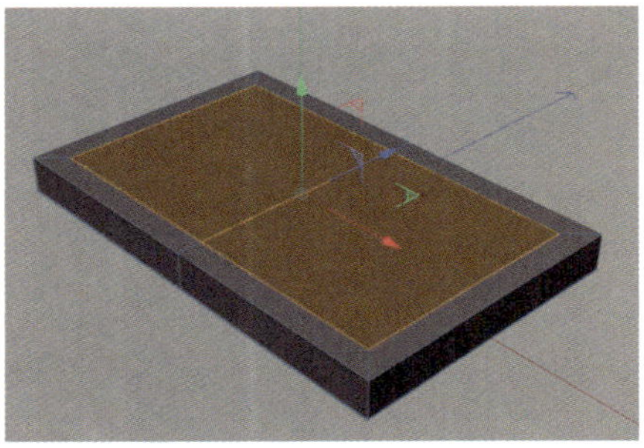

图 7-236　嵌入后的效果 10

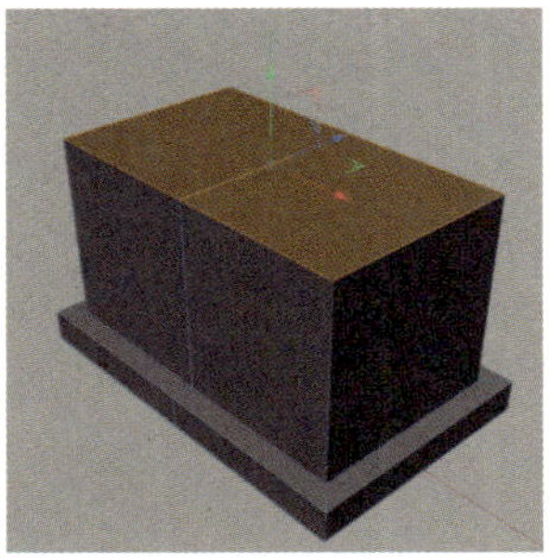

图 7-237　挤压后的效果 11

执行“嵌入”命令，在属性面板中设置“偏移”为-20cm，勾选“保持群组”复选框，效果如图 7-238 所示；执行“挤压”命令，在属性面板中设置“偏移”为 15cm，效果如图 7-239 所示。

图 7-238　嵌入后的效果 11

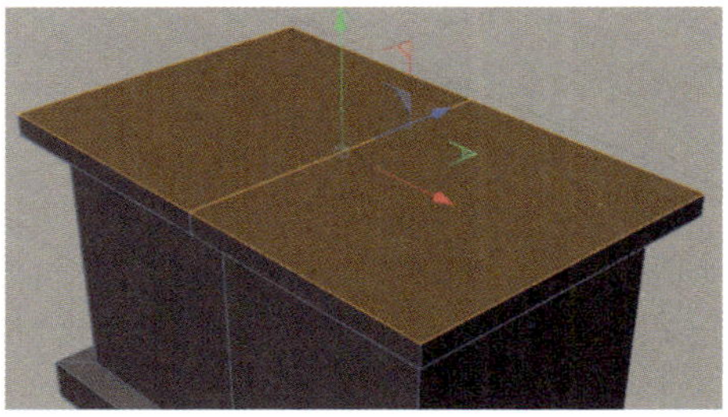

图 7-239　挤压后的效果 12

在“边”模式下，右击“透视视图”窗口空白处，在弹出的快捷菜单中选择“循环/路径切割”命令，沿着房子侧面进行切割，如图 7-240 所示。选择顶面的切割线（见图 7-241），按 E 键，切换到移动工具，沿着 *Y* 轴向上将切割线拖动到如图 7-242 所示的位置，形成房子。

图 7-240　切割侧面

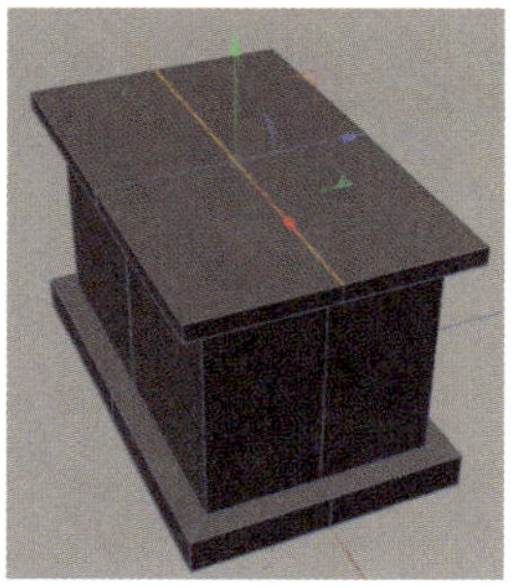

图 7-241　选择切割线

图 7-242　切割线的位置

单击工具栏中的“多边形”按钮，切换到“面”模式，选择房子正面左边的面（见图 7-243），执行“嵌入”命令，在属性面板中设置“偏移”为 45cm，效果如图 7-244 所示；缩放和移动该面，效果如图 7-245 所示；执行“挤压”命令，在属性面板中设置“偏移”为 10cm，效果如图 7-246 所示。

图 7-243　选择面 2

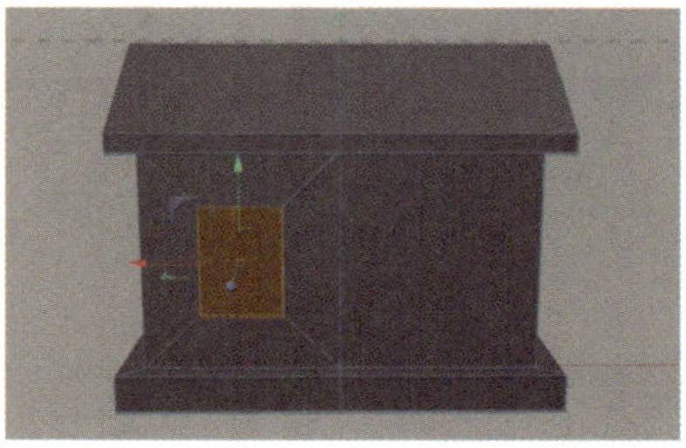

图 7-244　嵌入后的效果 12

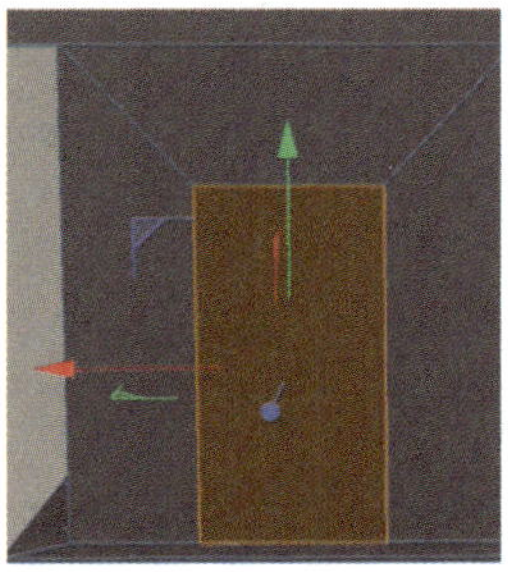

图 7-245　缩放和移动后的效果 1

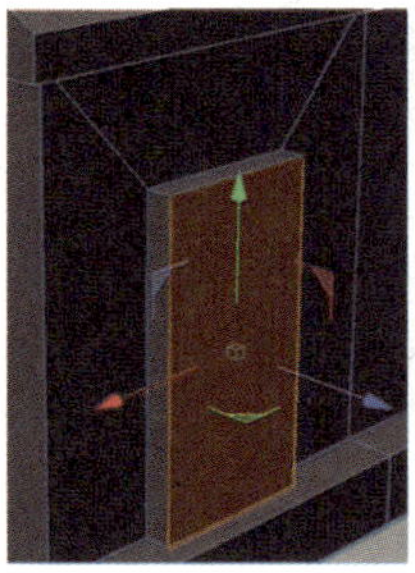

图 7-246　挤压后的效果 13

执行“嵌入”命令，在属性面板中设置“偏移”为 5cm，勾选“保持群组”复选框，效果如图 7-247 所示；执行“挤压”命令，在属性面板中设置“偏移”为-10cm，效果如图 7-248 所示，完成门的制作。

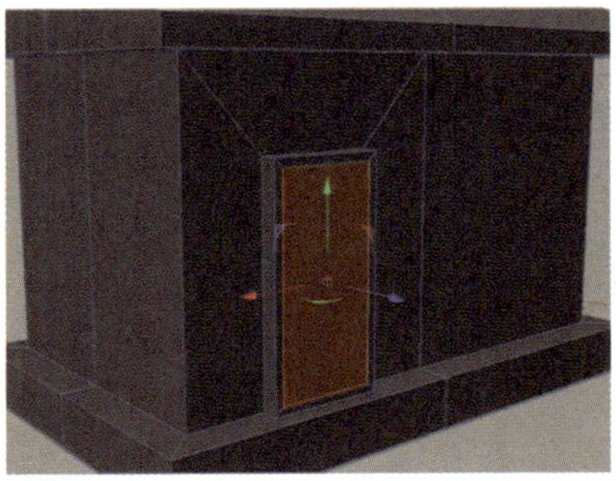

图 7-247　嵌入后的效果 13

图 7-248　挤压后的效果 14

选择房子右边的面，执行“嵌入”命令，在属性面板中设置“偏移”为 40cm，效果如图 7-249 所示；缩放和移动该面，效果如图 7-250 所示；执行“挤压”命令，在属性面板中设置“偏移”为 5cm，效果如图 7-251 所示。执行“嵌入”命令，在属性面板中设置“偏移”为 5cm，勾选“保持群组”复选框，效果如图 7-252 所示；执行“挤压”命令，在属性面板中设置“偏移”为-5cm，效果如图 7-253 所示，完成窗户的制作。

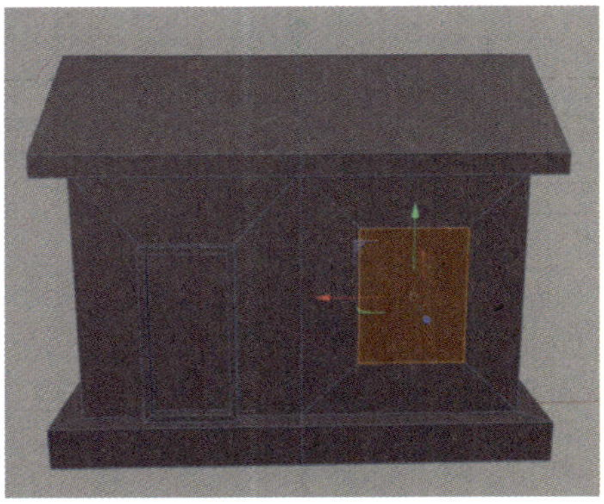

图 7-249　嵌入后的效果 14

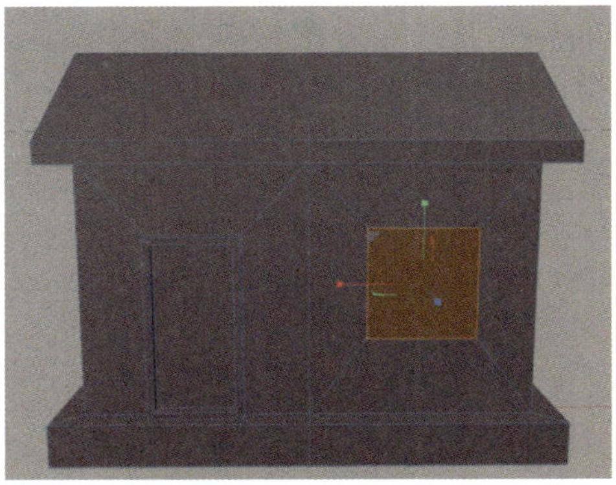

图 7-250　缩放和移动后的效果 2

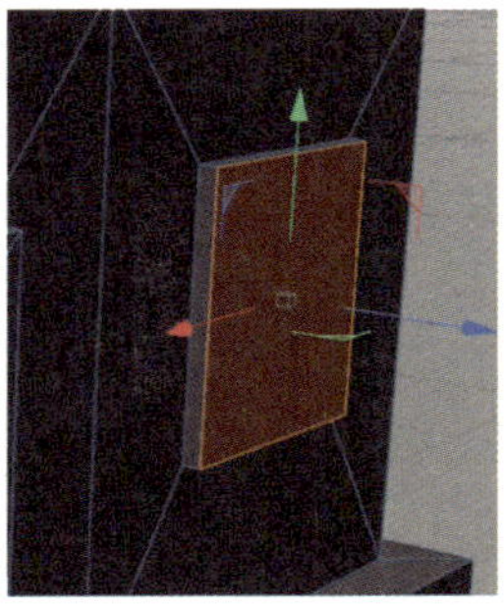

图 7-251　挤压后的效果 15

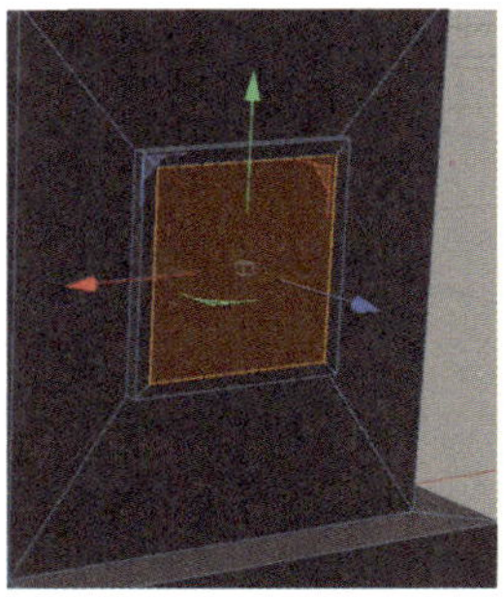

图 7-252　嵌入后的效果 15

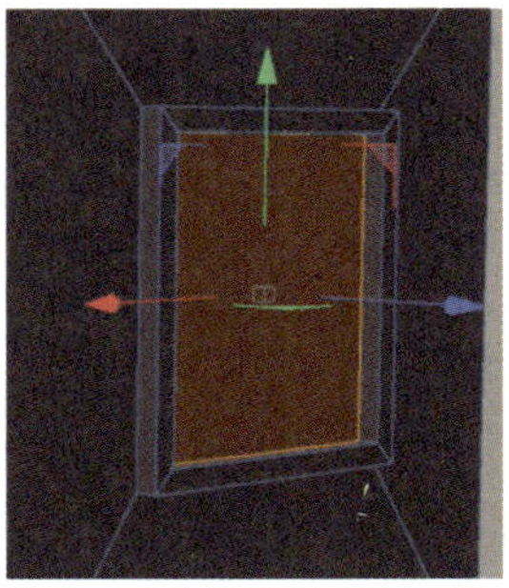

图 7-253　挤压后的效果 16

单击“立方体”按钮，新建 “立方体”对象，并将其命名为“烟囱”，在属性面板中设置“尺寸.X”为 15cm，“尺寸.Y”为 30cm，“尺寸.Z”为 25cm，“分段 X”为 2，效果如图 7-254 所示。

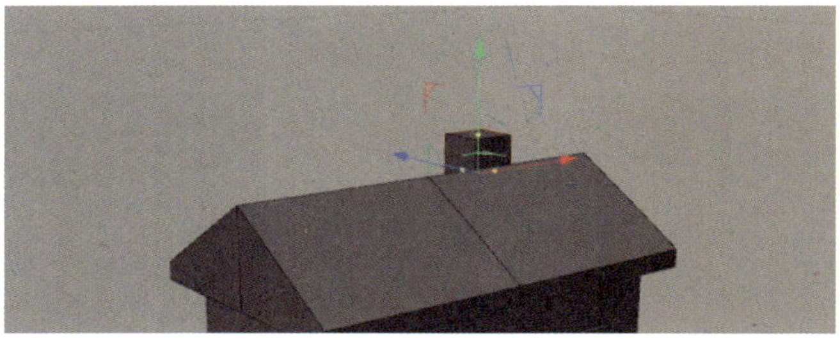

图 7-254　新建“烟囱”对象后的效果

按 C 键，将“烟囱”对象转换为可编辑对象；单击工具栏中的“多边形”按钮，切换到“面”模式，选择顶面，执行“嵌入”命令，在属性面板中设置“偏移”为-10cm，勾选“保持群组”复选框，效果如图 7-255 所示；执行“挤压”命令，在属性面板中设置“偏移”为 20cm，效果如图 7-256 所示。执行“嵌入”命令，在属性面板中设置“偏移”为 10cm，勾选“保持群组”复选框，效果如图 7-257 所示；执行“挤压”命令，在属性面板中设置“偏移”为 50cm，效果如图 7-258 所示。为“烟囱”对象添加相应的材质球（见图 7-259），效果如图 7-260 所示。

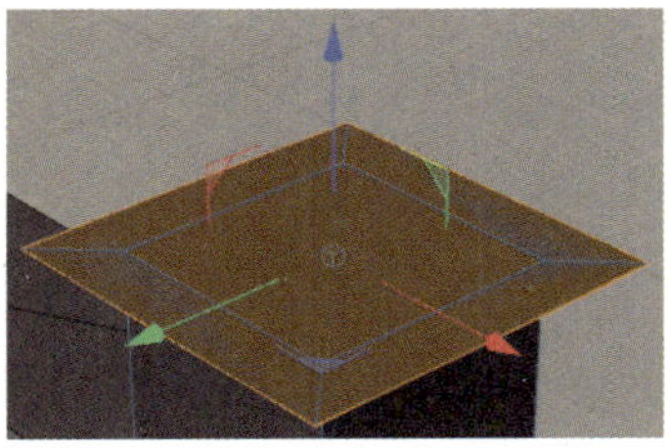

图 7-255　嵌入后的效果 16

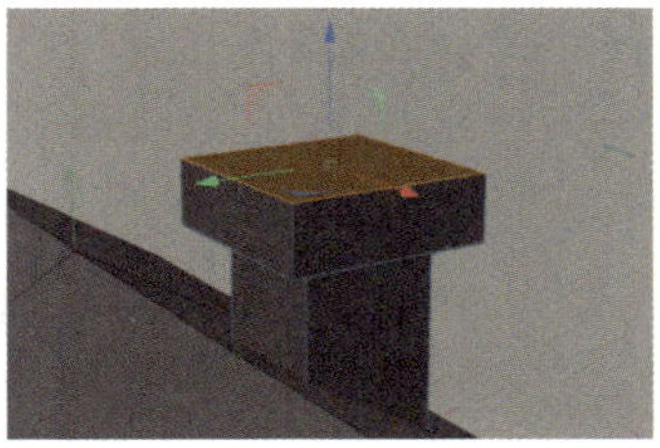

图 7-256　挤压后的效果 17

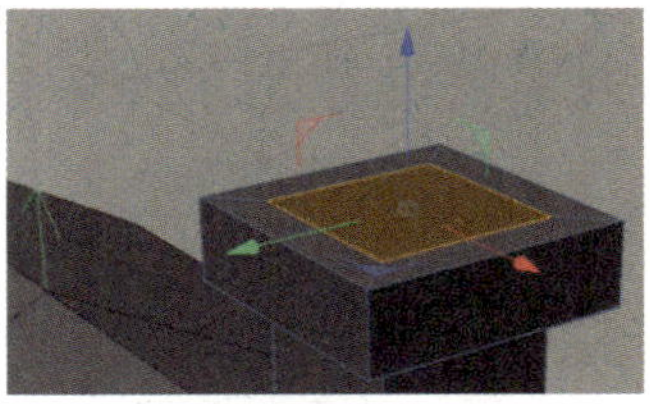

图 7-257　嵌入后的效果 17

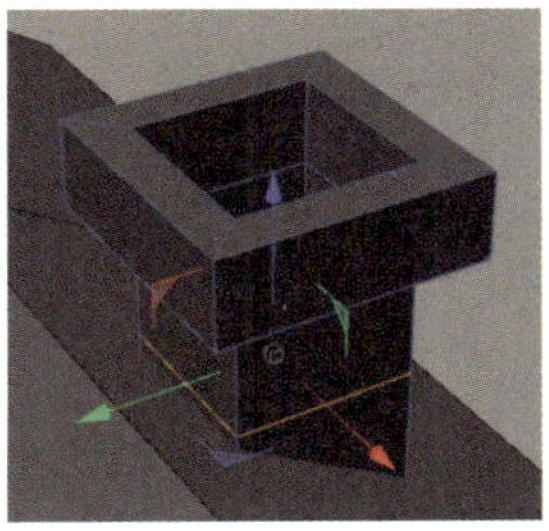

图 7-258　挤压后的效果 18

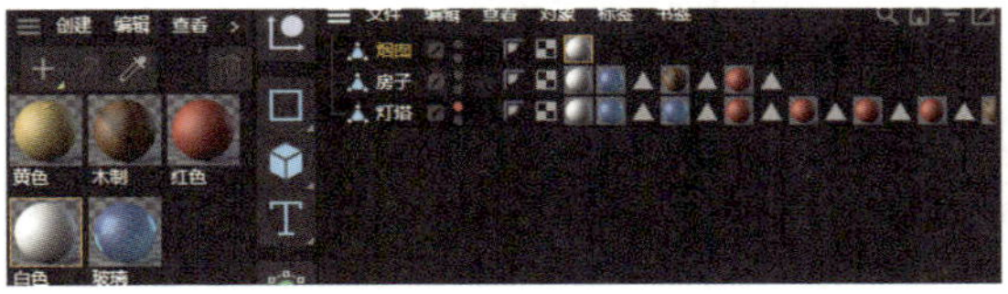

图 7-259　添加材质球 1

图 7-260　添加材质球后的效果 1

03 制作岛屿

新建“球体”对象，并将其命名为“岛屿”，在其属性面板中设置“半径”为 900cm，“类型”为“二十面体”（见图 7-261），效果如图 7-262 所示。按 C 键，将“岛屿”对象转换为可编辑对象；按 T 键，切换到缩放工具，对“岛屿”对象进行压扁，效果如图 7-263 所示。

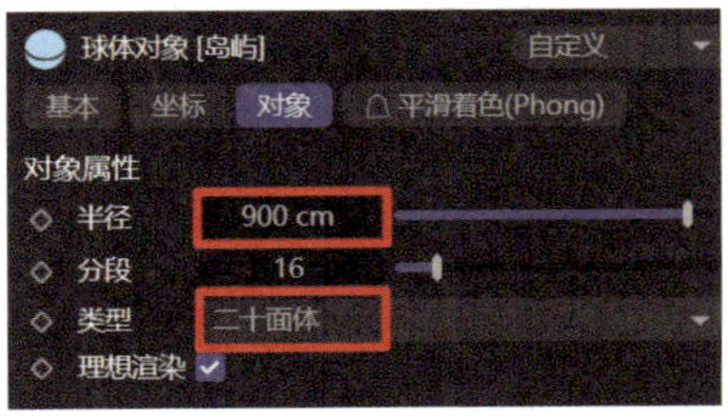

图 7-261　“岛屿”对象的属性参数

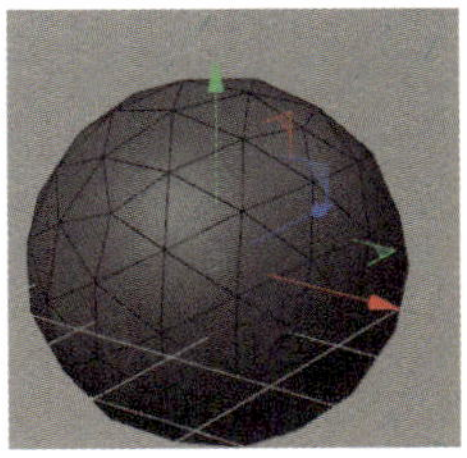

图 7-262　新建“岛屿”对象后的效果

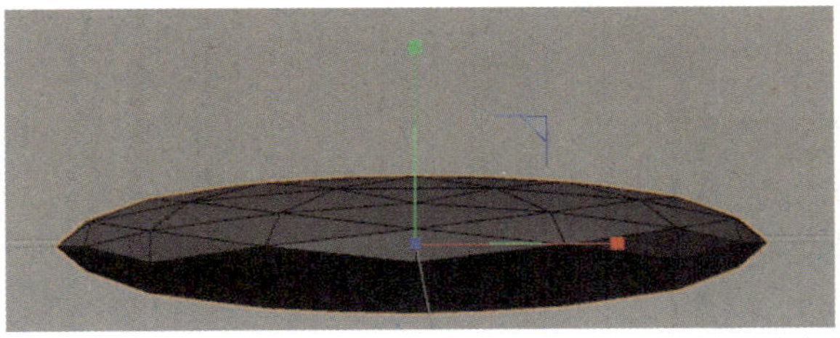

图 7-263　压扁后的效果

单击工具栏中的“点”按钮，切换到“点”模式，按 9 键，切换到实时选择工具，在其属性面板的“柔和选择”选项卡中，设置“半径”为 1000cm，如图 7-264 所示；选择球体右侧的一个点（见图 7-265），按住鼠标左键并沿着 *X* 轴拖动鼠标，效果如图 7-266 所示。继续使用实时选择工具，适当调整“柔和选择”选项卡中“半径”属性的参数，将球体制作为不规则形状的岛屿，效果如图 7-267 所示。

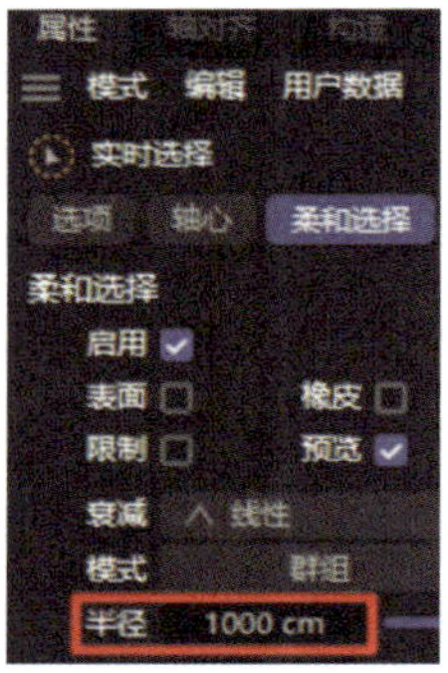

图 7-264 实时选择工具的属性参数

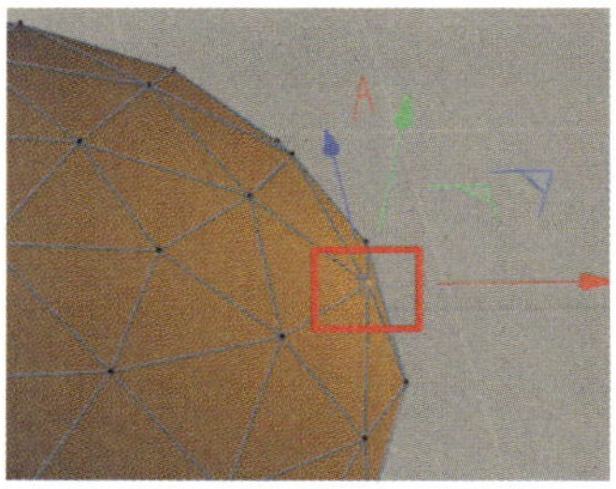

图 7-265 选择点

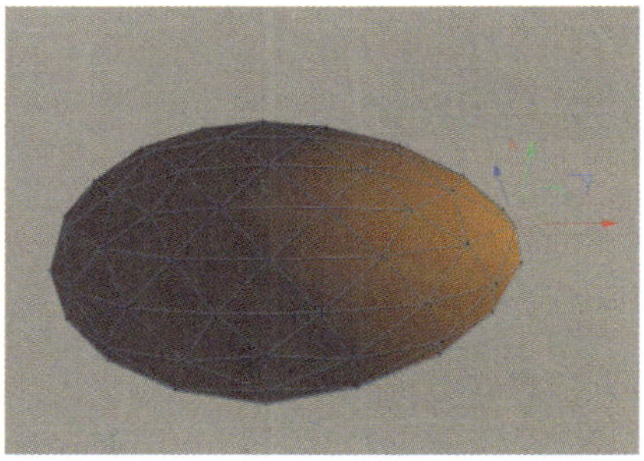

图 7-266 调整岛屿后的效果

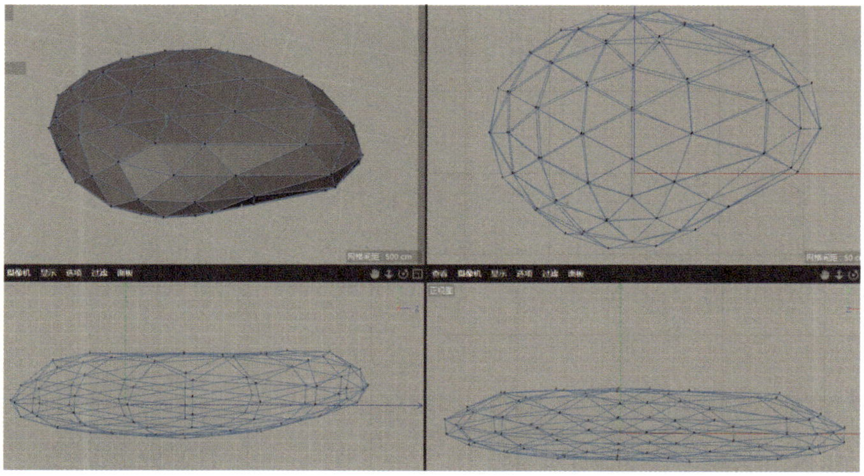

图 7-267 岛屿效果

04 制作树及石头

新建“圆锥体”对象，在其属性面板中设置“顶部半径”为 40cm，“底部半径”为 80cm，“高度”为 60cm，“高度分段”为 1，“旋转分段”为 4（见图 7-268），效果如图 7-269 所示。

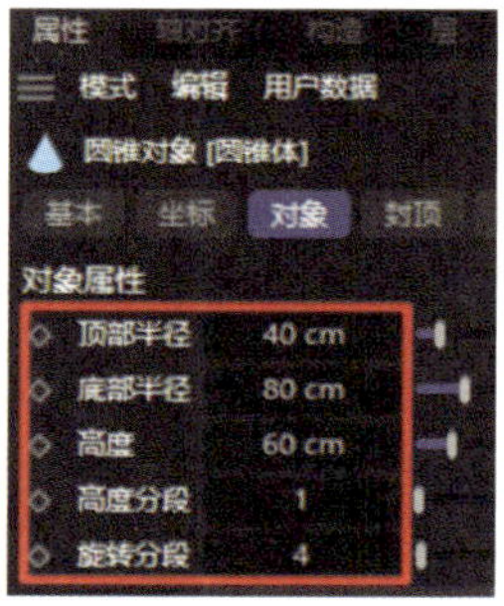

图 7-268 “圆锥体”对象的属性参数

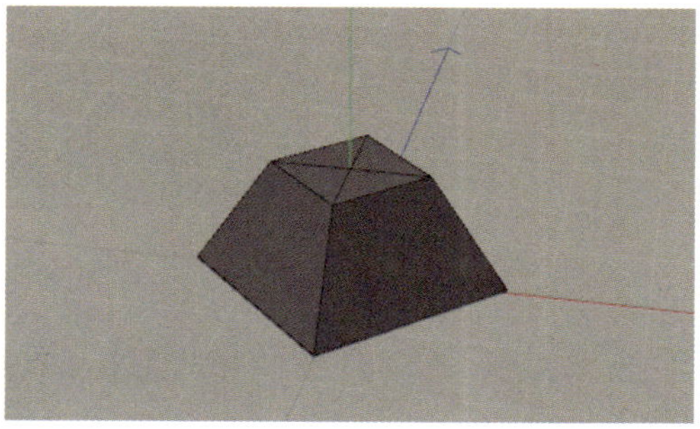

图 7-269 新建“圆锥体”对象后的效果

新建“圆锥体 1”对象，在其属性面板中设置“顶部半径”为 20cm，“底部半径”为 60cm，“高度”为 70cm，“高度分段”为 1，“旋转分段”为 4，效果如图 7-270 所示。

新建“圆锥体 2”对象，在其属性面板中设置“顶部半径”为 10cm，“底部半径”为 45cm，“高度”为 80cm，“高度分段”为 1，“旋转分段”为 4，效果如图 7-271 所示。

新建“立方体”对象，在其属性面板中设置“尺寸.X”为 20cm，“尺寸.Y”为 100cm，“尺寸.Z”为 20cm，效果如图 7-272 所示。框选“立方体”、“圆锥体”、“圆锥体 1”和“圆锥体 2”对象，按快捷键 Alt+G 进行编组，并将编组对象命名为“树”。

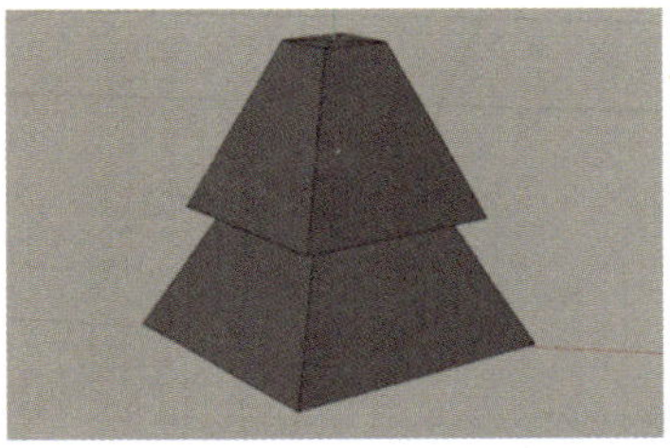

图 7-270　新建“圆锥体 1”对象后的效果

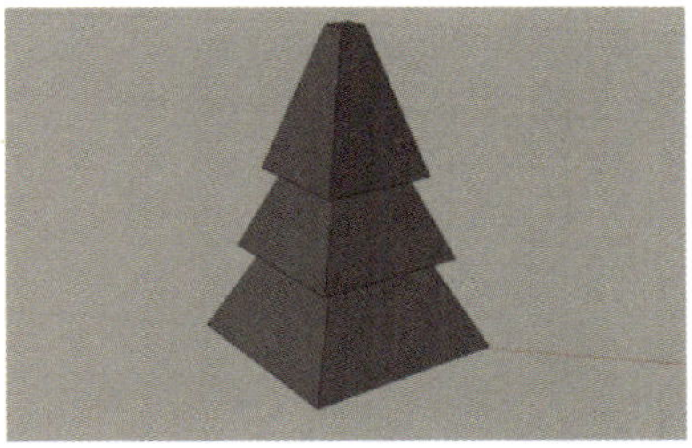

图 7-271　新建“圆锥体 2”对象后的效果

图 7-272　新建“立方体”对象后的效果

新建“宝石体”对象，并将其命名为“石头”，在其属性面板中设置“半径”为 50cm，“分段”为 1，“类型”为“十二面”（见图 7-273），效果如图 7-274 所示。

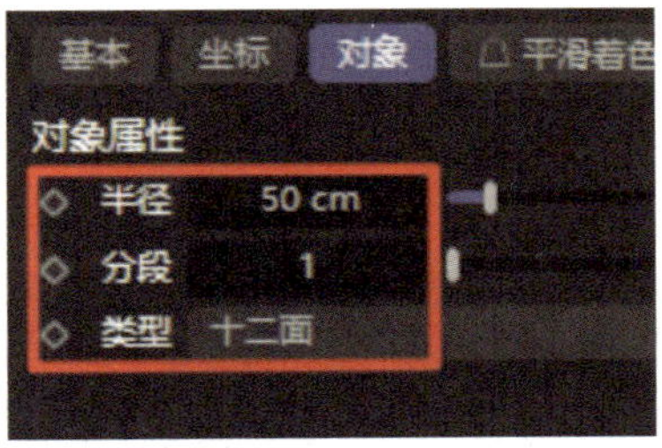

图 7-273　“石头”对象的属性参数

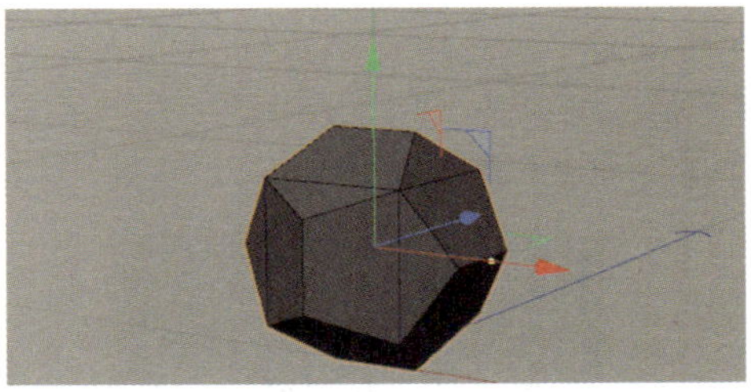

图 7-274　新建“石头”对象后的效果

复制生成多个“树”和“石头”对象，并调整它们的大小和位置，效果如图 7-275 所示。

图 7-275　调整“树”和“石头”对象后的效果

05 制作海面

长按“立方体”按钮，在弹出的列表中单击“平面”按钮，新建“平面”对象，将其命名为“海面”，在其属性面板中设置“宽度”为56000cm，“高度”为56000cm，“宽度分段”为200，“高度分段”为200，效果如图7-276所示。按住Ctrl键，同时按住鼠标左键并拖动“海面”对象，复制生成“海面1”对象。在“对象”窗口中，选择“海面”对象，按住Shift键，同时长按“弯曲”按钮，在弹出的列表中单击“置换”按钮，添加“置换”对象，将“海面”对象作为“置换”对象的父级，如图7-277所示。

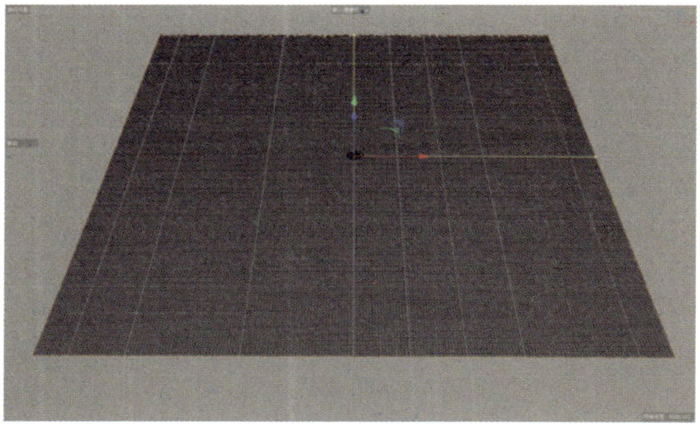

图 7-276　新建“海面”对象后的效果

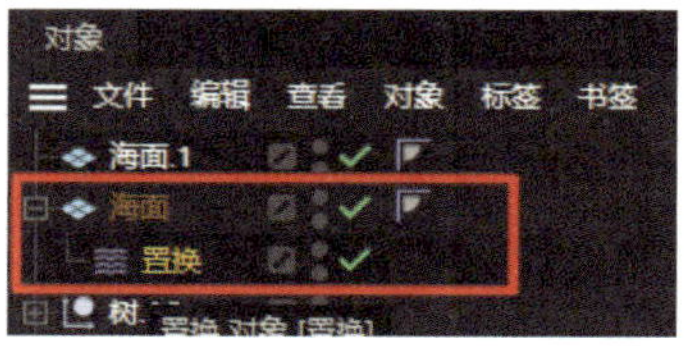

图 7-277　设置父级

在“置换”对象的属性面板中设置“强度”为100%，“高度”为350cm，如图7-278所示；选择“着色”选项卡，设置“着色器”为“噪波”，如图7-279所示。凹凸不平的海面如图7-280所示。将“海面”对象移动到“海面1”对象的下方，如图7-281所示。

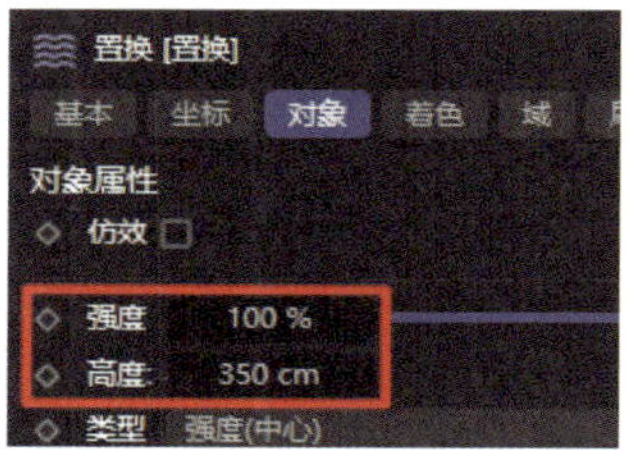

图 7-278　“置换”对象的属性参数1

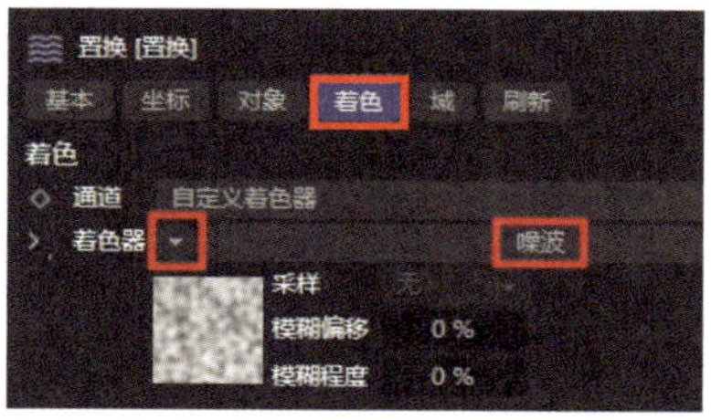

图 7-279　“置换”对象的属性参数2

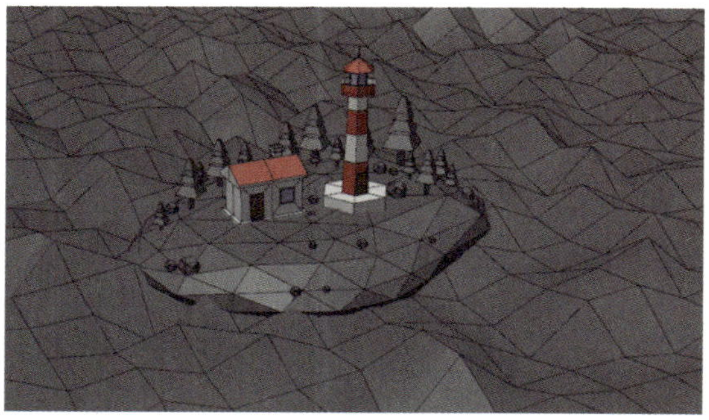

图 7-280　凹凸不平的海面

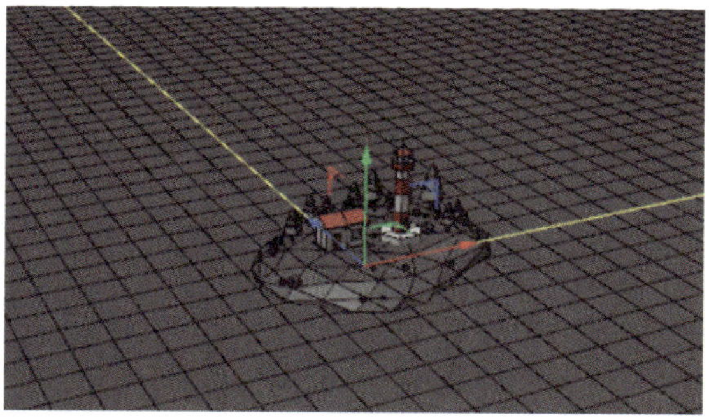

图 7-281　“海面”对象的位置

新建“黄色”材质球，双击该材质球，在打开的“材质编辑器”窗口中勾选“颜色”复选框，在“颜色”通道属性面板中设置“H”为 41°，“S”为 54%，“V”为 83%，如图 7-282 所示。新建“绿色”材质球，双击该材质球，在弹出的“材质编辑器”窗口中勾选“颜色”复选框，在“颜色”通道属性面板中设置“H”为 130°，“S”为 60%，“V”为 46%，如图 7-283 所示。

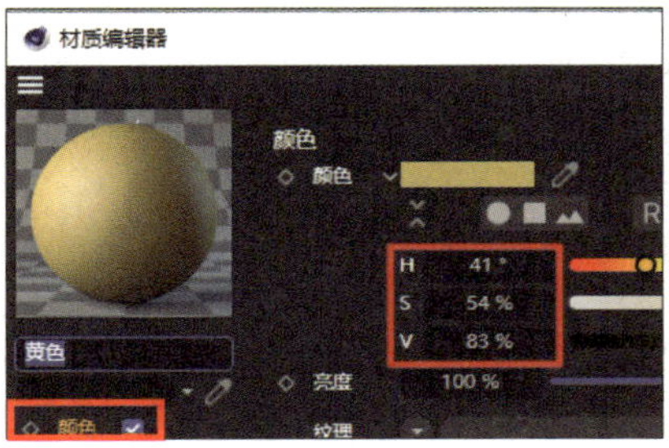

图 7-282　“黄色”材质球的属性参数

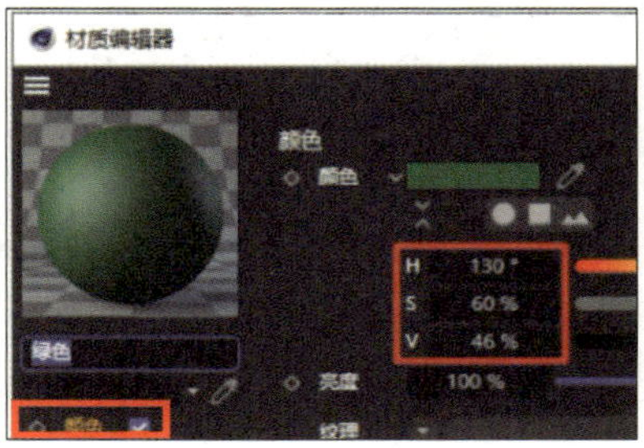

图 7-283　“绿色”材质球的属性参数

新建“蓝色”材质球，双击该材质球，在打开的“材质编辑器”窗口中勾选“颜色”复选框，在“颜色”通道属性面板中设置“H”为 199°，“S”为 100%，“V”为 65%，如图 7-284 所示。新建“灰色”材质球，双击该材质球，在打开的“材质编辑器”窗口中勾选“颜色”复选框，在“颜色”通道属性面板中设置“H”为 234°，“S”为 14%，“V”为 76%，如图 7-285 所示。

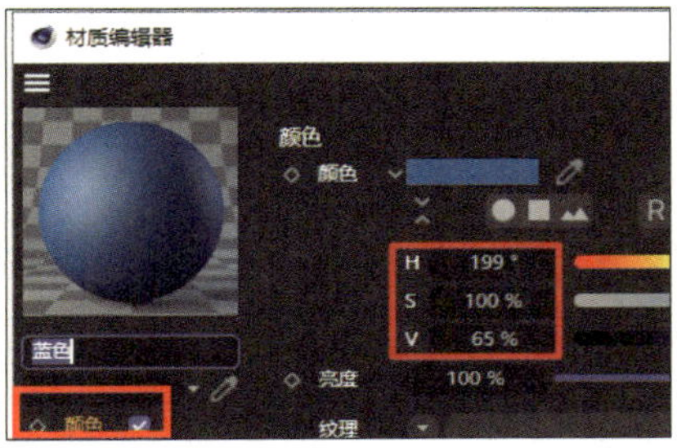

图 7-284　“蓝色”材质球的属性参数

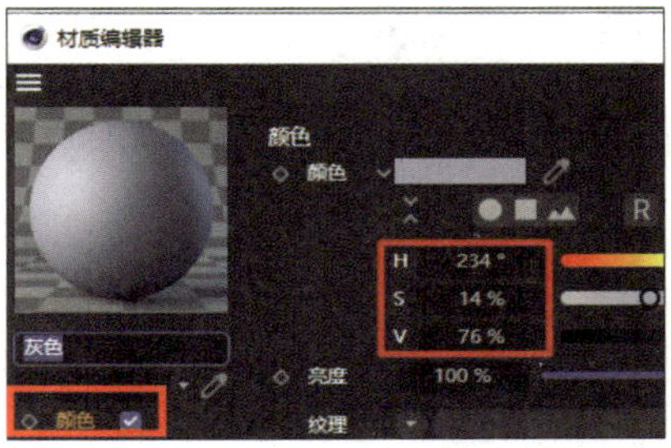

图 7-285　“灰色”材质球的属性参数

新建玻璃材质球（“透明”材质球），双击该材质球，在打开的“材质编辑器”窗口中勾选“颜色”复选框，在“颜色”通道属性面板中设置“H”为 214°，“S”为 100%，“V”为 76%，如图 7-286 所示；勾选“透明”复选框，在“透明”通道属性面板中设置“H”为 187°，“S”为 36%，“V”为 100%，如图 7-287 所示。

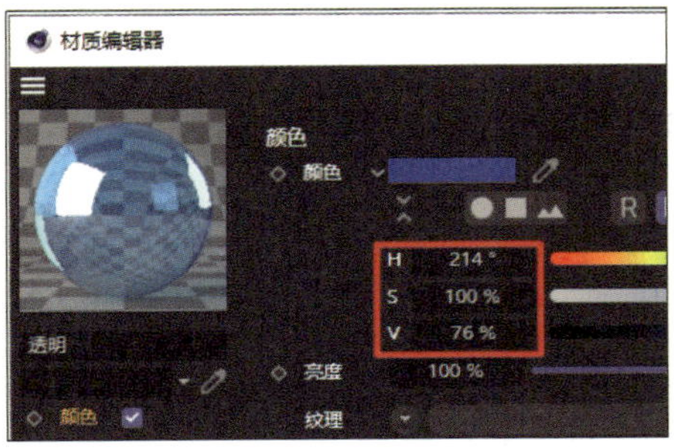

图 7-286　“透明”材质球的属性参数 1

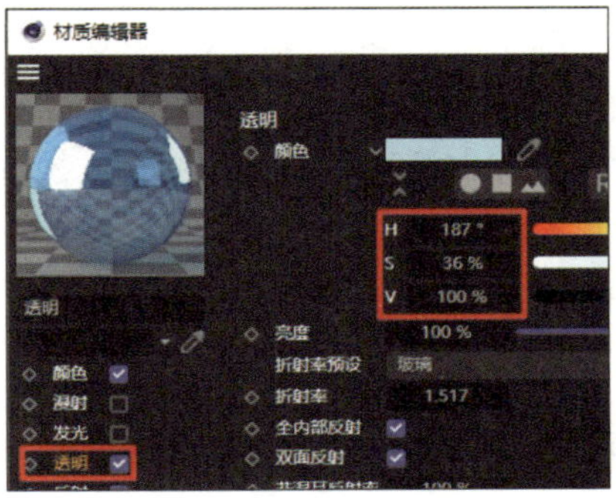

图 7-287　“透明”材质球的属性参数 2

单击“天空”按钮，新建“天空”对象；新建“天空”材质球，双击该材质球，在打开的“材质编辑器”窗口中勾选“颜色”复选框，在“颜色”通道属性面板中设置“H”为0%，“S”为0%，“V”为95%；为所有对象添加相应的材质球（见图7-288），效果如图7-289所示。

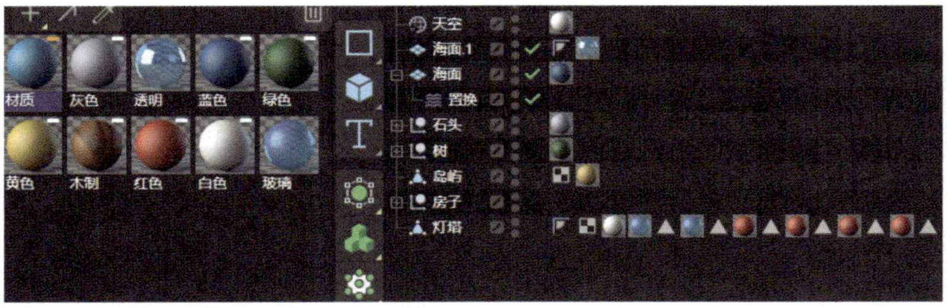

图7-288　添加材质球2

图7-289　添加材质球后的效果2

06 添加渲染环境

单击“灯光”按钮，新建“灯光”对象，在其属性面板中设置“类型”为“区域光”，“投影”为“区域”，将“灯光”对象移动到房子左上方的位置，如图7-290所示。

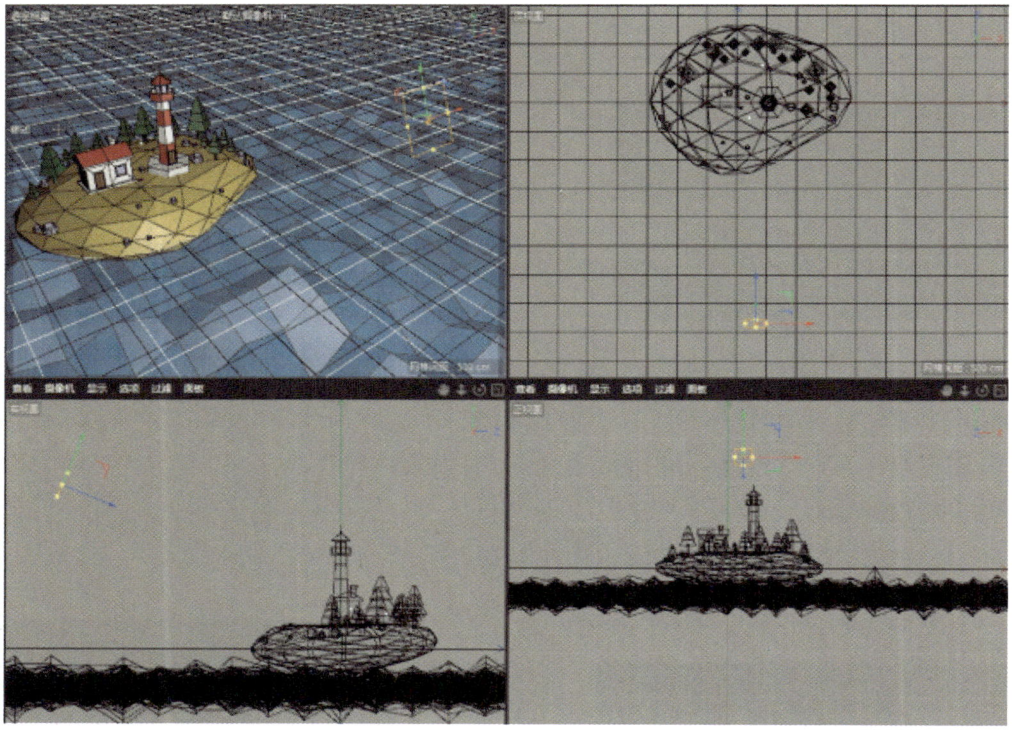

图7-290　“灯光”对象的位置

单击工具栏中的“编辑渲染设置”按钮，在弹出的“渲染设置”对话框中单击“效果”按钮效果...，在弹出的列表中选择“全局光照”命令；再次单击“效果”按钮效果...，在弹出的列表中选择“环境吸收”命令。单击“渲染到图像查看器”按钮，在弹出的“图像查看器”对话框中将文件另存为 JPG 格式。海上灯塔最终效果如图 7-291 所示。

图 7-291　海上灯塔最终效果

任务小结

在运用嵌入和挤压工具制作模型时，需要注意模型之间的大小比例等问题。

运用“循环/路径切割”命令对塔身进行不同比例的切割。

运用实时选择工具的柔和选择功能将岛屿挤压成合适的形状。

运用置换工具制作凹凸不平的海面。

在“透明”通道属性面板中设置玻璃材质球的属性参数。

在“面”模式下，选择不同的区域添加不同的材质球。

模块拓展

一、理论题

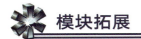

1．在 Cinema 4D 中，如果想创建一个自定义的动态背景，则应该使用（　　）。

A．背景对象　　B．天空对象　　C．环境元素　　D．全景材质

2．在 Cinema 4D 中，如果想为动画添加环境光效果，则应该使用（　　）。

A．点光源　　B．聚光灯　　C．平行灯　　D．环境光

3．在 Cinema 4D 中，如果想模拟布料的动态行为，如飘扬的旗帜或覆盖在家具上的桌布，则应该使用（　　）。

A．布料生成器　　B．OPTIC Pro 工具

C．动力学身体工具　　D．碰撞检测器

4．在 Cinema 4D 中，如果想在两个关键帧之间实现平滑过渡，则应该使用（　　）。

A．时间线　　B．缓入缓出工具

C．函数曲线　　D．表达式编辑器

5．在 Cinema 4D 中，如果想在场景中创建一个逼真的水面反射效果，则应该使用（　　）。

A．双面材质　　B．环境反射　　C．物理天空　　D．全局光照

6．在 Cinema 4D 中，如果想将多个对象组合成一个单一的对象，则应该使用（　　）功能。

A．编组　　B．连接　　C．布尔对象　　D．实例化

二、实践创新

完成美陈建模设计，效果如图 7-292 所示。

图 7-292　美陈建模设计效果